U0315479

煤炭分选加工技术丛书

煤化学与煤质分析

（第2版）

解维伟　编著

本书数字资源

北　京

冶　金　工　业　出　版　社

2024

内 容 提 要

本书系统地叙述了煤化学的基本内容，并结合煤炭分选加工现场实际情况介绍了煤质分析的基本原理和操作方法等，同时简要介绍了煤地质学的相关内容。全书分为煤的生成、基础煤岩学、煤的结构、工业分析与元素分析、煤的一般性质、煤的工艺性质、煤炭的分类和煤质评价7章。本书内容丰富，煤化学理论和选煤厂煤质分析实践并重，实用性强，内容深入浅出，详略得当，突出了以煤的结构为中心，煤化学与煤质分析的知识在煤炭加工过程中的整合。

本书可作为高等学校矿物加工工程专业、煤化工专业的教学用书和选煤厂技术人员学习参考书，也可以作为选煤厂管理及技术人员培训用书。

图书在版编目(CIP)数据

煤化学与煤质分析/解维伟编著.—2版.—北京：冶金工业出版社，2020.10（2024.6重印）

（煤炭分选加工技术丛书）

ISBN 978-7-5024-8630-3

Ⅰ.①煤…　Ⅱ.①解…　Ⅲ.①煤—应用化学　②煤质分析　Ⅳ.①TQ53

中国版本图书馆CIP数据核字(2020)第201085号

煤化学与煤质分析（第2版）

出版发行	冶金工业出版社	**电　　话**	(010)64027926
地　　址	北京市东城区嵩祝院北巷39号	**邮　　编**	100009
网　　址	www.mip1953.com	**电子信箱**	service@mip1953.com

责任编辑　于昕蕾　美术编辑　彭子赫　版式设计　禹　蕊

责任校对　卿文春　责任印制　窦　唯

北京富资园科技发展有限公司印刷

2012年8月第1版，2020年10月第2版，2024年6月第3次印刷

787mm×1092mm　1/16；17.75印张；423千字；266页

定价45.00元

投稿电话　(010)64027932　投稿信箱　tougao@cnmip.com.cn

营销中心电话　(010)64044283

冶金工业出版社天猫旗舰店　yjgycbs.tmall.com

（本书如有印装质量问题，本社营销中心负责退换）

《煤炭分选加工技术丛书》序

煤炭是我国的主体能源，在今后相当长时期内不会发生根本性的改变，洁净高效利用煤炭是保证我国国民经济快速发展的重要保障。煤炭分选加工是煤炭洁净利用的基础，这样不仅可以为社会提供高质量的煤炭产品，而且可以有效地减少燃煤造成的大气污染，减少铁路运输，实现节能减排。

进入21世纪以来，我国煤炭分选加工在理论与技术诸方面取得了很大进展。选煤技术装备水平显著提高，以重介选煤技术为代表的一批拥有自主知识产权的选煤关键技术和装备得到广泛应用。选煤基础研究不断加强，设计和建设也已发生巨大变化。近年来，我国煤炭资源开发战略性西移态势明显，生产和消费两个中心的偏移使得运输矛盾突出，加大原煤入选率，减少无效运输是提高我国煤炭供应保障能力的重要途径。

《煤炭分选加工技术丛书》系统地介绍了选煤基础理论、工艺与装备，特别将近年来我国在煤炭分选加工方面的最新科研成果纳入丛书。理论与实践结合紧密，实用性强，相信这套丛书的出版能够对我国煤炭分选加工业的技术发展起到积极的推动作用！

是为序！

中国工程院院士

中国矿业大学教授

2011年11月

《煤炭分选加工技术丛书》前言

煤炭是我国的主要能源，占全国能源生产总量70%以上，并且在相当长一段时间内不会发生根本性的变化。

随着国民经济的快速发展，我国能源生产呈快速发展的态势。作为重要的基础产业，煤炭工业为我国国民经济和现代化建设做出了重要的贡献，但也带来了严重的环境问题。保持国民经济和社会持续、稳定、健康的发展，需要兼顾资源和环境因素，高效洁净地利用煤炭资源是必然选择。煤炭分选加工是煤炭洁净利用的源头，更是经济有效的清洁煤炭生产过程，可以脱除煤中60%以上的灰分和50%~70%的黄铁矿硫。因此，提高原煤入选率，控制原煤直接燃烧，是促进节能减排的有效措施。发展煤炭洗选加工，是转变煤炭经济发展方式的重要基础，是调整煤炭产品结构的有效途径，也是提高煤炭质量和经济效益的重要手段。

"十一五"期间，我国煤炭分选加工迅猛发展，全国选煤厂数量达到1800多座，出现了千万吨级的大型炼焦煤选煤厂，动力煤选煤厂年生产能力甚至达到3000万吨，原煤入选率从31.9%增长到50.9%。同时随着煤炭能源的开发，褐煤资源的利用提到议事日程，由于褐煤含水高，易风化，难以直接使用，因此，褐煤的提质加工利用技术成为褐煤洁净高效利用的关键。

"十二五"是我国煤炭工业充满机遇与挑战的五年，期间煤炭产业结构调整加快，煤炭的洁净利用将更加受到重视，煤炭的分选加工面临更大的发展机遇。正是在这种背景下，受冶金工业出版社委托，组织编写了《煤炭分选加工技术丛书》。丛书包括：《重力选煤技术》、《煤泥浮选技术》、《选煤厂固液分离技术》、《选煤机械》、《选煤厂测试与控制》、《煤化学与煤质分析》、《选煤厂生产技术管理》、《选煤厂工艺设计与建设》、《计算机在煤炭分选加工中的应用》、《矿物加工过程Matlab仿真与模拟》、《煤炭开采与洁净利用》、《褐煤提质加工利用》、《煤基浆体燃料的制备与应用》，基本包含了煤炭分选加工过程涉及的基础理论、工艺设备、管理及产品检验等方面内容。

本套丛书由中国矿业大学（北京）化学与环境工程学院组织编写，徐志强负责丛书的整体工作，包括确定丛书名称、分册内容及落实作者。丛书的编写人员为中国矿业大学（北京）长期从事煤炭分选加工方面教学、科研的老师，书中理论与现场实践相结合，突出该领域的新工艺、新设备、新理念。

本丛书可以作为高等院校矿物加工工程专业或相近专业的教学用书或参考用书，也可作为选煤厂管理人员、技术人员培训用书。希望本丛书的出版能为我国煤炭洁净加工利用技术的发展和人才培养做出积极的贡献。

本套丛书内容丰富、系统，同时编写时间也很仓促，书中疏漏之处，欢迎读者批评指正，以便再版时修改补充。

中国矿业大学（北京）教授 徐志强

2011年11月

第2版前言

《煤化学与煤质分析》一书第1版于2012年8月出版，至今已8年时间，在8年的教学实践中，许多教师、读者对本书第1版的特色及可取之处，予以肯定；同时，也发现其中存在某些缺点与不足之处，提出了很宝贵的意见。8年间国家相关政策、各种标准都有了不少更新，广大学者对于煤化学的研究又有了新的发现，编者本人对矿物加工专业方向所需的煤质分析技术也有了一些新的认知、体会，因此，决定予以修订再版。

本书对第1版中文字量改动较小的一般增改内容，采用在原文基础上进行修改。在本书1.2节中重新改写了“成煤环境”这部分内容，对于泥炭的形成，进行了重点介绍；在本书第1章中，增补了“煤层气”这一节，对其定义、成因及特性进行了详细阐述；在本书2.4节“煤岩学在煤炭加工利用中的应用”中，增补了“煤岩学在煤炭转化中的应用”；在本书3.3节“煤结构的研究方法”中，对研究煤结构的新方法进行了汇总；由于第1版第4章与本系列丛书中其他书籍有部分类似内容，本书中予以删除；在本书第5章“煤的一般性质”中增加了煤中的孔隙、裂隙的相关内容；在本书6.5节“煤的机械加工性质”中更加详细地介绍了煤的可磨性；在本书7.4节中，增加了“其他用煤对煤质的要求”这部分内容；按照最新的国家标准，对于第1版书中的煤质分析测试方法进行了更新。

本书第1、3~6章由中国矿业大学（北京）解维伟撰写，第2、7章由中国矿业大学（北京）贺兰鸿撰写，全书由解维伟统稿。

向使用本书第1版并提出宝贵意见的学者、老师、同学们，深致谢意，并请广大读者继续对本书提供宝贵建议。

作　者

2020. 8. 7

第1版前言

煤化学是研究煤炭分选加工技术、洁净煤技术的基础，而煤质分析是提高煤的合理利用的一项基础工作，因此煤化学与煤质分析的相关知识对于煤炭分选、煤炭成型、煤炭燃烧、煤炭转化都有着重要的意义。

本书着重将煤化学的基础知识与煤炭分选过程中的煤质分析知识进行整合，收集了大量煤化学领域最新的研究成果以及相关的最新国家标准的资料，以煤分子结构理论为核心，介绍了煤的性质、煤的应用基础、选煤厂煤质分析等方面的内容。全书共分8章，其中第1章介绍成煤物质、成煤作用过程、主要成煤期和主要煤田；第2章介绍基础煤岩学及其在煤炭加工利用中的应用和发展；第3章介绍煤的结构、煤的结构模型以及煤结构的研究方法；第4章介绍了煤样的采取与制备，以选煤厂的生产检查、煤样的采取与制备为主；第5章介绍了煤质分析的重点——工业分析与元素分析；第6、7章介绍了煤的性质，包括煤的物理性质、化学性质、物理化学性质、工艺性质等；第8章介绍了煤的分类及煤质评价的方法流程。

全书的编写力求深入浅出、简明扼要、理论与生产实践并重，较全面地反映煤化学的基础知识和煤炭分选加工中的煤质分析知识，既满足教学需要，又具有一定的实用性。本书可作为高等院校煤炭加工转化等专业的教学用书和选煤厂技术人员学习参考书，也可作为选煤厂管理及技术人员培训用书。

本书第1、3、5~7章由解维伟编写，第4、8章由王卫东编写，第2章由贺兰鸿编写，全书由解维伟统稿。

在本书的编写过程中，我们得到了中国矿业大学（北京）矿物加工工程系老师的大力支持，在此表示衷心感谢。同时向被引用资料的编著者表示诚挚的谢意。

由于编者水平所限，书中不足之处在所难免，敬请广大读者批评指正。

作　者

2012年1月

第4版前言

目录

1 煤的生成

煤是植物遗体经过生物化学作用，又经过物理化学作用而转变成的沉积有机矿产，是多种高分子化合物和矿物质组成的混合物，它是极其重要的能源和工业原料。自然界存在的各种煤类不仅外表有很大的差异，而且它们的性质也很不相同。煤的生成是一个极其漫长与复杂的过程。

煤的成因因素，即成煤植物的种类，植物遗体的堆积环境和堆积方式，泥炭化阶段经受的生物化学作用等影响泥炭形成并保存的诸因素，决定了煤在显微结构上具有多种形态各异的显微成分。煤的变质因素，即泥炭成岩后煤变质作用的类型、温度、压力、时间及其相互作用决定了煤的化学成熟程度，亦即煤化程度，又称煤化度。这些因素有的互相制约，有的互相促进。因此，了解煤的生成过程，可以帮助我们从本质上更深刻地认识煤。

搞清原始物质转化成煤的特征及成煤条件对煤的组成和性质的影响，将有助于进一步掌握煤的特性及其变化规律，从而指导煤的合理利用。所以，深入了解煤的成因问题对合理开发和综合利用煤炭资源具有重大的理论意义和实际意义。

1.1 成煤物质

1.1.1 成煤的原始物质

19 世纪以前，人们对于成煤的原始物质没有正确的认识，对煤成因的认识并不一致，曾提出过很多假说，归纳起来主要有三种：一是认为煤和地壳中的其他岩石一样，自从有地球就存在；二是认为煤是由岩石转变而成；三是认为煤是由植物残骸形成的。

随着煤炭的大规模开采，人们在煤层中常常发现保存完好的古植物化石和由树干变成的煤，在煤层底板岩层中发现了大量的根化石、痕木化石等植物化石，证明它曾经是植物生长的土壤。随着煤岩学的发展，人们利用显微镜在煤制成的薄片中观察到许多原始植物的细胞结构和其他残骸；在实验室用树木进行的人工煤化试验，也可以得到外观、性质与煤类似的人造煤。因此，煤是由植物而且主要是由高等植物转化而来的观点已成为人们的共识。

由于植物是成煤的主要原始物质，因此植物界的发展、演化以及各类植物的兴盛、衰亡必然影响着地史时期成煤特征的演化。植物在地史上，逐步由低级向高级发展演化，并经历了多次飞跃演化的漫长过程。从低等的菌藻到高级的被子植物，其发展过程显示出五个阶段，由低级到高级分别是：菌藻植物时代、裸蕨植物时代、蕨类和种子植物时代、裸子植物时代和被子植物时代。

最早出现的植物是低等植物，低等植物是由单细胞或多细胞构成的丝状和叶片状植物体，没有根、茎、叶等器官的分化（如藻类），在水中处于浮游状态，所以称为浮游生物。低等植物大多生活在水中，细菌的生存环境十分广泛，它们是地球上最早出现的生物，藻类从太古代、元古代开始一直发展到现在，其种类达两万种以上。高等植物与低等植物的基本组成单元是植物细胞，植物细胞由细胞壁和细胞质构成。细胞壁的主要成分是纤维素、半纤维素和木质素，细胞质的主要成分是蛋白质和脂肪。高等植物有根、茎、叶等器官的分化，包括苔藓植物、蕨类植物、裸子植物和被子植物，地史上这些类别的植物除苔藓外，常能形成高大的乔木，具有粗壮的根和茎，成为重要的成煤物质。茎是高等植物的主体，其外表面被称之为角质层和木栓层的表皮所包裹，内部为形成层、木质部和髓心。

植物的演化对煤的形成有十分重要的影响，只有当植物分布广泛、繁茂生长时才可能有成煤作用发生，而新门类植物群的出现又是形成新成煤期 的前提。图 1-1 列出了最主要的植物门类在地史上的分布。

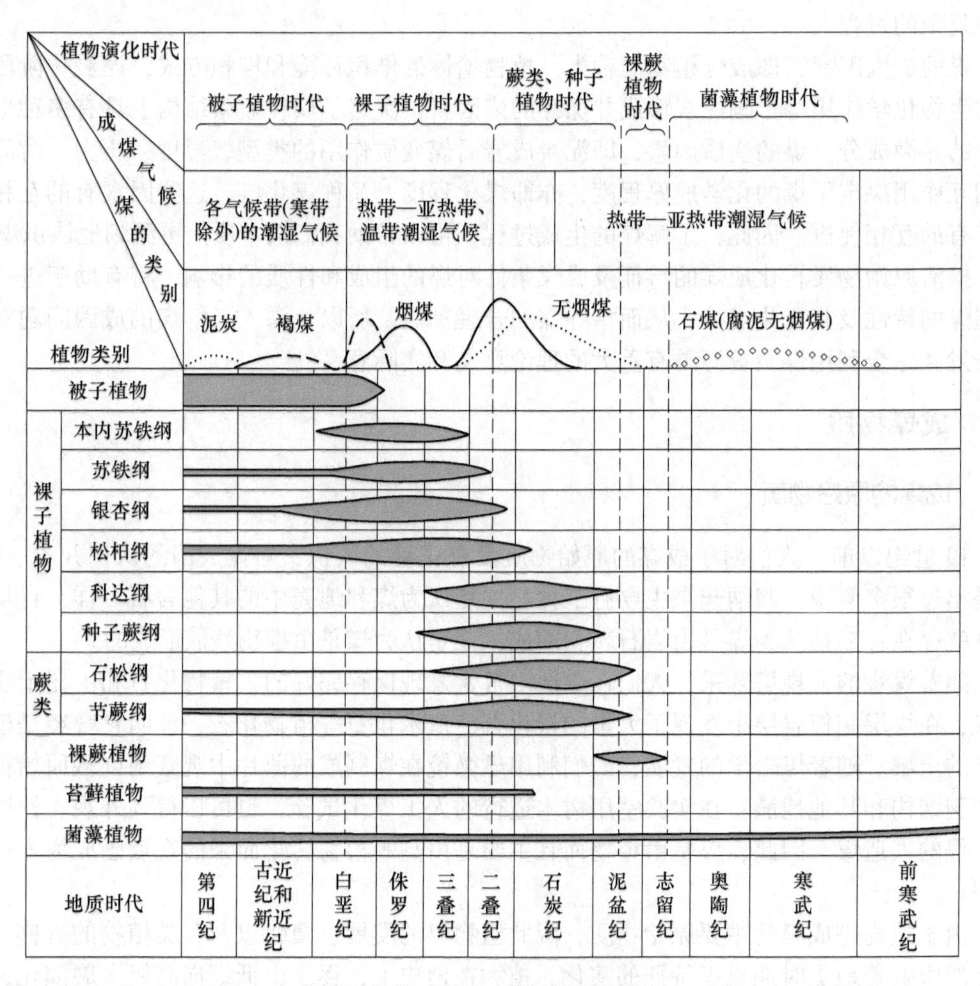

图 1-1 地史上主要植物群分布图

1.1.2 植物的有机族组成

植物主要由有机物质构成，但也含有一定量的无机物质。高等植物和低等植物的基本组成单元是细胞，植物细胞是由细胞壁和细胞质构成的。各类植物以及同一植物的不同组织其有机组成各不相同，见表 1-1。低等植物主要由蛋白质、碳水化合物和脂类化合物组成；高等植物的组成则以纤维素、半纤维素和木质素为主，植物的角质层、木栓层、孢子和花粉则含有大量的脂类化合物。无论高等植物还是低等植物，也不论高等植物中的哪一种有机成分都可参与泥炭化作用进而形成煤。成煤作用过程可以看作十分漫长而复杂的化学反应过程，而植物的有机组成的差别，直接影响到它的分解和转化过程，最终影响到煤的组成、性质和利用途径。

表 1-1 植物的主要有机组分含量 （%）

植物		碳水化合物	木质素	蛋白质	脂类化合物
细菌		12~28	0	50~80	5~20
绿藻		30~40	0	40~50	10~20
苔藓		30~50	10	15~20	8~10
蕨类		50~60	20~30	10~15	3~5
草类		50~70	20~30	5~10	5~10
松柏及阔叶树		60~70	20~30	1~7	1~3
木本植物的不同部分	木质部	60~75	20~30	1	2~3
	叶	65	20	8	5~8
	木栓	60	10	2	25~30
	孢粉质	5	0	5	90
	原生质	20	0	70	10

用化学的观点看，植物的有机族组成可以分为碳水化合物、木质素、蛋白质和脂类化合物四类。

1.1.2.1 糖类及其衍生物（碳水化合物）

在植物的组织结构中，碳水化合物主要包括纤维素、半纤维素和果胶质。

（1）纤维素。纤维素是自然界中分布最广、含量最多的一种多糖，其链式结构如图 1-2 所示。

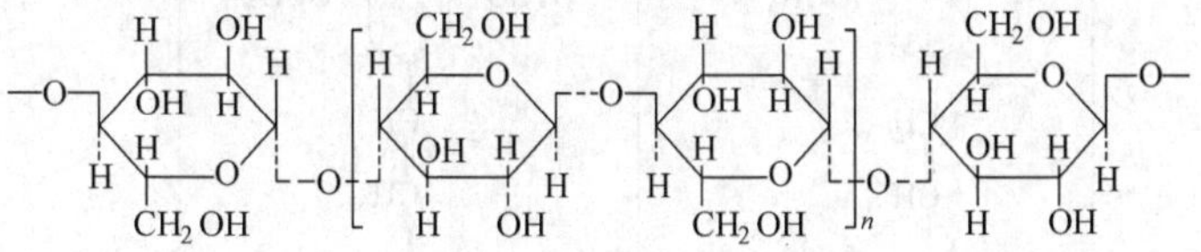

图 1-2 纤维素的分子结构

纤维素是一种复杂的多糖，在生长着的植物体内很稳定。但植物死亡后，需氧细菌通过纤维素水解酶的催化作用可将纤维素水解为单糖，单糖又可进一步氧化分解为 CO_2 和 H_2O，即：

$$(C_6H_{10}O_5)_n + nH_2O \xrightarrow{\text{细菌作用}} nC_6H_{12}O_6$$

$$C_6H_{12}O_6 + 6O_2 \longrightarrow 6CO_2 + 6H_2O + \text{热量}$$

当环境缺氧时，厌氧细菌使纤维素发酵生成 CH_4、CO_2、C_3H_7COOH 和 CH_3COOH 等。无论是水解产物还是发酵产物，它们都可与植物的其他分解产物缩合形成更为复杂的物质参与成煤，或成为微生物的营养来源。

（2）半纤维素。半纤维素也是多糖，其结构多种多样，例如多维戊糖（$C_5H_8O_4$）$_n$ 就是其中的一种。它们也能在微生物的作用下分解成单糖：

$$(C_5H_8O_4)_n + nH_2O \xrightarrow{\text{微生物}} nC_5H_{10}O_5$$

（3）果胶质。果胶质主要是由半乳糠醛与半乳糖醛酸甲酯缩合而成，属糖的衍生物，呈果冻状存在于植物的果实和木质部中。果胶质是植物毗邻细胞之间的胞间层组分，占植物体干重的15%~30%。果胶质不太稳定，在泥炭形成的开始阶段，即可因生物化学作用水解生成一系列的单糖和糖醛酸。

此外，植物残体中还有糖苷类物质，是由糖类通过其还原基团与其他羟基物质如醇类、酚类、甾醇类缩合而成的。

1.1.2.2 木质素

木质素主要分布在高等植物的细胞壁中，包围着纤维素并填满其间隙，以增加茎部的坚固性。木质素的组成因植物种类不同而异。木本植物的木质素含量高，针叶树的木质部中木质素含量比阔叶树多。木质素是具有芳香结构的化合物，结构复杂，至今还不能用一个结构式来表示，但已知它具有一个芳香核，带有侧链并含有—OCH_3、—OH、—O—等多种官能团。目前已查明有三种类型的单体，见表1-2。木质素的单体以不同的连接方式连接成三维空间的大分子，因此比纤维素稳定，抵抗微生物的破坏能力比纤维素强，不易水解。但在氧的存在下，木质素首先遭到真菌分解破坏，然后被需氧细菌分解形成芳香酸和酚类化合物。如果进一步氧化，芳香酸和酚类化合物进一步破坏形成脂肪化合物，并最终形成 CO_2 和 H_2O 而逸散。

表1-2 木质素的三种不同类别的单体

植物种类	针叶树	阔叶树	禾木
单体名称	松柏醇	芥子醇	γ-香豆醇
结构式	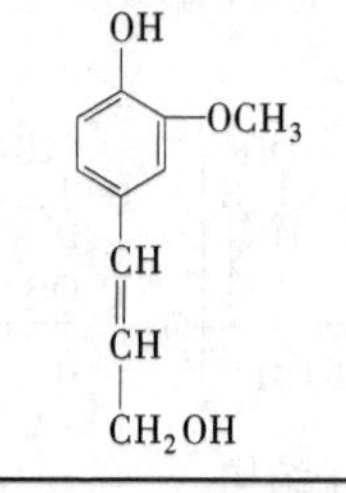 OH —OCH_3 CH ‖ CH │ CH_2OH	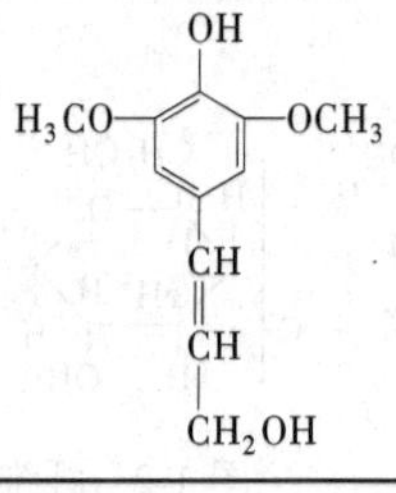 OH H_3CO— —OCH_3 CH ‖ CH │ CH_2OH	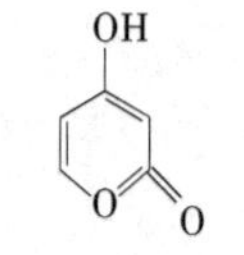 OH O O

芳香酸（如苯甲酸）是组成腐殖酸的一种带羧基的有机化合物，酚类（如苯酚）是组成腐殖酸的一类带羟基的芳香化合物。后者加热脱水可形成腐殖物质的稠环化合物。因此，木质素是成煤原始物质中重要的有机组分。有水参与下的高压釜模拟实验表明，由纤维素产生的腐殖酸可达到20%，而由木质素产生的腐殖酸只有百分之几。无论是木质素还是纤维素，形成腐殖酸的数量和性质主要取决于原始物质、沼泽的氧化还原电位和pH值等因素。

1.1.2.3 蛋白质

蛋白质是构成植物细胞原生质的主要物质，也是有机体生命起源最重要的物质基础。

化学研究和分析表明，蛋白质是由若干个氨基酸按一定顺序键合而成的高分子化合物，含有—COOH、$—NH_2$、—OH、—S—S—等基团，所以煤中的氮和硫可能与植物中的蛋白质有关，其化学结构式如图 1-3 所示。

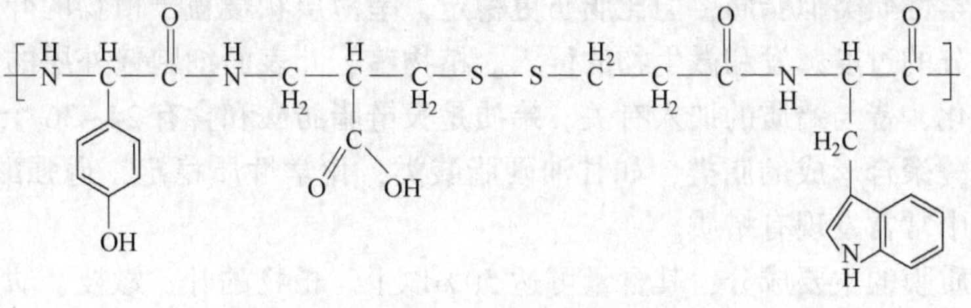

图 1-3 蛋白质片段化学结构示例

一般植物体内蛋白质含量不多，但低等植物中蛋白质含量较高，如藻类和菌类。由于蛋白质含有羧基和氨基，故兼具酸性和碱性，是一种有强烈亲水性的两性胶体。在泥炭沼泽和湖泊水体中，蛋白质可以分解或转变成氨基酸、卟啉等含氮化合物，参与成煤作用，例如氨基酸与糖类通过羟基与醛基起缩合作用而形成一种稳定的含氮化合物（腐殖物质），其反应式如下：

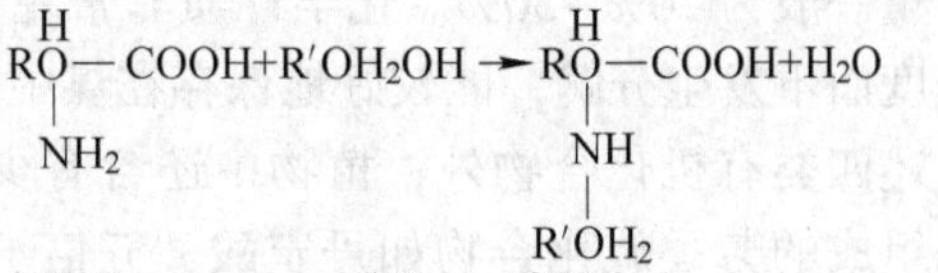

$$\underset{\text{氨基酸}}{\mathrm{RHC(NH_2)—COOH}} + \underset{\text{糖类}}{\mathrm{R'OH_2OH}} \longrightarrow \underset{\text{腐植物质}}{\mathrm{RHC(NH—R'OH_2)—COOH}} + \mathrm{H_2O}$$

（R—氨基酸核，R—糖类核）

1.1.2.4 脂类化合物

脂类化合物通常是指不溶于水，而溶于苯、醚和氯仿等有机溶剂的一类有机化合物。脂类化合物包括许多类型物质，如脂肪、树脂、蜡质、角质、木栓质和孢粉质等。脂类化合物的共同特点是化学性质稳定，因此能较完整地保存在煤中。

脂肪是长链状的碳氢化合物。低等植物含脂肪较多，如藻类含脂肪可达 20%；高等植物一般仅含 1%~2%的脂肪，且多集中在植物的孢子或种子中。脂肪受生物化学作用可被水解，生成脂肪酸和甘油，前者参与成煤作用。在天然条件下，脂肪酸具有一定的稳定性，因此从泥炭或褐煤的抽提沥青质中均能发现脂肪酸。

树脂是植物生长过程中的分泌物，高等植物中的针状植物含树脂较多，低等植物不含树脂。当植物受创时，就会不断分泌出胶状的树脂来保护伤口。树脂是混合物，其主要成分是二萜或三萜类的衍生物。在树脂中存在的典型树脂酸有松香酸和右旋海松酸，这两种树脂酸具有不饱和性，能起聚合作用，其结构式如下：

松香酸 $C_{20}H_{30}O_2$ 　　右旋海松酸 $C_{20}H_{30}O_2$

树脂的中性组分的结构与含氧多萜烯相当。树脂的化学性质十分稳定，不受微生物破坏，也不溶于有机酸，能完好地保存在煤中，我国抚顺第三纪褐煤中的“琥珀”就是由植物的树脂转变而成的。

树蜡的化学性质类似脂肪，但比脂肪更稳定，呈薄层状覆盖于植物的叶、茎和果实表面，以防止水分的过度蒸发和微生物的侵入。植物茎、叶表面细胞壁外层的角质化和老的根、茎的栓质化，皆与蜡质的加入有关。蜡质是长链脂肪酸和含有24~36个或更多个碳原子的高级一元醇聚合形成的脂类，如甘油硬脂酸类，化学性质稳定，遇强酸也不易分解。在泥炭和褐煤中常常发现有蜡质。

角质是角质膜的主要成分，其含量可达50%以上。植物的叶、嫩枝、幼芽和果实的表皮常常覆盖着角质膜。角质是脂肪酸脱水或聚合作用的产物，或是高分子脂肪酸与纤维素的酯，其主要成分是含有16~18个碳原子的角质酸。

木栓质的主要成分是ω-脂肪醇酸、二羧酸、碳原子数大于20的长链羧酸和醇类。在木栓中木栓质含量达25%~50%。角质和木栓质都是与树蜡的化学组成接近的成分，因此煤中也常有保存，且其含量有时可能会很高。

孢粉质是构成植物繁殖器官孢子、花粉外壁的主要有机成分，具有脂肪-芳香族网状结构，孢子中孢粉质的含量一般为20%~30%。化学性质非常稳定，耐酸耐碱且不溶于有机溶剂，并可耐较高的温度而不发生分解，能较好地保存在煤中。

需要说明的是，除上述四类有机化合物外，植物中还含有少量的鞣质、色素等成分。鞣质又称丹宁，是由不同组成的芳香族化合物如丹宁酸、五倍子酸、鞣花酸等混合而成，具有酚的特性。鞣质浸透了老年植物的木质部细胞壁与种子外壳。许多植物的树皮中鞣质高度富集，如红树树皮中鞣质含量高达21%~58%。铁杉、漆树、云杉、栎、柳、桦等许多现代和第三纪沼泽植物的重要种属都含有鞣质。鞣质具有抗腐性，泥炭藓的细胞壁由于浸透了鞣质，所以抗腐性很强，通常难以分解。色素是植物体内储存和传递能量的重要因子，含有与金属原子结合的吡咯化合物结构。

综上所述，可以看出，不论是高等植物还是低等植物（包括微生物）都是成煤的原始物质，它们的各种有机族组成都可以通过不同途径参与成煤，其中一些脂肪型的物质在一定条件下也可以形成具有环状结构的新物质，例如氨基酸和糖类反应的转化产物具有芳构化结构，有些脂肪酸的聚合生成环状结构等。因此不能片面地认为煤仅是由纤维素、木质素等转化而成。不同植物及其中各成分的元素组成见表1-3。煤的各种元素含量不一样，煤在加工利用过程中表现出来的工艺性质很不一样，所以成煤的原始物质是影响煤炭性质的重要因素之一。

表1-3 成煤植物各种物质的元素组成 (%)

成煤植物	元素组成			
	C	H	O	N
浮游植物	45.0	7.0	45.0	3.0
细菌	48.0	7.5	32.5	12.0
陆生植物	54.0	6.0	37.3	2.7

续表 1-3

成煤植物	元素组成			
	C	H	O	N
纤维素	44.4	6.2	49.4	—
木质素	62.0	6.1	31.9	—
蛋白质	53.0	7.0	23.0	16.0
脂肪	77.5	12.0	10.5	—
蜡质	81.0	13.5	5.5	—
角质	81.5	9.1	9.4	—
树脂	80.0	10.5	9.0	—
孢粉质	59.3	8.2	32.5	—
鞣质	51.3	4.3	44.4	—

1.1.3 煤的种类和外表特征

根据成煤植物种类的不同，煤主要分为腐殖煤和腐泥煤两大类。主要由高等植物形成的煤称为腐殖煤，主要由低等植物和少量浮游生物形成的煤称为腐泥煤。

1.1.3.1 腐殖煤

绝大多数腐殖煤都是由植物中的木质素和纤维素等主要组分形成的，在自然界中分布最广，储量最大。亦有少量腐殖煤是由高等植物中经微生物分解后残留的脂类化合物形成的，称为残殖煤。单独成矿的残殖煤很少，多以薄层或透镜状共生在腐殖煤中。我国江西乐平煤田和浙江长广煤田有典型的树皮和角质残殖煤，大同煤田发现有少量的孢子残殖煤。

依据变质程度的不同，腐殖煤可分为泥炭、褐煤、烟煤和无烟煤四大类。各类煤具有不同的外表特征和特性，其典型的品种，一般用肉眼就能区分。

（1）泥炭。泥炭是由植物变成煤的过程中的过渡产物，呈棕褐色或黑褐色，不均匀。它含有大量的未分解的植物组织，如根、茎、叶等的残留物，有时用肉眼就能看出。另外，它的含水量很高，一般可高达85%~95%。开采出的泥炭经过自然干燥后，其水分可降至25%~35%。干泥炭为棕黑色或黑褐色的土状碎块，真相对密度为1.29~1.61。泥炭的有机质主要由腐殖酸（HA）、沥青质、植物壳质以及未分解或尚未完全分解的植物族组成。

（2）褐煤。褐煤是泥炭沉积后经脱水、压实转变为有机生物岩的初期产物，大多数的褐煤外表呈褐色或暗褐色，因而得名。它无光泽，真相对密度为1.10~1.40。褐煤含水较多，可达30%~60%。与泥炭相比，褐煤中腐殖酸的芳香核缩合程度有所增加，含氧官能团有所减少，侧链较短且数量也较少。在褐煤阶段，腐殖酸开始转变为中性腐殖质。在外观上，褐煤与泥炭的最大区别是褐煤不含未分解的植物组织残骸，且呈层状分布，不具有新开出的泥炭所特有的无定形状态。从年轻的褐煤转变为年老的褐煤时，外观相应发生变化，颜色逐渐变深，从无光泽到逐渐有光泽，从土状到黑褐色密实的岩石状。

（3）烟煤。烟煤是在自然界中最重要的和分布最广的煤种，也是储量最大和品种最多的煤种。变质程度低于无烟煤而高于褐煤，因燃烧时烟多而得名。烟煤中已经不含有游离腐殖酸，因为腐殖酸已经全部缩合成为更复杂的中性的腐殖质。由于不含腐殖酸，故烟煤不能使酸、碱溶液染色，其中含有少量呈偏中性的沥青。此外，在外表看来都是黑色。通常烟煤具有不同程度的光泽，绝大多数都呈条带状，其中有亮的条带，也有暗的条带，相互交替。比较致密，硬度较大，真相对密度较高，通常在1.20~1.45之间。

（4）无烟煤。无烟煤是煤化程度最高的一种腐殖煤，呈灰黑色，带有金属光泽，无明显条带。燃烧时无烟，火焰较短，故俗称“白煤”。在各种煤中，无烟煤挥发分最低，硬度最高，燃点高达360~410℃，真相对密度最大，通常在1.35~1.90之间。

四类腐殖煤的主要特征与区分标志见表1-4。

表1-4 四类腐殖煤的主要特征与区分标志

特征与标志	泥炭	褐煤	烟煤	无烟煤
颜色	棕褐色	褐色、黑褐色	黑色	灰黑色
光泽	无	大多无光泽	有一定光泽	有金属光泽
外观	有原始植物残体，土状	无原始植物残体，无明显条带	呈条带状	无明显条带
在沸腾KOH溶液中	棕红—棕黑	褐色	无色	无色
在稀HNO_3溶液中	棕红	红色	无色	无色
自然水分	多	较多	较少	少
真相对密度	—	1.10~1.40	1.20~1.45	1.35~1.90
硬度	很低	低	较高	高
燃烧现象	有烟	有烟	多烟	无烟

1.1.3.2 腐泥煤

根据植物遗体分解程度的不同，腐泥煤又分为藻煤和胶泥煤等。藻煤主要由藻类生成，山西浑源有不少藻煤，山东肥城也有发现；胶泥煤是无结构的腐泥煤，植物成分分解彻底，几乎完全由基质组成。这种煤数量很少，山西浑源有少量存在。

此外，还有腐殖煤和腐泥煤的混合体，有时单独分类，成为与腐殖煤和腐泥煤并列的第三类煤，称为腐殖腐泥煤，主要有烛煤和煤精。烛煤与藻煤很相似，宏观上几乎难以区分，易燃，用火柴即可点燃，燃烧时火焰明亮，好像蜡烛一样；煤精盛产于我国抚顺，结构细腻，质轻而有韧性，因能雕琢工艺美术品而驰名。

基于储量、用途和习惯上的原因，除非特别指明，人们通常所讲的煤，就是指主要由木质素、纤维素等形成的腐殖煤。腐殖煤是近代煤炭综合利用的主要物质基础，也是煤化学的重点研究对象。腐殖煤与腐泥煤主要特征的比较见表1-5。

表 1-5 腐殖煤与腐泥煤的主要特征

特 征	腐 殖 煤	腐 泥 煤
颜色	褐色和黑色，多数为黑色	多数为褐色
光泽	光亮者居多	暗
用火柴点火	不燃烧	燃烧，有沥青气味
氢含量/%	一般<6	一般>6
低温干馏焦油产率/%	一般<20	一般>25

1.2 成煤环境

成煤环境研究是深入认识聚煤规律的重要基础，同时成煤模式的建立对煤田预测和勘探具有重大现实意义。成煤环境对于煤的组成、结构和性质有重大影响。

煤由堆积在沼泽中的植物遗体转变而成，植物遗体不是在任何情况下都能顺利地堆积并能转变为煤，而是需要一定的条件。首先需要有大量植物的持续繁殖，其次是植物遗体不致全部被氧化分解，能够保存下来转变为泥炭，第三是泥炭能长时间适度沉降、埋入地下，进一步转化为煤。适于植物遗体堆积并转变为泥炭的场所主要是沼泽。沼泽是地表土壤充分湿润、季节性或长期积水、丛生着喜湿性沼泽植物的低洼地段。当沼泽中形成并堆积了一定厚度的泥炭层时称为泥炭沼泽，泥炭沼泽既不属于水域，又不是真正的陆地，而是地表水域和陆地之间的过渡形态，适于泥炭沼泽发育的沉积环境有海滨或湖泊沿岸、三角洲平原、冲积平原、冲积扇前缘等。

1.2.1 泥炭沼泽的形成

1.2.1.1 泥炭沼泽的形成条件

泥炭沼泽的形成和发育地质、地貌、水文、土壤、植物等多种自然因素综合作用的结果，沼泽是在一定的气候、地貌和水文条件下形成的产物。

晚近时期构造运动对泥炭沼泽发育的影响，主要表现为断裂或节理裂隙所构成的破碎带，经风化剥蚀而发展成洼地，形成汇水地区，从而为泥炭沼泽的形成提供了地貌、水文条件。地壳升降运动的幅度、速度、频率等影响泥炭沼泽的形成、泥炭层数及厚度。一般来说，地壳上升，往往引起侵蚀作用增强。由低位泥炭沼泽发展至高位泥炭沼泽，与沼泽区构造活动保持相对稳定或缓慢下沉密切相关。如果沼泽区地表不断下沉，地下水位随之不断上升，形成地下水对沼泽的丰富补给，低位泥炭沼泽得到持续发展。地下水位的下降，不利于泥炭沼泽的形成，当地壳沉降速度与植物堆积速度相对平衡时，在地面平坦的低洼地段造成地区泄水条件不畅，有利于泥炭沼泽的发育。川西北若尔盖高原泥炭区是我国最大的泥炭沼泽，^{14}C 测定表明，其中的泥炭形成始于距今 12000 万~9300 万年前。到现在为止，泥炭沼泽仍处于富营养阶段，主要是由于若尔盖高原“盆地”一直保持持续下降，地下水位始终较高。当泥炭沼泽区下降较快、植物物料补充不足时，泥炭层将无机沉积物覆盖，泥炭的堆积过程将中断。如果沼泽区保持相对稳定或泥炭生长速度超过下降速度，那么植物残体堆积物的顶面将逐渐升高，沼泽表面微凸起，泥炭沼泽的演化得以继续进行。

自然地理、地貌条件与泥炭沼泽的形成有密切关系。泥炭沼泽的发育，首先应有缓慢沉降的低洼地带，这种洼地有利于水的汇聚而不利于水的排泄，基底的缓慢沉降，使地下水位能保持缓慢速度持续抬升；其次，泥炭沼泽发育地区大多与活动能量大的水体（如海、湖、河）间以一定形式的保护屏障被相对隔离的地带（如沙坝或沙嘴或沙滩）阻隔，而且相对分离于开阔海域以外的海湾潟湖地带、天然堤与活动河道分离的河后沼泽及废河道等；再次，泥炭沼泽发育的地带，大多为地表地形高差变化不大且地表宽缓低平能量低的地带。由于泥炭沼泽具有水陆过渡性质，而滨海地带正是海洋与陆地相互作用的结果，尤其是海水的波浪、岸流、潮汐以及大范围的海面升降等作用，都为泥炭沼泽的广泛发育创造了有利的地貌条件。滨海地带的海湾潟湖，三角洲平原上的分流河道之间的低洼地以及靠近海边缘部分的潟湖湿洼地，热带、亚热带地区的海岸和河口地区都是泥炭沼泽发育的良好场所。如我国的长江三角洲和珠江三角洲地带，地下埋藏的泥炭层就是古三角洲平原上的产物，还有现代的一种特殊类型的滨海泥炭沼泽——红树林泥炭沼泽。

内陆有利于发育泥炭沼泽的地区一般多属于河流作用、冰川作用有关的河湖地带。内陆地区地表径流是塑造地貌的重要营力[1]。一般在山地、丘陵、台地，由于暂时性流水的作用易形成源头洼地、沟谷洼地、洪积扇缘洼地等；在平原地带，由于经常性流水作用塑造成长条状洼地，如河漫滩洼地、废弃河道洼地等，这些洼地往往成为泥炭沼泽发育的有利场所。

气候条件是决定泥炭沼泽的主要因素。气温和土壤温度影响植物的生长速度和生长量，同时还控制着微生物的繁殖和活动强度，从而影响植物残体的分解速度。当气温、土温低时，植物生长缓慢以及植物残体分解速度低，因而泥炭积累不多，在热带地区植物的生长量和分解速度都较高，泥炭积累亦受到限制。在气候条件中，湿度因素对植物的生长、微生物活动及泥炭沼泽的形成和发展具有重要意义。当年平均降水量大于年平均蒸发量时，即湿润系数大于1时，泥炭沼泽可得到广泛的发育。据R. H. 维索斯基的资料，当湿润系数达1.33时，在缓坡地带也可形成泥炭沼泽。此外，湿度还影响微生物的活动强度。一般在湿度为土壤最大持水量的60%~80%时，微生物的活动力最强；在大于80%或小于40%时，微生物活动力较弱或极弱。现代泥炭沼泽的研究证实，由低位泥炭沼泽发育至高位泥炭沼泽与湿润气候有关。现代的高位泥炭沼泽主要分布在西北欧、北欧、波罗的海三国、俄罗斯、日本北部以及北美；在赤道附近和南半球，主要分布于高降雨量的海洋气候区，如印度尼西亚、马来西亚和巴西的热带低地以及智利、阿根廷南部和新西兰的凉湿地区。

形成泥炭沼泽的水文条件主要是入水量（即地表水和地下水的流入量及大气降水量）要大于出水量（即地表水、地下水的流出量和蒸发量），这样才能使泥炭沼泽化地带长期处于排水不畅的积水状态。地下水位与泥炭沼泽中植物群落的种类和生长也有密切的关系。贫营养植物主要在地下水位以上生长，仅接受风力搬运和降雨补给的养分；富营养植物是在地下水提供的矿物质营养和水的条件下生长，因此生成低位泥炭且灰分较高。

---

[1] 引起地质作用的自然力称为营力，如地质构造作用力、风化作用力、生物作用力等。

1.2.1.2 泥炭沼泽的演化

泥炭沼泽是水域和陆地的过渡形态，它的形成源于两种泥炭沼泽化的方式：由水域演化为泥炭沼泽和由陆地演化为泥炭沼泽。

水域泥炭沼泽广泛分布于世界各地。水域包括湖泊、河流、滨岸地带的各种海湾和河口湾等。水域的泥炭沼泽化都是从岸边及水体底部植物丛生开始，这些地带往往水深不大，水层透明度较好，水温适宜，含盐度低等。淡水湖（含盐度<0.3%）易于沼泽化，咸水湖（含盐度>24.695%）植物生长困难，难以泥炭沼泽化，微咸水湖（含盐度在前二者之间）有可能沼泽化。滨海的潟湖，如不经过淡化过程，就难以泥炭沼泽化。河流的泥炭沼泽化大多发生在平原或山间谷地的中、小河流地带，这是由于河道迂回曲折，河床宽阔，水流平稳，岸、底植物丛生，植物的繁茂更加减缓水的流速，因此有利于泥炭沼泽化。水域泥炭沼泽化可以概括为三种模式：浅水缓岸湖泥炭沼泽化发育模式、深水陡岸湖泥炭沼泽化发育模式和小河泥炭沼泽化发育模式。水域泥炭沼泽的泥炭层底部常存在由湖泊或深水沼泽形成的腐泥层，接着发育为富营养的草本沼泽泥炭——低位泥炭，然后再过渡为中营养的草本、藓类沼泽泥炭，最后转变为以泥炭藓为主的藓类沼泽泥炭。

陆地沼泽化比水域沼泽化更为广泛，面积也较大，尤以气候温和湿润地带最为发育。陆地泥炭沼泽化有多种成因：有的是由于地下水位升高或溢出地面；有的是由于地表低洼，洪水、冰雪融水及大气降水的汇集，使地表过湿或积水，土层通气条件恶化而形成；有的则是由植物自然更替而引起土壤养分的贫化而造成。

陆地泥炭沼泽化可产生在草甸、干谷、森林地带和永冻土地带。分布在各种地貌类型中的草甸，如河漫滩、阶地、坳沟、山间小盆地、平缓分水岭、缓坡地、扇缘洼地、冰蚀冰碛谷地及溶蚀洼地等，在有利的温湿条件下，都可以发生草甸泥炭沼泽化。森林地带的沼泽化，往往是由于森林残落物的过分积累及土壤灰化作用引起。永冻土区的泥炭沼泽化是由于气候严寒、降水少，使得地表切割微弱，地面众多封闭的洼地易形成小的湖沼，而永冻层可作隔水层，使地表水不能渗入，在气温低、湿度大、蒸发量小的情况下出现了厌氧条件，从而形成了泥炭沼泽。

1.2.2 泥炭沼泽的类型

1.2.2.1 按水分补给来源划分

根据泥炭沼泽的表面形态、水分补给来源、矿物养分和植被差异，泥炭沼泽可以分为低位泥炭沼泽、中位泥炭沼泽和高位泥炭沼泽三种类型。

（1）低位泥炭沼泽。这种沼泽类型多处于泥炭沼泽发展的初期。低位泥炭沼泽的表面由于泥炭的积累不厚，且尚未改变原有的地表低洼形态，地表水和地下水作为丰富的水源补给，潜水位较高或地表有积水，使溶于水中的矿物质养分丰富。沼泽多为中性或微碱性，pH=7~7.8，沼泽植物要求养分较多，种属较丰富。

由于低位泥炭沼泽富营养，所以有人称之为富营养泥炭沼泽。因此，在这类沼泽中高等植物容易大量繁殖，形成茂密的植被，这就为泥炭的形成提供了有利条件。在低位泥炭沼泽中形成的泥炭，灰分较高，沥青质含量低，焦油产率较低。我国第四纪泥炭形成这种类型的沼泽约占 90%，在地史中各成煤期内也大多形成这种泥炭沼泽类型。

（2）高位泥炭沼泽。这种类型的泥炭沼泽往往处于泥炭沼泽演化的后期。沼泽主要是由大气降水补给，沼泽的水面位于潜水面之上，水源不充足，水中缺少矿物质养分，因而有人称为贫营养泥炭沼泽。高位泥炭沼泽在发展演化中，泥炭积累速度与养分的供给状况发生了变化。即在沼泽的边缘部分，易得到周边流水所携带的丰富营养，而中心部位则难以得到富含养分的地表水和地下水的补给，仅靠大气降水补给，促使贫营养植物首先出现于中心地带。中心地带植物残体分解速度慢，泥炭增长速度快；与沼泽周边相比，泥炭积累多，于是形成了高位泥炭沼泽中部高出周边的特有剖面形态。这类沼泽生长的植物多为草本或藓类植物，种属较为稀少，多发育在地势较高，且较冷和较潮湿的气候条件下。

（3）中位泥炭沼泽。这类泥炭沼泽多出现于前两类沼泽的过渡时期，在特征与性质上具有过渡特点，因此又称为过渡类型或中营养泥炭沼泽。这类泥炭沼泽的表面，由于泥炭的积累趋于平坦或中部轻微凸起，地表水和地下水通过周边的泥炭层时，其中的水分和养分被部分吸收，到达中心地带时，已大为减少，因而潜水位变低、营养状况变差，泥炭层也处于中性到微酸性，植被以中等养分植物为主。

泥炭沼泽形成后，可由低位泥炭沼泽经中位泥炭沼泽发展至高位泥炭沼泽，这种变化称为泥炭沼泽的演化。

1.2.2.2 按距离海岸的远近划分

根据沼泽距离海岸的远近，泥炭沼泽可以分为近海泥炭沼泽与内陆泥炭沼泽。

（1）近海泥炭沼泽。在近海地区不论是滨海平原、滨海三角洲平原，还是潮坪带都有泥炭沼泽发育。

1）滨海泥炭沼泽。在北美洲大西洋及墨西哥湾沿岸的滨海平原，宽达五百余公里，地势低平，而大部分滨海平原海拔不到 30m。滨海平原上分布着许多宽阔的河流盆地，由于泄水不良，有泥炭沼泽发育，有些面积达几千平方公里。

2）三角洲平原泥炭沼泽。美国密西西比河三角洲及墨西哥湾北岸发育着大片的滨海沼泽，局部伸入大陆内部达 50km。各种植物带及其相应的沼泽平行海岸分布，由滨海生长网茅等草本植物的咸水沼泽在陆地上变成繁殖莞属等植物的微咸水沼泽，生长芦苇、苍茅等的半微咸水沼泽，最后变成以香蒲、芦苇为主的淡水沼泽。

3）红树林泥炭沼泽。红树林泥炭沼泽是一种特殊类型的滨海泥炭沼泽；红树是热带地区的海岸植物，它生长在滨海的浅海滩上。涨潮时潮水淹没了浅海滩，树干被淹泡在水中，只有树冠漂露在海面上，成为一片“海洋森林”；落潮后露出的树干常沾满了污泥，树根周围堆积了大量的浮泥（海滩上茂密的红树林，有减低流速和加速沉积的作用）。为了适应长期浸泡在海水与淤泥等缺乏空气的环境，又须适应海岸中的风浪，红树具有发达的支柱根和气根。红树的生长要求终年无霜、温暖和潮湿的气候，世界上红树林大致分布在南北回归线范围内。

（2）内陆泥炭沼泽。内陆泥炭沼泽发育在山间盆地、内陆湖泊、冲积扇前缘、河漫滩阶地和牛轭湖等处。

1.2.2.3 按植物群落划分

根据沼泽内的植物群落，泥炭沼泽可以分为草本泥炭沼泽和木本泥炭沼泽。我国四川西北部、康藏高原东北边缘的若尔盖沼泽属草本泥炭沼泽。若尔盖沼泽海拔3400m，面积达2700km²左右，该地区降水量大（年降水量为550~860mm），故地下水得到充分补给；而且气候寒冷，蒸发量小，年平均湿度较大，沼泽内长满了喜湿的草本植物和低等植物，如蒿草、苔草、甜茅、睡莲和藻类，这些植物随着水的深浅呈带状分布，所以在沼泽中堆积着泥炭层。泥炭层的厚度一般为2~3m，厚者可达6m，故为内陆高原低位草本型沼泽。

1.2.2.4 按水介质的含盐度划分

根据水介质的含盐度，泥炭沼泽又可分为淡水沼泽、半咸水沼泽和咸水沼泽。淡水沼泽一般是内陆的沼泽，大陆上分布很广，有些是湖泊淤泥形成的，有些是河流两侧的泛滥平原和山前地区形成的，如我国的若尔盖沼泽、河北省围场县宽谷泥炭沼泽等。咸水和半咸水沼泽都是与海洋有关的近海泥炭沼泽。如我国海南省崖县海边的红树林泥炭沼泽、海南省文昌市境内由草本植物形成的滨海泥炭沼泽以及美国南部、墨西哥湾北岸现代沼泽的分布情况，都可以看到由海洋向陆地方向延伸，由咸水沼泽逐步过渡到半咸水沼泽以至淡水沼泽。

海、陆相成煤环境在水介质、植物生态、共生生物、微环境控制因素、共生环境等方面存在显著差异，同时成煤环境的差异性也决定了成煤特点。海、陆相煤层的显微组分组成特征、矿物质特征、有机组分及元素组成特征、硫分及硫形态特征、有机地球化学特征、煤体形态特征、赋存岩系特征均有明显不同，它们成为识别海、陆相煤层的有效相标志。

1.3 成煤作用过程

腐殖煤的生成过程通常称为成煤过程。从植物死亡、堆积到转变为煤经过了一系列复杂的演变过程，这个过程称为成煤作用。成煤过程大致可分为泥炭化阶段和煤化阶段。

1.3.1 泥炭化阶段

泥炭化阶段是指高等植物残骸在泥炭沼泽中，经过生物化学和地球化学作用演变成泥炭的过程，也可以说是成煤的前期过程或准备阶段。在这个过程中，植物所有的有机组成和泥炭沼泽中的微生物都参与了成煤作用。

当植物残体堆积在积水的沼泽中时，最初是在有水的情况下，当然也有一部分空气，这时植物残体的一部分在好氧细菌的作用下开始腐败，以后空气越来越少甚至完全没有空气。这样植物在水底，在厌氧细菌作用下，开始把植物本身所含的氧转化成 CO_2、H_2O 以及 CH_4 等。所以在这个过程中植物残体的氧含量逐渐减少，而碳含量相对地增高，植物变成了腐殖酸。经过这一阶段，植物就转化成为泥炭。泥炭中含有较多数量的腐殖酸。此外，泥炭还保留有植物残体的某些部分，如根、茎、叶等。

1.3.1.1 植物遗体的堆积

如果植物死亡之后堆积在空气中，植物的残体就会在空气中逐渐氧化，最后都成为 CO_2 和 H_2O，使残体完全分解，因此就不能形成煤了。植物遗体是成煤的物质来源，但并不是在任何条件下植物遗体都能顺利地堆积并转变为泥炭，而是需要一定的堆积条件。按其是否经过长距离搬运分为原地堆积和异地堆积两种。

(1) 原地堆积。指植物遗体在原来生长的沼泽中堆积，并形成泥炭。在原地生成的煤层底板中能看到植物根部的化石。在有些煤层里甚至还发现有由直立的树干形成的煤。它首先需要大量植物持续繁殖，其次需要保存植物遗体的环境，使植物遗体能够原地堆积并且不至于完全被氧化分解。同时具备这两个条件的场所就是沼泽。沼泽地势平坦低洼，排水不畅，植物繁茂。未被完全分解的植物残骸在其中逐年积累并开始泥炭化，天长日久便形成泡软的泥炭。

从地史上形成的煤层来看，绝大多数都属于植物遗体原地堆积成煤。

(2) 异地堆积。成煤的地方并不是植物生长的地方，植物遗体经过相当长距离的搬运(主要是水力的作用) 后，在浅水盆地、泻湖、三角洲地带沉积下来而形成泥炭。异地堆积数量太少，很难形成有开采价值的煤层。

植物遗体因水流搬运异地堆积后如能在沼泽中保存下来，也可以成煤，但较难形成有工业开采价值的煤层。在现代沉积和第四纪沉积中，都有异地生成的泥炭。

1.3.1.2 泥炭化阶段的生物化学变化

在泥炭化阶段，植物遗体的变化是十分复杂的。根据微生物的类型和作用，其生物化学作用可分为两个阶段。

第一阶段：植物遗体暴露在空气中或在沼泽浅部、多氧的条件下，由于需氧细菌和真菌等微生物对植物进行氧化分解和水解作用，植物遗体中的一部分被彻底破坏，变成气体和水；另一部分分解为较简单的有机化合物，它们在一定条件下可合成腐殖酸；而未分解的稳定部分则保留下来。保留下来的分解产物，经过厌氧细菌的作用，一部分成为微生物的养料，一部分合成为腐殖酸和沥青质等较稳定的新物质。

第二阶段：在沼泽水的覆盖下，出现缺氧条件，微生物被厌氧细菌所替代。厌氧细菌与需氧细菌完全不同，它们的生命活动不需依靠空气中的氧，而能利用植物有机质中的氧，故发生了还原反应，结果留下了富氢的残留物。此阶段对于泥炭化是至关重要的。这是因为，如果植物遗体一直处在有氧或供氧充足的环境中，将被强烈的氧化分解，发生全败或半败作用，不再有泥炭生成，见表 1-6。

表 1-6 植物遗体的分解过程

原始物质	过程名称	氧的供应状况	水的状况	过程实质	产 物
陆生及沼泽植物（高等植物）	全败	充足	有一定水分	完全氧化	仅留下矿物质
	半败	少量	有一定水分	腐殖化	腐殖土
	泥炭化	开始少量，后来无氧	开始有一定水分，后来浸没于水中	开始腐殖化，后来还原作用	泥炭
水中有机植物（低等植物）	腐泥化	无氧气	在死水中	还原作用	腐泥

通常，在沼泽环境下，植物遗体的氧化分解往往是不充分的，经过第一阶段的不完全氧化分解之后，一般都会进入第二阶段，其原因主要在于：

(1) 泥炭沼泽水的覆盖和植物遗体堆积厚度的增加，使正在分解的植物遗体逐渐与空气隔绝，进入弱氧化或还原环境。一般距泥炭沼泽表面0.5m以下，需氧细菌和真菌等微生物急剧减少，而厌氧细菌则逐步增加。

(2) 植物遗体转变过程中分解出的气体、液体和微生物新陈代谢的产物促使沼泽中介质的酸度增加，抑制了需氧细菌、真菌的生存和活动，如分解产物中的硫化氢和有机酸的积累就能产生这种作用。

(3) 植物本身存在的防腐和杀菌成分（如酚类）的逐步积累，不利于微生物的生存和活动。另外，植物的分解产物也有一定的毒性。

1.3.1.3 泥炭的累积速度

泥炭的积累与大气和土壤的温度密切有关。一方面温度影响植物生长速度和生长量，我国华南亚热带森林的枯枝落叶层每公顷达24~35t，而小兴安岭寒温带则为几吨到十几吨；另一方面温度也影响微生物的繁殖和活动，从而影响植物死亡后的分解速度。温度过高或过低都不利于泥炭的积累，只有温暖和湿润的气候条件下才有利于泥炭的积累。

现代泥炭沼泽中泥炭的积累速度大多每年在0.5~2.2mm（厚度），平均每年积累约为1mm。远古时代泥炭层的堆积速度比现在大概要快得多，因为古代沼泽中以木本植物为主，而且形体高大；而现代沼泽则以草本植物为主，形体矮小。现代泥炭和第四纪埋藏泥炭一般只有几米厚，只有个别地区厚达20m和30m以上，而第三纪、中生代某些煤层都厚达一二百米以上。由植物转变为泥炭，在化学组成上发生了质的变化，见表1-7。

表1-7 植物与泥炭化学组成的比较 （质量分数,%）

植物或泥炭	元素组成				有机成分				
	C	H	N	S+O	纤维素 半纤维素	木质素	蛋白质	沥青	腐殖酸
莎 草	47.20	5.61	1.61	39.37	50	20~30	5~10	5~10	0
木本植物	50.15	6.20	1.05	42.10	50.60	20.30	1~7	1~3	0
桦川草本泥炭	55.87	6.35	2.90	34.97	19.69	0.75	0	3.56	43.58
合浦木本泥炭	65.46	6.53	1.20	26.75	0.89	0.39	0	0	42.88

从表1-7可以看出，植物转变为泥炭后，植物中含有的蛋白质在泥炭中消失了，木质素、纤维素等在泥炭中很少，而产生了植物中没有的大量腐殖酸。沥青既可由合成作用形成，也可由树脂、蜡质、孢粉质等转化而来。在元素组成中，泥炭的碳含量比植物增高，氮含量有所增加，而氧含量减少了。说明泥炭化过程中，植物的各种有机组分发生了复杂的变化，而生成新的产物。这些产物的组成和性质与原来植物的组成和性质是不同的。

1.3.1.4 凝胶化作用和丝炭化作用

在泥炭化过程中，植物的木质纤维组织等除经受生物化学作用外，还发生了显著的物理化学变化。由于经受第一阶段生物化学的氧化分解的程度不同，从第一阶段转入第二阶段还原反应时机上的差别，再加上生物化学作用的第一阶段和第二阶段可能出现的交叉反复以及其他因素，植物残骸经泥炭化后将得到一系列成分和性质都不同的产物。综合生物化学作用与物理化学作用的总趋势，在泥炭化阶段主要发生两种作用：在弱氧化以至还原的条件下发生凝胶化作用，形成以腐殖酸和沥青质为主要成分的凝胶化物质；在强氧化条件下发生丝炭化作用，产生富碳贫氢的丝炭化物质。凝胶化作用和丝炭化作用是泥炭化过程中两种不同的典型的转变作用，它们不仅发生在泥炭化阶段，成岩过程中还要继续进行相当长的时间。经成岩与变质作用后，它们分别转变为煤中的两种典型有机显微煤岩组分：镜质组和丝质组。

A 凝胶化作用

凝胶化作用是指植物的主要组分在泥炭化阶段经过生物化学变化和物理化学变化，形成以腐殖酸和沥青质为主体的胶体物质（凝胶和溶胶）的过程，这一过程在成岩阶段的延续又称为镜煤化作用。

凝胶化作用通常发生在沼泽中停滞、不太深的覆水条件下，弱氧化至还原环境中。在厌氧细菌的参与下，植物的木质纤维组织一方面发生生物化学变化，形成腐殖酸和沥青质等；另一方面植物的木质纤维组织在沼泽水的浸泡下，吸水膨胀，发生了胶体化学的变化。

凝胶化作用进行的强烈程度不同，产生了形态和结构各异的凝胶化物质。作为两个极端的例子：当凝胶化作用微弱时，植物的细胞壁基本不膨胀或仅微弱膨胀，则植物的细胞组织仍能保持原始规则的排列，细胞腔明显；当凝胶化作用极强烈时，植物的细胞结构完全消失，形成均匀的凝胶体。经过成岩阶段的镜煤化作用转变成煤后，前者形成木煤体或结构镜质体，后者形成基质镜质体或无结构镜质体。在这两种极端的显微成分之间，当然还存在若干凝胶化（镜煤化）程度不等的过渡和变形成分，如木质镜煤体、碎屑镜质体等。这些凝胶化过程中形成的不同产物不仅在形态上存在差别，成煤后在理化性质上也有所差异，但因为它们的工艺性质比较接近，故归并为镜质组。

B 丝炭化作用

植物的木质纤维组织在泥炭沼泽的氧化环境中，受到需氧细菌的氧化作用，产生贫氢富碳的腐殖物质，或遭受“森林火灾”而炭化成木炭的过程称为丝炭化作用。其产物统称为丝炭，依成因分为氧化丝质体与火焚丝质体。两者在形态、反射率和工艺性质等方面有一定的差异。但总体来说，氧化丝质体的存在是普遍的现象，而火焚丝质体的出现是偶然的情况。

氧化成因的丝炭化作用通常是在沼泽表面变得比较干燥，氧的供应较为充分的情况下发生的。在氧化过程中，有机物在微生物参与下失去被氧化的原子团而脱水、脱氢，碳含量相对增加。但若氧化作用无限制继续并不能形成丝炭，这是因为氧化作用的持续发生将导致植物遗体全部分解。只有当氧化到一定阶段后，植物残骸迅速转入覆水较深的弱氧化以至还原条件下，或被泥砂覆盖而与空气隔绝，中断了氧化作用，随后经煤化作用才能转变为丝炭。由于堆积环境、堆积方式等因素的影响，成煤后的丝炭有的细胞孔壁完整干净，有的孔壁中填充有黏土等矿物质，还有的细胞孔壁破裂为碎屑。它们的粉碎性能差异很大，但热工艺性质相近，故均归属于丝质组（惰质组）。

凝胶化作用和丝炭化作用是泥炭化阶段两种不同的转变过程。但对同一植物遗体来说，这两种作用是可以交叉进行的。凝胶化物质可以因重新转入氧化环境而脱氢脱水，相对地增碳而向丝炭化物质转化；氧化较轻的丝炭化物质亦可以因进入还原环境而发生凝胶化作用。其互相转变的程度主要取决于沼泽覆水变化的程度。但是，彻底丝炭化的物质，即使在能够进行凝胶化作用的条件下，也不可能向凝胶化物质转化了。

C 泥炭聚积环境对煤质的影响

研究表明，泥炭的堆积环境对煤的岩相组成、硫含量和煤的还原程度有显著的影响。

(1) 聚积环境与煤的岩相组成。物理条件主要是水的深度和流动性，影响着泥炭沼泽的化学条件；化学条件，尤其是氢离子浓度（pH 值）和氧化/还原电势，又影响着微生物的活动。这些相互联系的物理、化学条件以及微生物条件与成煤植物物料相互作用，形成了泥炭的特定类型，并由此形成特定的煤类型。

(2) 聚积环境与煤的硫含量。近海煤田的许多煤层，煤中的硫分都相当高，有的甚至高达 8%~12%，而远海型煤田的煤一般硫分都比较低。这种情况反映了泥炭堆积环境的影响，原因主要有三个：一是海滨盐碱土上生长的植物本身硫含量就较高，如广东滨海现代红树林泥炭的硫分可高达 4.69%~6.62%，这部分硫随着泥炭的煤化作用将成为煤中的有机硫；二是随着沼泽中水流的输运作用，某些元素会被泥炭沼泽中生长的植物选择地浓缩，并与成为泥炭沉积物的有机物发生反应，一部分有机硫就是这样被浓缩的元素之一；三是海水硫含量高，平均含量为 0.0888%，主要以硫酸根离子的形式存在。海水具有弱碱性，常被海水淹没的某些泥炭沼泽 pH 值达 7.0~8.5。在此条件下，脱硫弧菌等硫酸盐还原菌很活跃，它利用有机质作为给氢体将硫酸盐还原成硫化氢。硫化氢与介质中的铁离子化合生成水陨硫铁（$FeS \cdot nH_2O$），再进一步与元素硫反应生成胶黄铁矿（$FeS_2 \cdot nH_2O$），经脱水即转变为黄铁矿 FeS_2，成为煤中的无机硫。

(3) 聚积环境与煤的还原程度。煤的还原程度是指煤中的有机质在成煤过程中受到还原的程度。近海煤田某些煤层的煤，与变质程度相同、煤岩组成相近的其他煤比较，挥发分和硫、氢、氮的含量都较高，黏结性较强，发热量和焦油产率也较高，因此称为强还原煤。

强还原煤的生成与滨海泥炭沼泽的介质化学特性有关。它是在碱性介质，停滞和厌氧的还原环境下生成的。人工煤化作用的实验也证实了在碱性介质中，形成的煤黏结性较强。

近期的研究证明，煤的还原程度与煤的分子结构特征有关。一般强还原煤的酚羟基和羰基含量都较低，氢键结构多属于 NH—O 和 NH—N 类型；而弱还原煤的酚羟基和羰基含量较高，氢键结构多属于 OH—O 和 OH—N 类型。国外已制定了用电化学法测定煤还原程度的标准。

1.3.2 煤化阶段

以泥炭被无机沉积物覆盖为标志，泥炭化阶段结束，生物化学作用逐渐减弱以至停止。在温度和压力为主的物理化学和化学作用下，泥炭开始向褐煤、烟煤和无烟煤转变的过程称为煤化阶段。

由于作用因素和结果的不同，煤化阶段可以划分为成岩阶段和变质阶段，它们与成煤过程的相互关系如图 1-4 所示。在这一阶段中起主导作用的是物理化学作用。在温度和压力的影响下，泥炭进一步转变为褐煤（成岩作用），再由褐煤变为烟煤和无烟煤（变质作用）。泥炭的组成也随之变化，逐渐变成含水较少、比重较泥炭大的、呈褐色的褐煤。褐煤已不再保留植物残体组织。腐殖酸的含量随着变化的加深而减少，碳含量增大。

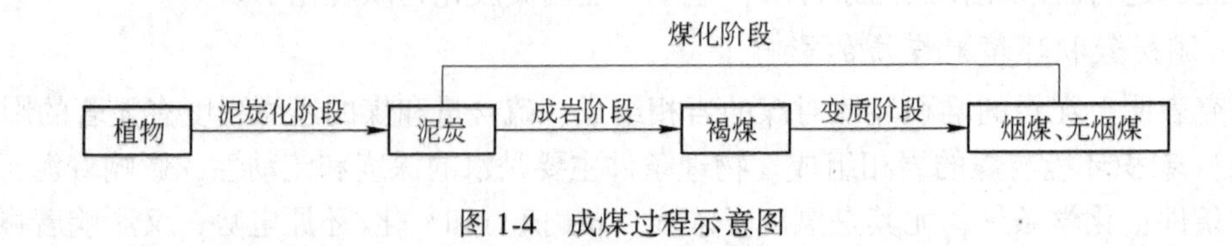

图 1-4 成煤过程示意图

1.3.2.1 成岩阶段

由于地壳运动，泥炭层形成后发生下沉，如果泥炭的下沉速度和植物生长的速度相匹配，就会形成很厚的泥炭层。但当地壳下沉的速度高于植物遗体的堆积速度时，则泥炭的堆积停止，而代之以黏土和泥砂的堆积。这些黏土和泥砂在长期的地理因素作用（如搬运、沉积和固结成岩等）下逐渐形成了坚实的顶板。这样，泥炭层就从地表或地表附近转入地下成为埋藏泥炭。

当地层继续下沉和顶板逐渐加厚时，由于温度明显升高，压力继续加大，而使煤质的变化转入变质阶段。成岩阶段是指已经形成的泥炭，因受上覆无机沉积物的巨大压力逐渐发生压紧、失水、胶体老化硬结等物理和物理化学变化，转变为具有生物岩特征褐煤的过程。这一过程发生在深度不大的地下，泥炭上面的覆盖层厚度为 200~400m，温度不高，估计不到 60℃。因此，压力及其作用时间对泥炭的成岩起主导作用。例如，在绝对年代较小的第三纪地层中，煤层一般为低变质程度的褐煤，而在较古老的石炭纪和二叠纪地层中，才能看到典型的和高变质程度的褐煤。

如果地壳运动不是下沉而是上升，则已形成的泥炭层将高出沼泽的水面而暴露于大气中，它不但不能变成煤，甚至还会遭到自然因素的破坏。

在成岩过程中，除了发生压实和失水等物理变化外，也在一定程度上进行了分解和缩聚反应。泥炭中残留的植物成分，如少量的纤维素、半纤维素和木质素等逐渐消失，腐殖酸含量先增加后减少。从元素组成看，氧、氢含量减少，碳含量增加，见表 1-8。

表 1-8 成煤过程的化学组成变化 （%）

物料		C_{daf}	O_{daf}	腐殖酸 AH_{daf}	V_{daf}	水分 M_{ad}
植物	草本植物	48	50			
	木本植物	50	42			
泥炭	草本泥炭	56	34	43	70	>40
	木本泥炭	66	26	53	70	>40
褐煤	低煤化度褐煤	67	25	68	58	10~30
	典型褐煤	71	23	22	50	
	高煤化度褐煤	73	17	3	45	
烟煤	长焰煤	77	13	0	43	10

续表 1-8

物料		C_{daf}	O_{daf}	腐殖酸 AH_{daf}	V_{daf}	水分 M_{ad}
烟煤	气煤	82	10	0	41	3
	肥煤	85	5	0	33	1.5
	焦煤	88	4	0	25	0.9
	瘦煤	90	3.8	0	16	0.9
	贫煤	91	2.8	0	15	1.3
无烟煤		93	2.7	0	<10	2.3

1.3.2.2　变质阶段

变质阶段是指褐煤沉降到地壳深处，在长时间地热和高压作用下发生化学反应，其组成、结构和性质发生变化，转变为烟煤、无烟煤的过程。在这一转变过程中，煤层所受到的压力一般可达几十到几百兆帕，温度通常在200℃以下。如受到火山岩浆等更高温度的作用，则烟煤可能变成天然焦，无烟煤则可能变成石墨。后者是一种高级变质作用，已不属于煤的变质阶段。

引起煤变质的主要因素是温度、时间和压力。

（1）温度。温度是煤变质的主要因素。地球是一个庞大的热库，巨大的地热使地温自地表常温层以下随深度加大而逐渐升高。深度每增加100m温度升高的数值叫地温（热）梯度。地温梯度一般恒为正值，即地温朝地下深处逐渐升高，尽管地热场的分布总是不均一的。现代地壳平均地温梯度为3℃/100m，但其变化范围可由0.5℃/100m到25℃/100m。由此可以推测成煤期的古代地温分布也是不均一的，但应有相同的变化趋势。

由于地温分布的这种规律性，在穿过含煤地层的深钻孔中，发现煤的变质程度一般总是随深度增加而提高，煤变质程度的挥发分含量随埋藏深度的增加而降低，这一事实无疑是温度对煤变质发生强烈影响的有力例证。

温度因素的重要性也被一系列的人工煤化实验所证明。人工煤化实验发现，泥炭在100MPa的压力下加热到200℃时，试样在相当长的时间内并无变化，而当温度超过200℃时，试样转变为褐煤；当压力升高到180MPa，温度低于320℃时，褐煤一直无明显变化；而当温度升至320℃后，它就转变为接近于长焰煤的产物，但仍能使KOH溶液染色；当继续升温到345℃后，得到了具有典型烟煤性质的产物，不再使KOH溶液染色；继续升温至500℃，产物具有无烟煤性质。由此可见，温度不仅是煤变质的主要因素，而且似乎存在一个煤变质的临界温度。

当然，天然的变质过程不需要这么高的温度，而且除个别情况外，一般也不可能达到这么高的温度。应用地质-地球物理方法研究地热场的变化，用围岩矿化推测古地温及用热动力模拟计算煤化温度，得出了天然煤化作用所需的温度比人工煤化实验推断温度要低得多的结论。苏联学者根据顿巴斯现代地热场和古代地热梯度认为，晚古生代从褐煤转化为无烟煤的变质温度为40~200℃。大量资料表明，转变为不同煤化阶段所需的温度大致为：褐煤40~50℃，长焰煤低于100℃，典型烟煤一般低于200℃，无烟煤一般不超过350℃。

（2）时间。煤化过程中温度和压力持续作用于煤的时间长短也是煤变质的一个重要因素。温度和压力对煤变质的影响随着它的持续时间而变化。温度和压力对煤变质的影响随着它的持续时间而变化，时间因素的重要影响表现在以下两方面。

1）受热温度相同时，变质程度取决于受热时间的长短。受热时间短的煤变质程度低，受热时间长的煤变质程度高。例如美国第三纪地层中的煤包裹体与德国石炭纪的煤层，沉降深度分别为 5440m 和 5100m，地质历史分析表明至今没有变动。受热温度前者约为 141℃，后者约为 147℃。可见温度与压力条件是近似的，但因时间差别很大，前者为 1300 万～1900 万年，后者为 2 亿 7000 万年，造成煤的变质程度出现明显差异；前者 V_{daf} = 35%～40%，变质程度较低，属于气煤；后者 V_{daf} = 14%～16%，变质程度高，大致属于焦煤或瘦煤。

2）煤受短时间较高温度的作用或受长时间较低温度（超过变质临界温度）作用，可以达到相同的变质程度。一些煤田的地址观测结果表明，如果受热持续时间为 500 万年，大约在 340℃ 的温度下可形成无烟煤；而当持续受热时间为 2000 万至 1 亿年时，只要 150～200℃ 的温度就能形成高变质烟煤和无烟煤。

（3）压力。压力也是煤变质阶段不可缺少的条件。一般说来，压力和温度是互相联系的，温度高时，压力也高。较高的压力是变质作用的必要条件之一。

压力不仅可以使成煤物质在形态上发生变化，使煤压实，孔隙率降低，水分减少，而且还可以使煤的岩相组分沿垂直压力的方向作定向排列。由于上覆岩层沉积厚度不断增大，使地下的岩层、煤层受到很大的静压力，导致煤和岩石的体积收缩；在体积收缩过程中，发生内摩擦而放出热量，使地温升高，间接地促进煤的变质。此外在地壳运动过程中，还会产生一定方向的动压力，由于动压力的作用可形成断裂构造，断裂两侧岩块在相对位移时同样会放出摩擦热，从而引起断裂带附近煤的变质作用。

尽管一定的压力有促进煤物理结构变化的作用，但只有化学变化对煤的化学结构有决定性的影响。此外，人工煤化实验表明，当静压力过大时，由于化学平衡移动的原因，压力反而会抑制煤结构单元中侧链或基团的分解析出，从而阻碍煤的变质。因此，人们一般认为压力是煤变质的次要因素。

除了温度、时间和压力之外，有些研究者还认为放射性因素也能影响煤的变质。例如放射性蜕变热与放射性的 β 粒子辐射可以使低变质煤局部转变为较高变质程度的煤。但有的研究者认为放射性因素仅有非常局部的影响，例如在煤层中围绕放射性矿物出现反射率较高的小“接触晕圈”。这一问题还有待于进一步的研究。

鉴于煤在变质过程中发生的变化和变质过程主要受温度影响，有人把这一过程也称为天然的干馏过程。由于煤质的热裂解，所以有大量的甲烷析出，成为天然气田的来源之一，在煤层里亦储存有或多或少的瓦斯气也就是含有甲烷的可燃气，称为煤层气。

温度是促使煤化程度增高的主要因素，因此根据导致煤变质的热源及其作用方式，变质作用可划分为深成变质作用、岩浆变质作用及动力变质作用。

（1）深成变质作用。深成变质是指煤在地壳深处，受地热和上覆岩层静压力的作用而产生的煤变质程度随深度而递增的变质作用。在三类变质作用中，深成变质对煤的影响最为广泛，常是整个地区，故又称为区域变质作用。

煤的变质程度具有垂直分布规律。深成变质与地热梯度有关，一般每下降100m，地层温度升高2~4℃。在分析这一作用的影响时，不仅要看煤层现在的埋藏深度，还要考虑到历史上它曾经到达的深度。1873年，德国学者希尔特（Hilt）发现在同一煤田大致相同的构造条件下，随着埋藏深度的增加，煤的挥发分有规律的减少。大约每下降100m，煤的挥发分 V_{daf} 减少2.3%左右，该规律称为希尔特定律。希尔特定律在我国和世界上的其他煤田中都已得到证实。但不同煤田由于地热梯度不同，挥发分梯度也略有差异。我国阳泉和大同煤田的挥发分梯度（埋藏深度每下降100m，挥发分的减少值）为1.4%~3.3%，豫西煤田为2%~3%，红阳煤田为3.15%，章丘煤田为4%等。

除构造异常与岩浆侵入煤系的情况外，由于煤岩组成、还原程度等差异可能会出现不符合希尔特定律的情况。因此，应综合采用挥发分、碳含量和镜质组反射率等多项煤变质指标，评价煤的变质程度，这样可以更准确地反映煤的变质程度的垂直分布规律。

煤的变质程度也具有水平分带规律。由于地质构造因素的影响，在同一煤田中，同一煤层或煤层组原始沉积时沉降幅度可能不同，成煤后下降的深度也可能不一样。按照希尔特定律，这一煤层或煤层组在不同的深度上变质程度也就不同，反映到平面上即为变质程度的水平分带规律。例如我国华北某煤田，煤的变质程度在平面上呈环状分布，形态类似原始沉积盆地的等高线轮廓。在煤田盆地的边缘，含煤岩层厚度小，煤的变质程度低，越往盆地中央，含煤岩系厚度越大（后期上覆沉积物厚度增大），煤的变质程度越高。显然，变质程度的水平分带规律，只不过是希尔特定律在平面上的表现形式。这两种分带现象的关系如图1-5所示。希尔特定律对于煤矿的勘探、开采和预测矿区煤质变化均具有重要的意义。

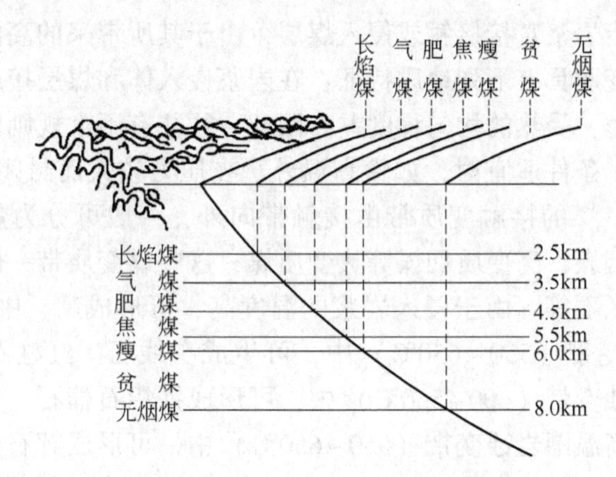

图1-5 煤质的垂直分布与水平分带关系示意图

（2）岩浆变质作用。岩浆变质作用可分为区域岩浆热变质作用和接触变质作用两种类型。区域岩浆热变质作用是指聚煤坳陷内有岩浆活动，岩浆所携带的热量可使地温增高，形成地热异常带，从而引起煤的变质作用。

煤的区域岩浆热变质作用的识别标志有：煤级分布常为环带状，越靠近岩体，煤的变质程度越高；煤变质梯度高，垂向上在较小的距离内，就可引起变质程度的明显差异；由于受岩浆热的影响，煤中常发育气孔、小球体以及镶嵌结构等；高变质煤带发生围岩蚀变，并往往与热液矿床伴生；在岩浆活动区具有重磁异常，其异常值常与地下侵入岩体的存在有关。在煤的深成变质作用下，垂向上煤级增高一个级别往往需要增加近1000m的埋深。如乌克兰顿巴斯石炭纪煤，从半无烟煤提高到无烟煤所增加的埋深高达6000m。但受煤的区域岩浆热变质作用影响的区域，即使煤层的间距不足100m，仍然可引起煤级的差别，煤的深成变质作用所引起的反射率 R^{o}_{max} 梯度一般小于0.1%/100m，而煤的区域岩浆热变质作用所引起的反射率梯度一般大于0.1%/100m（见表1-9）。煤的区域岩浆热变质作用是促成我国出现大量中、高变质烟煤和无烟煤的主要原因。

表1-9 煤深成变质与煤区域岩浆热变质煤的反射率（R^{o}_{max}）梯度对比表

变质类型	地　区	地质时代	反射率（R^{o}_{max}）梯度/%·$100m^{-1}$
煤的深成变质	加拿大 Rockfort 山丘	K	0.03
	澳大利亚库帕盆地	P_1	0.026
	美国阿巴拉契盆地	C_2	0.05
	乌克兰顿巴斯谢别林斯克	C_2	0.024~0.040
	鄂尔多斯盆地	C_2	0.036
煤的区域岩浆热变质	太原西山	C_2-P_1	0.29~0.49
	河北峰峰	C_2-P_1	0.17~0.34
	河南禹县-新密	C_2-P_1	0.12~0.21
	河南平顶山-荥巩	C_2-P_1	0.12~0.57
	湖南中部地区	C-P	0.25~0.62
	黑龙江鸡西	J-K	0.14~0.19

接触变质作用是指岩浆直接接触或侵入煤层，由于其所带来的高温和压力，促使煤发生变质的作用。接触变质具有下列地质特征：在岩浆侵入体和煤层接触带附近，煤层的温度高，但是持续时间短，受热的均匀程度差。因此，往往有不太规则的天然焦出现，它是接触变质的特征产物。条件适宜时，如除高温外，在压力较大而封闭条件又好的情况下，可出现半石墨或石墨。煤的接触变质带由接触带向外，一般可分为焦岩混合带、天然焦带、焦煤混合带、无烟煤、高变质烟煤等热变质煤，这些煤变质带一般不太规则，宽度不大，从数厘米到数十米不等。由于侵入岩浆的温度高，可形成高、中、低温围岩蚀变带，如在泥质围岩高温蚀变带（550~650℃）中，可生成夕线石、红柱石、堇青石等变质矿物；在泥质围岩中温蚀变带（400~550℃）中，可形成铁铝石榴石、十字石、蓝晶石等变质矿物。在碳酸盐岩高温围岩蚀变带（550~650℃）中，可形成辉石、橄榄石、硅灰石等变质矿物；在碳酸盐岩中温蚀变带（400~550℃）中，可形成阳起石、透闪石、钙铝石榴石等变质矿物。除大型深成岩浆附近产生的煤的接触变质外，典型的煤的接触变质作用，即由脉岩或小型浅成岩浆引起的煤的接触变质作用；由于岩浆侵入体规模小、热量少、散热快，因此煤的接触变质作用影响范围有限。受岩墙影响的煤的变质宽度不过为岩墙本身厚度的2~3倍，即使厚度达100多米的岩床，其影响范围也不过百余米。煤的接触变质作用只是中国煤变质的次要因素。

（3）动力变质作用。动力变质作用是指由于地壳构造变动产生的褶皱和断裂使煤发生变质的作用，其影响的范围也小，而且没有规律性。引起动力变质的地壳构造变化主要是含煤岩系形成之后地壳的褶皱和断裂。煤田地质研究表明，地壳构造活动引起煤异样变质的范围一般不大，因此动力变质也是局部现象。动力变质煤的主要特点是密度增大，挥发分和发热量降低、煤层层理受到破坏等。

由上可见，各种煤都是处于一定煤化阶段的产物。成煤植物的多样性和在漫长的成煤过程中条件的千变万化，决定了煤的多样性、复杂性和不均一性。各种不同煤田不一定只受到一种变质作用的影响。

“煤化程度”一般是指从泥炭到无烟煤的变化程度，泥炭的煤化程度最低，无烟煤的煤化程度最高。“变质程度”与此相似，不同的是它不包括成岩阶段，仅指从褐煤到无烟煤的变化程度。二者虽然在许多场合是一致的，但概念不同，不应混淆。由于煤类经受的变质作用的程度不同，通常将长焰煤和气煤称为低变质烟煤；肥煤和焦煤称为中等变质烟煤；瘦煤和贫煤称为高变质烟煤；无烟煤的变质程度更高称为高变质煤。我国褐煤的煤化程度深的较多，只有云南省有较多的年青褐煤。我国无烟煤的煤化程度浅的较多，我国非炼焦烟煤中的不黏煤和弱黏煤是煤化程度最低的烟煤。

1.4 主要成煤期与主要煤田

1.4.1 影响成煤期的主要因素

自从地球上出现植物，便有了成煤的物质基础，但世界范围内最主要的成煤期都仅属于某些地质年代。

如果没有大量的植物堆积，显然是不可能的。这是因为聚煤作用的发生是古代气候、植物、地理及构造诸因素综合作用的结果。

（1）古气候因素。地史上最适于聚煤作用发生的气候条件是温暖潮湿的气候。根据现代聚煤作用发生的气候条件来看，无论在热带、温带和寒带，只要有足够的湿度，都可形成泥炭层。但在同样长的时间里，以温暖潮湿气候下形成的泥炭层最厚。因此，湿度与温度相比，湿度对聚煤作用的影响更大。

（2）古植物因素。只有当植物演化发展到一定阶段，即有高大的木本植物大量繁殖堆积，才能广泛形成有工业意义的煤层。高等植物中如石松纲、苛达纲、银杏纲等，树木粗壮高大，树高可达三四十米。因此它们繁盛发育的石炭纪、二叠纪、白垩纪和第三纪等时期都是重要的成煤期。

（3）古地理因素。一般最适于形成泥炭沼泽的古地理环境是广阔的滨海平原、泻湖海湾、河流的冲积平原、山间或内陆盆地等。在这些地区，聚煤作用可以在几万至几十万平方公里范围内广泛而连续地发生。

（4）古构造因素。古地壳构造运动是影响成煤期的主导因素。它不仅影响古气候和古地理条件，而且直接影响聚煤作用，主要表现在以下三个方面。

1）泥炭层的堆积要求地壳发生缓慢的下降。下降的速度最好与植物残骸堆积的速度大致平衡，这种平衡持续的时间越长，形成的煤层也越厚。

2）当地壳的陷落速度大于植物残骸的堆积速度，但泥炭沼泽上面的水层厚度仍小于2m时，水层下的植物残骸可作为养料，滋养新一代植物的生长，泥炭层可继续堆积增厚。同时，水流和风带来的泥砂会分散掺混于泥炭中。

3）当泥炭沼泽的覆水厚度大于2m时，光线难以透过水层，植物因光合作用受阻不能生长，泥炭层的堆积过程亦随之停止。此时，从相邻陆地被水冲下来的泥砂在陷落地区成层基积，将泥炭层覆盖起来，使成煤过程转入成岩作用阶段。成煤后，与煤层相间的泥砂形成碳质页岩的夹层（夹矸），而位于煤层上方者则形成矿物岩层（煤层顶板）。

根据成煤过程中量的变化，估计 10m 高的植物堆积层可形成 1m 厚的泥炭，进而转变为 0.5m 厚的褐煤或 0.17m 厚的烟煤，即 10∶1∶0.5 或 10∶1∶0.17。我国云南昭通和小龙潭褐煤煤层达 100 多米，甚至 200m 以上。

此外，如果地壳在总的下降趋势中发生多次小幅度升降，则同一地区可能形成较多煤层。

总之，在地史上，只要某地区同时具备聚煤所要求的气候、植物、地理和构造运动条件，并且持续的时间也较长，就能形成煤层多、储量大的重要煤田；反之，则煤层少而薄，甚至根本没有煤。

1.4.2 主要聚煤期和主要煤田

1.4.2.1 主要聚煤期

对于植物残骸的堆积、煤层的形成，必须要有气候、生物和地质条件的配合。从陆地上出现植物的时候起（略早于 3 亿年），气候和生物的条件就已具备了，因此在以后的所有地质年代的沉积中，原则上都应该能找到煤。但事实上，大多数煤层的堆积，都仅发生在某些地质年代。这是因为在当时广大地区的地壳升降运动中，上升过程与下降过程相比占优势。在地壳内层中，因为地热作用，熔融物质受到不均匀加热而流动，从而导致地壳处于经常性的升降运动之中。地壳的这种升降运动对成煤有重大的影响。在整个地质年代中，有三个主要的成煤期（见表 1-10）。

表 1-10 地层系统、地质年代、成煤植物与主要煤种

代（界）	纪（系）	距今年代/百万年	中国主要成煤期▲	生物演化		煤种
				植物	动物	
新生代	第四纪（系）	1.6		被子植物	出现古人类	泥炭
	第三纪（系）	23	▲		哺乳动物	褐煤为主，少量烟煤
	古近纪（系）	65				
中生代（界）	白垩纪（系）	135		裸子植物	爬行动物	褐煤、烟煤、少量无烟煤
	侏罗纪（系）	205	▲			
	三叠纪（系）	250				
古生代	二叠纪（系）	290	▲	蕨类植物	两栖动物	烟煤、无烟煤
	石炭纪（系）	355				
	泥盆纪（系）	410		裸蕨植物		
	志留纪（系）	438		菌藻植物	鱼类	石煤
	奥陶纪（系）	510			无脊椎动物	
	寒武纪（系）	570				
	侏罗纪（系）	157		裸子植物全盛、苏铁更盛		
	白垩纪（系）	125		被子植物勃兴，有花植物传播，如白杨、枫等		烟煤、褐煤

续表 1-10

代（界）	纪（系）	距今年代/百万年	中国主要成煤期▲	生物演化		煤种
				植物	动物	
新元古代		1000				
中元古代		1600				
古元古代		2500				
太古代（界）		4000				

我国煤炭资源成煤期的特点是：成煤期多，从泥盆纪前就开始形成石煤，到古近纪和新近纪至第四纪的泥炭，持续时间达6亿年，其中有十几次成煤期，以侏罗纪和石炭二叠纪成煤最为丰富；分布广泛，类型复杂。阴山以北，主要为晚侏罗纪及古近纪和新近纪煤；阴山至昆仑-秦岭之间，主要是石炭二叠纪煤及早、中侏罗纪煤；昆仑-秦岭以南，以晚二叠纪煤为主，还有早古生代煤、早石炭纪煤、晚三叠纪煤及古近纪和新近纪煤。

1.4.2.2 主要煤田

世界煤炭储量较多的国家有中国、俄罗斯、美国、澳大利亚、印度、德国、南非、加拿大和波兰等，多集中在欧亚大陆、北美洲和大洋洲，南美洲和非洲储量很少。

除中国以外的世界主要煤田，有美国阿帕拉契亚（石炭纪），炼焦煤储量占美国的92%；德国鲁尔（石炭纪），储量超过2000亿吨；俄罗斯的通古斯（二叠纪）、坎斯克-阿钦斯克（侏罗纪），煤炭储量均达数千亿吨等。

我国石炭二叠纪著名煤田有大同、开滦、本溪、淮北、豫西和水城等。晚三叠纪较重要的煤田有达县、广元、攀枝花、萍乡、资兴等。侏罗纪最重要的煤田集中分布在新疆北部、甘肃中部-青海北部、陕甘宁盆地和晋北燕山等地区。晚侏罗纪-早白垩纪重要的煤田有鸡西、双鸭山、阜新、铁法和元宝山等。古近纪和新近纪重要煤田有抚顺、沈北、梅河、黄县、昭通、小龙潭和台湾等。

1.5 煤层气

1.5.1 煤层气的定义与成因

煤层气是赋存在煤层中以甲烷（CH_4）为主要成分、以吸附在煤基质颗粒表面为主、部分游离于煤孔隙中或溶解于煤层水中的烃类气体，是煤层本身自生自储式非常规天然气。

植物遗体埋藏后，经生物化学作用转变为泥炭，泥炭又经历以物理化学作用为主的地球化学作用，转变为褐煤、烟煤和无烟煤。在煤化作用过程中，随着上覆地层的不断加厚以及所承受的温度和压力不断增加，成煤物质发生了一系列的物理和化学变化，挥发分和含水量减少，发热量和固定碳含量增加，同时也生成了以甲烷为主的气体——煤型气。按成因可以分为生物成因气和热成因气，煤型气经过运移并聚集成藏的成为煤成气藏，仍然保存在煤层中的成为煤层气。

（1）生物成因气。生物成因气是指在相对低的温度条件下，有机质通过细菌的参与或作用，在煤层中生成的以甲烷为主并含有少量其他成分的气体。其形成温度不超过50℃，相当于泥炭-褐煤阶段。按生气时间、母质以及地质条件的不同，生物成因气又可以分为原生生物成因气和次生生物成因气两种类型。

1）原生生物成因气。原生生物成因气是煤化作用早期阶段（泥炭化和褐煤，见表1-11），低变质煤在泥炭沼泽环境中通过细菌分解等一系列复杂作用所产生的气体。由于泥炭或低变质煤中的孔隙很有限，而且埋藏浅、压力低，对气体的吸附作用也弱，所以一般认为原生生物成因气难以保存下来。

表 1-11 生物成因和热成因煤层气生成阶段

煤层气生成阶段	镜质体反射率/%	煤层气生成阶段	镜质体反射率/%
原生生物成因甲烷	<0.30	最大量的热成因甲烷生成	1.20~2.00
早期热成因	0.50~0.80	大量湿气生成的最后阶段	1.80
最大量湿气生成	0.60~0.80	大量热成因甲烷生成的最后阶段	3.00
强热成因甲烷开始产生	0.80~1.00	次生生物成因甲烷	0.30~1.50
凝析油开始裂解成甲烷	1.0~0.35		

2）次生生物成因气。次生生物成因气与盆地水动力学有关，是煤系地层被后期构造作用抬升并剥蚀到近地表后大气降水带入的细菌通过降解和代谢作用将煤层中已生成的湿气转变成甲烷和二氧化碳，生成次生生物煤层气。次生生物成因气的形成年代一般较晚，生成范围可能在褐煤至无烟煤的多个煤级中。次生生物成因气代表一种重要的煤层气气源，最早在圣胡安盆地就确认了次生生物成因气。次生生物气是煤层气的一种新的成因类型，对煤层气的勘探和生产有重要意义。

次生生物气的地球化学组成与原生生物气相似，主要差别在于煤源岩的 R^o 值为0.30%~1.50%，热演化超过了原生生物气的形成阶段。生物成因气以甲烷为主，一般甲烷含量大于98%，重烃含量多小于1%。

（2）热成因气。在煤化作用过程中，热成因气体的生成一般在两种作用下产生：热降解作用和热裂解作用。

1）热降解作用。随煤层埋藏深度的增加和温度的上升，当埋藏深度达到1500~4000m、温度在60~180℃之间时，有机质在热力作用下各种键相继打开，特别是不稳定的官能团以及羟基、甲氧基、富氢的烷基侧链断裂，有机质不断脱氧、贫氢、富碳，导致煤中的O/C和H/C原子比下降，同时释放出甲烷、二氧化碳等气体。此阶段相当于煤化作用的长焰煤-焦煤阶段。

2）热裂解作用。随煤层埋藏深度的继续增加和温度的上升，当埋藏深度大于4000m、温度超过180℃时，有机质裂解成较稳定的低分子碳氢化合物，部分尚未裂解的有机质直接裂解生成烃类气体。热降解作用形成的液态烃和重烃也发生裂解和重新组合，形成更为稳定的甲烷。与生物成因气相比，热成因气有如下特征：重烃一般出现在高、中挥发分烟煤及变质程度更高的煤中；热成因气的 $\delta^{13}C_1$ 较重，并且变质程度越高所产生的煤层气 $\delta^{13}C_1$ 越重。煤层气藏的成藏要素主要包括：煤层条件压力封闭和保存条件。煤层条件是煤层气藏形成的物质基础；压力封闭是煤层气藏形成的必要条件；保存条件是煤层气藏从形成到现今能够存在的前提。

煤层气与煤是同体共生共存的伴生矿藏。含煤盆地不一定是煤层气盆地，现今保存的含煤盆地不一定都赋存有可供开采的煤层气，只有能够形成煤层气藏的含煤盆地才能称其为煤层气盆地，才含有煤层气。煤层需要具有较高的含气量、较好的渗滤性能和完善的封盖条件，才能形成煤层气藏。

煤层含气量及煤层气可采性是决定煤层气能否成藏的重要条件。控制煤层气含量的主要地质因素有：煤变质程度，埋藏深度，煤层顶、底板岩性以及断裂构造情况等，其中煤变质程度起着决定性作用。煤在形成过程中由于温度及压力增加，在产生变质作用的同时也释放出可燃气体，只有变质适度的煤岩层才能形成煤层气藏。从泥炭到褐煤，每吨煤约产生 $68m^3$ 煤层气；从泥炭到肥煤，每吨煤约产生 $130m^3$ 煤层气；从泥炭到无烟煤每吨煤约产生 $400m^3$ 煤层气。控制煤层气可采性的主要地质因素有：煤层渗透率、相对渗透率、煤等温吸附特征、地层压力及煤的含气饱和程度，其中煤层渗透率是最主要的影响因素。

90%的煤层气资源储藏在早侏罗纪、中侏罗纪、石炭纪和二叠纪的煤层中。其中中侏罗纪煤层厚度大，并且分布稳定，煤质、煤阶和渗透率最适合于煤层气的生成、储存和开发，地质条件较为有利。

煤层气赋存状态有吸着态、游离态和溶解态三种，吸着态又包括吸附态、吸收态和凝聚态三种方式。其中 90% 以上的气体以吸附态保存在煤中孔隙的内表面，游离气不足10%，溶解气仅占很小的一部分。煤层气按照其来源一般分为原始煤层煤层气、煤矿区煤层气、采动区煤层气和矿井通风瓦斯四种，见表 1-12。

表 1-12 煤层气分类

名　称	来　源	特　征
原始煤层煤层气	原始煤层、地面开发	甲烷浓度>95%，生产期长
煤矿区煤层气	生产矿井、采空区	甲烷浓度>90%，生产期短
采动区煤层气	生产矿井	20%<甲烷浓度<80%
矿井通风瓦斯	生产矿井	甲烷浓度 1%左右，量非常巨大

1.5.2 煤层气的特性

（1）煤层气俗称瓦斯气，是不可再生的资源，可用做洁净能源和优质化工原料，但在煤矿开采中也是一种会造成严重后果的有害气体。自人类开发利用煤炭资源以来，瓦斯就被视为对煤矿安全构成重大威胁的可怕气体，经常造成瓦斯事故，因此过去通常被集中排放到大气中。

（2）煤层气以甲烷为主，甲烷是公认的六种主要温室气体之一，其温室效应约为 CO_2 的 21 倍。全世界煤层气资源量约 260 万亿立方米。目前全世界每年因采煤直接向大气排放的煤层气达 315 亿~540 亿立方米，这些逸散在空气中的煤层气，破坏了臭氧层，加剧了温室效应。我国是世界煤炭生产和消费大国，煤矿煤层气排放量约占世界总排放量的1/3以上。

（3）煤层气比空气轻，其密度是空气的 0.55 倍，稍有泄漏会向上扩散，只要保持室内空气流通，即可避免爆炸和火灾。而液化石油气密度是空气的 1.5~2.0 倍，泄漏后会向下沉积，所以危险性要比煤层气大得多。煤层气爆炸范围为 5%~15%，水煤气爆炸范围为 6.2%~74.4%，因此煤层气相对于水煤气不易爆炸。煤层气不含 CO，在使用过程中不会像水煤气那样发生中毒现象。

1.5.3 煤层气与常规天然气

煤层气与石油天然气藏中的气藏气、油层的气顶气、石油中的溶解气等常规的天然气不同，它被吸附在煤层的孔隙表面上。与石油天然气层中游离在岩层孔隙中的天然气不同，因此也称为非常规天然气。

1.5.3.1 煤层气与常规天然气的相同点

煤层气与常规天然气的相同点具体如下。

(1) 气体成分大体相同。煤层气主要由95%以上的甲烷组成，另外5%的气体一般是 CO_2 或 N_2；而天然气成分也主要是甲烷，其余的成分变化较大（见表1-13）。

表1-13 煤层气与常规天然气成分对比 (%)

组 分	常规天然气	煤 层 气
甲烷	93.2~97.5	96.67~97.33
乙烷	1.1~1.3	0
丙烷	0.32~0.43	0
异丁烷	—	0
正丁烷	0.021 ~0.073	0
异戊烷	0.018~0.029	0
正戊烷	0.009~0.018 4	0
二氧化碳	0.012~0.019	0.24~0.29
氮	0.25~0.446	3.09~2.38

(2) 用途相同。煤层气发热量每立方米达31.4~34.4MJ（7536~8200kcal），热值与常规天然气相当，完全可以与常规天然气混输、混用，可作为与常规天然气同等用途的优质燃料和化工原料。

1.5.3.2 煤层气与常规天然气的不同点

煤层气与常规天然气的不同点具体如下。

(1) 在地下存在方式不同。煤层气主要是以大分子团的吸附状态存在于煤层中，而天然气主要是以游离气体状态存在于砂岩或灰岩中。

(2) 生产方式、产量曲线不同。煤层气的开发要求有一套与常规天然气开发有明显区别的钻井、采气、增产等专门技术。煤层气是通过排水降低地层压力，使煤层气在煤层中解吸-扩散-流动采出地面；而天然气主要是靠自身的正压产出。煤层气初期产量低，但生产周期长。可达20~30年；天然气初期产量高，生产周期一般在8年左右。

(3) 资源量不同。煤层气的资源量直接与采煤相关，采煤之前如不先采气，随着采煤过程的推进煤层气就排放到大气中，造成严重的资源浪费和环境污染；而天然气资源量受其他采矿活动影响较小，可以有计划地控制。

1.5.4 煤层气的主要用途

我国常规天然气储量不足，而煤层气是除常规天然气以外，资源量最大、最为现实的洁净能源，是我国常规天然气最重要的补充。从资源利用的角度看，煤层气用途非常广泛，与常规天然气相同，可以用做民用燃料、工业燃料、发电燃料、汽车燃料以及化工原料。煤层气作为一种清洁能源，消费市场使用方向主要定位于常规天然气的补充与接替及煤炭、焦炉煤气、水煤气、液化石油气、重油等燃料的替代。

2 基础煤岩学

本章数字资源

正如第1章所介绍的，植物经泥炭化阶段形成泥炭，泥炭再经成岩作用形成褐煤，然后经不同变质程度而变质为烟煤、无烟煤。因此，可以视煤为一种岩石，一种以有机物为主体的岩石。既然煤可以作为岩石，也就可以用研究岩石的方法来研究煤，这就形成了一门学科——煤岩学。

煤岩学研究始于1830年，英国的赫顿（Hutton）为煤岩学奠定了基础。他发明了在显微镜下观察煤的薄片技术，发现煤中存在某些植物结构，提出了煤是由植物生成的这一论断。1917年，英国斯托普斯（M. Stopes）提出了将宏观煤岩成分划分为四种类型：镜煤、亮煤、暗煤和丝炭，促使煤岩学获得了系统的发展。1925年起，德国施塔赫（E. Stach）成功地用抛光煤片和油浸物镜研究煤，1928年他又发明了粉煤光片，从而促进了应用煤岩学的发展。1935年，斯托普斯提出“显微组分”一词，代表煤在显微镜下能够辨认的煤的有机组分，使煤岩学的研究从定性描述走向定量统计。

反射率测定方法和装置的逐渐完善，对煤岩学的发展起了重大作用。尤其是光电倍增管及各种型号的反射率自动测定装置的研制成功，加上电子计算机的应用，使20世纪70年代以来煤岩学得到更加迅速的发展和广泛的应用。

煤岩学的研究认为，煤并不是一种单一的物质，而是由多种性质不同的显微组分所组成的，这些显微组分的不同组合就造成了煤在物理、化学、工艺性质上的不同。因此研究煤的岩相组成有助于加深对煤质特性的认识，从而更合理地利用煤炭资源。煤岩学中关于煤的成因、地质特点等的研究和阐述对于煤的勘探、开采有重大的指导意义。

总之，煤岩学研究的目的在于：通过煤岩成分的鉴定来阐明煤的成因和煤岩成分在成煤过程中的变化对煤质的影响，更合理地进行煤的分类，并搞清楚煤岩成分的各种不同的物理、化学及工艺性质，从而指导煤的合理加工利用。

2.1 宏观煤岩组成

用肉眼或者放大镜来观察煤，根据煤的外观（如颜色、光泽、断口、硬度）来初步判断煤的性质。例如煤的颜色随变质程度不同而变化，褐煤呈褐色、烟煤呈黑色、无烟煤则呈钢灰色。根据颜色可以大致判断煤的变质程度。如果再进一步观察，煤的光泽度又有所不同。有的煤一看就可以看到光泽强弱一致，而有的煤却不同，在它的表面既有光泽很强的条带，也有光泽很弱的条带，好像是由几种不同光泽的条带组合而成的，这种组合就是煤岩成分。煤岩学将用肉眼可以区分的煤的基本组成单位，也就是宏观的煤岩成分分为四类：镜煤、亮煤、暗煤和丝炭，这四个成分不是煤种而只是煤的四个宏观煤岩成分。

2.1.1 宏观煤岩成分

根据颜色、光泽、断口、裂隙、硬度等性质的不同，用肉眼可将煤层中的煤分为镜煤、亮煤、暗煤和丝炭四种宏观煤岩成分。其中镜煤和丝炭是简单的宏观煤岩成分，亮煤和暗煤是复杂的宏观煤岩成分，它们是煤中宏观可见的基本单位。

2.1.1.1　丝炭

丝炭（Fusain）亦称纤维炭，外观像木炭，颜色灰黑，具有明显的纤维状结构和丝绢光泽。它疏松多孔，性脆易碎，碎后成为纤维状或粉末状，能染指。丝炭的空腔常被矿物质填充，成为坚硬致密的矿化丝炭。在煤层中，丝炭的数量一般不多，常呈扁平透镜体，并沿煤层的层面分布，大多厚1mm至数毫米，有时也能形成不连续的薄层。丝炭碳含量高，氢含量低，没有黏结性，低温焦油产量低，燃点高，不易着火，灰分常常较高，故不适宜作为炼焦和低温干馏等原料和动力燃料，但少量的（如低于5%）丝炭加到较肥的煤料中起瘦化作用，对炼焦有利。丝炭一般不能液化。因为丝炭孔隙率大，吸氧性强，往往是造成煤自燃的重要因素。丝炭比重大，容易通过洗选的方法除去。

显微镜下观察，丝炭具有明显的植物细胞结构。它是由植物的木质纤维组织在成煤初期经过丝炭化作用而形成的，其组成和性质与其他三种煤岩成分相比有很大差别，是差别最悬殊的煤岩成分。

2.1.1.2　镜煤

镜煤（Vitrain）呈黑色，光泽强，是颜色最深、光泽最强的宏观组分。它质地均匀，脆性，其脆度仅次于丝炭，易碎成立方形小块，破碎时多呈贝壳状断口。在煤层中，镜煤常呈亮黑色玻璃状的透镜体或条带存在，厚度从数毫米到10~20mm。通常，在进行煤层的宏观描述时，规定厚度不小于3~10mm的分层才作为镜煤，小于这一厚度时则归入亮煤。腐殖煤中镜煤分布最广，是常见的煤岩类型。

在显微镜下观察时，镜煤的轮廓清楚，质地纯净，其显微结构或为均一状，或具有植物的细胞结构。镜煤的薄片在透射光下呈红色。镜煤与其他煤岩组分之间的界限明显，易于识别。在成煤过程中，镜煤是由成煤植物的木质纤维组织经过凝胶化作用形成的。随煤变质程度的加深，镜煤的颜色由深变浅，光泽变强，内生裂隙增多。在中等变质阶段，镜煤具有强黏结性和膨胀性，适宜用来炼焦，还可用作低温干馏、气化、液化等的原料。

2.1.1.3　亮煤

亮煤（Clarain）是最常见的煤岩成分。不少煤层以亮煤为主组成较厚的分层，甚至整个煤层，亮煤的光泽仅次于镜煤，性较脆，密度较小，刚破碎时呈光滑表面，有时也有贝壳状断口，表面隐约可见微细纹理。亮煤的均一程度不如镜煤，亮度和裂隙逊于镜煤。

在煤层中，亮煤是不均一的组分，常含有平行层理分布的其他微细的镜煤、暗煤和丝炭组分。在中等变质阶段，亮煤具有较强的黏结性和膨胀性。

在显微镜下观察，亮煤的组成比较复杂，以凝胶化组分为主。亮煤中还含有不同数量的丝炭化组分及稳定组分。亮煤可用作炼焦、气化、低温干馏等原料。

2.1.1.4　暗煤

暗煤（Durain）是光泽暗淡、坚硬、表面粗糙的宏观煤岩成分，呈灰黑色，内生裂隙不发育，密度大，坚硬且具有韧性。暗煤层理不清晰，呈粒状结构，断口粗糙。在显微镜下观察，暗煤由基质和形态分子组成。形态分子多于基质。透明基质呈橙色，不透明基质呈黑色，形态分子呈黄色。在显微镜下观察，暗煤的组成相当复杂，一般凝胶化组分比较少，矿物质含量较高。在一般情况下，暗煤不宜用来炼焦，但它是低温干馏的良好原料。

在一般腐殖煤中，暗煤的分布较亮煤和镜煤少。在煤层中，暗煤可以单独成层，或以其为主形成较厚的分层。暗煤也是不均一的煤岩成分，其中可以含有不同数量的微亮煤、微镜煤和丝炭等。有时，暗煤容易与含碳较高的碳质岩相混淆。

富含丝炭化组分的暗煤，宏观往往略带丝绢光泽，挥发分低，黏结性弱；富含树皮的暗煤，往往略带油脂光泽，挥发分和氢含量较高，黏结性较好，而含大量黏土矿物的暗煤，则密度大、灰分含量高。

2.1.2 烟煤宏观煤岩类型

宏观煤岩成分是煤的岩石分类的基本单位，其中的镜煤与丝炭一般只以细小的透镜体或者不规则的薄层出现，难以形成独立的分层；亮煤和暗煤虽然分层较厚，但常有互相过渡的现象，分层界限往往不很明确。所以在了解煤层的岩石组成和性质时，如果以宏观煤岩成分作为单位，则不便于进行定量，也不易于了解煤层的全貌，给煤层的划分和描述带来一定的困难。因此，通常根据煤的平均光泽强度、煤岩成分的数量比例和组合情况划分出宏观煤岩类型，作为观察煤层的单位。所谓平均光泽强度是对同一纵剖面上，相同煤化程度的煤而言的。按平均光泽的强弱依次分为：光亮煤、半亮煤、半暗煤及暗淡煤四种基本宏观煤岩类型，根据煤种的“光亮成分”——镜煤和亮煤在分层中的含量及其反映出的总体相对光泽强度，分层划分的厚度一般不小于 5cm（见表 2-1）。

表 2-1 宏观煤岩类型的划分指标

宏观煤岩类型	划分指标	
	总体相对光泽强度	光亮成分含量/%
光亮煤	强	>75
半亮煤	较强	50~75
半暗煤	较弱	25~50
暗淡煤	暗淡	≤25

光亮煤主要由镜煤和亮煤组成，含量大于 75%，只含有少量的暗煤和丝炭，在四种类型中光泽最强。光亮煤由于成分较均一，条带状结构一般不明显。光亮煤具有贝壳状断口，内生裂隙发育，脆性较大，易破碎。在显微镜下观察，镜质组含量一般在 80%以上，显微煤岩类型以微镜煤为主。光亮煤的质量最好，中煤化程度时是最好的炼焦用煤。

半亮煤中镜煤和亮煤含量占 50%~75%，常以亮煤为主，由镜煤、亮煤和暗煤组成，也可能夹有丝炭，平均光泽强度较光亮煤稍弱。半亮煤的特点是条带状结构明显，内生裂隙较发育，常具有棱角状或阶梯状断口。半亮煤是最常见的煤岩类型，如华北晚石炭世煤层多半是由半亮煤组成的。显微镜下观察，镜质组含量一般在 60%~80%，显微煤岩类型多以微镜煤、微亮煤和微惰煤为主。

半暗煤中镜煤和亮煤的含量占25%~50%，由暗煤及亮煤组成，常以暗煤为主，有时也夹有镜煤和丝炭的线理、细条带和透镜体。半暗煤的特点是光泽比较暗淡，硬度和韧性较大，密度较大，内生裂隙不发育，断口参差不齐。显微镜下观察，镜质组含量为40%~60%，有时即使镜质组含量大于60%，由于矿物质含量高，而使煤的相对光泽强度减弱而成为半暗煤。半暗煤的质量多数较差。

暗淡煤主要由暗煤组成，镜煤和亮煤含量低于25%，有时有少量镜煤、丝炭或夹矸透镜体。暗淡煤光泽暗淡，通常呈块状构造，致密，坚硬，韧性大，密度大，层理不明显，内生裂隙不发育。与其他宏观煤岩类型相比，暗淡煤的矿物质含量往往最高。个别煤田，如青海大通煤田有以丝炭为主组成的暗淡煤。显微镜下观察，镜质组含量低于40%，而惰质组含量可达50%以上。与其他宏观煤岩类型相比，暗淡煤的矿物含量往往最高，煤质也多数很差；但含壳质组多的暗淡煤的质量较好，密度小。

2.1.3 褐煤宏观煤岩类型

按褐煤的煤化程度由低到高，可将褐煤细分为软褐煤（或土状褐煤）、暗褐煤和亮褐煤三个煤级。其中，暗褐煤和亮褐煤又统称为硬褐煤。亮褐煤的宏观特征接近于烟煤，四种宏观煤岩成分清楚可见，因此可以借用硬煤的宏观分类方法来划分煤岩类型。但软褐煤和暗褐煤的宏观特征与硬煤大不相同，它们无光泽，不能划分出四种宏观煤岩成分，其宏观煤岩类型不同于烟煤和无烟煤。

国际煤岩学委员会（ICCP）于1993年提出软褐煤煤岩类型分类系统。该分类系统是根据褐煤组成成分体积分数和结构分出4种煤岩类型组，即基质煤、富木质煤、富丝质煤和富矿物质煤，用来描述软褐煤中独特的岩相单元。每一种煤岩类型组还可根据结构分为煤岩类型，如层状基质煤和非层状基质煤。进一步可按凝胶化作用的程度、颜色、腐殖化程度和腐殖凝胶含量细分为煤岩类型，如黄色煤（未凝胶化）、褐色煤（弱凝胶化）和黑色煤（凝胶化）。结构要在新鲜面上观察，颜色应以干燥后（约2d）的颜色为准。

我国褐煤资源丰富，以中生代的晚侏罗世时期形成的为主，约占全国褐煤储量的4/5，主要分布在内蒙古东部与东部三省相连的地区，如扎赉诺尔、霍林河、伊敏、大雁等煤田。新生代古近纪和新近纪褐煤储量约占全国褐煤储量的1/5，主要分布于云南省，如昭通、小龙潭、先锋等煤田。软褐煤在褐煤储量中不足20%，但是软褐煤中保存有许多完整的或破碎状的腐殖化植物茎干、树桩、树枝、树叶、种子等原始成煤物质以及成因标志，根据褐煤的岩石类型可以推测成煤沼泽环境，即煤相。褐煤是煤化程度最低的煤，所以深入研究软褐煤的岩石类型，对早期煤化作用的认识、丰富和完善成煤作用理论具有重要意义。

2.2 煤的显微组分

将煤制成薄片或者磨成光片，然后放在显微镜下观察煤岩组成及结构，这就是显微镜法。薄片就是把煤粉胶结后在玻璃片上磨成边长约2cm的正方形，厚为0.03mm的薄片。光线能透过薄片，这样在显微镜下就能观察。但是只有褐煤、年轻的烟煤才能制成光线可透过的薄片。变质程度较深的烟煤和无烟煤，无论制成怎样薄的薄片，也总是透光很少的，这类煤只能制成光片。光片的大小约为2.0cm×2.5cm，厚度无要求，因为它是利用光在光片上的反射在煤岩显微镜上观察。通常，光片的厚度为1.5~2cm。相对于煤薄片制作的难度，煤光片因其制作方便，得到广泛的应用。

煤的显微组分（maceral），是指煤在显微镜下能够区分和辨识的基本组成成分。按其成分和性质又可分为有机显微组分和无机显微组分。有机显微组分是指在显微镜下能观察到的煤中由植物有机质转变而成的组分；无机显微组分是指在显微镜下能观察到的煤中矿物质。

2.2.1 煤的有机显微组分

煤的有机显微组分是指煤在显微镜下能够区别和辨识的最基本有机质的组成成分，是显微镜下能观察到的煤中成煤原始植物残体转变而成的有机成分。煤岩的有机显微组分相当复杂，根据国际煤岩学术委员会（ICCP）的有机显微组分分类方案（见表2-2），用反射光观察，按其本性结构以及工艺性质，将煤的各种显微组分基本上分为三类，即镜质组、壳质组和惰质组。

表2-2 国际硬煤有机显微组分分类

有机显微组分组（Maceral Group）	代号（Symbol）	有机显微组分（Maceral）	代号（Symbol）	有机显微亚组分（Submaceral）	代号（Symbol）	有机显微组分种（Maceral Variety）
镜质组（Vitrinite）	V	结构镜质体（Telinite）	T	结构镜质体1（Telinite 1） 结构镜质体2（Telinite 2）	T1 T2	科达树结构镜质体（Cordaitotelinite） 真菌质结构镜质体（Fungotelinite） 木质结构镜质体（Xylotelinite） 鳞木结构镜质体（Lepidophytotelinite） 封印木结构镜质体（Sigillariotelinite）
		无结构镜质体（Collinite）	C	均质镜质体（Telocollinite）	C1	
				基质镜质体（Gelocollinite）	C2	
				团块镜质体（Desmocollinite）	C3	
				胶质镜质体（Corpocollinite）	C4	
		碎屑镜质体（Vitrodotrinite）	Vd	—		
壳质组（Exinite）	E	孢粉体（Sporinite）	Sp			薄壁孢子体（Tenuisporinite） 后壁孢子体（Crassisporinite） 小孢子体（Microsporinite）

续表 2-2

有机显微组分组 (Maceral Group)	代号 (Symbol)	有机显微组分 (Maceral)	代号 (Symbol)	有机显微亚组分 (Submaceral)	代号 (Symbol)	有机显微组分种 (Maceral Variety)
壳质组 (Exinite)	E	角质体 (Cuhinite)	Cu	—		
		树脂体 (Resinite)	Re	镜质树脂体 (Colloresinite)		
		木栓质体 (Suberinite)	Sub			
		沥青质体 (Bituminite)	Bt			
		渗出沥青体 (Exsudatinite)	Ex			
		荧光体 (Fluorinite)	Fl			
		藻类体 (Alginite)	Alg	结构藻类体 (Telalginite)	Alg1	皮拉藻类体 (Pila-Alginate) 抡起藻类体 (Reinschia-Alginate)
				层状藻类体 (Lamialginite)	Alg2	
		壳屑体 (Liptodetrinite)	Ed	—		
惰质组 (Inertinite)	I	丝质体 (Fusinite)	F	火焚丝质体 (Pyrofusinite)	F1	
				氧化丝质体 (Degradofusinite)	F2	
		半丝质体 (Semifusinite)	Sf	—		
		菌类体 (Sclerotinite)	Sc	真菌菌类体 (Fungosclerotinite)	Fu	密丝组织体 (Plectenchyminite) 团块菌类体 (Corposclerotinite) 假团块菌类体 (Pseudocorposclerotinite)
		粗粒体 (Macrinite)	Ma	—		
		微粒体 (Micrinite)	Mi			
		碎屑惰质体 (Inertodotrinito)	Id			

2.2.1.1 镜质组

镜质组是煤中最主要的显微组分，是植物茎、叶的木质纤维组织经过凝胶化作用形成的显微组分组。我国大多数晚古生代煤中，镜质组含量在55%~80%以上。凝胶化作用是指泥炭化作用阶段成煤植物的组织在积水较深、气流闭塞的沼泽环境下，产生极其复杂的变化，一方面，植物组织在生物化学的作用下，分解、水解、化合形成新的化合物并使植物细胞结构遭到不同程度的破坏；另一方面，植物组织在沼泽水的浸泡下吸水膨胀，使植物细胞结构变形、破坏乃至消失，或进一步再分解为凝胶的过程。

凝胶化的实质是：在严格的厌氧形成条件，也就是说植物残体（主要是木质纤维组织）在恒定的完全浸在水下，在低酸度的无空气进入的介质中通过还原、水解的化学反应及微生物的作用而缓慢分解，结果形成十分均匀的、低碳（78%~80%C）、高氢含量的凝胶化组分，有适度的微粒体（惰性组分的一种）含量并夹杂着一些大小孢子和角质，它们在成煤过程中变化较少。

镜质组在低变质程度烟煤中在透射光下为橙色-橙红色，油浸反射光下呈深灰色，无突起。随煤化程度的增加，油浸反射光下呈深灰至浅灰色，反射色变浅，在高煤化烟煤和无烟煤中呈白色，无突起到微突起；反射率介于壳质组与惰质组之间，随煤化程度升高而明显增加；透光色变深，可由橙红色、棕红色、棕黑色至黑色，部分低煤级烟煤中镜质组在蓝色激发下发暗褐色到褐色荧光，被称为富氢镜质体或荧光镜质体；正交偏光下光学各向性明显增强。

与其他两种有机显微组分相比，镜质组的氧含量最高，碳、氢含量和挥发分介于两者之间。由于镜质组是煤中最主要的有机显微组分，因此其性质对煤的工艺性质有很大影响。焦化时，烟煤中镜质组易熔，并具有黏结性；加氢液化时，镜质组转化率较高。镜质组根据凝胶化作用程度的不同，根据其镜下的结构和形状可分为以下几种有机显微组分。

（1）结构镜质体。显微镜下显示植物细胞结构的镜质显微组分（木质、皮层和周皮细胞等）。根据细胞结构保存的完好程度，又分为结构镜质体1和结构镜质体2两种亚组分。

1）结构镜质体1。细胞结构保存完好，细胞壁不膨胀或微膨胀。细胞腔清楚，排列规则，细胞腔大多为圆形、矩形、纺锤形或椭圆形。细胞腔有些是空的，但多数被胶质镜质体、树脂体、微粒体、矿物质等所充填。

2）结构镜质体2。细胞壁强烈膨胀，细胞腔几乎全部消失，但可见细胞结构的残迹或呈暗色的短或长（依切面不同而异）细条状结构；有的仅显示团块状结构，往往有镶边角质体伴随。

（2）无结构镜质体。显微镜下不显示植物细胞结构的镜质显微组分。常作为其他各种有机显微组分碎片和共生矿物的基质胶结物或充填物。根据形态、产状和成因的不同，无结构镜质体可再细分为均质镜质体、胶质镜质体、基质镜质体和团块镜质体四种亚显微组分。

1）均质镜质体。常呈宽窄不等的带状或透镜状，均一、纯净，常见的有垂直于层理的裂纹。低煤级烟煤中有时可见不清晰隐结构，氧化剂腐蚀后，可见清晰的细胞结构。均质镜质体的填充细胞腔的腐殖凝胶与凝胶化的细胞壁的折光率和颜色很相似，这是均质镜质体不显细胞结构的原因之一。该组分为镜质组反射率测定的标准组分之一。

2）胶质镜质体。基本上是一种没有结构、均一致密的真正胶状的凝胶体，有时可见流动的痕迹。无确定形态，渗入到细胞腔中或充填于裂隙及菌类体和孢子体的空腔中。此组分反射率稍高，氢含量稍低，在煤中较少见。

3）基质镜质体。呈现为均一或不均一的致密状态，没有固定形态。一般均作为其他显微组分、碎屑及共生矿物的胶结物或充填物。其中均一基质体显示出均一结构、颜色均匀，胶结着各种显微组分及矿物杂质，多见于微亮煤、微暗亮煤、微亮暗煤以及微三合煤中，呈条带状、分叉条带状，具有稍低的反射率和稍高的氢含量。在煤砖光片中，基质镜质体也常作为测定反射率的组分。

4）团块镜质体。多呈圆形、椭圆形、纺锤形或略带棱角状、轮廓清晰的均质块体。可单独出现或充填于细胞腔中（此时其大小与植物细胞腔一致，为50~100μm），也可成为较大的圆形或椭圆形的单个体，最大的可超过300μm。团块镜质体反射率通常比结构镜质体高，有时略高于均质镜质体。

（3）碎屑镜质体。呈带有棱角和无定形轮廓，直径一般小于10μm的小碎片，常由结构镜质体、均质镜质体和少量镜质体的碎屑组成。碎屑镜质体常被基质镜质体胶结，其颜色、突起和反射率皆与上述镜质体相近，但颗粒小于10μm时，在反光油浸镜下不易与基质镜质体区分，往往被视为基质镜质体，在煤中为少见组分。

2.2.1.2 壳质组

壳质组又称稳定组，是成煤植物中化学稳定性强的组成部分，包括孢子体、角质体、树脂体、木栓体、藻类体和碎屑壳质体等。从低煤级烟煤到中煤级烟煤，透射光下透明到半透明，颜色呈柠檬黄色-黄色-橘黄色至红色，轮廓清楚，外形特殊；反射光下呈现深灰色，大多数有突起；油浸反射光下呈现深灰色、灰黑色、黑灰色到浅灰色，低突起，反射率较镜质组低。蓝色激发下发绿黄色-亮黄色-橘黄色-褐色荧光。中-高级煤中壳质组与镜质组颜色不能区分。与镜质组和惰质组相比，具有较高氢含量、挥发分和产烃率。

多数壳质组组分具有黏结性，在焦化时，能产生大量的焦油和气体。在典型的腐殖煤中，壳质组是次要的有机显微组分，在腐泥煤和油页岩中富含壳质组。

壳质组在煤中按其组分来源及形态特征可分为下列9种组分。

（1）孢子体。孢子是孢子植物的繁殖器官。孢子细胞内部是原生质，孢子壁是由内壁、外壁和周壁所构成。内壁主要由纤维素组成，在成煤过程中与孢子细胞内部的原生质一起被破坏。周壁也不易保存。外壁是由孢粉质组成，致密且硬，易保存，所以煤中所见的孢子主要是孢子的外壁。各门类孢子植物的孢子的大小，外形不同。异孢植物的孢子有雌雄之分，异孢子植物一般雌性孢子个体较大，称为大孢子；雄性孢子个体较小，称为小孢子。大孢子直径一般为0.1~3mm，有时达5~10mm。在煤片中大孢子呈被压扁的扁平体，纵切面呈封闭的长环状，折曲处呈钝圆形。

在透光下，大孢子壁可显示粒状结构。大孢子外缘多半光滑，有时表面具有瘤状、棒状、刺状等各种纹饰。在个别情况下，可见到3个或4个大孢子在一起，称为三孢体或四孢体。小孢子一般直径为0.03~0.1mm，多呈扁环状、细短的线条状或蠕虫状，沿层理分布，有时堆在一起，称为小孢子堆。花粉是种子植物的繁殖器官，一般直径小于0.05mm，形态与小孢子很相似，在煤片中难以区别。

晚古生代是孢子植物繁盛时期，封印木以及芦木、鳞木、楔叶木都是产生大孢子的异孢植物，所以在我国晚古生代煤中一般都有大孢子，如新汶、淮南及贾汪等煤田的煤中孢子都较多。

（2）角质体。角质体是由植物的叶、枝、芽的一层透明的角质层转化而来的，在显微镜下呈厚度不等的细长的条带出现，外缘平滑，而内缘呈锯齿状。角质膜多呈断片平行层理分布，有时细长的角质膜保存在叶肉组织的周围。根据角质膜的形状、锯齿状内缘及夹角状折曲，一般易与大孢子相区别。

角质体在透射光下多呈浅黄色至橙黄色，受到氧化时颜色发红；反射光干物镜下为深灰色，中等突起；油浸物镜下为灰黑色，具黄色至褐黄色的荧光，通常比孢子体强或相近。对由褐煤和低阶烟煤浸解得到的角质层进行的鉴定能够提供成煤植物属性和生态信息。

（3）树脂体。树脂体来源于植物的树脂以及树胶、脂肪和蜡质分泌物。在一些大块的凝胶化木质部组织的胞腔中常有树脂填充。树脂体化学性质稳定，能较好地保存在煤中；形状很多，垂直切片中，常呈椭圆形、纺锤形、棒形及棱角状的单个树脂体或呈小透镜状及聚集体出现，轮廓清楚，没有结构。

透光色较浅，呈浅黄色、黄色、橙黄色，透明到半透明；油浸反光镜下呈灰黑色至深灰色，颜色深于孢子体和角质体，有时可见带红色的内反射现象，无突起或微突起；在蓝光激发下，荧光色有明显的强弱之分，有的呈绿黄色、橙黄色，有的呈黄褐色等带环状的树脂体，外环荧光较弱；在反射光下，一般呈低突起或无突起，表面均匀，较易识别。

（4）木栓质体。由植物木栓层细胞壁，主要是植物树皮的木栓组织以及茎、果实上的木栓化细胞壁转变而来。多数木栓保持原有木栓细胞的形态和结构特征，常以轮廓清晰的宽条状块体或碎片状出现，由数层至十几层扁平的长方形木栓细胞组成，排列紧密，其纵切面呈叠砖状或叠瓦状构造，弦切面呈鳞片状。胞腔有时中空，多为团块镜质体，木栓化细胞壁为木栓质体。透射光下呈橙黄色、红棕色等，色调不均匀，至烟煤木栓质体时多已不具荧光。

（5）藻类体。藻类体是由低等植物藻类形成的显微组分，是腐泥煤和一些油页岩的主要有机显微组分。煤中最常见的是绿藻单细胞组成的群体，如皮拉藻、轮奇藻等。在煤片中纵切面为椭圆形、纺锤形，大小由几十到一二百微米，有达三四百微米的，单细胞个体直径为5~10μm，呈放射状、菊花状排列。藻类群体外缘不规则，表面呈蜂窝状或海绵状结构，有时因分解程度较深而结构模糊或完全不显结构。

在透光下，藻类透明，呈柠檬黄色、黄褐色或淡绿黄色。在反射光下，藻类呈深灰色，微突起。油浸反光下，藻类颜色比孢子更暗一些，近于黑色，有内反射现象。在蓝光激发下，它具有绿色至黄褐色的荧光。

（6）荧光体。在煤化过程中，在生油阶段由植物油或脂肪酸所形成。荧光体呈透镜状或油滴状集合体产出，或充填于胞腔内；有时也能密集成10~50μm宽的薄层，具有很强的荧光性，以亮绿黄色或亮黄色区别于树脂体。透光镜下，荧光体为柠檬黄色；在正常的反射光下呈灰黑色或黑灰色；在油浸物镜下呈黑色，具有内反射，微突起，很难与煤中黏土矿物或孔洞相区别。

(7) 沥青质体。由藻类、浮游生物、细菌等强烈分解的产物组成。油浸反射光下沥青质体呈棕黑色或灰黑色，微突起或无突起，发射率较低，荧光性弱；没有固定的形状，分布在其他组分之间，也有充填于细小裂隙中或呈微细条带状出现。沥青质体多见于低煤化程度煤中，在低煤化烟煤中，沥青质体的反射率比共生的孢子体高。在煤化过程中沥青质体在生油和运移后，留下的固体残渣为微粒体。

沥青质体是腐泥煤和其他富壳质组分的微亮煤和微暗煤的特征组分，也是油页岩和其他油源岩中占优势的组分。

(8) 渗出沥青体。煤化过程中新产生出的组分，属于次生有机显微组分，是由树脂体或其他壳质组分、腐殖凝胶化组分在煤化作用第一次跃变阶段产生的；呈楔形或沿一定方向延伸，充填于裂隙或孔隙中，并常与母体相连，其光性特征与母体基本一致或略有差别。透射光下，渗出沥青体呈黄、橙黄色；蓝色激发下荧光色变化较大，多为亮黄色或暗黄色，多与母体的荧光色相似。

渗出沥青体在亮褐煤和低煤化程度烟煤中最常见，多出现在富含壳质组和基质镜质体的煤岩类型中。

(9) 壳屑体。又称为碎屑壳质体，由孢子、角质层、树脂体或藻类的碎片组成，年轻褐煤中含量较多；呈细碎屑，一般小于30μm，具有强荧光性、低反射率。低煤化阶段煤中，壳屑体和黏土矿物在油浸反光下很难区别，由于碎屑壳质体具有荧光性，用高倍的荧光显微镜可以较容易地把它们区别开。

2.2.1.3 惰质组

惰质组又称丝质组，由木质纤维组织经丝炭化作用形成，是煤中常见的显微组分。但在煤中的含量少于镜质组，我国多数煤田的惰质组含量为10%~20%。

在泥炭化阶段，植物残体经过丝炭化作用后便形成了此种显微组分；丝炭化作用也可以作用于已经受到不同程度凝胶化作用的显微组分，形成与凝胶化产物相应的不同显微结构系列，但经丝炭化作用后的组分不能再发生凝胶化作用成为凝胶化组分。

在透射光下丝质组呈棕黑色到黑色、微透明或不透明；油浸反射光下呈灰白色、亮白色、黄白色，并有中高突起；反射光下呈白色至亮白色，具有较高突起和较高反射率；蓝色激发下一般不发荧光。

任何变质程度煤中惰质组都没有黏结性（微粒体除外），因为加热后变化很少，或基本不变，仍保持加热前的状态，它的挥发分和氢含量低，碳含量高。根据细胞结构保存的完好程度和形态特征，可分为丝质体、半丝质体、微粒体、粗粒体、菌类体和碎屑惰质体6种显微组分。

(1) 丝质体。保存着明显的细胞结构，木质细胞结构规则，胞腔大而胞壁薄，胞腔形状有长方形、圆形或扁圆形，有时可见到年轮。薄壁丝质体受挤压易破碎成次生的星状、弧状结构，有时呈褶曲状，其细胞腔常被黄铁矿、黏土矿物等填充。反射油浸镜下丝质体呈亮白色或亮黄白色，中高突起；透射光下呈黑色，不透明。按成因和反射色不同可分为火焚丝质体和氧化丝质体两个亚组分。

1) 火焚丝质体。植物的木质组织在泥炭沼泽中遭到火灾，未充分燃烧炭化而形成。细胞结构清晰，细胞腔较大，细胞壁很薄，反射率和突起很高，油浸反光下呈亮黄白色。

细胞腔中空，只有少数被矿物质充填。

2）氧化丝质体。成煤作用早期经过丝炭化作用形成的。细胞结构保存较差，细胞壁较厚或细胞排列不规则，反射光下呈灰色，灰白色，微突起，反射率低于火焚丝质体。丝炭化作用是指成煤植物的组织在积水较少、湿度不足的条件下，木质纤维组织经脱水作用和缓慢的氧化作用后，又转入缺氧的环境，进一步经煤化作用后转化为氧化丝质体。

(2) 半丝质体。细胞结构保存较差，油浸反光下为灰白色，中突起，常呈透镜状或条带状出现，偶尔可见垂直裂纹。反射率高，非颗粒状基质。大多没有丝质体细胞结构保存完好，碳、氢含量处于丝质体和结构镜质体之间。

(3) 粗粒体。无定型，无结构，呈凝胶状。此种显微组分可作为基质呈单个体出现，个体大小不一，一般大于 30μm。有的完全均一，有的隐约可见残余的细胞结构。油浸反光下粗粒体呈白色或淡黄白色，突起较高；透射光下呈黑色不透明。粗粒体可呈基质状分布在微暗煤中，胶结着孢子体、角质体、树脂体和丝质体等有机显微组分。

(4) 菌类体。菌类体有一部分起源于真正的真菌，称为真菌体；另一部分是植物的树脂和丹宁分泌物的沉积物表层经历氧化作用所形成，称为氧化树脂体。

真菌体呈不规则的圆形或椭圆形网孔结构、大小不等的形态。油浸反光下呈灰白色、亮白色或亮黄白色，中高突起。

氧化树脂体多呈浑圆状，并具有大小相似的圆形小孔或带有方向不一的氧化裂缝，大小不一，轮廓清晰。一般致密、均匀。油浸反光下为灰白色、白色至亮黄白色，中高突起。

(5) 微粒体。在油浸反光下呈白灰色-灰白色至黄白色的细小圆形或似圆形的颗粒，无突起或微突起，大小在 1μm 以下，反射率也明显高于镜质体。微粒体往往呈细小分散状态存在于无结构镜质体中，有时充填在细胞腔中，或者聚集成显微微粒体层，其中可混有矿物质颗粒。微粒体常与孢子体紧密共生，藻煤中的微粒体十分丰富。

(6) 碎屑惰质体。由丝质体、半丝质体、粗粒体和菌类体的碎片或残体组成，小于 30μm 的无细胞结构，形态极不规则，有较强的反射率，反射光下呈浅灰色或白色。碎屑惰质体是水下煤相和碎屑岩中常见的有机显微组分。

2.2.2 煤的无机显微组分

煤中除了有机显微组分，还有少量的无机显微组分。无机显微组分是指煤中的矿物质。通常把煤中的矿物质理解为除水分外所有无机质的总称，既包括肉眼和显微镜下可识别的矿物，也包括显微镜下难以识别的与有机质结合的金属和阴离子。无论是将煤作为能源还是作为原材料的来源，煤中的矿物质或灰分一般都是不利的，它对煤的发热量的高低、焦炭质量、燃烧和气化生产的操作条件和产品质量、设备以及煤的合理利用和环境保护都会造成不利影响。另外，煤中达到工业品位要求的稀有金属元素、放射性元素是伴生的有用矿产，煤矸石和煤灰可以生产建筑材料，有的矿物质在煤炭加工利用过程中能起到催化作用，例如黄铁矿对加氢液化有催化作用，从而提高了煤的经济技术价值；同时煤中矿物质的成分和特征能反映聚煤环境的地质背景，以及煤层形成后所经历的各种地质作用过程，为煤的沉积环境分析提供辅助手段。因此，对煤中矿物质的成分、含量、分布状态及成因的研究，不仅对煤质评价以及煤炭的加工利用有重要意义，而且为煤沉积环境的研究提供帮助。

常见的矿物主要有黏土矿物、硫化物、碳酸盐类及氧化物等四类。

(1) 黏土类矿物。它是煤中最主要的矿物，占煤中矿物质总量的60%~80%，常见的黏土矿物有高岭土、伊利石、蒙脱石。在干物镜下黏土类矿物呈灰色、棕黑色、暗灰色或灰黄色，轮廓清晰，表面不光滑，呈颗粒状及团块状结构，中突起或微突起；反光油浸镜下呈带灰的深绿色，轮廓及结构往往不清楚，难于辨认，具有微弱的荧光，呈暗灰绿色，不太清晰。黏土类矿物在煤中常呈薄层状、透镜状、团块状、浸染状及不规则形态出现，常见其充填于结构镜质体、结构半丝质体及结构丝质体细胞腔中或分散在无结构的镜质体中。

(2) 硫化物类矿物。煤中最常见的硫化物是黄铁矿，还有白铁矿、闪锌矿、方铅矿、雄黄、雌黄、辰砂等。反光油浸镜下硫化物类矿物为强亮黄白色或亮黄白色，突起很高，轮廓清楚，表面不太平整，常呈结核状、浸染状及霉球菌状集合体，或充填于裂隙及孔洞中，有时充填于有机显微组分细胞腔中或镶嵌其中；透射光下不透明；白铁矿在反光正交偏光镜下出现偏光色。

(3) 碳酸盐类矿物。煤中常见的碳酸盐矿物有方解石、菱铁矿、白云石、铁白云石等。方解石在反光干物镜下为灰色，中突起或低突起，表面平整光滑，常有内反射现象；正交偏光镜下表现出很强的非均质性，常有双晶纹或解理纹，并多见充填于有机组分的细胞腔或小裂隙中。菱铁矿常呈结核状、球粒状集合体，正交偏光镜下非均质性强，结核呈现明显的十字消光现象，反光油浸镜下特征与干物镜相似。

(4) 氧化物和氢氧化物类矿物。煤中最常见的氧化物矿物有石英，还有玉髓、蛋白石、赤铁矿等；氢氧化物矿物有褐铁矿、硬水铝石等。石英多呈单个颗粒或较大的块体出现，反光干物镜下为深灰色或灰色，有时呈浅紫灰色；轮廓清晰，一般表面比较光滑，突起很高而且往往出现黑色边缘。反光油浸镜下石英为深棕黑色，边缘不甚清楚，难与黏土矿物区分，有时可见充填于裂隙的石英脉。

反射光下煤中常见矿物的鉴定标志见表2-3。

表2-3 反射光下煤中常见矿物的鉴定标志

矿物	普通反射光下			油浸反射光颜色	其他标志	主要状态
	颜色	突起	表面状态			
黏土矿物	暗灰色	不显突起	微粒状	黑色		微粒、透镜体、团块、薄层或充填于细胞腔
石英	深灰色	突起很高	平整	黑色		以棱角状为主，自生石英外形不规则，个别呈自晶形
黄铁矿	浅黄白色	突起很高	平整，有时为蜂窝状	亮黄白色		球粒，或具晶形，有时充填胞腔
方解石	乳灰色	微突起	光滑、平整	灰棕色	非均质性明显，常见解理	呈脉状充填裂隙中
菱铁矿	深灰色	突起	平整	灰棕色	非均质性明显	圆形

2.2.3 显微煤岩组分分类

2.2.3.1 中国烟煤的显微组分分类方案

煤的显微组分最早由英国学者 M. C. 司托普丝于 1935 年提出，几十年来各国学者对煤的显微组分的分类和命名提出许多方案，归纳起来有两种类型：一种侧重于成因研究，组分划分较细，常用透射光显微镜观察；另一种侧重于工艺性质研究，分类较为简明，常用反射光显微镜观察。

在各国学者提出的分类方案基础上，1956 年通过了由国际煤岩学委员会（ICCP）提出的显微组分分类草案。其间国际煤岩学术语委员会于 1971 年和 1975 年两次对过去的分类草案做了进一步的修改补充。国际硬煤（即烟煤）显微组分的分类方案侧重于化工工艺性质，表 2-2 将煤的有机显微组分分为三组，即镜质组、壳质组和惰质组，这三大组分在物理和化学工艺性质上有很大的不同。根据形态和结构特征的不同，分出若干显微组分和亚组分，然后根据成煤植物所属的门类及所属器官细分显微组分的种。将褐煤和硬煤的显微组分的分类分开，这是由于褐煤和硬煤的显微组分不仅在物理、化学、工艺性质和成因等特点方面有很大的不同，而且在显微组分的组成上也很不一致，因此不宜采用统一的分类方案。为探讨镜质组的成因，协调镜质组与褐煤的腐殖组分类的差异，1995 年国际煤和有机岩石学委员会对镜质组再次分出结构镜质亚组、碎屑镜质亚组和凝胶镜质亚组等三个亚组，并对镜质组的显微组分划分进行了调整，见表 2-4。镜质组的两种分类系统（见表 2-2 和表 2-4），目前在国际学术界同时并行使用。显然，凝胶结构镜质体、凝胶碎屑体、团块凝胶体和凝胶体分别对应于均质镜质体、基质镜质体、团块镜质体和胶质镜质体。

表 2-4 按照 1994 年 ICCP 体系对镜质组的次级划分

组（group）	亚组（subgroup）	显微组分（maceral）
镜质组（vitrinite）	结构镜质亚组（telovtrinie）	结构镜质体（telinite）
		凝胶结构镜质（olotelinite）
	碎屑镜质亚组（detrovitrinite）	碎屑镜质体（vitrodetrinite）
		凝胶碎屑体（ollodetrinite）
	凝胶镜质亚组（gelovitrinite）	团块凝胶体（corppgelinite）
		凝胶体（gelinite）

中国“烟煤显微组分分类”标准最早于 1986 年由煤炭科学研究总院西安分院提出，1995 年进行了修订。这两个分类方案的共同特点是，考虑到中国煤（尤其是中生代煤）中镜质组与惰质组之间的过渡性组分含量较高，对煤的工艺性质具有明显影响，也反映出煤的成因特征，因此从中国煤的特点出发，将过渡组分命名为半镜质组，并作为一个显微组分组单独划分出来。2001 年，煤炭科学研究总院西安分院在重新修订标准时，考虑到国际标准中没有划分出过渡组分，致使我国的煤岩资料和学术论文，在国际交流中出现困难，在显微煤岩类型及分类上应用时也有诸多不便。另外，半镜质组镜下鉴定也比较困难，可操作性较差，造成显微组分定量误差较大。因此，2001 年的修订放弃了划分出半镜

质组的方案，等效采用了国际标准 ISO 7404-1：1994“Methods for the petrographic analysis of bituminous coal and anthracite—Part 1：Vocabulary”中镜质组、惰质组和壳质组的三组分划分方案，以便于简单而有效地描述和辨煤的组成和性质，适应煤的炼焦、液化、气化、燃烧等加工利用工艺的需要。

考虑了研究和使用两个方面，按组、组分及亚组分进行分类，见表 2-2。此分类方案将烟煤有机显微组分划分为镜质组、惰质组及壳质组，以上各组又进一步划分成若干组分及亚组分。

2.2.3.2 褐煤的显微组分分类

褐煤可以直接用做家庭燃烧、工业热源燃料及发电的燃料，也可用做气化、低温干馏等的原料。褐煤具有清洁、低挥发和低硫的优点，但同时又存在着湿度大、燃点低和二氧化碳排放量大的缺点。德国、美国和俄罗斯作为储量大国，均将褐煤作为未来重要战略资源加以开发和利用。我国褐煤资源丰富，中国内蒙古的霍林河、伊敏、大雁等煤田，云南的昭通、小龙潭、先锋等煤田都是著名的褐煤产地，而且褐煤煤田多属巨厚煤层的产地，宜于露天开采，具有极大的经济价值。褐煤处于煤化作用的初期，保存的植物遗体较多，许多成因标志保存完好，对于研究成煤作用的一系列基本理论问题十分有利，因而引起学者广泛的注意。

褐煤的显微组分的划分与烟煤不同，中国目前尚未建立自己的分类，大多应用国际煤岩学委员会的褐煤显微组分分类（见表 2-5）。

表 2-5 国际褐煤显微组分分类（据 E. Stach 等，1982）

显微组分组 (Group Maceral)	显微组分亚组 (Maceral Subgroup)	显微组分 (Maceral)	显微亚组分 (Maceral Type)
腐殖组 (Huminite)	结构腐殖体 (Humotelinite)	结构木质体（Textinite）	
		腐木质体（Ulminite）	结构腐木质体 (Texto-Ulminite) 充分分解腐木质体 (EU-Ulminite)
	碎屑腐殖体 (Humodetrinite)	碎屑体（Attrinite） 密屑体（Densinite）	
	无结构腐殖体 (Humocolinite)	凝胶体（Gelinite）	多孔凝胶体 (Porigelinite) 均匀凝胶体 (Levigelinite)
		团块腐殖体（Corpohuminite）	鞣质体 (Phlobaphinite) 假鞣质体 (Pseudo-phlobaphinite)

续表 2-5

显微组分组 (Group Maceral)	显微组分亚组 (Maceral Subgroup)	显微组分 (Maceral)	显微亚组分 (Maceral Type)
壳质组 (Liptinite)		孢粉体 (Sporinite) 角质体 (Cutinite) 树脂体 (Resinite) 木栓质体 (Suborinite) 藻质体 (Alginite) 碎屑稳定体 (Liptodetrinite) 叶绿素体 (Ohlorophyllinite) 沥青质体 (Bituminite)	
惰质组 (Inertinite)		丝质体 (Fusinite) 半丝质体 (Semifusinite) 粗粒体 (Macrinite) 菌类体 (Sclerotinite) 碎屑惰质体 (Inertodetrinite)	

由表 2-5 可知，褐煤显微组分分类中的腐殖组、壳质组和惰质组分别与硬煤分类中的镜质组、壳质组和惰质组相当。

腐殖组是褐煤的主要显微组分分组，往往占 90%以上。透射光下腐殖组呈褐黄色至红褐色，油浸反射光下呈灰色，与壳质组和惰质组相比含氧量较高。采用“腐殖组”而不是“镜质组”术语的原因是褐煤的煤化程度低，没有烟煤中镜质组具有玻璃一样的光泽和明亮如镜的特征。根据植物保存状态又分为三个亚组：结构腐殖体、碎屑腐殖体和无结构腐殖体。

壳质组分比硬煤分类方案多了叶绿素体，缺少了荧光体和渗出沥青体。叶绿素体是褐煤中罕见的显微组分，是由植物的叶绿素色素颗粒及透明质格状基质所形成。叶绿素体仅在强烈的厌氧环境下或较温和到较冷的气候条件下才能保存。褐煤的壳质组中也有荧光体和渗出沥青体，而且渗出沥青体也相当发育，荧光体常以非常强的荧光与树脂体相区别；惰质组中比烟煤分类方案少了一个微粒体，这是因为大部分微粒体是烟煤阶段的次生显微组分。

2.3 煤岩学的研究方法

煤岩学的研究方法是在不破坏煤的原生结构、表面性质的基础上，以物理方法为主直接对煤的各方面性质进行研究的方法。煤岩学的研究方法具有制样简单、操作方便、观察测试结果直观、分析快、论据充分等优点。由于煤的综合利用日益广泛，国内外煤田地质与煤化学工作者大量利用现代物理与化学分析技术来研究煤的组成和煤的内部结构。用煤岩学的方法确定煤岩组成和煤化程度，对正确评价煤质以及确定煤的合理用途均有重大的实际意义；同时煤岩学在解决煤的成因、煤层对比、油气勘探、选煤、工业炼焦等方面均起到不同程度的作用。

煤岩学的研究方法以光学显微镜为主要工具，兼用肉眼和其他手段，对煤的岩石组成，结构、性质、煤化程度作定性描述和定量测定，是研究煤岩学的重要手段。研究方法有两种：宏观研究方法和微观研究方法。最常见的分析项目包括煤岩显微组分和矿物质的测定、镜质组反射率测定、显微煤岩类型测定和宏观描述。

煤岩学宏观研究方法是用肉眼或放大镜观察煤，根据煤的颜色、条痕、光泽、硬度、密度、断口等物理性质，取得宏观煤岩成分和宏观煤岩类型，对煤层进行整体的观察和描述，初步评定煤的性质和用途。煤的宏观研究方法是煤岩学研究的基础，多用于煤田地质研究，煤矿野外研究，具有简便易行等优点，缺点是较粗略。煤岩学的主要研究方法是微观研究法，下面主要介绍微观研究法。

2.3.1 煤岩显微组分的分离和富集

为了研究工作或某些特殊需要，希望得到纯度尽可能高的显微组分，为此需要进行显微组分的分离和富集工作。

对煤岩显微组分的分离，国内外已做了大量工作。一般是先手选，再筛选，最后用密度法精选，即可分离出纯度较高的煤岩显微组分。

按煤的不同性质采用不同的分离步骤，主要包括初步分离（手选、筛选、氯化锌密度液分离）和精细分离（有机密度液自然沉降和离心分离）两个步骤。

初步分离的主要目的在于使显微组分得到初步富集。手选主要根据煤岩成分的光泽以及其他物理特征的差别加以挑选。如壳质组多集中于暗淡煤中，致密而硬，密度较小。用肉眼鉴别手选，即可达到初步富集某一显微组分的目的。筛选对于煤岩组成不均一的煤，可利用煤岩组分抗破碎性的不同，将煤样进行筛分。一般软丝炭最脆，集中在最小的粒级；镜煤抗破碎性弱，富集在较小的筛级中；暗煤的韧性较大，抗破碎性强，集中在粗粒级。也可取所需的筛级，再用氯化锌溶液进行初步分离，即可使某显微组分有较高的富集程度。

初步分离后，对煤样尚需进一步细粉碎，然后在有机密度液中作精细分离。

精细分离是指煤样在有机密度液中自然沉降或离心分离。经此步骤后，一般即可获得所要求纯度的显微组分样品。所用的有机密度液通常应具有黏度小、润湿能力强、分层快、易挥发、干燥后无残留物、对煤质的抽提作用小等特点，一般多采用苯和四氯化碳配成所需要的密度液进行分离。

2.3.2 煤岩分析样品的制备

微观研究采用的煤岩分析样品有粉煤光片、块煤光片、煤岩薄片和光薄片等。粉煤光片、块煤光片通常用于显微镜反射光观测，煤岩薄片和光薄片则通常用于显微镜透射光观测。

薄片观测是煤岩学早期至现在广泛采用的方法。它能通过不同颜色和清晰的结构反映煤岩特征，适用于低、中煤级煤。由于薄片制作技术性高和比较耗费时间，其厚薄往往影响鉴定质量，特别是这种方法至今还不能将高煤级烟煤及无烟煤磨制成符合要求的透明薄片。粉煤制成薄片更加困难，因而应用范围也受到一定限制。

光片是将块煤或成型的粉煤磨制成一定大小且抛光表面的块样，它制作工艺技术简便，并可补充薄片的不足，对高煤级烟煤及无烟煤仍可使用。光片应用广泛，常用于显微组分的观察、定量统计和镜质组反射率及其各向异性的测定。对于煤的现代微区分析、显微硬度的测定、侵蚀、染色方法以及研究煤层形成和煤层对比等也大多采用块煤光片。因此，利用光片观测已成为当前煤岩研究使用最广泛的方法之一。

光薄片可分别在透射光和反射光、荧光下观察同一视域，对比识别不同光性的煤岩显微组分十分方便，也可用于探针分析、扫描电镜等的研究。反射率和显微硬度的测定、差异蚀刻以及与化学试剂的反应都同样可在光薄片上进行，是一种值得推广的“多用片”。

主要显微组分在显微镜下的特征见表2-6。

表2-6　主要显微组分在显微镜下的特征

类	组	组分	显微结构及形态	颜色		分布状态
				透射光下	反射光下（油浸）	
镜质类	镜质组	结构镜质体	有或多或少的细胞结构	橙红~红色	深灰色	透镜体、碎片、团块等
		无结构镜质体	质地均一	橙红色	深灰色	透镜体、碎片、团块等
		碎屑镜质体	碎屑<30μm	红色	深灰色	
	半镜质组	结构半镜质体	同结构镜质体	棕红~红棕色	灰色	
		无结构半镜质体	同无结构镜质体		灰色、微突起	
		碎屑半镜质体	同碎屑镜质体		灰色	
丝质类	丝质组	结构丝质体	保存良好的细胞结构	黑色，不透明	白色~亮黄白色，高突起	透镜体、碎片状
		无机构丝质体	无细胞结构	黑色，不透明	白色	透镜体，条带状，碎片状
		碎屑丝质体	<30μm，无细胞结构	黑色，不透明	白色	
		微粒体	极细粒状，<2μm	黑色，不透明	白色	
	半丝质组	结构半丝质体	有细胞结构	棕~棕黑色	白灰~灰白色	
		半丝基质体	无细胞结构	棕~棕黑色	白灰~灰白色	
		碎屑丝质体	<30μm	棕~棕黑色	白灰~灰白色	
稳定类	稳定组	孢粉体	大孢子为扁环或透镜状，小孢子为小扁环或蛆虫状	黄色	黑灰色	大孢子分散，小孢子多呈群体
		角质体	厚度不同的狭长条带内缘呈锯齿状			
		树脂体	椭圆，纺锤体，无结构			
		树皮体	平行条状，叠瓦状或鳞片状			
		不定形体	轮廓清晰，不规则			

续表 2-6

类	组	组 分	显微结构及形态	颜 色		分布状态
				透射光下	反射光下（油浸）	
腐泥类	腐泥组	藻类体	有群体细胞结构			
		腐泥基质体	无结构			

煤岩分析片样制片按照《煤岩分析样品制备方法》（GB/T 16773—2008）进行。

（1）粉煤光片的制备。将具有代表性的缩分样破碎到规定的1mm以下的粒度，并使小于0.1mm粒度的煤样质量不超过10%（小于0.1mm的颗粒保留在煤样中），干燥后按一定的配比与黏结剂混合固结成型块，然后研磨与抛光。型块的研磨和抛光与块煤光片完全相同，只是抛光时间不宜过长，以组分清晰为准，否则会使热成型的虫胶等黏结剂熔化、形态发生变异。

粉煤光片固结成型，有热成型法和冷成型法两种。热成型法是按煤样、虫胶（粉碎至1mm以下）的体积比2∶1取样，混合均匀拨入底部黏有纸的内径为25mm磨具内，将磨具加热（不超过100℃），不断搅拌直到虫胶全部熔化，迅速将磨具放入镶嵌机内加压至约3.5MPa，停留约30s完成成型。冷成型（冷胶）法是称取10g煤样和约7g不饱和聚酯树脂倒入25mm×25mm磨具内，边倒边搅拌，使煤、胶混合均匀，搅拌至胶变稠到可以阻止煤粒下沉时，停止搅拌，静置约2h，为利于排出气泡，可用钢针垂直地扎动未固结煤砖，待气泡排出后放入不高于60℃的恒温箱内固结成煤砖。煤砖光片要求鉴定面积不小于600mm^2，且工作面上煤粒应占总面积的2/3以上。需要注意的是：褐煤，尤其是年轻褐煤不适合用热胶法。

粉煤光片成型后，需要进行研磨和抛光。研磨分细磨和精磨，抛光亦分细抛光和精抛光。细磨是顺次用320号金刚砂和W20白刚玉粉在磨片机上掺水研磨。研磨至煤砖表面平整，颗粒显露为止。精磨是在毛玻璃上，顺次用W10、W5、W3.5或W1的白刚玉粉与少许水的混合浆逐级研磨。每级研磨后的煤砖均需冲洗干净后方可进入下一道工序。细磨与精磨之间还需要加一道用超声波清洗煤砖。精磨后的煤砖在斜光下检查，要求煤砖光面无擦痕、有光泽感、无明暗之分，煤颗粒界线清晰。细抛光在牢固黏有抛光布的抛光盘上进行，抛光料为三氧化二铝粉浆。精抛光采用更细的抛光盘布。用酸性硅溶胶作抛光料。完成后的抛光面需用×20～×50的干物镜检查，抛光面应表面平整，无明显凸起、凹痕；煤颗粒表面纤维组分界线清晰，无明显划道；表面清洁，无污点和磨料。

（2）块煤光片的制备。当样品质地较脆、松散易于破碎，且无法直接切成所需的块度时，在切片之前首先要进行加固处理。加固用的胶结材料有：加拿大树胶、塑料胶、纯松香、石蜡等。加固方法有：热胶法（煮胶法）和冷胶法（灌注法）。热胶法：国内常采用松香和石蜡配比，以煤样的裂缝能充分渗入胶为准，一般情况下配比为10∶1～10∶2，如果松香和石蜡之比10∶2还不够，可以加入少量松节油，用量为松香的1/10或2/10。煮胶容器用铝锅，煮胶温度不得超过130℃，煮胶时间以煤样不再冒出气泡为准，停止加温后10min取出煤样。冷胶法：将煤块需磨制的面朝下，放在内径不小于35mm的硅橡胶磨具内，将配置好的不饱和聚酯灌入磨具，拨动煤块，使聚酯能够充分渗入裂缝，静置4～

5h 凝固后取出。

样品加固后，用切片机沿垂直层理方向将煤切成小块，长 40mm、宽 35mm、厚 15mm 的长方形煤块。

将已切好的煤块用 180 号或 200 号金刚砂对煤砖各表面粗磨，使其成为平整的粗糙平面；而后进行的细磨、精磨和抛光要求均与粉煤光片相同。

(3) 煤岩薄片的制备。对中低煤化度的块煤，通过加固、切片、研磨、黏片、再研磨、修饰、盖片，制成合格的薄片。块煤加固方法与块煤光片相同。块煤加固后，用切片机沿垂直层理的方向，一般将煤样切成长 45mm、宽 25mm、厚 15mm 的长方体煤块。煤块上第一个面粗磨方法与块煤光片相同，细磨和精磨的方法与粉煤光片相同。若效果还差，可按粉煤光片的方法进行细抛光。

黏片有冷黏和热黏两种方法，冷黏是将 501 胶或 502 胶均匀地滴在精磨或抛光好的、放置在工作台上的煤块黏合面上，使之与载玻璃片的毛面黏合，来回轻推煤块以驱走气泡并使胶均匀分布在整个黏合面上。热黏是将加热载玻璃片及其上面的光学树脂胶，待其充分熔化并均匀分布在玻璃上后，将煤块的第一个面与载玻璃黏合，来回轻推煤块以驱走气泡，在常温下冷却凝固；然后对第二个面，按照块煤光片的方法进行粗磨至煤样厚度约 0.5mm，再按照粉煤光片的方法对第二个面进行细磨和精磨，细磨至厚度 0.15~0.20mm，精磨后煤片全部基本透明，大致均匀、无划道、显微组分界线清晰，四角平整。

薄片修饰是用软木棒或玻璃棒沾上 W5、W3.5 或 W1 白刚玉粉浆将薄片较厚的不均匀部位研磨薄，直至达到厚度均匀，透明良好。用小刀将载玻璃片上多余的胶剔除，并整形为尺寸不小于 30mm×24mm 的薄片。用煮好的光学树脂胶给煤片黏上盖玻片，常温冷凝即成煤岩薄片。

(4) 煤岩光薄片的制备。对中低煤化度的块煤，通过加固、切片、研磨、抛光、黏片、第二个面的研磨和抛光等工序制成合格的光薄片。块煤的加固、切片、研磨、黏片、第二个面的研磨、修饰、剔胶、整形与煤岩薄片相同。不同之处是光薄片精磨后的两个面均需抛光。第二个面的抛光采用专用光薄片夹具进行。

2.3.3 煤岩显微组分的反射率

煤的反射率以单煤层煤样块煤光片或混配煤样粉煤光片为试样，以代表性显微煤岩组分镜质组为对象。它在显微镜下的直观表现是矿物磨光面的明亮程度。

煤的镜质体反射率曾称镜质组反射率，是指在油浸下镜质体在波长为 546nm 的绿光中的反射光强度（I_r）占垂直入射光强度（I_i）的比例，以 $R(\%)$ 表示，见公式（2-1）。

$$R = \frac{I_r}{I_i} \times 100\% \tag{2-1}$$

反射率是不透明矿物最重要的特征，也是鉴定煤的煤化度的重要指标。目前，常用高灵敏度的光电倍增管光度计精确测定镜质组的反射率。

在与煤层层面成任意交角的切面上，最大反射率不变，而最小反射率则随交角不同而变化。所以在偏光下测定反射率时，在垂直层理的平面上，光学各向异性最明显。当入射光的偏振方向平行于层理时，可测得最大反射率。实际测定时缓慢转动装有光片的载物台 360°，记录下反射率的最大值，称为最大反射率，以 R_{max} 表示；当同一块光片最大反射率的测定点数达到测定准确度所要求的点数时，对这些点所有测值进行统计平均所得的结果，称为平均最大反射率，记为 $\overline{R}^{o}_{max}$。当入射偏光垂直于层理时，可测得最小反射率，以 R_{min} 表示。当入射光与层面的夹角 $0°<\alpha<90°$时，测得的为中间反射率，以 R_{ran} 表示。当同一块光片随机反射率的测定点数达到测定准确度所要求的点数时，对这些点所有测值进行统计平均所得的结果，称为平均随机反射率，即为 $\overline{R}^{o}_{ran}$。

目前均以镜煤最大平均反射率 $\overline{R}^{o}_{max}$ 来进行煤化度判定，褐煤<5%，长焰煤为 5%~7%，气煤约为 7.5%，肥煤约为 8%，焦煤约为 9%，瘦煤增加到 10%，变质程度到贫煤时，$\overline{R}^{o}_{max}$ 为 0.11，当煤变质到无烟煤阶段，其最大反射率可达 0.185。从贫煤至不同无烟煤的反射率 $\overline{R}^{o}_{max}$ 随变质程度的加深而增大的幅度很大，所以在无烟煤的分类中，可以考虑把煤对光的反射率作为分类的参数之一。

平均随机反射率与最大反射率与最小反射率的关系为：

$$\overline{R}^{o}_{ran} = \frac{2R^{o}_{max} + R^{o}_{min}}{3} \tag{2-2}$$

最大反射率和最小反射率之差称为双反射率，它反映了煤的各向异性程度，也随煤化度增高而增大。一般将在油浸物镜下测定的最大反射率作为分析指标。

煤的各种显微组分的反射率不同，它们在煤化过程中的变化也不相同（见图 2-1）。镜质组的反射率在烟煤和无烟煤阶段的三大组分中居中，介于壳质组和惰质组之间，而且随煤化度加深而增高。镜质组反射率受煤化作用的影响始终比较灵敏，因此国内外都以镜质组中的均质镜质体或基质镜质体的反射率作为标志煤化程度（煤级）的指标。研究表明，镜质组的各向异性特征随煤级增高变得越来越明显。R^{o}_{max} 为 4.0%以前，镜质组最大反射率值的递增与平均反射率、最小反射率及双反射率值的递增之间呈密切的线性相关关系。通常人们参照德国的分类，把 R^{o}_{max} =4.0%值作为无烟煤与高阶无烟煤的分界点，从 4.0%往上，反射率值越来越分散；在 R^{o}_{max} =6.0%时，最小反射率值开始减少，而双反射率值急剧增加，表明开始了预石墨化作用。从烟煤到无烟煤，镜质组的最大反射率由 0.5%增至 8.0%；到超无烟煤阶段，镜质组反射率高于部分丝质体。

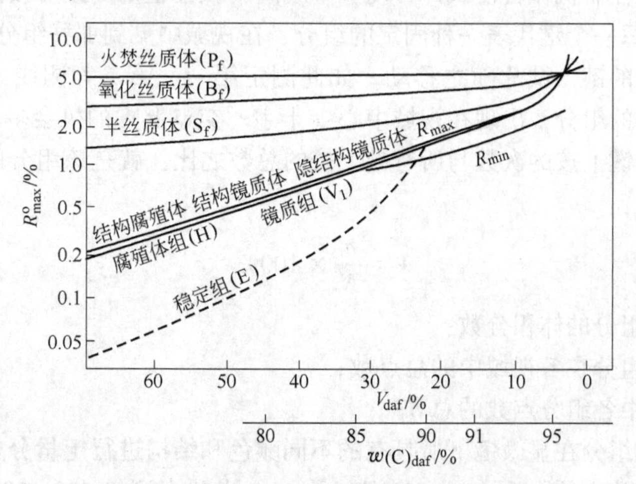

图 2-1 煤化过程中显微组分反射率的变化

壳质组的反射率在三大组分中最低。在低煤化程度煤中，壳质组的反射率要比相应的镜质组反射率低得多。随着煤级增高，壳质组反射率增长缓慢。到中煤化度烟煤的“第二次煤化跃变”阶段，壳质组的反射率迅速增加，并与镜质组反射率曲线在 R^{o}_{max} =1.5%附近相交中、高煤化度烟煤中难以辨认壳质组。

惰质组的反射率是三大组分中最高的。惰质组中丝质体的反射率在煤化作用早期（镜质组反射率为0.33%~0.86%）随着煤级增高，由1.02%增至2.08%，增长较快，惰质组中火焚丝质体的反射率最高，在整个煤化过程中几乎不变。而在无烟煤阶段，由于镜质组最大反射率增长很快，因此丝质体最大反射率低于镜质组。

煤的各种显微组分的反射率在煤化度较低时，差别很大。随着煤化程度的提高，差别变小，当碳含量为95%时，各显微组分的反射率趋于一致。

由于挥发分产率测试简单易行，目前中国煤炭分类国家标准（GB/T 5751—2009）中，以干燥无灰基挥发分 V_{daf} 作为第一大类分类指标。实际上，煤的镜质组反射率被公认是表征煤化程度的最好指标，主要有以下几点原因：镜质组反射率随煤化程度的增加变化快而且规律性强；镜质组是煤的主要组分，颗粒较大而表面均匀，其反射率易于测定；与表征煤化程度的其他指标（如挥发分、碳含量）不同，镜质组反射率不受煤的岩相组成变化的影响。因此镜质组反射率是公认的较理想的煤化程度指标，尤其适用于烟煤阶段。目前，镜质组的平均最大反射率作为煤化程度指标已应用于一些国家的煤炭分类中，在国际煤炭编码系统中也被正式采用。

2.3.4 煤岩组分的定量方法

显微镜下组分含量测定的方法很多，但其原理只有一个，即先测定各组分所占的面积分数，面积分数与体积分数成正比，如果已知各组分的密度，即可换算成质量分数。

目前测定煤岩组分常用的方法是计点法，此方法效率较高，可达一定精度。使用电动计点器（又称电动求积仪）测定，电动计点器由两个主要部分组成，一部分是机械台(夹持薄片或光片用)；另一部分是自动记录器（又称电磁计数器），记录器上一般有8~10个键，最多有14个键。当按记录器上的键时，计数继电器就计下一个数字，并通过电子管传递的讯号，控制机械台使试片移动一个距离（仪器上的间距可按需要在一定范围内调节)。计数时，每一个键代表一种固定的组分，在视域中见到那种组分落在十字丝中心，即按相当于该组分的键，试片随之移动。如此测定第一、第二等侧线，直至测完整个试片。显然，含量高的组分，出现在视域中心（十字丝交点上）的机会多，按的次数必然越多。因此，每一个键上按的次数与所有键上按的总数之比，就是该组分的体积分数，其计算公式见式（2-3）：

$$V=\frac{n}{N}\times 100\% \tag{2-3}$$

式中 V——预测组分的体积分数；

n——预测组分在各视域中的总点数；

N——试片中各组分点数的总和。

根据不同显微组分在显微镜下所具有的不同颜色和结构进行定量分析，一般用粉煤制成的光片。显微镜放大倍数为400~500倍。在一个光片上测量400~500个点，按四大组即镜质组、惰质组、壳质组和矿物组计数，再计算百分比。我国某些煤样的显微组分分析数据，见表2-7，通常镜质组和半镜质组之和占80%左右。

表2-7 我国某些煤样的显微组分分析 (%)

煤样	镜质组	半镜质组	丝质组+半丝质组	稳定组	矿物组
本溪	85~86		11~12	0	2~4
鹤岗	70~83	—	9~15	1~4	6~11
北票	50~63	3~10	17~26	3~6	5~15
抚顺	90~93		0~1	3~8	0~3
峰峰	77~85	—	15~23	0~1	
贾汪	65~81	1~10	7~20	4~9	0~6
淮南	50~60	7~13	9~20	8~20	2~7

2.4 煤岩学在煤炭加工利用中的应用

2.4.1 煤岩学在选煤中的应用

煤的可选性是指煤中有机物质和无机物质可分离的难易程度，它反映了从原煤中分选出符合质量要求的精煤的难易程度。煤炭分选是我国发展洁净煤的源头技术，常规的物理选煤可以除去60%的灰分和40%~70%的黄铁矿硫，从而大大提高煤的燃烧效率，并减少污染物排放和无效运输。

煤炭的分选首先要了解煤炭的可选性，通过可选性评价来选择合理的分选方法。它是确定选煤工艺和设计的主要依据。现行评价煤的可选性的方法大多是在可选性曲线的基础上提出来的，可选性曲线基于原煤的浮沉试验结果，用密度级来衡量计算。由于只考虑了影响煤可选性的生产因素（如分选密度、粒度），没有考虑影响可选性的成因因素，就无法阐明影响可选性好坏的原因，只能评定已开采煤的可选性，而不能实现对煤的可选性的预测。煤岩学的研究可以为选择合理的破碎粒度、分选密度、工艺流程提供重要的基础数据，从而提高精煤回收率，降低精煤灰分和硫分，减少大量浮沉试验的工作量。煤岩学的方法具有简便易行、成本低、采样点多、代表性强等优点。

2.4.1.1 煤中矿物嵌布特性对煤可选性的影响

煤中矿物的成分、密度、颗粒大小以及分布状态是影响煤可选性的主要因素。煤的可选性的优劣实质上并不在于矿物质总含量的多少，而在于矿物质分布状态和颗粒大小。混入煤中的矿物颗粒越大，或呈聚积的层状、透镜体状、较大的结核状、单体状或脉状，经破碎后，矿物质和煤中的有机质就易于分离，可选性就好；反之，如果煤中矿物呈浸染状、细粒状或细条带状均匀分散于煤中的有机质基体中，或充填于有机组分的细胞腔中，即使把煤破碎到很细的粒度，也难以分选，煤的可选性就差。

煤的可选性好坏，取决于煤中矿物质的可解离性。所谓矿物质的可解离性是指将矿物质与有机质解体分开时的最小破碎粒度，也就是解离粒度，解离粒度越大，可解离性就越好，煤与矿物质的分离就越容易，煤的可选性也就越好；反之，解离粒度越小，可解离性就越差，煤与矿物质的分离就越困难，煤的可选性也就越差。通过显微镜下的观察，很容易识别出矿物质在煤中的嵌布粒度大小及赋存形态，从而可以测定出其解离粒度，据此可对矿物质的可解离性作出判断，也就能判断煤的可选性。

2.4.1.2 煤岩组成对煤可选性的影响

不同煤样组分的密度不同，但差别较小。由于不同煤样组分所含的矿物质含量不同，导致密度的差异。一般镜质组和壳质组所含的矿物质少，而惰质组所含矿物质较多，这是由于惰质组多保留细胞结构，矿物在泥炭化阶段或成煤阶段充填在细胞腔内。密度大小的差别直接影响分选工艺效果；镜煤、亮煤、暗煤、丝炭四种宏观煤岩组分的表面润湿性不相同，浮选性也有很大的差别。以凝胶化组分为主的镜煤和亮煤比暗煤和丝炭有更好的浮选性，其中以镜煤最好。

2.4.1.3 煤化程度对煤可选性的影响

煤化程度直接影响煤粒表面的天然疏水性和其他特性。中等煤化程度的肥煤、焦煤和部分瘦煤的天然疏水性比低煤化程度和高煤化程度的煤都好，易于浮选。此外，中国不少低煤级煤壳质组含量较多，韧性强，破碎分离相对困难。中煤级煤中镜质组内生裂隙发育，机械强度降低，镜煤和丝炭可分性明显；而高煤级煤中有机组分差别缩小，密度相近，机械强度增大，因此到贫煤、无烟煤阶段各组成部分分离性能变差。

利用煤岩学来评价煤的可选性的方法不同，但基本原理相同，都是用显微镜测定煤岩光片或薄片中的煤岩组分的类型及含量，并确定矿物形态、大小、成因和赋存状态等，进行定量统计。利用煤岩学可以快速评定煤的可选性，并提出合理的破碎粒度，为制定合理的选煤工艺和流程提供技术依据。

2.4.2 煤岩学在煤炭焦化中的应用

在炼焦生产中，可以利用煤岩学方法评价煤质，主要是能够得到煤的煤岩组成、煤化程度等关键参数，从而可以指导配煤、预测焦炭质量。另外，还可以通过显微镜观察焦炭的结构用以评价其性质。

2.4.2.1 煤岩学在配煤炼焦中的应用

用煤岩学方法预测焦炭质量，指导配煤炼焦是焦化工业中的一个重大成就。目前发达国家的现代配煤技术几乎都离不开煤岩学手段。早在20世纪30年代，苏联学者试图利用煤岩学方法研究煤的结焦性及配煤问题；20世纪50年代，苏联提出了煤岩配煤和预测焦炭质量的计算方法；20世纪60年代以来，美国、日本、澳大利亚等国的一些煤岩学者也相继开展了这一工作。截至目前，随着煤岩学研究方法的多样化、自动化及精确化，人们提出了越来越多的煤岩配煤方法，并将其应用于炼焦生产，取得了明显的经济效益。近年来，我国的一些有实力的焦化厂也开始配备煤岩测定系统，用以指导炼焦配煤。

煤岩配煤很容易实现煤料组成的最佳化，使活性组分（即能产生较多胶质体的组分）和惰性组分（即不能产生较多胶质体的组分）达到最佳配比。煤岩配煤技术基于下面的研究成果和科学认识。

（1）煤是不均一的物质，煤中各种有机显微组分的性质不同。其中镜质组和壳质组在热解过程中自身能发生软化熔融，产生胶质体将煤粉黏结成块，属于活性组分；而惰质组在炼焦过程中不产生胶质体，不具有黏结性，属于惰性组分。炼焦时，要生产出高性能的焦炭，活性组分和惰性组分必须合理搭配。煤岩组成分析的结果就可用来计算活性组分和惰性组分的比例，通过调节不同煤种的配入量即可达到上述合理配比的目的。

（2）活性组分的质量差别很大，不仅不同煤化程度的煤差别大，即使同一种煤，所含的活性组分的质量也有差别，这些差别可以用反射率分布图来表示。用煤岩学手段指导炼焦配煤，要使各种配煤的适配性好，即反射率在1.0%~1.4%之间要有一个类正态分布，小于1.0%和大于1.4%的煤量要少，中间不出现凹口，如图2-2所示，这样的配煤就能炼制出合格的焦炭。对于图2-3的配煤，可以看出镜质组反射率在1.2%~1.4%有较大的凹口，煤种适配性不好，这样的配煤炼制出的焦炭不符合质量要求。

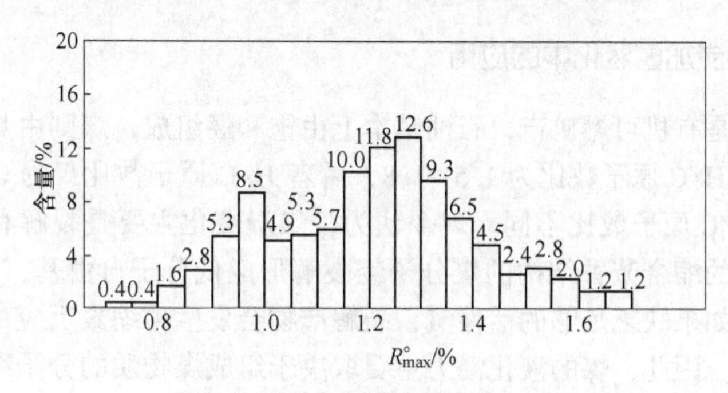

图2-2　正常配煤反射率分布图

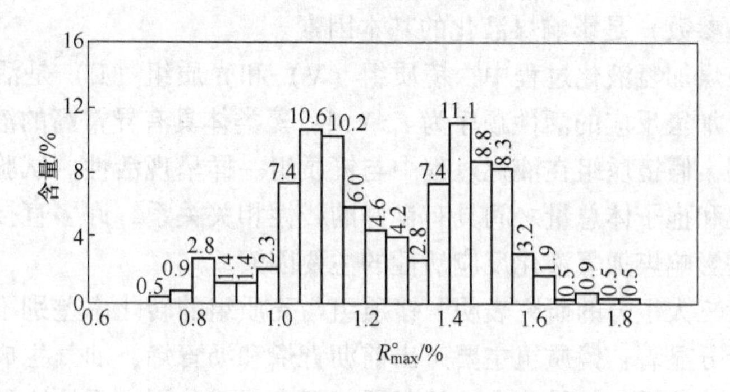

图2-3　反常配煤反射率分布图

（3）惰性成分并非可有可无，缺少或过剩对配煤炼焦都会产生不利影响。所以，任何一个合理的配煤方案，是各种活性组分和一定质量的惰性组分比例恰当的组合。

（4）不同煤类中的同一显微组分如果煤化程度以及还原程度相同，其性质也相同，而同一煤类中不同显微组分的性质不同，这就为不同的煤岩配煤方案之间提供了可比性。

任何一种煤岩配煤方案都必须利用两个主要指标：活性组分的反射率分布情况和惰质组分含量来指导配煤。

2.4.2.2　煤岩学在焦炭质量评价中的应用

（1）焦炭强度的预测。根据煤岩配煤原理，一定的配煤所炼制的焦炭性能也是一定的，因此利用煤岩学方法研究配煤的煤岩组分和活性组分的反射率，就可以对焦炭的强度进行预测。

(2) 焦炭的反应性预测。焦炭的反应性决定于焦炭显微结构组成、焦炭表面积和焦炭的灰成分。其中，焦炭光学性质与焦炭反应性之间有一定的函数关系。

华东理工大学曾做过不同煤化程度煤所炼焦炭的反应性试验，结果表明，从气煤到焦煤，煤的煤化程度越高，焦炭中各向同性组分含量及焦炭的反应性随之降低；而对同一煤化程度的煤，惰质组含量越高，焦炭中各向同性组分及其反应性增加。研究表明，焦炭中各向异性效应越强，其反应性越低；各向异性效应越弱，则反应性越高。

日本川崎钢铁公司测定了焦炭中各种显微组分的反应性，其大小顺序为：各向同性(来自煤中活性组分)>各向异性（来自煤中惰性组分)>细粒镶嵌>粗粒镶嵌>流动状。由此可知，焦炭中各向异性组分含量越高，其反应性越低。

2.4.3 煤岩学在煤炭加氢液化中的应用

石油与煤炭同是有机可燃矿产，石油基本上由饱和烃组成，煤则由具芳香结构的固体有机物组成。前者 H/C 原子数比为 1.5~1.8，后者 H/C 原子数比仅为 0.4~1，可见两者主要的差别在于 H/C 原子数比不同。现今认为，煤炭液化主要是裂解和加氢反应，带有各种官能团和侧链的缩合芳香结构的煤分子经裂解形成低分子自由基，加氢后向沥青烯、油、气方向转化。如果缺乏足够的活性氢，裂解产物会发生再缩聚反应，又会生成高分子化合物，形成半焦。因此，煤的液化潜力主要取决于组成煤物质的分子结构。从煤岩学角度看，可以反映煤分子结构的煤岩（有机质与无机质）成分、煤化程度和还原性质（包括鉴定它们的各种参数）是影响煤液化的基本因素。

研究发现，在煤加氢液化过程中，镜质组（V）和壳质组（E）是活性组分，惰质组（I）是惰性组分，加氢反应的活性顺序为 E>V>I；藻类体具有异常高的液化活性。

与炼焦性不同，假镜质组在液化过程中与镜质组一样呈现活性。试验表明，转化率与镜质组、假镜质组和孢子体总量之间具有良好的线性相关关系。许多直接液化试验数据表明，煤活性组分是影响煤加氢液化反应活性的主要因素。

对长焰煤阶段三大组分的研究表明，镜质组与壳质组的转化率差别不大，但是抽提产物的成分差异却十分显著：镜质组主要产出前沥青烯和沥青烯，油气生成量较少；壳质组则主要产出油和气；惰质组的转化率虽然很低，但产物成分则主要是油和气。

液化用煤通常都要求煤化程度低。国内外的研究证实，镜质组反射率（R^{o}_{max}）在 0.35%~0.80%（中国），或<0.9%（俄罗斯），或 0.50%~0.80%（欧美等）低煤阶范围内的煤是液化的良好用煤。

3 煤的结构

煤的分子结构的研究一直是煤化学学科的中心环节，受到了广泛的重视。为了研究煤的化学组成和结构，长期以来采用了物理、物理化学、化学等方法进行研究。但是，由于煤这一研究对象的复杂性、多样性、非晶质性和不均匀性，到目前为止虽然已做了大量的研究工作并取得了一定的进展，但煤的分子结构问题还没有最终解决。几十年来根据试验结果和分析推测，提出的煤分子结构模型有数十种之多。目前对这个问题的认识现状可以概括为：定性描述多于定量计算，轮廓介绍多于具体剖析，统计平均多于个别结果。

近十几年来由于煤炭作为能源和原材料的地位不断上升，在煤的转化方面做了大量研究。同时近代分析方法和电子计算机技术运用于研究煤及其产品，所以在煤的分子结构研究方面与过去几十年相比取得了明显的进步。

因为烟煤储量最大，应用最广，而煤岩显微组分中又以镜质组为主，再加上镜质组具有矿物质含量很低，在煤化过程中变化比较均匀等优点，所以长期以来烟煤的镜质组一直是煤化学的主要研究对象。在分子结构研究方面同样如此，故本章内容将以烟煤镜质组为主，重点介绍煤分子结构研究的结论。

3.1 煤的大分子结构

3.1.1 煤大分子结构的基本概念

煤的有机质是由大量相对分子质量不同、分子结构相似但又不完全相同的“相似化合物”组成的混合物。根据实验研究，煤的有机质可以大体分为两部分：一部分是以芳香结构为主的环状化合物，称为大分子化合物；另一部分是以链状结构为主的化合物，称为低分子化合物。前者是煤有机质的主体，一般占煤有机质总量的90%以上；后者含量较少，主要存在于低煤化程度的煤中。煤的分子结构通常是指煤中大分子芳香族化合物的结构。煤的大分子结构十分复杂，一般认为它具有高分子聚合物的结构，但又不同于一般的聚合物，它没有统一的聚合单体。

研究表明，煤的大分子是由多个结构相似的“基本结构单元”通过桥键连接而成的。这种基本结构单元类似于聚合物的聚合单体，它可分为规则部分和不规则部分。规则部分由几个或十几个苯环、脂环、氢化芳香环及杂环（含氮、氧、硫等元素）缩聚而成，称为基本结构单元的核或芳香核；不规则部分则是连接在核周围的烷基侧链和各种官能团；桥键则是连接相邻基本结构单元的原子或原子团。随着煤化程度的提高，构成核的环数不断增多，连接在核周围的侧链和官能团数量则不断变短和减少。

3.1.2 煤大分子基本结构单元的核

基本结构单元的核主要由不同缩合程度的芳香环构成，也含有少量的氢化芳香环和氮、硫杂环。随煤变质程度的增加，基本结构单元的缩合度增加，缩合芳香环数也增加。低煤化度煤基本结构单元的核以苯环、萘环和菲环为主，缩合环数较少，尺寸也较小；中等煤化度烟煤基本结构单元的核则以菲环、蒽环和芘环为主；到无烟煤阶段，基本结构单元核的芳香环数急剧增加到10多个，且逐渐趋向石墨结构。

由于煤结构的复杂性和不均一性，还难以确切地了解煤的分子结构，因此常常采用所谓的结构参数来综合地描述煤的基本结构单元的平均结构特征。这里主要介绍芳碳率、芳氢率、芳环率和环缩合度指数等四个结构参数。

(1) 芳碳率 $f_{ar}^{C}=C_{ar}/C$，基本结构单元中芳香族结构的碳原子与总碳原子数之比。

(2) 芳氢率 $f_{ar}^{H}=H_{ar}/H$，基本结构单元中芳香族结构的氢原子与总氢原子数之比。

(3) 芳环率 $f_{ar}^{R}=R_{ar}/R$，基本结构单元中芳香环数与总环数之比。

(4) 环缩合度指数 $2(R-1)/C$，基本结构单元中的环形成缩合环的程度。

不同煤化程度煤的结构参数列于表3-1。

表3-1 不同煤化程度煤的结构参数

碳含量/%	f_{ar}^{C}		f_{ar}^{H}		H_{ar}/C_{ar}①	H_{al}/C_{al}②	平均环数
	NMR③	FTIR④	NMR	FTIR			
75.0	0.69	0.72	0.29	0.31	0.33	1.48	2
76	0.75	0.75	0.34	0.33	0.36	0.74	2
77.0	0.71	0.65	0.33	0.24	0.34	1.89	2
77.9	0.38	0.49	0.16	0.14	0.42	1.32	1
79.4	0.77	0.77	0.31	0.31	0.31	1.91	3
81	0.7	0.69	0.31	0.34	0.31	1.45	2
81.3	0.77	0.74	0.3	0.36	0.35	2.11	3
82	0.78	0.73	0.36	0.32	0.34	2.14	3
82.0	0.74	0.76	0.33	0.31	0.33	1.74	3
82.7	0.79	0.73	0.32	0.29	0.31	2.34	3
82.9	0.75	0.79	0.39	0.39	0.38	1.59	3
83.4	0.78	0.69	0.33	0.29	0.32	2.31	3
83.5	0.77	0.69	0.34	0.29	0.36	2.42	3
83.8	0.54	0.56	0.18	0.16	0.31	1.69	1
85.1	0.77	0.8	0.43	0.45	0.36	1.38	3
86.5	0.76	0.78	0.33	0.42	0.36	1.75	3
90.3	0.86	0.84	0.53	0.5	0.35	1.91	6
93	0.95		0.68		0.23	2.06	30

①H_{ar}/C_{ar}—芳香氢、碳原子比；②H_{al}/C_{al}—脂肪氢、碳原子比；③NMR—核磁共振波谱；④FTIR—傅里叶变换红外光谱。

由表3-1可见，f_{ar}^{C}、f_{ar}^{H}随煤化度的增加而增大，但在煤中C含量达90%以前增大并不显著。f_{ar}^{C}波动于0.7~0.8，f_{ar}^{H}波动于0.3~0.4，说明只有无烟煤是高度芳构化的。NMR和FTIR两种方法的测定结果除个别数据偏差较大外，大部分是彼此一致的。对烟煤而言，f_{ar}^{C}不到0.8，f_{ar}^{H}大致为0.33。从H_{ar}/C_{ar}可知，约有2/3的芳碳原子处于缩合环位置，其上无氢原子。H_{ar}/C_{ar}平均值为2左右，这是存在脂环的证据之一。

3.1.3 基本结构单元的官能团和烷基侧链

基本结构单元的缩合环上连接有数量不等的烷基侧链和含氧（还有少量含硫、含氮）官能团。

3.1.3.1 烷基侧链

煤的红外光谱、核磁共振、氧化和热解的研究都已确认煤的结构单元上连接有烷基侧链。连接在缩合环上的烷基侧链是指甲基、乙基、丙基等基团。藤井修治在比较缓和的条件下（150℃、氧气）把煤中的烷基小心氧化为羧基，然后通过元素分析和红外光谱测定，求得不同煤种的烷基侧链的平均长度，见表3-2。

表3-2 烷基侧链的平均长度

$w(C)_{daf}/\%$	65.1	74.3	80.4	84.3	90.4
侧链的长度（碳原子数）	5.0	2.3	2.2	1.8	1.1

由表3-2可见，烷基侧链随煤化度增加开始很快缩短，然后渐趋稳定。低煤化度褐煤的烷基侧链长达5个碳原子，高煤化度褐煤和低煤化度烟煤的烷基侧链碳原子数平均为2左右，至无烟煤则减少到1，即主要含甲基。另外，烷基碳占总碳的比例也随煤化程度增加而减少，煤中C为70%，烷基碳占总碳的8%左右；80%时约占6%；90%时，只有3.5%左右。

3.1.3.2 含氧官能团

煤分子上的含氧官能团有羟基（—OH）、羧基（—COOH）、羰基（ $>C=O$ ）、甲氧基（$—OCH_3$）和醚键（—O—）等。

煤中含氧官能团随煤化程度提高而减少。煤中含氧官能团的分布和煤化程度的关系如图3-1所示，甲氧基消失得最快，在年老褐煤中就几乎不存在了；其次是羧基，羧基是褐煤的典型特征，到了烟煤阶段，羧基的数量大大减少，到中等煤化程度的烟煤时，羧基基本已消失；羟基和羰基在整个烟煤阶段都存在，甚至在无烟煤阶段还有发现。羰基在煤中的含量虽少，但随煤化程度提高而减少的幅度不大，在不同煤化程度的煤中均有存在。煤中的氧有相当一部分以非活性状态存在，主要是醚键和杂环中的氧。

下面介绍几种主要含氧官能团的测定方法：

(1) 羧基（—COOH）。它是褐煤的特性官能团，有酸性，且比乙酸强。常用的测定方法是与乙酸钙反应，然后以标准碱溶液滴定生成的乙酸，羧基含量以mmol/g表示（其他官能团表示方法与此相同）。

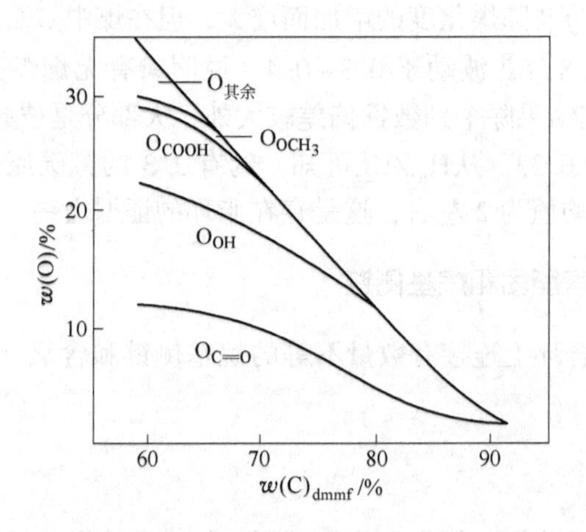

图 3-1　煤中含氧官能团的分布和煤化程度的关系

$$2RCOOH + Ca(CH_3COO)_2 \xrightarrow{1\sim 2d} (RCOO)_2Ca\downarrow + 2CH_3COOH$$

（2）酚羟基（—OH）。一般认为，绝大多数煤只含酚羟基而无醇羟基。它们存在于泥炭、褐煤和烟煤中，是烟煤的主要含氧官能团。常用的测定方法是将煤样与 $Ba(OH)_2$ 溶液反应，后者可与羧基和酚羟基反应，从而测得总酸性基团含量，再减去羧基含量即得酚羟基含量。反应示意式如下：

$$R\begin{matrix}COOH\\OH\end{matrix} + Ba(OH)_2 \xrightarrow{1\sim 2d} R\begin{matrix}COO\\O\end{matrix}Ba\downarrow + 2H_2O$$

此外，还有 $KOH—C_2H_5OH$ 溶液测定法和酯化法等。

（3）羰基（>C═O）。羰基无酸性，在煤中分布很广，从泥炭到无烟煤都含有羰基。比较简便的测定方法是使煤样与苯肼溶液反应。

$$R═C═O + H_2N—NH—C_6H_5 \xrightarrow[24h]{吡啶中\ 115℃} R═C═N—NH—C_6H_5\downarrow + H_2O$$

过量的苯肼溶液可用菲林溶液氧化，测定 N_2 的体积即可求出与羧基反应的苯肼量，也可测定煤在反应前后的氮含量，根据氮含量的增加可算出羰基含量。

（4）甲氧基（$—OCH_3$）。它仅存在于泥炭和软褐煤中，能和 HI 反应生成 CH_3I，再用碘量法测定。

$$ROCH_3 + HI \longrightarrow ROH + CH_3I$$

$$CH_3I + 3Br_2 + H_2O \longrightarrow HIO_3 + 5HBr + CH_3Br$$

$$HIO_3 + 5HI \longrightarrow 3I_2 + 3H_2O$$

（5）醌基。它是羰基的一种形式，有氧化性，还没有标准测定方法，也难以测准。一般用 $SnCl_2$ 作还原剂进行测定。

（6）醚键。严格讲，它不属于官能团，但可以测定，如用 HI 水解。

$$R—O—R' + HI \xrightarrow{130℃，8h} ROH + R'I$$

$$R'I + NaOH \longrightarrow R'OH + NaI$$

然后，测定煤中增加的—OH 基或测定与煤结合的碘。不过，这种方法及其他几种测定醚键的方法还不能保证测出全部醚键。

3.1.3.3 含硫和含氮官能团

煤中的含硫官能团与含氧官能团的结构类似，包括硫醇（R—SH）、硫醚（R—S—R′）、二硫醚（R—S—S—R′）、硫醌（S=⟨ ⟩=S）及杂环硫等。煤中的氮含量一般为1%~2%，主要以六元杂环、吡啶环或喹啉环等形式存在。此外，还有胺基、亚胺基、腈基、五元杂环吡咯及咔唑等。理论上，含硫和含氮官能团随煤化程度提高有减少趋势，但由于煤有机质中氮、硫含量不高，其他因素往往掩盖了煤化程度的影响，但从一些研究数据也可以看出，氮含量随煤化程度的提高而下降。

3.1.4 链接基本结构单元的桥键

联系煤结构单元之间的桥键到底有哪些类型，这也是煤结构研究中的重要课题。经过长期的大量的试验，发现有以下四类：

（1）次甲基键：$—CH_2—$，$—CH_2—CH_2—$，$—CH_2—CH_2—CH_2—$等。

（2）醚键和硫醚键：—O—，—S—，—S—S—等。

（3）次甲基醚键和次甲基硫醚键：$—CH_2—O—$，$—CH_2—S—$等。

（4）芳香碳-碳键：$C_{ar}—C_{ar}$。

这些桥键在煤中并不是平均分布的，在褐煤和低煤化度烟煤中，主要存在前三种桥键，尤以长的次甲基键和次甲基醚键为多；中等煤化度烟煤中桥键数目最少，主要键型为$—CH_2—$，$—CH_2—CH_2—$和—O—；至无烟煤阶段桥键又有所增多，键型则以 $C_{ar}—C_{ar}$ 为主。

煤的结构单元通过这些桥键形成相对分子质量大小不均一的高分子化合物。它们的数量与煤的分子大小有直接关系，并与煤的工艺性质有密切联系。因为这些键在整个煤的分子中属薄弱环节，比较容易受热或化学试剂作用而裂解。不过到目前为止，还没有一种方法能定量测定这些桥键的数量，它们的热稳定性也互有区别。

根据物理和化学研究方法研究煤所得到的信息，可以提出煤的结构单元模型。表 3-3 是一组煤结构单元的化学结构模型。表中的结构式大致反映了各种煤结构单元的特点和立体结构，缺点是没有包括所有杂原子和各种可能存在的官能团和侧链。

从表 3-3 中可以看出，随煤化程度的提高，煤分子的结构单元呈规律性变化，侧链、官能团数量减少，结构单元中缩合环数增加。需要特别注意的是，从褐煤到中挥发分烟煤阶段，侧链官能团数量快速减少，基本结构单元中缩合环数却缓慢增加；再到无烟煤阶段，侧链、官能团数量缓慢减少，基本结构单元中缩合环数却急剧增加。这种变化速度的突变，是造成煤的性质在此处出现极值的根本原因。

表 3-3 不同煤化程度煤的结构单元模型

煤种	成分特征 / %			结构单元
	指标	干燥基	干燥无灰基	
褐煤	C H V	64.5 4.3 40.8	76.2 4.9 45.9	
次烟煤	C H V	72.9 5.3 41.5	76.7 5.6 43.6	
高挥发分烟煤	C H V	77.1 5.1 36.5	84.2 5.6 39.9	
低挥发分烟煤	C H V	83.8 4.2 17.5	—	
无烟煤				

3.1.5 煤中的低分子化合物

随着对煤结构认识的深化，发现在煤的聚合物立体结构中还分散嵌有一定量的低分子化合物。它们同样是煤的重要组成部分。

这里的低分子化合物主要是指相对分子质量小于 500 的有机化合物，还没有更明确的定义。它们的来源是成煤植物成分（如树脂、树蜡、萜烯和甾醇等）以及成煤过程中形成的未参加聚合的化合物等。

目前还没有制定出统一的分离方法，原则上是在尽可能不发生化学反应的条件下进行溶剂抽提。以苯、氯仿和乙醇等溶剂在沸点温度下抽提时，抽提速度很慢，即使用 10 天时间也抽提不完全。改进的方法有先在高真空下把煤快速加热到煤的热解温度之下，然后抽提；用特定溶剂抽提；用超临界方法快速抽提等。煤中的低分子化合物到底有多少，目前还没有确切的答案，所谓低分子的界限也是人为指定的，其含量随着煤化程度的加深而减少。有人认为褐煤和高挥发分烟煤中的低分子化合物占煤有机质的 10%~23%。

低分子化合物大体上是均匀分布在整体结构中的。有人认为是被吸持在煤的孔隙里，也有人认为是形成固体“溶液”。结合力有范德华力、氢键力、电子给予-接受结合力等。由于这些化合物为长链烃和含氧衍生物以及多环芳烃等，所以上述几种结合力叠加起来相当可观，再加上孔隙结构的空间阻碍，故部分低分子化合物很难抽提，甚至在不发生化学变化的条件下根本不能被抽提出来。煤中的低分子化合物虽然数量不多，但它的存在对煤的性质影响很大。近年来，煤中低分子化合物及其对煤性质、煤转化影响的研究逐渐得到重视。研究发现，煤中低分子化合物对煤的大分子结构、物理结构（孔径及分布）、热解行为、不同供氢溶剂及气氛下的快速液化转化率和油产率等，都有不同程度的影响。

3.1.6 煤分子结构理论的基本观点

经过许多科学家的大量研究，虽然还没有彻底了解煤分子机构的全貌，但对煤的分子结构也有了基本的和较深入的认识。以下是科学界公认的几个基本观点：

（1）煤是三维空间高度交联的非晶质的高分子缩聚物。煤不是由均一的单体聚合而成，而是由许多结构相似但又不完全相同的基本结构单元通过桥键连接而成。结构单元由规则的缩合芳香核与不规则的、连接在核上的侧链和官能团两部分构成。煤分子到底有多大，至今尚无定论，有不少人认为基本结构单元数在 200~400 范围，相对分子质量在数千范围。

（2）煤分子基本结构单元核心是缩合芳香核。缩合芳香核为缩聚的芳环、氢化芳环或各种杂环，环数随煤化程度的提高而增加。碳含量为 70%~83%时，平均环数为 2；碳含量为 83%~90%时，平均环数为 3~5；碳含量大于 90%时，环数急剧增加；碳含量大于 95%时，平均环数大于 40。煤的芳碳率，烟煤一般小于 0.8，无烟煤则趋近于 1。

（3）基本结构单元的不规则部分。连接在缩合芳香核上的不规则部分包括烷基侧链和官能团。烷基侧链的长度随煤化程度的提高而缩短；官能团主要是含氧官能团，包括羟基（—OH）、羧基（—COOH）、羰基（═C═O）、甲氧基（$—OCH_3$）等，随煤化程度的提高，甲氧基、羧基很快消失，其他含氧基团在各种煤化程度的煤中均有存在；另外，煤分子上还有少量的含硫官能团和含氮官能团。

（4）连接基本结构单元的桥键。连接基本结构单元之间的桥键主要是次甲基键、醚键、次甲基醚键、硫醚键以及芳香碳—碳键等。在低煤化程度的煤中桥键最多，主要形式是前三种。

（5）氧、氮、硫的存在形式。氧的存在形式除了官能团外，还有醚键和杂环；硫的存在形式有巯基、硫醚和噻吩等；氮的存在形式有吡咯环、胺基和亚胺基等。

（6）低分子化合物。在煤的高分子化合物的缝隙中还独立存在着具有非芳香结构的低分子化合物，其相对分子质量在 500 左右及 500 以下。它们主要是脂肪族化合物，如褐煤、泥炭中广泛存在的树脂、蜡等。它们的存在对煤的性质，尤其对低分子化合物含量较多的低煤化度煤的性质有不可忽视的影响。

（7）煤化程度对煤结构的影响。低煤化程度的煤含有较多非芳香结构和含氧基团，芳香核的环数较少。除化学键外，分子内和分子间的氢键力对煤的性质也有较大的影响。由于年轻煤的规则部分小，侧链长而多，官能团也多，因此形成比较疏松的空间结构，具有较大的孔隙率和较高的比表面积。中等煤化程度的煤（肥煤和焦煤）侧链官能团减少到几乎不再变化；另一方面芳香核却没有明显的增大，大分子的排列仍然是无序的或者有序化程度较低；此后，煤大分子的芳香核急剧增大，使大分子排列的有序化程度迅速增强，故煤的物化性质和工艺性质在碳含量87%~90%时出现极大值或极小值。年老煤的缩合环显著增大，大分子排列的有序化增强，形成大量的类似石墨结构的芳香层片，同时由于有序化增强，使得芳香层片排列得更加紧密，产生了收缩应力，以致形成了新的裂隙，这是无烟煤阶段孔隙率和比表面积增大的主要原因。

3.2 煤的结构模型

3.2.1 煤的化学结构模型

为了了解煤在气化、液化等转化过程中的化学反应本质，人们进行了大量的研究工作以阐明煤的化学结构。虽然如此，仍存在一些争论，缺乏统一的认识，部分原因就在于煤的非晶态、高度复杂和结构不均一，仅此一点就极大地限制了各种分析技术在煤结构研究中的应用。此外，煤是强吸收性的物质，如果在制样过程中稍有不当，就得不到高质量的分析谱图，使通过物理分析确定煤的化学结构的方法受到了制约。通常，能够明确指认的只是有限的几个官能团。在这种情况下，人们就希望通过建立煤结构模型的方法来研究煤，并认为煤结构模型应该能够表现出煤的特性和行为。

煤结构模型的作用是将各种方式得到的数据联系起来形成一种可用于判断或预测的理论，好的模型有助于探测未知的现象和理解新的数据。但要注意的是，各种模型只能代表统计平均概念，而不能看作煤中客观存在的真实分子形式。

尽管有这样那样的一些差异，一些结构模型已获得了广泛地关注。从20世纪初开始研究煤结构以来，人们提出的煤分子结构模型已有上百个之多，本节将对几个有代表性的结构模型予以简要介绍，以期从不同的侧面了解煤的化学结构。

3.2.1.1 Fuchs 模型

Fuchs 模型是20世纪60年代以前煤化学结构模型的代表。当时煤化学结构的研究主要是用化学方法进行的，得出的也是一些定性的概念，可用于建立煤化学结构模型的定量数据还很少，Fuchs 模型就是基于这种研究水平而提出的。图3-2是由德国人W. Fuchs提出，Krevelen于1957年进行了修改了的煤结构模型。

Fuchs 模型将煤描绘成由很大的蜂窝状缩合芳香环和在其边缘上任意分布着以含氧官能团为主的基团所组成的一类大分子化合物，煤中缩合芳香环平均为9个，最大部分有11个之多。随后，煤结构的研究开始广泛采用X射线衍射、红外光谱分析和统计结构解析等物理测试和分析方法，研究水平有了一定提高，提出了许多经典性的煤结构模型。但这些

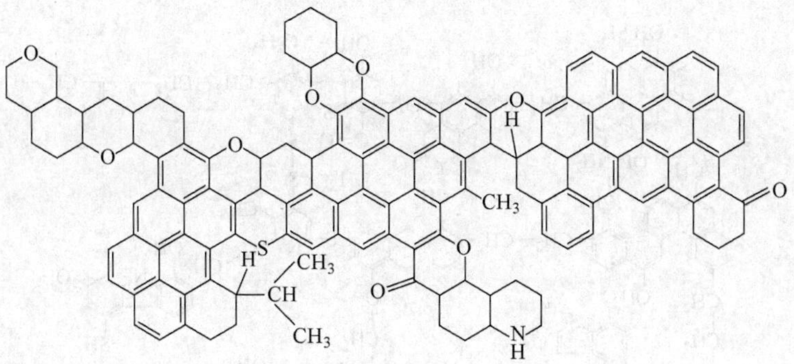

图 3-2 Fuchs 化学结构模型（经 Van Krevelen 修改）

模型与 Fuchs 模型具有一个共同的特点，即结构单元中缩合芳香环都很大。

3.2.1.2 Given 模型

Given 化学结构模型表示低煤化度烟煤是由环数不多的缩合芳香环（主要是萘环）构成的一类大分子化合物，如图 3-3 所示。在这些环结构之间以脂环相互连接，分子呈线性排列构成折叠状、无序的三维空间大分子。氮原子以杂环形式存在，大分子结构上连有多个在反应或测试中确定的官能团如酚羟基和醌基等。Given 模型加强了煤中氢化芳环结构，这些结构在煤液化反应过程的初期具有供氢活性。缩合芳香环结构单元之间交联键的主要形式是邻位亚甲基，但模型中没有含硫的结构，也没有醚键和两个碳原子以上的次甲基桥键，这是 Given 化学结构模型的不足之处。

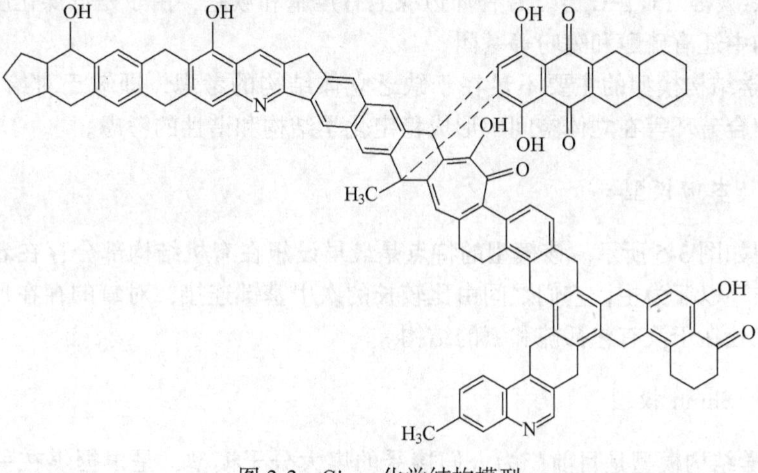

图 3-3 Given 化学结构模型

3.2.1.3 Wiser 模型

Wiser 化学结构模型被认为是迄今为止比较全面、合理的一个，主要针对年轻烟煤，基本上反映了煤分子结构的现代概念，可以合理解释煤的液化和其他化学反应性质。Wiser 化学结构模型如图 3-4 所示。

Wiser 化学结构模型的芳香环数分布范围较宽，包含了 1~5 个环的芳香结构。模型的

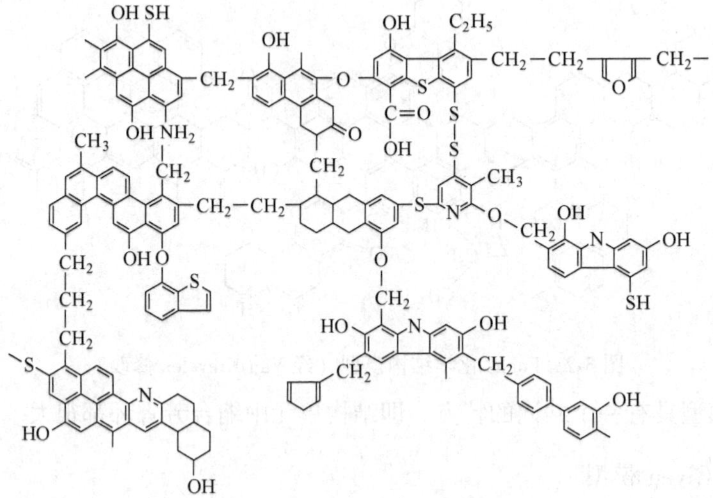

图 3-4 Wiser 化学结构模型

元素组成和烟煤样中的元素组成一致，其中芳香碳含量为 65%~75%。模型中的氢大多存在于脂肪性结构中，如氢化芳环、烷链桥结构以及脂肪性官能团取代基，芳香性氢较少。模型中含有酚、硫酚、芳基醚、酮以及含 O、N、S 的环结构。模型中还含有一些不稳定的结构，如醇羟基、氨基和酸性官能团如羧基等。模型中基本结构单元之间的交联键数也较高，共有 3 种。与 Given 模型中的交联键不同，Wiser 模型中芳香环之间的交联，主要是短烷键如（$-(CH_2)_{1\sim3}-$）和醚键（—O—）、硫醚（—S—）等弱键以及两芳环直接相连的芳基碳-碳键（$C_{ar}-C_{ar}$）。芳香环边缘上有羟基和羰基，由于是低煤化度烟煤，也含有羧基，结构中还有硫醇和噻吩等基团。

Wiser 化学结构模型的主要不足在于缺乏立体结构的考虑，即缺乏对给出的官能团、取代基以及缩合芳环等在立体空间中形成稳定化学结构和谐性的考虑。

3.2.1.4 本田模型

本田模型如图 3-5 所示。该模型的特点是最早设想在有机结构部分存在着低分子化合物，缩合芳香环以菲为主，它们之间由比较长的次甲基键连接，对氧的存在形式考虑比较全面；不足之处在于没有包括硫和氮的结构。

3.2.1.5 Shinn 模型

Shinn 化学结构模型是目前广为人们接受的煤大分子模型，是根据煤在一段和二段液化过程产物的分布提出来的，所以又叫做反应结构模型，如图 3-6 所示。

与以上几种模型（C=100 左右）不同，Shinn 化学结构模型以烟煤为对象，以相对分子质量为 10000 为基础，将考察结构单元扩充至 C=661，通过数据处理和优化得出分子式为 $C_{661}H_{561}O_{74}N_{16}S_6$，此模型不仅考虑了煤分子中杂原子的存在，而且官能团、桥键分布均比较接近实验结果。Shinn 模型中含氧较多，基本结构的芳香环数多为 2~3 个，其间由 1~4 个桥结构相连。大多数桥结构是亚甲基（$-CH_2-$）和醚（—O—）。氧的主要存在形式是酚羟基。模型中有一些特征明显的结构单元，如缩合的喹啉、呋喃和吡喃。该结构

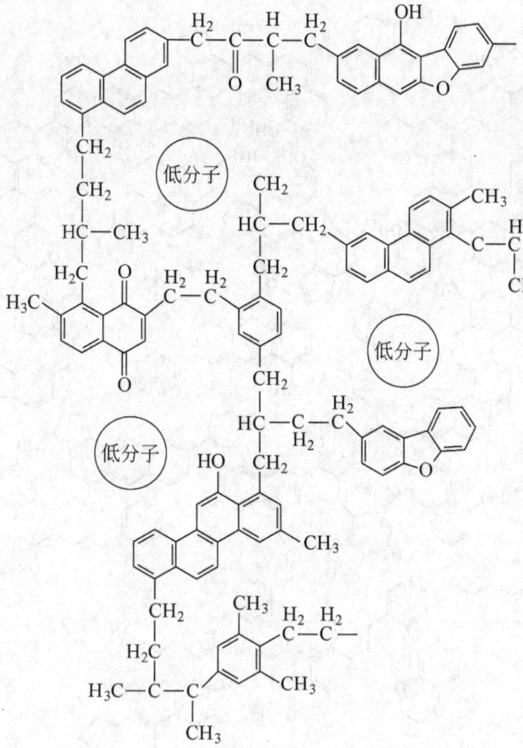

图 3-5　本田化学结构模型

假设芳环或氢化芳环单位由较短的脂链和醚键相连，形成大分子的聚集体，小分子相镶嵌于聚集体孔洞或空穴中，可通过溶剂溶解抽提出来。

3.2.1.6　Faulon 模型

此模型是 1993 年 Faulon 等采用煤大分子辅助设计的方法，在 Sun Sparc IPC 工作站和 Silicon Graphics 4D/320GTXB 工作站上，用 PCMODEL 和 SIGNATURE 软件对 Hatcher 等数据进行处理，提出的能量最低的煤大分子结构模型，如图 3-7 所示。

Faulon 等人提出的 CASE（计算机辅助结构解析）的具体步骤为：

（1）元素分析和^{13}CNMR 的定量数据求出各官能团中 C、H、O 原子的数目。

（2）分子水平上的定性数据由 Py/GC/MS 提供，可以确定大分子的碎片，每个碎片的结构由质谱确定，进而计算出每个碎片和碎片间键的特征；碎片和碎片间键的数量通过求解线性的特征方程来确定。

（3）用 SIGNATURE 软件中的导构体发生器随机构造三维立体模型，计算出可能的模型总数。

（4）运用样本设计中随机抽样法，建立模型的子集（样本）。

（5）分子式和相对分子质量直接从 SIGNATURE 软件构造出的模型中计算出，并计算出交联密度。

（6）结构的势能和非键能（范德华力、静电力和氢键力）等能量特征用 BIOGRAF 软件中的 DREIDING 力场算出，用共轭梯度法和最速下降算法进行极小化。

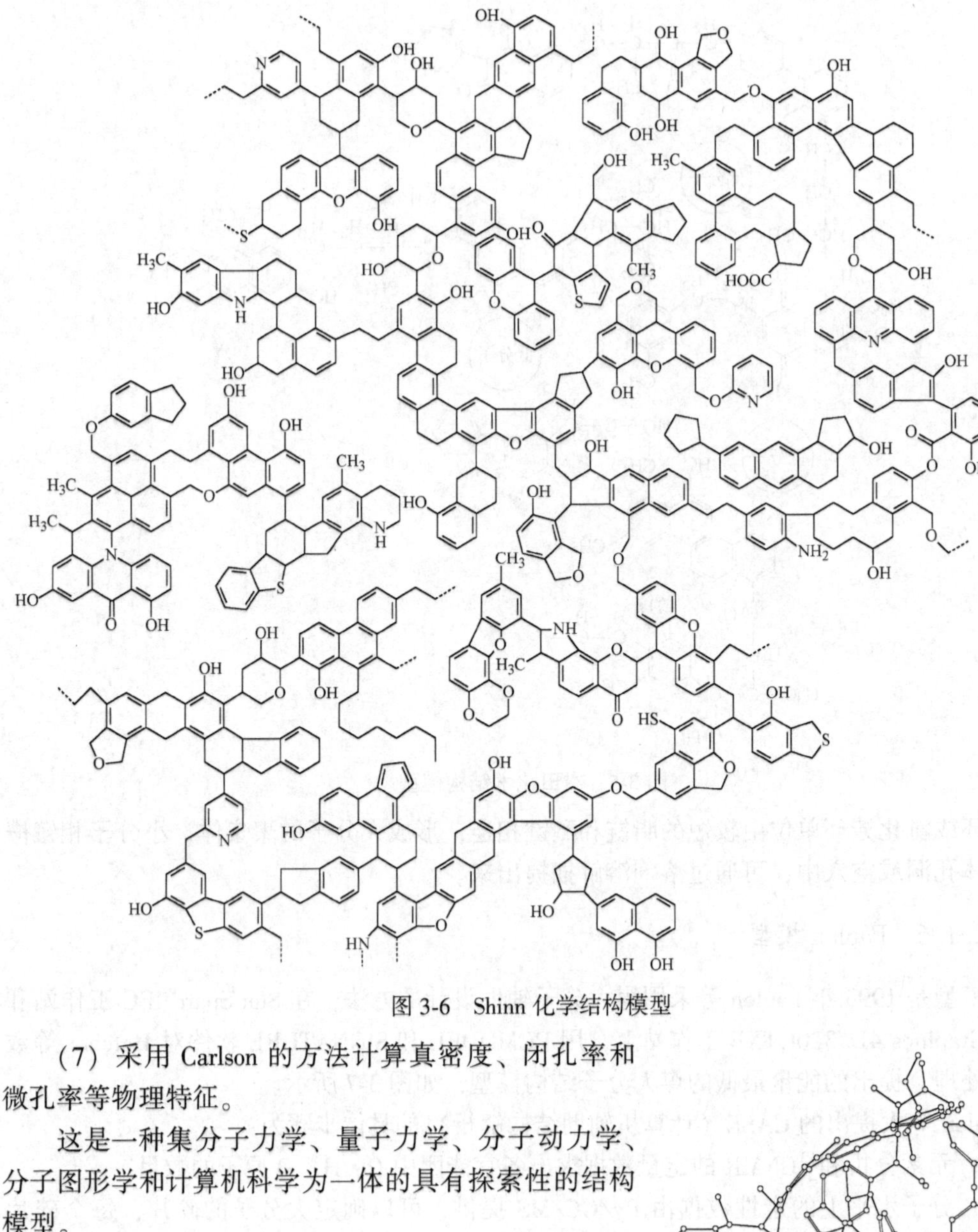

图 3-6 Shinn 化学结构模型

（7）采用 Carlson 的方法计算真密度、闭孔率和微孔率等物理特征。

这是一种集分子力学、量子力学、分子动力学、分子图形学和计算机科学为一体的具有探索性的结构模型。

3.2.2 煤的物理结构模型

煤的化学结构模型仅能表达煤分子的化学组成与结构，一般不涉及煤的物理结构和分子间的联系，但煤的许多物理特性如硬度、压缩性、萃取性以及扩散与质量传递等性能均与其物理结构有关。此外，从煤的形成来看，煤是一个“多孔岩石”，微孔隙占据了其大部分表面积，煤的这种多孔性亦与其物理结构有关。研究煤的物理结构，就是要进一步阐述煤中非共

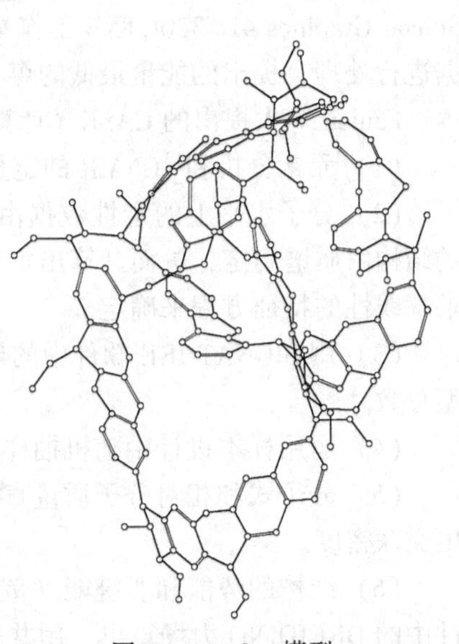

图 3-7 Faulon 模型

价键相互作用的存在及其对煤分子聚集态的影响，对于煤分子模拟、控制质量传递、弹塑性和指导降低煤相对分子质量的化学过程具有重大意义。

Van Krevelen 首先提出了煤物理结构的概念，他认为煤是一个三维交联的大分子物质。随着现代科学技术的发展以及物理测试仪器和化学分析技术的提高，煤物理结构的分析方面也取得了长足的进展。1954 年，Hirsch 利用双晶衍射技术对煤的小角互射线漫射进行了研究，在对衍射强度曲线形状分析后指出，煤中有紧密堆积的微晶、分散的微晶以及直径小于 500nm 的孔隙。比较直观地反映了煤化过程中的物理结构变化，具有较广泛的代表性。1955 年，Brown 和 Hirsch 总结了碳含量为 78%~94%煤的小角互射线衍射和红外光谱资料，借助其他一些研究者所发表的数据，建立了著名的煤大分子空间结构模型；Given 等人也提出了主-客体物理结构（host/guest）模型，亦称两相模型；Nishioka 等人提出的缔合模型指出，煤中的分子既有共价键交联，也有物理缔合（分子间力），实际上是两相模型的修正与改进；Larsen 等人提出了交联模型，认为交联键的存在可以解释煤不能完全溶解的原因，这一模型在后续的研究中得到了进一步的改进和发展。在描述煤的物理结构的模型中，以 Hirsch 模型和两相模型最具代表性。

3.2.2.1 Hirsch 模型

Hirsch 根据 X 射线衍射研究结果提出的物理模型，将不同煤化度的煤划归为三种物理结构，如图 3-8 所示。

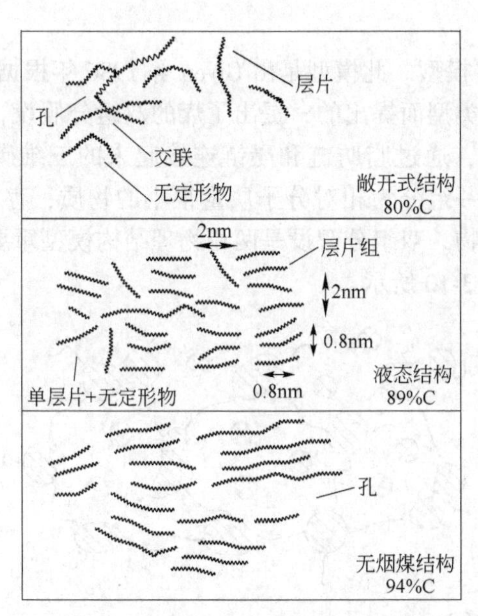

图 3-8 Hirsch 物理结构模型

Hirsch 模型比较直观地反映了煤的物理结构特征，解释了不少现象。不过“芳香层片”的含义不够确切，也没有反映出煤分子构成的不均一性。

(1) 敞开式结构。敞开式结构属于低煤化度烟煤，其特征是芳香层片较小，而不规则的“无定形结构”比例较大。芳香层片间由交联键连接，并或多或少地在所有方向任意取向，最终形成多孔的立体结构。

（2）液态结构。液态结构属于中等煤化度烟煤，其特征是芳香层片在一起程度上定向，并形成包含两个或两个以上层片的微晶。层片间交联键数目大为减少，故活动性大。这种煤的孔隙率小，机械强度低，热解时易形成胶质体。

（3）无烟煤结构。无烟煤结构属于无烟煤，其特征是芳香层片增大，定向程度增大。由于缩聚反应的结果形成大量微孔，故孔隙率高。

3.2.2.2 交联模型

交联模型由 Larsen 等于 1982 年提出，如图 3-9 所示。此模型中，分子之间由交联键连接，类似于高分子化合物之间的交联，这种模型很好地解释了煤不能完全被溶解的现象。

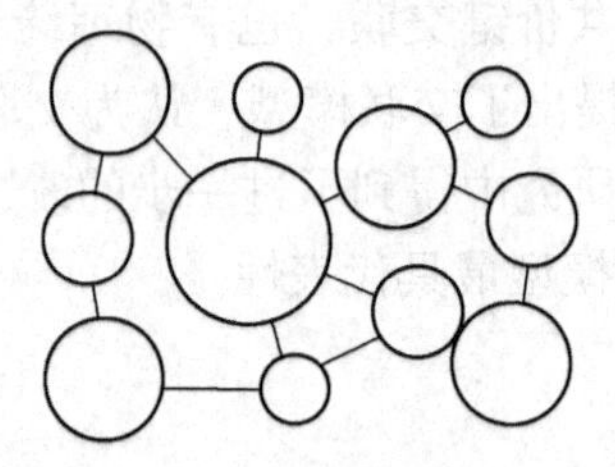

图 3-9 交联模型

3.2.2.3 两相模型

两相模型又称为主-客模型。此模型是由 Given 等 1986 年根据 NMR 氢谱发现煤中质子的弛豫时间有快、慢两种类型而提出的，提出了煤的双组分假设，一个组分为包含大量芳香族多环芳烃、氢化芳烃，通过脂肪链和醚链连接起来的三维碳结构，相对分子质量很大，热解后可以成焦；另一组分为相对分子质量很小的物质，存在于网络中的空隙部分，这就是所谓的低分子化合物。双组分假设是两相物理结构模型重要的理论基础，由此构建的两相物理结构模型如图 3-10 所示。

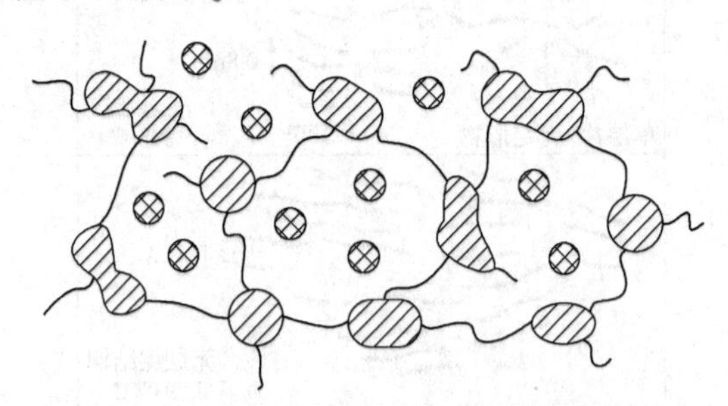

图 3-10 两相物理结构模型示意图

两相物理结构模型认为，煤有机物的大多数是交联的大分子网状结构，为固定相；低分子组分以非共价键力陷在大分子网结构中，为流动相，非共价键类型。在低阶煤中，离子键和氢键占大多数；在高阶煤中，π-π 电子相互作用和电荷转移力起着重要作用。煤中存在的各种键力与碳含量有着很大的相关性。

换句话说，煤的多聚芳环是主体，相同煤种的主体是相似的；流动相小分子是作为客体掺杂于主体之中，不同煤种的客体是相异的。采用不同溶剂对煤进行抽提（萃取）处理，可将主客体有目的地分离。事实上，两相物理结构模型已经指出了煤中的分子既有以共价键为本质的交联结合，也有以分子间力为本质的物理缔合，较好地解释了一些煤在溶剂溶胀过程中的黏结性能，但其中相对分子质量低的小分子流动相还很有争议。

3.2.2.4 单相模型

单相模型又称缔合模型，是 Nishioka 于 1992 年提出来的。他是在分析了溶剂萃取实验结果后，认为存在连续相对分子质量分布的煤分子，煤中芳香族键的连接时静电型和其他型的连接力，不存在共价键。煤的芳香族由于这些力堆积成更大的联合体，然后形成多孔的有机质，如图 3-11 所示。

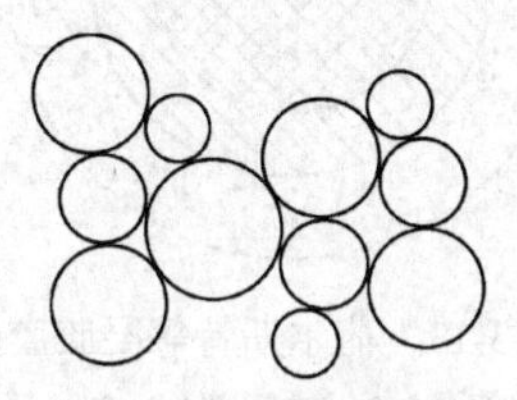

图 3-11 单相模型

3.2.2.5 本田物理结构模型

本田提出了线性高分子结构模型，如图 3-12 所示。

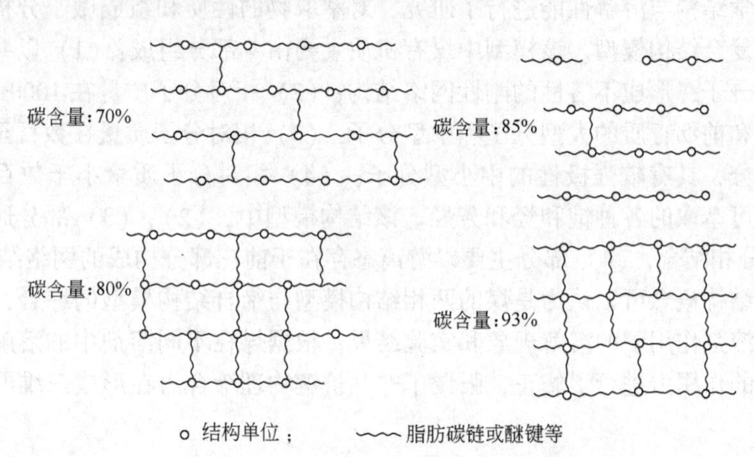

图 3-12 本田模型

（图中小圆圈应随 C 含量增加而增大）

由图 3-12 可见，褐煤是脂肪结构中分散着小的芳香核；年轻烟煤（C 含量为 80%）与褐煤相比，芳香核和它所占的比例都有所增大，分子间交联增加。中等变质烟煤（C 含量为 85%）主要特征是交联明显减少，近于线性高分子。无烟煤（C 含量为 93%）的芳香核和交联都明显增加。

3.2.2.6 胶团结构模型

荷尔斯特的等凝胶模型（见图3-13）认为煤具有胶团结构。胶团的核心是重质部分，靠化学键联结；核外面是中间部分，靠半化学键联结；最外面是轻质部分，靠物理力联结。这三部分化学本性相同，差别是聚合程度不同。煤受热时轻质部分软化，熔化成为润滑剂而使胶团具有一定的流动性。变质程度不同的烟煤，上面三部分的比例和热稳定性各不相同，所以具有不同的黏结性。

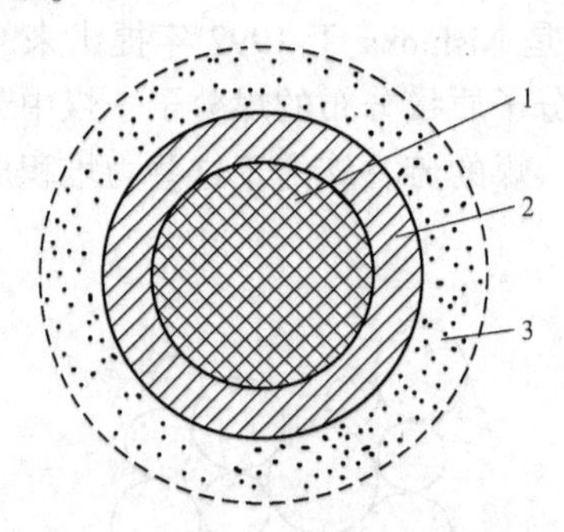

图3-13 荷尔斯特等凝胶胶团
1—重质部分；2—中间部分；3— 轻质部分

3.2.2.7 煤的复合结构模型

1998年，秦匡宗等对低阶煤与我国胜利、辽河、江汉等油田的11种低熟烃源岩中有机质的物理化学结构与溶解性能进行了研究，对萃取物的性质和组成做了分析，在此基础上提出了煤的复合结构模型。该模型中煤有机质主要由4部分组成：（1）以共价键为主的三维交联的大分子，形成不溶性的刚性网络结构；（2）相对分子质量在1000到几千之间，相当于沥青质和前沥青质的大型分子和中型分子；（3）相对分子质量在数百至1000之间，相当于非烃组分，具有较强极性的中小型分子；（4）相对分子质量小于数百的非极性分子，包括溶剂可萃取的各种饱和烃和芳烃。该结构模型中，（2）、（3）部分通过物理缔合力与（1）部分相结合，（4）部分主要以游离态存在于前三部分构成的网络结构中。

煤的复合结构概念可以认为是煤的两相结构模型与缔合结构模型的综合，可以很好地解释煤在不同溶剂作用下的溶解现象和实验结果；根据煤在不同溶剂中的溶解结果，对形成大分子网络的作用力进行了修正，强调了非共价键物理缔合力在形成三维网络结构中的重要性。

3.2.2.8 煤嵌布结构模型

2008年，中国矿业大学秦宏志等通过对不同变质程度的两种煤所进行的CS_2/NMP混合溶剂萃取，发现该过程并不是单纯的可溶物的溶解，其间有一部分萃取物依靠浮力作用悬浮在溶剂中，在离心分离条件下并不能沉降到萃取残渣中，因此所得的CS_2/NMP混合溶剂对某些煤的高萃取率并不是全部由分子意义上的溶解所得。通过向CS_2/NMP混合溶剂萃取液中添加反萃取剂的反萃取过程，可以将两种类型的悬浮物高度富集形成固体形态的精煤和黏结组分。根据此实验研究，提出了煤的嵌布结构理论模型及其概念，应用该模型可以对萃取过程及现象进行合理解释。其主要描述是：

（1）煤是以大分子组分、中型分子组分（包括中Ⅰ型和中Ⅱ型）、较小分子组分和小分子组分共同组成的混合物，这五种族组分之间主要以镶嵌的分布方式相连接，可以通过以 CS_2/NMP 混合溶剂为主的萃取反萃取使其彼此分离。

（2）煤混合物以大分子组分为基质，它是一种凝胶化的族组分，以共价键和非共价键一起共同构成空间网络结构。各个大分子物质彼此之间主要通过侧链和官能团进行空间缠绕。大分子物质的核心是较致密的结构单元，构成了大分子空间网络的中心，而大分子物质的边沿则是较松软的缠绕地带；大分子组分通常不可以被溶剂溶解。

（3）中型分子组分有两部分，即中Ⅰ型分子组分和中Ⅱ型分子组分，它们主要以细粒镶嵌的方式分布在上述基质中；中型分子组分比大分子组分有较多的侧链和官能团，而结构单元较少，一般难以被溶解，但可以在适当的溶剂中悬浮而分离出来；其中中Ⅰ型分子又比中Ⅱ型分子有更多的侧链和官能团，这是两者的主要差别。

（4）较小分子组分，它是可以被混合溶剂溶解的部分，反萃取时主要进入反萃取液中；它也是凝胶化的，因为自身有较多的非共价键成键点，而易于结合到同样有较多成键点的大分子的边沿缠绕地带，起着大分子间的桥梁作用；同时，这些较小分子还起着类似于黏结剂的作用，即将中Ⅰ型和中Ⅱ型分子粘连于大分子基质之上，大分子的边沿缠绕地带是中型分子的嵌入区，而较小分子作为大、中分子间的桥联同样分布于这一区域。

（5）小分子组分，即能够被大多数有机溶剂溶解的煤中的小分子化合物，主要以三种形态即游离态（游离于煤表面和大孔表面）、微孔嵌入态（吸附于煤的微孔之中）和网络嵌入态（囿于三维大分子网络结构之中）三种形态存在于上述各种类型的族组分之中，这部分小分子化合物在品种数量上可能很多，但质量分数并不高。

3.2.3 煤结构的综合模型

总结煤结构模型的发展过程有两个主要特点：一是煤大分子结构的稠环芳香部分的苯环数由多至少，再由少至多变化；二是结构模型朝综合变化方向发展。

煤结构的综合模型同时考虑了煤的分子结构及其空间构造，也可理解为煤的化学结构模型与物理结构模型的组合。

（1）Oberlin 模型（1989 年）。它是 Oberlin 用高分辨透射电镜（TEM）研究煤结构后提出的。其特点是稠环个数较多，最大有 8 个苯环，对煤中卟啉的存在有重点描述，近似于 Fuchs 模型与 Hirsch 模型的组合。

（2）球（Sphere）模型（1990 年）。它是 Grigoriew 等人用 X 射线衍射径向分布函数法研究煤的结构后提出的。其最大特点是首次提出煤中具有 20 个苯环的稠环芳香结构，这一模型可以解释煤的电子光谱与颜色。

3.3 煤结构的研究方法

煤结构的传统研究方法主要有三类，即物理法、化学法和物理化学法。这些方法可单独使用，但多数情况下是综合运用，以获得更多的煤结构方面的信息。

煤是由有机大分子相和小分子相组成的复杂混合物，本身具有独特的反应活性。根据煤结构及其反应性的特点，目前国内外多采用将化学和物理化学研究方法与仪器分析结合起来，用化学方法（如氧化、氢解、热解等）及物理化学方法（如溶剂抽提）得到煤的反应产物或相分离组分，再借助近现代分析仪器对反应产物或组分进行深入细致地表征，用于解析、理解、构建煤的分子结构模型。例如，Damste 等人用快速热解-气相色谱和快速热解气相色谱-质谱法（Py-GC-MS）对西班牙的 5 种褐煤进行了分子结构研究，应用该项技术使煤中有机大分子结构在惰性气氛中降解，对形成的化合物在线分离、鉴定和定量分析，就能得到用其他方法难以取得的较详细的煤大分子结构信息。

煤结构的研究方法显示出多样化的趋势。例如，高分子物理中的溶胀平衡法和稀溶液黏度法常常被用来研究煤的结构，借助红外光谱分析对原煤、氧化煤、溶胀煤表征的结果，可以获得煤大分子结构、脂肪族和芳香族的数量、含氧官能团的组成和数量以及煤中的小分子化合物相对分子质量等方面的信息。

近年来，计算化学方法已经被广泛地应用到煤结构的研究中。

3.3.1 物理研究法

物理研究法主要是利用高性能的现代分析仪器，如红外光谱仪（IR）、核磁共振仪（NMR）、X 射线衍射仪（XRD）、扫描电镜（SEM）等对煤结构进行测定和分析，从中获取煤结构的信息。表 3-4 列举了各种现代仪器用于煤结构研究及其提供的信息情况。

表 3-4 各种现代仪器用于煤结构研究及其提供的信息

方 法	所提供的信息
密度测定 比表面积测定 小角 X 射线散射（SAXS） 计算机断层扫描（CT） 核磁共振成像	孔容、孔结构、气体吸附与扩散、反应特性
电子投射/扫描显微镜（TEM/SEM） 扫描隧道显微镜（STM） 原子力显微镜（AFM）	形貌、表面结构、孔结构、微晶石墨结构
X 射线衍射（XRD）	微晶结构、芳香结构的大小与排列、键长、原子分布
紫外-可见光谱（UV-Vis）	芳香结构大小
红外光谱（IR）-Raman 光谱	官能团、脂肪和芳香结构、芳香度
核磁共振谱（NMR）	C 原子及 H 原子分布、芳香度、缩合芳香结构
顺次共振谱（ESR）	自由基浓度、未成对电子分布
X 光电子能谱（XPS） X 射线吸收近边结构谱（XANES）	原子的价态与成键、杂原子组分
Mossbauer 谱	含铁矿物
原子光谱（发射/吸收） X 射线能谱（EDS）	矿物质成分

续表 3-4

方　法	所提供的信息
质谱（MS）	碳原子数分布、碳氢化合物类型、相对分子质量
电学方法（电阻率）	半导体特性、芳香结构大小
磁学方法（电阻率）	自由基浓度
光学方法（折射率、反射率）	煤化程度、芳香层大小与排列

3.3.2 化学研究法

对煤进行适当的氧化、氢化、卤化、水解、解聚、热解、烷基化和官能团分析等化学处理，属于化学研究方法。对产物的结构进行分析测定，并据此推测母体煤的结构。此外煤的元素组成和煤分子上的官能团，如羟基、羧基、羰基、甲氧基、醚键等也可以采用化学分析的方法进行测定。这类方法操作复杂、分析时间长、灵敏度较低，已逐渐被物理法取代，成为物理研究法的一种辅助方法。

热解是煤热加工的必经过程，它是煤燃烧、液化、气化的初始反应。分析研究煤的热解机理，适当控制热解条件，如采用 TGA-FTIR（热重分析-傅里叶变换红外光谱）或 Py-GC/FIMS（热解-气相色谱/场离子化质谱）控温，通过对一次和二次热解过程中得到的各种分子碎片进行分析和假设，运用逆推思维和统计学的方法，提出相应的煤结构模型。

3.3.3 物理化学研究法

溶剂抽提、吸附性能和物化特性法等属于物理化学方法。例如，利用溶剂萃取手段将煤中的组分分离并进行分析测定，以获取煤结构的信息。

抽提，又称为萃取（extraction），是利用溶剂的授、受电子（electron-donor-acceptor，EDA）能力使煤中小分子相释放出来的过程。通过逐级抽提，分析抽提可溶物与抽提不溶物，找出它们与煤结构之间的关系，提出相应的煤的结构模型，如现有的煤结构模型中的缔合模型、主客模型，都是通过研究抽提物在一定程度上基于煤结构的代表性关系得出的。

3.3.4 计算化学方法

总的来说，煤结构模型的研究和提出大多是从研究煤的结构与反应活性的关系入手，所得的均是局部的平面结构或者非唯一的二维结构，不可避免地忽略了绝大多数碎片间的相互作用以及像密度和孔隙率这样的三维立体性质。1982 年 Carlson 等首先把 CAMD（computer-aided-molecular design，计算机辅助结构模型设计）技术引入煤科学领域，模拟计算了煤的结构和能量，用化学和计算机研究煤的模型化，使煤的化学结构研究在定量化和可视化方面取得实质性的突破。

CAMD 是以计算机为工具，运用计算机辅助分子设计技术，结合分子力学、量子力学、分子动力学、分子图形学和计算机科学等将分子碎片按一定规则进行随机拼凑、组装、优化，最后达到能量最低的稳定状态。

可以理解的是，采用 CAMD 研究煤三维立体大分子结构模型的方法，应该与前述的煤结构研究的物理方法、化学方法以及物理化学方法结合起来才有实际的意义，否则得到的只能是纯理论的煤结构模型，而这种模型没有实际煤质、煤结构数据的支撑，是虚拟而难以实际出现的煤分子结构。

迄今，应用计算化学方法，结合近现代仪器分析技术，研究构建了煤或煤显微组分的结构模型，并应用模型对煤的密度、热解机理等进行了描述和解析。

例如，贾建波以我国神东煤作为研究对象，利用浮沉离心法得到了镜质组显微组分，采用多种手段（^{13}C CP/MAS NMR、TG-MS 等），借助 CAMD 技术对镜质组显微组分的结构进行了系统研究，获取了镜质组显微组分的芳香结构单元的结构信息，得到了与实验结果拟合较好的镜质组显微组分的化学结构模型。此外，还对煤初次裂解反应发生的位置、热解产物甲烷的生成机理等进行了解释。

4 工业分析与元素分析

本章数字资源

通过分析化验，可以了解工业产品的质量，以便指导生产和使用。对煤炭进行质量检查和鉴定，可以预测原煤的质量、控制选煤厂工艺过程、确定商品煤价格、制定煤质分类方案、了解原煤特性等，以便合理地利用资源。

煤质分析化验的项目很多，随使用部门的需要作出规定，但是煤质分析中最基本的分析是煤的工业分析和元素分析。

4.1 工业分析

煤的工业分析又叫煤的技术分析或实用分析，是评价煤质的基本依据，是工业上经常使用的方法。工业分析的项目包括煤的水分、灰分、挥发分及固定碳。其中水分和灰分是煤的无机组分，挥发分和固定碳取决于有机质的组成和性质。煤的水分、灰分和挥发分都用定量法测定，固定碳不作直接测定，而是用差减法进行计算。通过煤的工业分析可以大致了解煤中有机质和无机质的含量及有机质的性质，初步判断煤的种类、工业用途和各种煤的加工利用效果。

4.1.1 煤中的水分及其测定

煤中水分的来源是多方面的。首先，在成煤过程中，成煤植物遗体堆积在沼泽或湖泊中，水因此进入煤中；其次，在煤层形成后，地下水进入煤层的缝隙中。此外，在水力开采、洗选和运输过程中，煤接触水体、雨、雪或潮湿的空气均可使水分增加。

4.1.1.1 煤中水分的存在形态及分类

水分是煤中重要的组成部分，是煤炭质量的重要标准。煤中水分根据水分的结合状态可分为游离水和化合水，其中，游离水又分为外在水分和内在水分两种，化合水又分为结晶水和热解水，如图 4-1 所示。

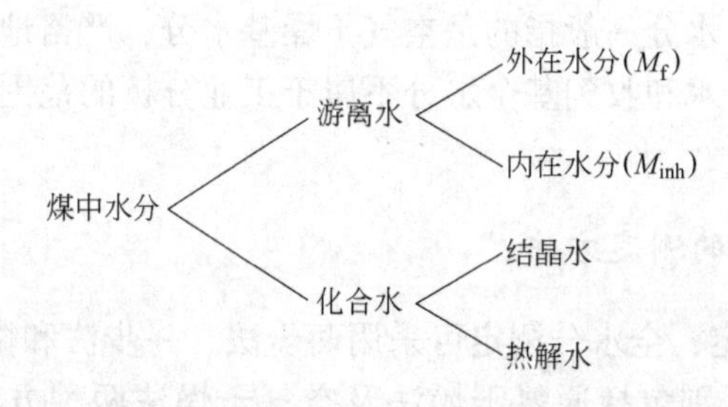

图 4-1 煤中水分图解

煤中游离水是指与煤呈物理态结合的水，它吸附在煤的外表面和内部孔隙中。因此，煤的颗粒越细、内部孔隙越发达，煤中吸附的水分就越多。煤中的游离水分可分为两类，即在常温的大气中易失去的水分和不易失去的水分。

外在水分（free moisture，surface moisture），又称自由水分或表面水分，是指附着于煤粒表面的水膜和存在于直径>10^{-5}cm 的毛细孔中的水分，故称外在水分 M_f。这种水分的蒸汽压与纯水的蒸汽压相同，在常温下容易失去。在实验室中为制取分析煤样（空气干燥基煤样），一般是在 45~50℃下放置数小时，使其与大气湿度相平衡以除去外在水分。

煤的内在水分（inherent moisture）是指煤在一定条件下达到空气干燥状态时所保持的水分，用M_{inh}表示。内在水分以物理化学方式与煤相结合，即以吸附或凝聚方式存在于煤粒内部直径小于 10^{-5}cm 的小毛细孔中，蒸汽压小于纯水的蒸汽压，较难蒸发，加热至105~110℃时才能蒸发。

因此，将空气干燥煤样加热至 105~110℃时所失去的水分即为内在水分。失去内在水分的煤样称为干燥基煤样。

煤的外在水分与内在水分的总和称为煤的全水分（即收到基全水分）（total moisture，简记符号 M_t 或 M_{ar}），它代表了刚开采出来，或使用单位刚收到或即将投入使用状态下煤中的全部水分（游离水分）。通俗地说，外在水分就是煤长时间暴露在空气中所失去的水分，而这时没有失去仍然残留在煤中的水分就是内在水分，有时也称风干煤样水分。

最高内在水（moisture holding capacity，简记符号 MHC），当环境的相对湿度为 96%，温度为 30℃，且煤样内部毛细孔吸附的水分达到平衡（饱和）状态时，内在水分达到最大值时的内在水分即称为最高内在水分。煤的内在水分与煤质有关，随煤的内表面积而变化，内表面积越大，小毛细孔越多，内在水分也越高。它能较好地区分煤的煤化度。由于空气干燥基水分的平衡湿度一般低于 96%，因此最高内在水分高于空气干燥基水分。

煤的化合水包括结晶水和热解水：结晶水是指煤中含结晶水的矿物质所具有的，如石膏（$CaSO_4 \cdot 2H_2O$）、高岭石（$Al_2O_3 \cdot 4SiO_2 \cdot 4H_2O$）中的结晶水，煤中结晶水含量不大；热解水是煤炭在高温热解条件下，煤中的氧和氢结合生成的水，它取决于热解的条件和煤中的氧含量。

如果不作特殊说明，煤中的水分均是指煤中的游离态的吸附水。这种水在稍高于100℃的条件下即可从煤中完全析出，而结晶水和热解水析出的温度要高得多。$CaSO_4 \cdot 2H_2O$在 163℃才析出结晶水，而$Al_2O_3 \cdot 4SiO_2 \cdot 4H_2O$ 则要在 560℃才析出结晶水，煤分子中的氢和氧化合为水也要在 300℃以上才能形成。因此，煤中水分的测定温度一般在 105~110℃，在此温度下不会发生化合水析出。

在煤的工业分析中，水分一般指的是空气干燥基水分，严格地说，外在水分、内在水分、最高内在水分、化合水和收到基全水分不属于工业分析的范围，国家另行制定了相关的标准。

4.1.1.2 煤中水分的测定方法

GB/T 211—2008 规定，全水分测定可采用两步法、一步法和微波干燥法等三种方法，其中两步法和一步法又分别包括通氮干燥法及空气干燥法两种方法，而为了进行在线分析，快速、准确地了解煤中水分，微波干燥法也被列入规范性附录中。在氮气流中干燥的方法适用于所有煤种，在空气流中干燥的方法适用于烟煤和无烟煤，微波干燥法适用于烟煤和褐煤。

在两步法中的通氮干燥法测定中，先将粒度小于 13mm 的煤样，在温度不高于 40℃的环境下干燥到质量恒定，按照式（4-1）计算外在水分。

$$M_f = \frac{m_1}{m} \times 100 \tag{4-1}$$

式中 M_f——煤样的外在水分,%；

m_1——干燥后煤样减少的质量，g；

m——称取的<13mm 煤样的质量，g。

内在水分的测定是立即将测定外在水分后的煤样破碎到粒度小于 3mm，于 105~110℃下在氮气（空气）流中干燥到质量恒定，按照式（4-2）计算内在水分。

$$M_{inh} = \frac{m_3}{m_2} \times 100 \tag{4-2}$$

式中 M_{inh}——煤样的内在水分,%；

m_2——称取的<3mm 煤样的质量，g；

m_3——煤样干燥后的质量损失，g。

虽然全水分应等于外在水分和内在水分之和，但外在水分以收到基为基准，而内在水分以空气干燥基为基准。基准不同，测定结果不能直接相加，必须经过换算。将空气干燥基内在水分换算为收到基内在水分，按照式（4-3）相加得出全水分，即为收到基全水分。

$$M_t = M_f + \frac{100 - M_f}{100} \times M_{inh} \tag{4-3}$$

式中 M_t——煤样的全水分,%。

式（4-3）中其余项目符号意义同式（4-1）和式（4-2）。

空气干燥煤样水分也就是一般分析试验煤样水分，是指在规定条件下测定的一般分析煤样水分。按 GB/T 212—2008 规定，用通氮干燥法、空气干燥法和微波干燥法等三种方法测定空气干燥基水分。其中通氮干燥法适用于所有煤种，空气干燥法仅适用于烟煤和无烟煤，微波干燥法被列入附录中，适用于褐煤和烟煤水分的快速测定。通氮干燥法测定被标准列为仲裁方法。

在通氮干燥法中，称取一定量的空气干燥基煤样，置于 105~110℃干燥箱中，在干燥氮气流中干燥到质量恒定。根据煤样的质量损失，按照式（4-4）计算出水分的质量分数。

$$M_{ad} = \frac{m_1}{m} \times 100 \tag{4-4}$$

式中 M_{ad}——空气干燥基水分,%；

m——称取的空气干燥基的质量，g；

m_1——煤样干燥后失去的质量，g。

GB/T 4632—2008 规定，用充氮常压法测定煤的最高内在水分。其方法要点是取粒度小于 0.2mm 的煤样约 20g，饱浸水分，然后用恒湿纸除去大部分外在水分并使煤团分散开。在温度 30℃，相对湿度为 96%和充氮常压下达到湿度平衡，然后于 105~110℃条件下，在氮气流中干燥，以其质量损失分数表示最高内在水分，计算方法见式（4-5）。

$$MHC = \frac{m_2 - m_3}{m_2 - m_1} \times 100 \tag{4-5}$$

式中 MHC——煤样最高内在水分质量分数,%;

m_1——称量瓶及其盖的质量, g;

m_2——湿度平衡后煤样、称量瓶及其盖的质量, g;

m_3——干燥后煤样、称量瓶及盖的质量, g。

4.1.1.3 我国煤中全水分的分级

MT/T 850 提出了我国煤中全水分的分级方案, 见表 4-1。我国煤以低水分煤和中等水分煤为主, 两者共占 61.90%, 较低水分煤次之, 约占 22%; 其他水分级别的煤所占比例均很小。

表 4-1 煤中全水分分级

序 号	级别名称	代号	分级范围 (M_t)/%
1	特低全水分煤	SLM	≤6.00
2	低全水分煤	LM	6.0~8.0
3	中等全水分煤	MM	8.0~12.0
4	中高全水分煤	MHM	12.0~20.0
5	高全水分煤	HM	20.0~40.0
6	特高全水分煤	SHM	≥40.0

4.1.1.4 煤中水分与煤化程度的关系

煤中各种水分的多少均在一定程度上反映了煤质状况, 煤中的外在水分和内在水分都与煤质有关。表 4-2 为不同煤化度煤中内在水分的含量变化区间。

表 4-2 煤中内在水分与煤化度的关系

煤 种	内在水分/%	煤 种	内在水分/%
泥炭	5~25	焦煤	0.5~1.5
褐煤	5~25	瘦煤	0.5~2.0
长焰煤	3~12	贫煤	0.5~2.5
气煤	1~5	无烟煤	0.7~3
肥煤	0.3~3	年老无烟煤	2~9.5

低煤化度煤结构疏松, 结构中有较多的亲水基团, 内部毛细管发达, 内表面积大, 因而外在水分高, 内在水分大, 例如褐煤的外在水分和内在水分均可高达 20%以上。随着煤化度的提高, 煤的结构渐趋紧密, 内表面积减少, 两种水分都在降低。在中等煤化程度的肥煤和焦煤阶段, 外在水分较少, 内在水分达到最低值 (小于 1%)。到高变质的无烟煤阶段, 煤分子的排列更加整齐, 加之缩聚的收缩应力使煤粒内部的裂隙增加, 外在水分与内在水分的含量又有所提高, 内在水分可达到 4%左右。

此外, 煤分子结构上极性的含氧官能团的数量越多, 煤吸附水分的能力也越强。低煤化程度的煤内表面积发达, 分子结构上含氧官能团的数量也多, 因此内在水分就越高。随煤化程度的提高，煤的内表面积和含氧官能团均呈下降趋势，因此煤中的内在水分也是下降的。到无烟煤阶段，煤的内表面积有所增大，因而煤的内在水分也有所提高。

煤风化后，内在水分增加，因此煤的内在水分的大小，也是衡量煤风化程度的标志之一。煤中的化合水与煤的变质程度没有关系，但化合水多，说明含化合水的矿物质多，会间接地影响煤质。

煤的最高内在水分与煤化度的关系与内在水分基本相同，但表现出更为明显的规律性，如图 4-2 所示。当挥发分（V_{daf}）为（25±5）%时，$MHC<1\%$，达到最小值。对于高挥发分（$V_{daf}>30\%$）的低煤化度，MHC 随着 V_{daf} 的增加而迅速增大，最高可达 20%~30%。对于低挥发分（$V_{daf}<20\%$）的高煤化度煤，MHC 随着 V_{daf} 的减少又略有增大。因此，可以采用 MHC 作为低煤化度煤的一个分类指标。

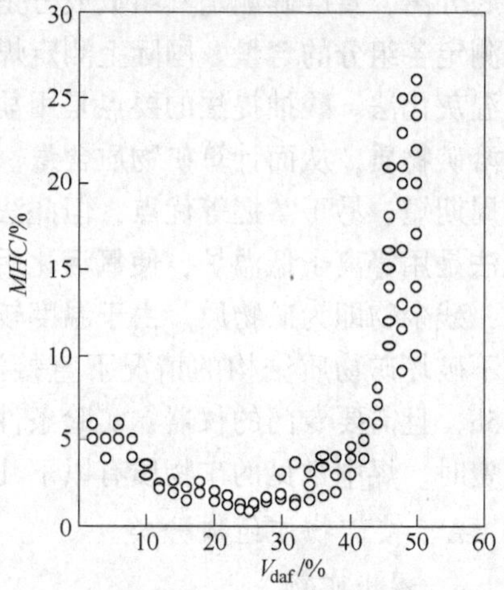

图 4-2 MHC 与 V_{daf} 的关系

4.1.1.5 煤中水分对煤炭加工利用的影响

煤中的水分对其工业利用是不利的，它对运输、储存和使用都有一定的影响。同一种煤，其发热量将随水分的增高而降低。煤在燃烧时，需要消耗很多热量来蒸发煤中的水分，从而增加了消耗。水分高的煤，不仅增加了运输成本，同时给储存带来一定困难。水分还使煤容易碎裂。

一般来说，煤的水分对其加工利用、贸易和储存运输都会带来不利的影响。

在运输过程时，煤的水分增加了运输负荷与成本，在寒冷地带水分的冻结导致装卸困难；在储存时，煤中的水分随空气的湿度而变化，使煤易破裂，加速了氧化；在机械加工时，水分过多会引起粉碎、筛分困难，既容易损坏设备，又降低生产效率；在锅炉燃烧时，水分高会影响燃烧的稳定性和热传导；在炼焦工业中，水分高会降低焦炭产率，而且由于水分大量蒸发带走热量而延长焦化周期，水分过大，还会损坏焦炉，缩短焦炉使用年限，同时，炼焦煤中的各种水分（包括热解水）全部转入焦化剩余氨水中，增大了焦化废水处理负荷。

因此，在煤炭贸易中，水分成为一项重要的计价依据。但水分高有时也会产生积极效应。例如，燃烧粉煤时，若煤中含有一定水分，可有效减少粉煤的损失，在一定程度上改善炉膛的辐射效能。在现代煤炭加工利用中，煤中水分可作为加氢液化和加氢气化的供氢体。此外，高水分褐煤的利用价值也逐渐被发掘。

4.1.2 煤中矿物质及灰分的测定

4.1.2.1 煤中矿物质的种类及其来源

煤中的矿物质是煤中无机物的总称，既包括在煤中独立存在的矿物质，如高岭土、蒙脱石、硫铁矿、方解石、石英等；也包括与煤的有机质结合的无机元素，它们以羧基盐的形式存在，如钙、钠等的盐。此外，煤中还有许多微量元素，有的是有益或无害的元素，有的则是有毒或有害元素。

煤中的矿物质种类十分复杂，含量差异很大，它们与煤的有机质结合得很紧密，很难彻底分离，要准确测定其组成成分是比较困难的。因此，一般只测定矿物质的总含量，而不测定各组分的含量。国际上测定煤中矿物质含量的方法很不统一，一般采用酸抽提法和低温灰化法。酸抽提法的要点是用盐酸和氢氟酸处理煤样，以脱除部分矿物质，再测定酸不溶矿物质，从而计算矿物质含量。与低温灰化法相比，这个方法具有仪器设备简单、实验周期短、易于掌握等优点，但此法的缺点是使用有毒的氢氟酸，测定过程烦琐。低温灰化法是用等离子低温炉，使氧活化后通过煤样，让煤中的有机质在低于150℃的条件下氧化，残余物即为矿物质。由于温度较低，煤中的矿物质不发生变化。低温灰化法的优点是在不破坏矿物质结构的情况下直接测定煤中的矿物质含量；缺点是测定周期长达100~125h，且需要专门的仪器，实验条件严格，而且还要测定残留物中的碳、硫含量，比较烦琐费时。煤中常见的矿物质有以下几种。

A 按矿物质组成分类

a 黏土矿物

黏土矿物是煤中最主要的矿物质，其含量明显高于其他矿物，常见的有高岭石、伊利石、蒙脱石等。随煤化程度的提高，黏土矿物也随之发生变质作用。在一些高变质的煤中（如贫煤、无烟煤等），高岭石常转化为地开石，它是一种高结晶度的高岭石族矿物。说明煤中矿物质与有机质一样，在煤变质过程中，其结晶度和有序度都在不断提高。高岭石可以呈碎屑方式由风和水的搬运作用在泥炭沼泽中沉积而形成，一般认为是远离海相沉积的陆源矿物；也可由铝硅酸盐（长石和云母）经风化作用，在泥炭沼泽中沉淀而产生。高岭石（$Al_2O_3 \cdot 2SiO_2 \cdot 2H_2O$）在较低温度下（400~500℃）发生脱水，转变成偏高岭石。

伊利石是煤中常见的黏土矿物之一，一般情况下其含量仅次于高岭石。伊利石结晶度一般较低，极少见解理清晰、颗粒较大的晶体，在煤层中往往与高岭石等黏土矿物共生，很少单独出现，多呈小鳞片状分布在碎屑状基质中。伊利石在酸性环境中不稳定，在中性及碱性环境中比较稳定。伊利石多为碎屑成因，煤层顶板比煤中含量高。在陆相沉积的煤中，伊利石在矿物质中占有一定的比例。但在海相沉积的煤中，伊利石的含量与高岭石相反，往往其含量较高，因为伊利石不仅可以来源于陆源供应物质，而且可以在盆地内形成自生矿物。煤燃烧后煤灰中的K_2O主要来源于煤中的伊利石矿物。

蒙脱石又称微晶高岭石或胶岭石，具有极强的分散性和膨胀性，而可塑性和耐火性较差，具有强的吸附力和阳离子交换能力。煤中蒙脱石与火山作用形成的火山灰蚀变有关。

黏土矿物主要呈微粒状、团块状、透镜状、薄层状或不规则状产出，常见其充填于基质镜质体、结构半丝质体及结构丝质体细胞腔中或分散在无结构的镜质体中。团块状、透镜状和薄层状黏土集合体的大小变化范围很大，可由十几微米到1mm左右。黏土矿物在薄片中呈无色，有时因腐殖酸作用而略带褐色，在干物镜下呈灰色、棕黑色、暗灰色或灰黄色，轮廓清晰，表面不光滑，呈颗粒状及团块状结构，不显突起或微突起。反光油浸镜下黏土矿物呈黑色，轮廓及结构往往不清楚，难于辨认；具有微弱的荧光，呈暗灰绿色，不太清晰。煤中的黏土矿物，在光学显微镜下很难区分其矿物成分，必须配合差热分析、X射线衍射和红外光谱等方法才能准确鉴定。

对煤中黏土矿物的成分和产状的研究有助于对成煤古地理环境进行分析。由于黏土矿物受后生作用的影响显著，因此黏土矿物的成因比其他矿物难以确定。一般认为，高岭石是在温暖潮湿气候的酸性介质条件下形成的；蒙脱石主要产于干燥、温暖气候的碱性介质条件下，并且其形成与基性火山岩有关；伊利石的形成是在温和至半干燥气候条件下由风化作用形成，而自生伊利石常与富钾的碱性介质条件有关。

b 石英

石英是煤中最常见的矿物之一，分布广泛，其含量可达有机和无机显微组分总量的5%~10%以上。煤中的石英大部分是陆源矿物，被水或风等带入泥炭沼泽，并保存在煤层中，但也有一些石英是煤化过程中产生的自生石英。煤中的石英一般为粉砂级，显微镜下常常表现为棱角或半棱角状，与细分散状的黏土矿物及其集合体伴生，长轴方向与层理方向相近；化学成因的石英、玉髓和蛋白石为二氧化硅的溶液凝聚而成，一般呈无定形状态分布于煤中，其中玉髓和蛋白石数量很少。煤层形成后，由于地下水或岩浆的活动，也可生成石英，多呈脉状或薄膜状充填在裂隙或孔洞中。陆相沉积的煤中，石英含量一般较高。石英在原煤中含量较高，煤燃烧后的灰中，石英含量仍然较高，但在煤灰中其 X 射线衍射强度有所减弱，可能有少量石英同Al_2O_3、CaO 等其他成分在煤燃烧过程中发生反应，并生成了一些新的矿物质或非晶质的玻璃体物质，从而降低了其衍射峰强度。

c 碳酸盐矿物

煤中碳酸盐矿物主要有方解石，其次是白云石、菱铁矿等。碳酸盐矿物是煤中较常见的矿物，特别是在近海相沉积环境或海陆交互相沉积环境中，碳酸盐矿物含量相当丰富，如山东济宁煤田、太原组与山西组煤层中。太原组 16 煤层与 17 煤层，为海陆交互相沉积；其煤层顶板为碳酸盐，其裂隙较发育，因此该煤层中方解石含量较高。而山西组 3 煤层为陆相沉积，煤层顶底板多为黏土岩和砂岩，因而 3 煤层中碳酸盐的含量明显低于同一钻孔中的太原组煤层。

在煤燃烧过程中，方解石（$CaCO_3$）全部分解变成了 CaO，菱铁矿转变为 Fe_2O_3，菱镁矿转变为 MgO。

d 硫化物和硫酸盐矿物

煤中的硫化物主要以黄铁矿为主，也含有极少量的其他硫化物和硫酸盐矿物。在煤燃烧过程中，黄铁矿（FeS_2）主要变成了赤铁矿（Fe_2O_3）。

黄铁矿是煤中主要的硫化物矿物，主要存在于海相和海陆交互相煤中，而内陆条件下形成的煤层黄铁矿含量较低。后生黄铁矿多呈薄膜状、脉状充填在煤的裂隙中，往往与地下水或岩浆热液的活动有关。黄铁矿为浅铜黄色，条痕为绿黑色；透射光下为黑色，反光油浸镜下为强亮黄白色或亮黄白色，突起很高，轮廓清楚，表面不太平整；常呈结核状、浸染状及霉球菌状集合体，或充填于裂隙及孔洞中，有时充填于有机显微组分细胞腔中或镶嵌其中。黄铁矿在氧化条件下不稳定，易氧化为褐铁矿。

煤中黄铁矿的形态多种多样，根据有无生物组构，可以将黄铁矿分为无生物组构的黄铁矿和具生物组构的黄铁矿两类。具生物组构的黄铁矿化的高等植物遗体保存着比较清晰的细胞结构和可识别的植物门类器官。例如，太原西山煤田的太原组和山西组煤中发现的团藻、松藻等多种藻类，由于黄铁矿化，使藻类结构得以保存，即使在中、高级煤中仍可鉴别。具生物组构的黄铁矿，虽然在煤中的含量不多，但对于阐明成煤植物及聚煤环境有重要的意义。

B 按矿物质的成因或来源分类

a 按矿物质的成因分类

(1) 原生矿物质。原生矿物质是指存在于成煤植物中的矿物质。成煤植物在生长过程中，通过植物的根部吸收溶于水的一些矿物质来促进植物新陈代谢作用的进行。原生矿物质主要是碱金属和碱土金属的盐类，如钾、钠、钙、镁、磷、硫的盐类以及少量铁、钛、钒、氯、氟、碘等元素。原生矿物质与有机质紧密地结合在一起，在煤中呈细分散分布，很难用机械方法分离。这类矿物质含量较少，一般仅为1%~2%。

(2) 同生矿物质。同生矿物质主要指在泥炭化作用阶段，由风和流水带到泥炭沼泽中和植物残体一起堆积下来的碎屑无机物质，如石英、长石、云母和各种岩屑；还有由胶体溶液沉淀形成的各种化学成因和生物成因的矿物质，如高岭土、方解石、黄铁矿等。同生矿物质以多种形态嵌布于煤中。例如以矿物夹层、包裹体、结核状存在于煤中，并且与煤紧密共生，在平面上分布比较稳定，可以用来鉴别和对比煤层。不同的聚煤环境，同生矿物质的数量和种类有很大的差别，如近海环境形成的煤中，黄铁矿较多，高岭石含量较低；陆相沉积环境的煤中黏土矿物和石英碎屑多。

同生矿物质还包括煤层形成后，由于地下水的淋滤作用，方解石、石膏等矿物质沉淀下来，填充在煤的裂隙中的矿物。

同生矿物质分选的难易程度与其嵌布形态有关，若在煤中分散均匀，且颗粒较小，就很难与煤分离；若颗粒较大，在煤中较为聚集，则将煤破碎后利用密度差可将其除去。同生矿物质是煤中灰分的主要来源。

(3) 后生矿物质。后生矿物质指煤层形成固结后，由于地下水的活动，溶解于地下水中的矿物质，因物理化学条件的变化而沉淀于煤的裂隙、层面、风化溶洞中或胞腔内。煤中的后生矿物质多呈薄膜状、脉状产出，往往切穿层理，主要有由于地下水的淋滤作用形成的方解石、石膏、黄铁矿等，也有由于岩浆热液的侵入形成的一些后生矿物质，如石英、闪锌矿、方铅矿等。

(4) 外来矿物质。在采煤过程中混入煤中的顶、底板岩石和夹矸层中的矸石，常称为外来矿物质，其数量在很大范围内波动，随煤层结构的复杂程度和采掘方法而异，一般为5%~10%，高的可达20%以上。外来矿物质的主要成分是SiO_2、Al_2O_3、$CaCO_3$、$CaSO_4$和FeS_2等。外来矿物质的密度越大、块度越大，越易与煤分离，用一般选煤方法即可除去。

b 按矿物质的来源分类

按矿物质的来源，煤中矿物质的分类见表4-3。

表4-3 煤中矿物质的分类

矿物组	泥炭化作用阶段形成		煤化作用阶段形成	
	水或风的运移	化学反应形成	沉积在空隙中（松散共生）	共生矿物的转变（紧密共生）
黏土矿物	高岭土、伊利石、绢云母、蒙脱石等			伊利石、绿泥石

续表 4-3

矿物组	泥炭化作用阶段形成		煤化作用阶段形成	
	水或风的运移	化学反应形成	沉积在空隙中（松散共生）	共生矿物的转变（紧密共生）
碳酸盐矿物		菱铁矿、铁白云石、白云石、方解石等	铁白云石、白云石、方解石等	
硫化物		黄铁矿结核、胶黄铁矿、白铁矿等	黄铁矿、白铁矿、闪锌矿、方铅矿、黄铜矿、丝炭中黄铁矿	共生 $FeCO_3$ 结合转变为黄铁矿
氧化物		赤铁矿	针铁矿、纤铁矿	
石英	石英粒子	玉髓和石英、来自风化的长石和云母	石英	
磷酸盐	磷灰石	磷钙土、磷灰石		
重矿物和其他矿物	金红石、电气石、正长石、黑云母		氯化物、硫酸盐和硝酸盐	

矿物质在煤中含量的变化范围为2%～40%，组成极其复杂，含元素达60余种，其主要化合物为盐类。常见的元素有硅、铝、铁、镁、钙、钾、钠、硫等，还有少量的氯、磷、砷、汞等有害元素及铀、钒、镓、锗、钛等伴生元素。它们常以不同化合物的形式存在于煤中。煤中主要元素的存在形式见表4-4。

表 4-4 煤中主要元素的存在形式

矿物质		化学式	矿物质		化学式
黏土类矿物	高岭土	$Al_2Si_2O_5(OH)_4$	氯化物矿物	钠盐	$NaCl$
	蒙脱石	$Al_2Si_4O_{10}(OH)_2 \cdot H_2O$		钾盐	KCl
	叶绿泥石	$Mg_5Al(AlSi_3O_{10})$	硅酸盐矿物	石英	SiO_2
硫化物矿物	黄、白铁矿	FeS_2		黑云母	$K(Mg、Fe)_3(AlSi_3O_{10})(OH)_2$
	方铅矿	PbS		锆石	$ZrSiO_4$
	砷黄铁矿	$FeAsS$		正长石	$KalSi_3O_3$
碳酸盐矿物	方解石	$CaCO_3$	氧化物和氢氧化物	赤铁矿	Fe_2O_3
	菱铁矿	$FeCO_3$		磁铁矿	Fe_3O_4
	铁白云石	$(Ca、Fe、Mg)CO_3$		褐铁矿	$FeO \cdot OH \cdot nH_2O$
硫酸盐矿物	重晶石	$BaSO_4$	磷酸盐矿物	磷灰石	$Ca_5(PO_4)_3(F \cdot Cl \cdot OH)$
	石膏	$CaSO_4 \cdot 2H_2O$			
	水铁矾	$FeSO_4 \cdot H_2O$			
	芒硝	$Na_2SO_4 \cdot 10H_2O$			

煤中矿物质种类十分复杂，性质差异很大，且与煤有机质结合紧密，很难彻底分离，难以准确测定其组成成分，因此一般只测定矿物质的总含量，测定方法主要包括低温灰化法及酸抽取法。

（1）低温灰化法。低温灰化法简称 LTA 法，使用等离子低温炉使氧活化后通过煤样，让煤中的有机质在低于 150℃的条件下氧化，残留部分即为煤中矿物质含量。因为温度较低，煤中除石膏中的结晶水外，其他矿物质基本上不发生变化。低温灰化法在不破坏矿物质结构的情况下直接测定煤中矿物质含量，测定结果比较准确，但试验周期长达 100~125h，并且需配备专门的仪器设备，还要测定残留物中的碳、硫含量。

（2）酸抽取法。将煤样用盐酸和氢氟酸处理，计算用酸处理后煤样的质量损失。测定酸处理过的煤样的灰分及氧化铁含量，经分别计算扣除氧化铁后残留灰分及酸处理过的煤样中黄铁矿含量；再测定酸处理过的煤样中氯的含量，以计算其吸附盐酸的量。根据以上结果，计算出煤中矿物质含量。

酸抽取法仪器设备较为简单，试验周期较短，易于掌握，但测定手续较为繁琐，同时要使用有毒的氢氟酸。我国 GB/T 7560—2001 采用酸抽取法直接测定煤中矿物质含量。

测定煤中矿物质含量可以为“无矿物质基”计算提供依据，某些“无矿物质基”结果对于研究煤质特征及其变化规律等有重要意义。此外，煤中矿物质对煤炭气化、液化和燃烧等工艺过程有催化作用或阻滞作用，测定结果能对深入研究矿物质对煤的工艺过程的作用和影响提供参考资料。

4.1.2.2 煤中灰分及其来源

煤样在规定条件下完全燃烧后的残留物称为煤的灰分，项目符号 *A*。矿物质是煤中固有成分，其含量是在煤本身不受破坏的前提下测定而来；而灰分是煤中矿物质在一定温度下经一系列分解、化合等复杂反应后的产物，其产率由加热温度、加热时间、通风条件等因素决定。灰分来自矿物质，但组成和质量又不同于矿物质。

灰分按其来源可以分为内在灰分和外来灰分。内在灰分是由成煤植物中的矿物质以及由成煤过程中进入煤层的矿物质即内在矿物质所形成的灰分；外来灰分是由煤炭生产过程中混入煤中的矿物质即外来矿物质形成的灰分。

煤在高温燃烧或灰化过程中，大部分矿物质发生多种化学反应，与未发生变化的那部分矿物质一起转变为灰分。这些化学反应主要有：

（1）黏土、页岩和石膏等失去结晶水：

$$Al_2Si_2O_5(OH)_4 \longrightarrow Al_2O_3 \cdot 2SiO_2 + 2H_2O \uparrow$$

$$CaSO_4 \cdot 2H_2O \longrightarrow CaSO_4 + 2H_2O \uparrow$$

这类矿物质中最普遍的是高岭土，它们在 500~600℃失去结晶水；石膏在 163℃分解失去结晶水。

（2）碳酸盐受热分解，放出 CO_2：

$$CaCO_3 \longrightarrow CaO + CO_2 \uparrow$$

$$FeCO_3 \longrightarrow FeO + CO_2 \uparrow$$

这类矿物质在 500~800℃时分解并放出二氧化碳气体。碳酸钙在高温灰化时被焙烧成为 CaO，CO_2被失去，因而使原来的石灰石减重 44%。

（3）氧化亚铁氧化生成氧化铁：

$$4FeO+O_2 \longrightarrow 2Fe_2O_3$$

$FeCO_3$ 先放出 CO_2，进一步又和氧反应生成氧化铁，其总反应如下：

$$4FeCO_3+O_2 \longrightarrow 2Fe_2O_3+4CO_2 \uparrow$$

（4）硫化铁矿物及碳酸盐矿物的热分解产物发生氧化反应。温度为 400~600℃时，在空气中氧的作用下进行。

$$4FeS_2+11O_2 \longrightarrow 2Fe_2O_3+8SO_2 \uparrow$$

$$2CaO+2SO_2+O_2 \longrightarrow 2CaSO_4$$

$$4FeO+O_2 \longrightarrow 2Fe_2O_3$$

但是大部分 SO_2 在灰化中被失去，如果所有的 SO_2 被释放，则对原煤样中的黄铁矿或白铁矿来讲，就有 33%的质量损失。在高温灰分过程中矿物石英是稳定的，它未进行重大的变化。因此，灰分是金属和非金属的氧化物及盐类的混合物。

（5）碱金属氧化物和氯化物在温度为 700℃以上时部分挥发。故测定灰分的温度不宜太高，规定为（815±10）℃。

对含氯量较高的煤的研究指出：煤中的氯有 30%~36%以有机氯的形式存在，有机氯化物在灰化时易于分解而生成氯化氢或氯气。煤中的有机硫也损失，未结合的硫以 SO_2 形式失去。此外，煤中的一些常量或微量成分，如钠及汞也失去。

4.1.2.3 煤中灰分的测定

在灰皿中称量 1g 的分析煤样，然后在 815℃、空气充足的条件下完全燃烧得到的残渣作为煤的灰分，称量残渣后并计算其占煤样质量的分数，称为煤的灰分产率，用 A 表示。测定灰分时所用的煤样是粒度小于 0.2mm 的空气干燥煤样，因此测定结果是空气干燥基的灰分产率，用 A_{ad} 表示。由于空气干燥煤样中的水分是随空气湿度的变化而变化的，因而造成灰分的测值也随之发生变化。但就绝对干燥的煤样而言，其灰分产率是不变的。所以，在实用上空气干燥基的灰分产率只是中间数据，一般还需换算为干燥基的灰分产率 A_d 。在实际使用中除非特别指明，灰分表示的基准应是干燥基。换算公式如下：

$$A_d = \frac{100}{100 - M_{ad}} \times A_{ad} \tag{4-6}$$

GB/T 212—2008 规定了两种测定灰分的方法，即缓慢灰化法和快速灰化法，缓慢灰化法为仲裁法。

A 缓慢灰化法

称取粒度 0.2mm 以下的空气干燥基（1±0.1）g（精确到 0.0002g），均匀地平摊到灰皿中，送入温度不超过 100℃的马弗炉中，在自燃通风（炉门留有 15mm 左右缝隙）的条件下，用不少于 30min 缓慢升温 500℃，在此温度下保持 30min 后，再升温至（815±10）℃。然后，在此温度下灼烧 1h。灰分质量恒定后，称重。此后再进行每次为 20min 的检查性灼烧（温度为（815±10）℃），直到质量变化小于 0.0010g 为止。取最后一次测定的质量作为计算依据。灰分小于 15%时，不进行检查性灼烧。

以残留物的质量占煤样质量的质量分数作为灰分产率。空气干燥基灰分按式（4-7）计算，报告值修约至小数点后两位。

$$A_{ad}=\frac{m_1}{m}\times 100 \tag{4-7}$$

式中 A_{ad}——空气干燥煤样灰分的质量分数，%；

m——称取的空气干燥基的质量，g；

m_1——灼烧后残留物的质量，g。

测定灰分的温度采用分段升温的目的是：

（1）从100~500℃的时间控制为0.5h，以使煤样在炉内缓慢灰化，防止爆燃，否则部分挥发性物质急速逸出将矿物质带走会使灰分测定结果偏低。

（2）在500℃停留30min，使煤样燃烧时产生的二氧化硫在碳酸盐（主要是碳酸钙）分解前（碳酸钙在500℃以上才开始分解）能全部逸出，否则会同碳酸钙的分解产物氧化钙发生反应生成难分解的硫酸钙，使煤中硫分固定在煤层中；这样既增加煤灰中的含硫量，又增加煤的灰分。

（3）最终灼烧温度确定为（815±10)℃，是因为在此温度下，煤中碳酸盐分解结束而硫酸盐尚未分解。一般纯硫酸盐在1150℃以上才开始分解，但如与硅、铁共存，实际到850℃即开始分解。

B 快速灰化法

称取粒度0.2mm以下的空气干燥基（1.0±0.1)g（精确到0.0002g），均匀平摊到灰皿中。将马弗炉加热至850℃，打开炉门，将放有灰皿的耐热瓷板或石棉板缓慢地推入马弗炉中，先使第一排灰皿中的煤样灰化。待5~10min后煤样不再冒烟时，以每分钟不大于2cm的速度把其中各排灰皿顺序推入炉内炽热部分（若煤样发生着火或爆燃，试验作废）。关上炉门，在（815±10)℃下灼烧40min。从炉中取出灰皿，恒重后称量。

此后再进行每次为20min的检查性灼烧（温度为（815±10)℃），直到质量变化小于0.0010g为止。取最后一次测定的质量作为计算依据。如遇检查性灼烧时结果不稳定，应改用缓慢灰化法重新测定。灰分低于15%时，不进行检查性灼烧。

也可以用快速灰分测定仪来进行快灰的测定。先将快速预先加热到（815±10)℃，开动传送带并将其调节到合适的传送速度。称取粒度0.2mm以下的空气干燥基（0.5±0.1)g（精确到0.0002g），放到灰皿中，并放置在快速灰分测定仪的传送带上，灰皿即自动送入炉中。当灰皿从炉中送出，灰分质量恒定后，称重。

GB/T 15224.1规定了按干燥基灰分范围的分级及命名方法，适用于煤炭勘探、生产、加工利用和煤炭销售中对煤炭按灰分分级，见表4-5。高炉喷吹用煤的灰分分级可参照冶炼用炼焦精煤进行分级，其他用炼焦精煤和原料用煤的灰分分级可参照动力煤炭进行分级。

煤中矿物质含量与灰分有一定的关系，可以通过化学分析的方法直接测定，也可以根据煤的灰分产率，借助经验公式进行计算。严格地说，用灰分计算原煤中的矿物质含量时，需根据不同的矿物质组分采用不同的计算公式。但因煤中矿物质组分大多可以划分为几种类型，为此很多学者曾根据不同类型的矿物质组分分别提出了用灰分计算煤中矿物质含量的一些经验公式。

表 4-5 动力煤和冶炼用炼焦精煤的灰分分级

序号	级别名称	代号	灰分 (A_d) 范围/%	
			动力煤	冶金用炼焦精煤
1	特低灰煤	SLA	≤10.00	≤6.00
2	低灰煤	LA	10.01~16.00	6.01~9.00
3	中灰煤	MA	16.01~29.00	9.01~12.00
4	高灰煤	HA	>29	>12.00

B.C. 克雷姆研究发现，含碳酸盐、硫酸盐和氧化铁等矿物质组分较少的煤，可用式(4-8) 近似地校正矿物质中的结晶水和硫化铁矿物质中的硫，然后计算出矿物质含量。

$$MM = 1.10A + 0.5S_p \text{（克雷姆公式）} \quad (4\text{-}8)$$

式中 MM——煤中矿物质含量,%；

A——煤的灰分,%；

S_p——煤中硫化铁硫含量,%。

也有用其他计算公式进行计算的，如式（4-9），式（4-10），式（4-11）。

$$MM = 1.08A + 0.55S_t \text{（派尔公式）} \quad (4\text{-}9)$$

$$MM = 1.13A + 0.47S_p + 0.5w(\mathrm{Cl}) \text{（吉文公式）} \quad (4\text{-}10)$$

$$MM = 1.06A + 0.67S_t + 0.66w(\mathrm{CO_2}) - 0.30 \text{（费莱台公式）} \quad (4\text{-}11)$$

式中 S_t——煤中全硫含量；

$w(\mathrm{Cl})$——煤中氯的含量,%；

$w(\mathrm{CO_2})$——煤中二氧化碳含量,%；

0.30——经验常数。

为了较精确地计算煤中矿物质含量，最好根据不同煤田煤中矿物质组分及比例，采用不同的计算公式。

4.1.2.4 煤中矿物质和灰分对煤炭利用及其影响

作为能源或转化加工的资源几乎大都利用煤中的有机物，因此煤中的矿物质或灰分一向被认为是废物，它对运输、储存和加工利用都是不利的。高灰煤的运输徒然增加负载量，高灰煤的储存占用了较多的场地。以下重点介绍煤中矿物质和灰分对煤炭燃烧和转化加工利用所带来的一些有害影响。

（1）对燃烧和气化的影响。煤中的灰分高，造成灰渣量增加，势必带走一部分煤热（碳）和显热，使热效率降低。动力用煤的灰分每增加 1%，大约使煤耗量增加 2.0%~2.5%。煤灰的熔融温度低，易引起电厂锅炉挂渣、结构和沾污，易造成干法排灰的移动床气化炉结渣。对干法排渣的气化炉，煤灰熔融温度高有利，对液态排渣的气化炉则相反，煤灰熔融温度低和流动性好有利。煤灰的熔融性对气化工艺的选择有时有决定性影响。另外，某些煤灰成分，如碱金属和碱土金属化合物对煤气化有催化作用。

（2）对炼焦和炼铁的影响。煤作为炼焦原料时，煤中绝大部分矿物质转入到焦炭中，焦炭在炼铁时不仅是还原剂，而且提供炼铁时所需的热量。炼焦煤灰分高，造成焦炭灰分高，炼铁时就要多消耗焦炭和作为助熔剂的石灰石。如果考虑到由于焦炭消耗量增加相应带入的硫也增加，则其危害性就更大。一般认为：焦炭灰分增加 1% ，焦比增加 2%~

2.5%，石灰石增加4%，高炉产量相应减少3%。所以炼焦用煤的灰分一般不应大于10%。我国焦炉入炉煤的灰分常常偏高，这是造成焦炭质量不高的主要原因之一。

(3) 对直接液化的影响。直接液化一般要求煤的灰分小于10%，黄铁矿对加氢有催化作用，因此它的存在是有利的。这一点与炼焦、气化和燃烧不同。

(4) 对设备装置的影响。煤中的Pb和Bi随燃烧气体带走，由于它们沉积在金属表面产生颗粒边界脆化作用导致颗粒的减聚力和金属损伤。煤中黄铁矿颗粒使燃烧粉煤的锅炉受热而发生硫化作用并使炉底损伤，烟道气中的含硫成分使过热器和再热器外部腐蚀，煤中Na_2O、K_2O、CaO和MgO促使锅炉膛受污物堵塞并加快过热器和再生器耗蚀。煤中的氯离子是奥氏体钢的一种主要腐蚀剂，煤中微量的无机物导致联合循环发电过程的开式循环中的燃气机叶片和喷嘴受污物堵塞。

(5) 对催化剂活性的影响。煤中碱金属和碱土金属的化合物会使加氢液化过程中所使用的钴钼催化剂的活性降低，在氢煤法中煤灰所形成的金属有机配合物的沉积会使钼酸钴催化剂失活。

事物总是一分为二的，煤中矿物质除了有以上几个方面的不利因素外，也有其有利的一面。煤中有些矿物质是煤转化过程的催化剂：煤中有些矿物质，例如碱金属的碳酸盐（K_2CO_3、Na_2CO_3）、碱金属的氯化物（KCl、NaCl），碱土金属氧化物（CaO）、羰基铁、钼酸钴等是煤的气化反应的有效催化剂，促使气化反应速率加快。煤中有些矿物质，如钼是加氢催化剂。铁、铁的氧化物（Fe_2O_3）及铁的碳酸盐能增加溶剂精制煤法（SRC）中煤的加氢脱硫的选择性，黄铁矿和磁黄铁矿具有加氢活性，黄铁矿能促进苯并噻吩的加氢脱硫。煤中的TiO_2和高岭土也有加氢催化作用，使用CO-H_2O的年轻煤的加氢液化过程中钠具有催化作用。此外，煤中矿物质可有效地改变煤液化时的传质条件，使过程气体的渗透性增加，从而提高了有机质的转化率。

煤通常作为燃料或原材料利用以后，会得到残渣，也就是比原料煤更富集矿物质成分的煤灰来加以利用的。煤灰包括粉煤灰和煤渣等，由于它们的性质组分相似而不相同，其用途有些相同，但也有一些差异。

(1) 粉煤灰。我国各地普遍采用将粉煤灰掺入一定量的其他物料，生产各种各样的粉煤灰砖；制成各种大型砌块和板材；制成粉煤灰水泥（家庭生活用以煤炭为燃料所得大量蜂窝煤灰和煤球炉灰也可用来制造水泥）；生产其他建筑材料，如人造混凝土轻骨料、混凝土掺合料及轻质耐火混凝土。粉煤灰也可制成粉煤灰空心球及粉煤灰分子筛，用于灭火和防止矿井塌陷，制造陶瓷用品，用作废水处理剂；粉煤灰还可以作为除草醚载体制成除草粒剂。

(2) 煤渣。煤渣用来生产砖瓦、水泥及其他建筑材料，用作过滤材料。电厂的水淬煤渣可用来烧制铸石代替钢材使用。

(3) 煤灰。煤灰大量用于筑路、修筑机场跑道，筑坝及填充剂等。从某些煤灰中可以回收稀有金属或其他金属，目前已实现工业化回收的有锗、钼、钒、铀等。煤灰中的富铁组分可以作为冶铁的原料。煤灰中的三氧化二铝可以回收提取出来，制成无水氯化铝、硫酸铝及高铝水泥。煤灰中的二氧化硅可以回收提取出来，制成白炭黑（沉淀二氧化硅）及水玻璃，从一些气化煤灰中可回收熟石灰。煤灰中的残炭可以回收作为粉焦或吸附剂用。含碳量高于10%的粉煤灰在钢铁和冶炼工业中用作铸模粉。煤渣中的含碳可燃物也可以回收后再用作制造砖瓦的原料，以节约燃料并保证砖瓦质量。有些煤灰熔融颗粒经磨细后转变成与砂相似的物料，能代替石英砂用于喷砂法。煤灰在肥皂、橡胶、塑料、油灰等生产上也可使用。气化煤灰又可用作煤气脱硫剂。煤灰在农业上可用作化肥，改良土壤等。

4.1.3 煤的挥发分及其测定

煤在规定条件下隔绝空气加热后挥发性有机物的产率称为挥发分，简记符号 V。事实上，煤在该条件下产生的挥发物既包括了煤的有机质热解气态产物，还包括煤中水分产生的水蒸气以及碳酸盐矿物质分解出的 CO_2 等。因此，挥发分属于煤挥发物的一部分，但不等同于挥发物。此外，挥发分不是煤中的固有物质，而是煤在特定加热制度下的热分解产物，所以煤的挥发分称为挥发分产率更为确切。

4.1.3.1 挥发分的测定

根据国家标准 GB/T 212—2008，称取 1g 粒度小于 0.2mm 的空气干燥煤样放入挥发分坩埚，在（900±10）℃下，隔绝空气加热 7min，在干燥器中冷却后称量焦渣的质量。空气干燥煤样的挥发分按式（4-12）计算，报告值修约至小数点后两位。需要注意的是，放入坩埚及坩埚架后需要在 3min 内恢复（900±10）℃，否则试验作废，但预热温度可以根据马弗炉具体情况调节。

$$V_{ad} = \frac{m_1}{m} \times 100 - M_{ad} \tag{4-12}$$

式中 V_{ad}——空气干燥煤样挥发分的质量分数，%；

m——空气干燥基的质量，g；

m_1——煤样加热后减少的质量，g；

M_{ad}——空气干燥基水分的质量分数，%。

挥发分由煤的有机质热解而产生，挥发分的高低反映了煤的有机质分子结构的特征。但挥发分的测定结果用空气干燥基表示时，由于水分和灰分的影响，既不能正确反映这种特性，也不能准确表达挥发分的高低。因此，排除水分和灰分的影响，采用无水无灰的基准（也称干燥无灰基）表示。干燥无灰基的挥发分指的是有机质挥发物的质量占煤中干燥无灰物质质量的分数。在实际使用中除非特别说明，挥发分均是指干燥无灰基时的数值。干燥无灰基挥发分用 V_{daf} 表示，由空气干燥基挥发分换算而得：

$$V_{daf} = \frac{V_{ad}}{100 - M_{ad} - A_{ad}} \times 100 \tag{4-13}$$

当空气干燥基煤样中碳酸盐二氧化碳含量为 2%~12%时，则：

$$V_{daf} = \frac{V_{ad} - w(CO_2)_{ad}}{100 - M_{ad} - A_{ad}} \times 100 \tag{4-14}$$

当空气干燥基煤样中碳酸盐二氧化碳含量大于 12%时，则：

$$V_{daf} = \frac{V_{ad} - [w(CO_2)_{ad} - w(CO_2)_{ad(焦渣)}]}{100 - M_{ad} - A_{ad}} \times 100 \tag{4-15}$$

式中 V_{daf}——干燥无灰基煤样挥发分的质量分数，%；

A_{ad}——空气干燥基灰分的质量分数，%；

M_{ad}——空气干燥基水分的质量分数,%;

$w(CO_2)_{ad}$——一般分析试验煤样中碳酸盐二氧化碳含量（按 GB/T 218 测定),%;

$w(CO_2)_{ad(焦渣)}$——焦渣中二氧化碳对煤样的质量分数,%。

煤的干燥无灰基挥发分分级见表 4-6，中国煤以中高挥发分煤居多，约占 30%；其次为高挥发分煤，约占 24%；其他挥发分级别的煤所占比例不大。

表 4-6 煤的干燥无灰基挥发分分级（MT/T 849）

序号	级别名称	代号	V_{daf}/%
1	特低挥发分煤	SLV	≤10.00
2	低挥发分煤	LV	10.01~20.00
3	中等挥发分煤	MV	20.01~28.00
4	中高挥发分煤	MHV	28.01~37.00
5	高挥发分煤	HV	37.01~50.00
6	特高挥发分煤	SHV	>50.00

挥发分测定结果的重复性和再现性见要求表 4-7。

表 4-7 挥发分测定结果的重复性和再现性要求 （%）

挥发分（V_{ad}）	重复性限	再现性临界差
<20.00	0.30	0.50
20.00~40.00	0.50	1.00
>40.00	0.80	1.50

4.1.3.2 挥发分的校正

根据挥发分的特定，挥发分反映的是煤中有机质的特性，但在失重法测定过程中，挥发物中除了从有机物分解而来的化合物之外，还有一部分挥发物不是从有机质而来。如煤样中矿物质的结晶水、碳酸盐矿物分解产生的 CO_2、由硫铁矿转化而来的 H_2S 等，显然它们是由煤样中的无机物转化而来的。但在挥发分测定时，将它们计入了挥发分，这样所测得的挥发分就不能正确反映有机质的真实情况，必须进行校正，也就是从挥发分的测值中扣除 CO_2、H_2S 和矿物结晶水的量。但实际上很难实现，主要是结晶水、H_2S 等的含量测定困难所致。另外，这两种成分在挥发分测定中的生成量极少，一般不做校正。碳酸盐 CO_2 含量的测定则相对容易得多，校正如下：

当碳酸盐 CO_2 含量大于等于 2%时，则：

$$V_{ad校正} = V_{ad} - w(CO_2)_{ad} \tag{4-16}$$

式中 $w(CO_2)_{ad}$——空气干燥基碳酸盐 CO_2 的含量,%。

在 GB/T 212—2008 中规定，干燥基和空气干燥基挥发分无需进行碳酸盐 CO_2 的校正，只有干燥无灰基挥发分需要校正，这是因为“挥发分是指从挥发物中扣除水分后的量”，在干燥基和空气干燥基下，其物质中包含了碳酸盐。干燥无灰基挥发分需要对二氧化碳进行校正，是因为干燥无灰基定义为假想无水、无灰状态，而在假想无灰状态时，煤中是不存在碳酸盐的。故计算干燥无灰基挥发分时，应从空气干燥基挥发分中扣除煤中碳酸盐

CO_2 含量。当碳酸盐 CO_2 含量小于 2%时，$(CO_2)_{ad}$含量可忽略不计。

在实际工作中，直接测定碳酸盐分解生成的 CO_2、硫铁矿产生的 H_2S 和矿物质结晶水的含量十分复杂，有的甚至是不可能的。因此，一般采用对煤样进行脱灰处理，降低其矿物质含量后，矿物质对挥发分测定产生的影响就可以忽略了。通常，要求用于挥发分测定的煤样，其灰分应该小于 15%，最好小于 10%。

4.1.3.3 焦渣特征

焦渣是煤样在测定挥发分后的固体残留物，它是由固定碳和灰分构成的，项目符号 CRC。焦渣特征是指焦渣的形态（粉状、块状）、光泽、强度、形状等特点，并根据这些特点，把焦渣特征划分为 8 种，可初步判断煤的黏结性、熔融性和膨胀性；序号越大，表明煤的黏结性越强。

(1) 粉状（1 型）。全部是粉末，没有相互黏着的颗粒。

(2) 黏着（2 型）。手指轻碰即有粉末或基本上是粉末，其中较大的团块轻轻一碰即成粉末。

(3) 弱黏结（3 型）。已经成块，但手指轻压即碎成小块。

(4) 不熔融黏结（4 型）。以手指用力压才裂成小块，焦渣上表面无光泽，下表面稍有银白色光泽。

(5) 不膨胀熔融黏结（5 型）。焦渣形成扁平的块，煤粒的界线不易分清，焦渣上表面有明显银白色金属光泽，下表面银白色光泽更明显。

(6) 微膨胀熔融黏结（6 型）。用手指压不碎，焦渣的上、下表面均有银白色金属光泽，但焦渣表面具有较小的膨胀泡（或小气泡）。

(7) 膨胀熔融黏结（7 型）。焦渣上、下表面有银白色金属光泽，明显膨胀，但高度不超过 15mm。

(8) 强膨胀熔融黏结（8 型）。焦渣上、下表面有银白色金属光泽，焦渣高度大于 15mm。

为了简便起见，通常用上列序号作为各种焦渣特征的代号。

一般地说，褐煤、长焰煤、贫煤和无烟煤没有结黏性，其焦渣特征为粉状；肥煤、焦煤黏结性最好，其焦渣熔融黏结而膨胀；气煤和瘦煤的焦渣特征为弱结黏或不熔融黏结。

4.1.3.4 挥发分指标的应用

挥发分指标可以应用在以下几方面：

(1) 作为煤分类指标。煤的挥发分与变质程度存在着较为密切的关系且规律性明显，根据挥发分可初步判断煤化程度，估计煤的种类。我国和国际煤炭分类方案中都以挥发分作为第一分类指标。

(2) 确定煤的加工利用途径。利用煤的挥发分产率和焦渣特征，可初步评判煤的性质，确定加工利用途径。例如，煤化度低的煤挥发分高，干馏时焦油产率高，适于作低温干馏原料，也可作为气化原料。挥发分适中、固定碳含量高的煤，黏结性较好，适于炼焦和做燃料。而合成氨工业中，宜选用煤化度高、挥发分低、含硫量低的无烟煤。

(3) 计算煤的发热量。挥发分的主要组分和固定碳是煤中的可燃成分，利用挥发分指标，通过大量试验数据的统计分析，可以得到在一定条件下使用的发热量计算公式。

（4）预测并估算煤干馏时各主要产物的产率。在配煤炼焦中，要用挥发分指标来确定配煤比，使混煤的挥发分（各配煤挥发分的加权平均值）控制在25%~31%的适宜范围之内，并根据配煤挥发分的高低，预测焦炭、煤气、焦油和粗苯的产率。

（5）选择适于特定煤源的燃烧设备或适于特定设备的煤源。在燃烧、气化和液化工艺条件的选择上，挥发分指标也有一定的参考作用。例如，电力锅炉燃烧时，挥发分高的煤，燃点低，燃烧速度快；挥发分低的煤，燃点高，燃烧速度慢。发电厂投产后，要求尽可能使用原设计选用的煤炭品种，否则就会影响锅炉的正常运行。从制取液体燃料的角度出发，适宜加氢液化的原料煤是高挥发分烟煤和褐煤。挥发分高的煤气化时生产的焦油多，容易黏在设备管道上，致使清理检修次数增多，给生产带来不利影响，因此移动床常压气化时要求挥发分越低越好，一般要求 $V_{daf} \leqslant 10\%$。

（6）在环境保护中，挥发分还是制定烟雾法令的依据之一。

4.1.3.5 影响挥发分的因素

影响挥发分的因素很多，主要有以下几个影响因素。

（1）测定条件的影响。影响挥发分测定结果的主要因素是加热温度、加热时间、加热速度。此外，加热炉的大小，试样容器的材质、形状、重量、尺寸以及容器的支架都会影响测定结果。因此，挥发分测定是一个规范性很强的分析项目。

（2）煤变质程度。煤的挥发分主要来自于煤分子上不稳定的脂肪侧链、含氧官能团断裂形成的小分子化合物以及煤的有机质高分子缩聚时生成的氢气等。随着煤化度的提高，煤分子上的脂肪侧链和含氧官能团均呈下降趋势，所以煤的挥发分随煤化程度的提高而下降。褐煤的挥发分最高，通常大于40%；无烟煤的挥发分最低，一般小于10%；烟煤的挥发分则介于褐煤与无烟煤之间。

（3）煤成因类型。煤的挥发分主要取决于煤化程度，但也与成因类型有关。在煤化程度相同时，腐殖煤的挥发分低于腐泥煤。例如，中等煤化度腐泥煤的 V_{daf} 在60%~70%之间，而同等煤化度的腐殖煤的 V_{daf} 在20%~30%之间，这主要是由于成煤原始物质的结构差异所造成的。腐泥煤以脂肪族为主，受热易裂解为小分子化合物而逸出，而腐殖煤以稠环芳香族物质为主，受热不易分解，故挥发分相对较低。

（4）煤岩组分。煤化程度相同时，壳质组的挥发分最高，镜质组次之，惰质组最低。这是因为壳质组化学组成中抗热分解能力低的链状化合物占有较大比例，而惰质组的分子主要以缩合芳香结构为主，镜质组则居于两者之间。由于各个显微组分有不同的挥发分，所以煤的挥发分将随显微组成的变化而变化，而且非常敏感。腐殖煤镜质组的挥发分随煤化程度的提高而较为均匀地下降（见图4-3）。所以，一般用挥发分作为表示煤化程度的指标。

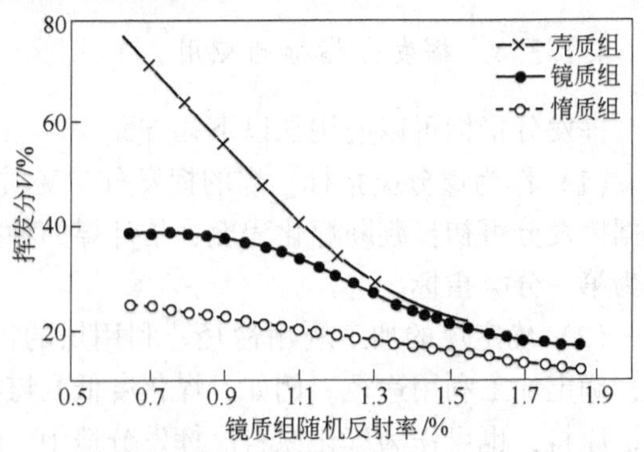

图4-3 不同显微组分的挥发分与其镜质组随机反射率的关系

4.1.4　固定碳含量的计算

从测定挥发分后的煤样残渣中减去灰分后的残留物称为固定碳，项目符号 FC。实际上，固定碳不能单独存在，是煤中的有机质在一定加热制度下产生的热解固体产物，属于焦渣的一部分。固定碳实际上是高分子化合物的混合物，固定碳除含有碳元素外，还包含氢、氧、氮和硫等元素。

固定碳与煤中有机质的碳元素含量是两个不同的概念，不可混淆。在工业分析的指标界定中，一部分煤有机质的碳元素以热解产物的形式存在于挥发分之中，故煤中固定碳含量一般均小于碳元素含量，只有在高煤化程度的煤中两者才比较接近。

煤的工业分析中，固定碳一般不直接测定，而是通过计算获得。在空气干燥基测定水分、灰分和挥发分后，由式（4-17）计算空气干燥基固定碳：

$$FC_{ad} = 100 - (M_{ad} + A_{ad} + V_{ad}) \tag{4-17}$$

式中　FC_{ad}——空气干燥基固定碳的质量分数，%；

M_{ad}——空气干燥基水分的质量分数，%；

A_{ad}——空气干燥基的灰分的质量分数，%；

V_{ad}——空气干燥基的挥发分的质量分数，%。

干燥无灰基的固定碳 FC_{daf} 按式（4-18）计算：

$$FC_{daf} = 100 - V_{daf} \tag{4-18}$$

固定碳含量与煤变质程度有一定关系。煤中干燥无灰基固定碳含量随煤化度的加深而逐渐增大。一般褐煤的 $FC_{daf} \leqslant 60\%$，烟煤的 FC_{daf} 在 50%～90% 之间，无烟煤的 $FC_{daf} > 90\%$。世界上有些国家以 FC_{daf} 作为煤的分类依据。

固定碳也是工业用煤必须考虑的一项质量指标，如合成氨用煤要求固定碳大于 65%。在煤的燃烧中，可以利用固定碳指标计算燃烧设备的效率。在炼焦工业中，根据固定碳预测焦炭的产率。此外，固定碳也是计算煤的发热量的主要参数。

煤的固定碳与挥发分之比称为燃料比，项目符号 FC/V，也是表征煤化程度的一个重要指标。燃料比随煤化度的增高而增高。例如，褐煤的燃料比为 0.6～1.5，长焰煤为 1.0～1.7，气煤为 1.0～2.3，焦煤为 2.0～4.6，瘦煤为 4.0～6.2，无烟煤为 9～29。无烟煤燃料比变化很大，可作为划分无烟煤小类的指标。燃料比也是评价煤燃烧特性的一项指标。

煤的固定碳分级的级别名称、代号和固定碳含量范围见表 4-8。

表 4-8　煤的固定碳分级表（MT/T 561）

序号	级别名称	代号	分级范围（FC_d）/%
1	特低固定碳煤	SLFC	≤45.00
2	低固定碳煤	LFC	>45.00～55.00
3	中等固定碳煤	MFC	>55.00～65.00
4	中高固定碳煤	MHFC	>65.00～75.00
5	高固定碳煤	HFC	>75.00～85.00
6	特高固定碳煤	SHFC	>85.00

4.1.5 各种煤的工业分析指标范围

表 4-9 是我国不同类别煤的工业分析指标变化范围，它是根据长期实际经验汇编而成的，可以作为审查各指标的参考依据。如各类煤的灰分超过 25%，则许多指标的下限会随灰分的增高而不断降低，但 V_{daf} 的上限要增高。如实测结果超过了上述范围，则应考虑其检测值的正确性，并需查找偏高或偏低的原因。

表 4-9 我国不同类别煤的工业分析指标变化范围

煤炭类别	M_{ad}/%	V_{daf}/%	CRC	煤炭类别	M_{ad}/%	V_{daf}/%	CRC
褐煤	5~28	38~62	1	肥煤	0.2~2.0	>20~37	6~8
长焰煤	2~20	>37~53	1~4	焦煤	0.1~2.0	>15~28	5~8
不黏煤	1.5~15	>20~37	1~4	瘦煤	0.3~2.0	>13~20	3~7
弱黏煤	0.6~5	>20~37	3~6	贫瘦煤	0.3~2.0	11.5~20	3~6
气煤	0.5~6	>28~49	4~8	贫煤	0.4~2.5	>10~20	1~3
1/3 焦煤	0.4~4	>28~37	4~8	无烟煤	0.5~9.0	>1.5~10	1~2
气肥煤	0.3~3	>37~59.5	5~8				

4.2 煤的灰成分分析

从严格意义上讲，煤的灰分与煤灰是两个不同的概念。灰分是规定条件下煤中矿物质燃烧后的产物；煤灰是煤作为锅炉燃料或气化等原料时，在工业生产条件下得到的大量残渣，可分为粉煤灰和灰渣两种。粉煤灰又称飞灰，是指同烟道气和煤气一起带出的粒径小于 90μm 的灰尘；炉渣则是指呈熔融状态或以较大颗粒的不熔状态从炉底排出的底灰。

煤灰分与煤灰的化学组成是一致的，通常用元素氧化物的形式表达。煤灰主要成分包括 SiO_2、Al_2O_3、Fe_2O_3、CaO、MgO、TiO_2、P_2O_5、SO_3、K_2O 和 Na_2O 等，此外还有极少量的钒、钼、钍、锗、镓等的化合物。表 4-10 是我国煤灰主要成分的一般范围。

表 4-10 我国煤灰主要成分的一般范围 (%)

煤灰成分	褐煤		硬煤		煤灰成分	褐煤		硬煤	
	最低	最高	最低	最高		最低	最高	最低	最高
SiO_2	10	60	15	>80	TiO_2	0.2	4	0.1	6
Al_2O_3	5	35	8	50	SO_3	0.6	35	<0.1	15
Fe_2O_3	4	25	1	65	P_2O_5	0.04	2.5	0.01	5
CaO	5	40	0.5	35	KNaO	0.09	10	<0.1	10
MgO	0.1	3	<0.1	5					

实际上，在煤灰中这些元素除了以氧化物形态存在外，还有的以硅酸盐、硅铝酸盐和硫酸盐等多种形态的化合物存在。除了上述的主要元素外，煤灰中还常含有一些其他的伴生元素。有时煤灰中还往往富集有一些稀散元素。

由于各地区煤的组成不一，因此它们的煤灰组成也不相同。表 4-11 为我国某些主要煤田的煤灰组成。从表 4-11 中可以看出，煤灰组成和煤的变质程度之间没有规律可循，但是硅含量和铝含量普遍较高，铁含量则常随煤中硫铁矿硫含量的增高而增高。

表 4-11 我国某些煤样的灰分组成 （%）

煤产地	SiO_2	Al_2O_3	Fe_2O_3	CaO	MgO	TiO_2	K_2ONa_2O	SO_2	碱酸比①
阳泉无烟煤	52.66	33.58	7.01	0.23	1.27	0.81	1.99	0.45	0.10
晋城无烟煤	47.39	33.59	4.73	6.46	0.85	0.91	3.34	2.70	0.19
西山贫瘦煤	56.33	31.38	6.94	2.18	0.48	1.03	0.46	1.20	0.11
灵武不黏煤	37.93	14.52	16.41	10.93	4.97	0.90	2.50	11.84	0.55
长广气煤	46.05	29.73	15.17	3.45	0.50	1.60	1.121	2.41	0.26
大同弱黏煤	57.79	18.44	13.13	3.44	0.65	1.25	—	3.23	0.16
扎赉诺尔褐煤	41.11	13.60	12.44	13.98	3.03	1.23	2.99	9.46	0.58

① 碱酸比 $=\dfrac{Fe_2O_3+CaO+MgO+K_2O+Na_2O}{SiO_2+Al_2O_3+TiO_2}$。

煤灰成分的变化很大，但也有规律可循。同一煤层煤的灰成分变化往往较小，而不同成煤时代煤的灰成分则往往变化很大，因而在地质勘探过程中，可用煤灰成分作为煤层对比的参考依据之一。煤灰成分可以为灰渣综合利用提供基础技术资料，我国不少矿区的煤灰成分中三氧化二铝的质量分数可达40%左右，可作为提取聚合碱式氧化铝的原料；二氧化硅含量很高的煤灰，可以考虑利用它来制造水玻璃以及砖、瓦、水泥等建筑材料。根据煤灰成分可初步判断煤灰的熔融性和流动性，根据煤灰中钠、钾和钙等碱性氧化物成分的高低，大致判断煤在燃烧时对锅炉燃烧室的腐蚀和沾污情况。此外，根据某些煤灰组成中各氧化物之和与总量有较大差异的现象，还可推断某些稀有元素在煤中的富集情况。

煤灰成分分析法有经典的化学分析法（如常量分析法、半微量分析法）和各种仪器分析法（如原子吸收光谱法，X 射线荧光测定法和中子活化分析法等）。GB/T 1574—2007规定了煤灰中铁、钙、镁、钾、钠、锰、磷、硅、铝、钛、硫的测定方法，适用于煤、焦炭、水煤浆和煤矸石。煤灰分中主要的单个常量元素和少量元素的测定方法见表4-12。

表 4-12 煤灰分中主要单个元素的测定方法

测定方法	元　素	测定方法	元　素
光发射法	K、Na、Ti	中子活化分析法	Fe、Na、Si、Al
原子吸收法	Ca、K、Na、Mg	化学法	Fe、Ca、Mg、K、Na、P、Si
比色法	Al、Ca、Mg、P、Ti	电化学法	Ca、Mg、Ti
火焰发射法	Ca、Mg、K、Na		

4.3 元素分析

煤中除了含有无机矿物质和水分以外，其余都是可燃的有机物质，构成煤的有机质在95%以上。煤中的有机物主要是由碳、氢、氧、氮和硫等五种元素组成。煤的元素组成对研究煤的变质程度，计算煤的发热量等。煤的元素组成数据也可以作为确定煤的工艺性质、煤的分类等辅助指标。

4.3.1 煤的元素组成

煤作为有机物和无机物的混合体，其元素组成极其复杂，几乎包含了地壳中有质量分数统计的所有 88 种元素。根据元素在煤中的浓度或含量，一般认为，煤中元素可分为常量元素（大于0.1%）和微量元素（不大于0.1%）两大范畴。常量元素在煤中主要为碳、氢、氧、氮、硫、铝、硅、铁、镁、钠、钾、钙等，其他大多数以微量级浓度存在于煤中。

4.3.1.1 碳元素

碳和氢是煤有机质的主要组成元素。碳元素是组成煤有机质大分子的骨架，是炼焦时形成焦炭的主要物质基础，也是燃烧时产生热量的主要来源。碳含量随着煤化度升高而有规律地增加。碳含量与挥发分之间存在负相关关系，因此碳含量也可以作为表征煤化度的分类指标。在某些情况下，碳含量对煤化度的表征比挥发分更准确。

4.3.1.2 氢元素

氢是煤中第二个重要元素，主要存在于煤分子的侧链和官能团上，在有机质中的含量为2.0%~6.5%。虽然其质量分数远低于碳元素，但由于相对原子质量仅为碳元素的1/12，如果用元素的原子比例来表示煤的元素组成，对某些泥炭和年轻的褐煤来说，其氢元素的原子比例可能比碳元素还要高，所以氢元素也是组成煤大分子骨架及侧链基团不可缺少的重要元素。氢元素的发热量约为碳元素的 4 倍，虽然含量远低于碳含量，但氢元素的变化对煤的发热量影响很大。

4.3.1.3 氧元素

氧是煤中第三个重要的组成元素，以有机和无机两种状态存在。有机氧主要存在于煤大分子结构的含氧官能团中，如羧基（—COOH），羟基（—OH）、羰基（$>C=O$）、甲氧基（$—OCH_3$）和醚键（R—O—R）等，也有些氧存在于碳骨架之中，以杂环的形式存在。无机氧主要存在于煤中的水分和含氧矿物质中。

随煤化程度的提高，煤中的氧元素迅速下降，从褐煤的23%左右下降到中等变质程度肥煤的6%左右，此后氧含量下降速度趋缓，到无烟煤时大约只有2%。氧在煤中存在的总量和形态直接影响着煤的性质和加工利用性能。氧元素在煤燃烧时不产生热量，在煤液化时要无谓地消耗氢气，对于煤的利用不利。

腐泥煤的氧含量低于腐殖煤。腐殖煤中不同煤岩组分氧含量的顺序是：镜质组>惰质组>壳质组。

4.3.1.4 氮元素

煤中的氮含量比较少，一般为0.5%~1.8%，是煤中唯一完全以有机状态存在的元素。煤中的有机氮化物一般被认为是比较稳定的杂环和复杂的非环结构的化合物，其原生物可能是动植物的脂肪和蛋白质等成分。植物中的植物碱、叶绿素和其他组织的环状结构中都含有氮，而且相当稳定，在煤化过程中不发生变化，成为煤中保留的氮化物。以蛋白质形态存在的氮，仅在泥炭和褐煤中发现，在烟煤中几乎没有发现。

煤中的氮在煤燃烧时也不放热，主要以 N_2 的形式进入废气，少量形成 NO_x。当煤在炼焦时，煤中的氮一部分形成 NH_3、HCN 及其他有机含氮化合物，其余的则留在焦炭中。

对于我国的大多数煤来说，煤中的氮与氢含量存在如下关系：$w(N)_{daf}=0.3w(H)_{daf}$，按此式氮含量的计算值与实测值之差，一般在±0.3%以内。

4.3.1.5 硫元素

根据煤中硫的赋存状态，可将其分为有机硫和无机硫两大类。

有机硫主要来自成煤植物和微生物的蛋白质，均匀地分布在煤的有机质结构之中，通常以巯基、噻吩、硫茚、硫醚、硫蒽、二硫蒽和硫醌等结构存在。

无机硫又可分为硫化物硫和硫酸盐硫两类，主要来自矿物质中的各种含硫化合物。硫化物硫绝大多数以黄铁矿形态存在，所以习惯上将硫化物硫称为黄铁矿硫。此外，还有少量白铁矿，它们的化学式均为 FeS_2。在某些特殊矿床中还存在闪锌矿（ZnS）、方铅矿（PbS）、黄铜矿（$Fe_2S_3 \cdot CuS$）以及砷黄铁矿（$FeS_2 \cdot FeAs_2$）等。硫酸盐硫主要以石膏（$CaSO_4 \cdot 2H_2O$）形式存在，也有少数以绿矾（$FeSO_4 \cdot 7H_2O$）以及其他硫酸盐形式存在。

煤中硫主要以硫酸盐硫、硫化铁硫和有机硫三种形式存在，有的煤中还含有少量的元素硫。煤中各种形态硫的总和，称为全硫。有时还按照煤中硫的燃烧性能，又将硫化物硫、有机硫和元素硫称为可燃硫，硫酸盐硫因其不可燃则称之为不可燃硫。

煤中的有机硫用 S_o 表示，硫铁矿硫用 S_p 表示，硫酸盐硫用 S_s 表示；有机硫和无机硫之和称为煤的全硫，用 S_t 表示，即：

$$S_t = S_o + S_p + S_s \tag{4-19}$$

煤中硫的来源有两种：一是成煤植物本身所含有的硫——原生硫，另一种是来自成煤环境及成岩变质过程中加入的硫——次生硫。对于绝大多数煤来说，其中的硫主要是次生硫。成煤植物中的含硫物质，如蛋白质在泥炭沼泽中分解或转变为氨基酸等化合物参与成煤作用，从而使植物中的硫部分转入煤中，显然成煤植物是煤中硫的一个来源。迄今为止，大家的共识是低硫煤中硫主要来自淡水硫酸盐和成煤植物，高硫煤中硫主要来自海水硫酸盐，也不排除少数高硫煤中的硫来自蒸发盐岩和卤水。在次生硫的生成过程中，硫酸盐还原菌起到了非常重要的作用。

A 煤中有机硫的来源

a 成煤过程中海水对煤中有机硫形成的影响

现代泥炭沼泽研究表明，除了成煤植物提供煤中的硫，古泥炭沼泽的水介质也是一个重要来源。泥炭沼泽既受潮汐作用的影响，又受淡水的影响。在海平面相对上升时期，由于大量海水的进入，直接将泥炭沼泽覆盖。海水中有丰富的硫酸盐，硫酸盐还原菌的活动使得海水中的氧不断消耗，将海水中的硫酸盐还原成硫化氢，而煤中的硫酸盐和硫化物正是有机质与硫化氢在松软的有机质沉积物中起反应而生成的。同时海水对泥炭沼泽的覆盖及大量生物的活动，造成周期性缺氧条件，有利于硫化物和硫元素的形成，并富集在泥炭中。

一般海生植物较陆生植物的有机硫含量要高出几倍，甚至更多，如现代内陆石松科植物中，硫含量为0.1%~0.14%，而受海水影响的海南岛潮间带的红树林植物硫含量高达0.3%~0.4%。这主要是因为生长在咸水、半咸水中的植物吸收水介质中的硫酸盐并使之转变为有机硫，其煤层的硫含量因而较高，其中有机硫含量亦较高。海水中含有大量的藻类体，藻类体本身含有比高等植物多的有机硫，它在降解过程中可以提供硫源，为有机硫的生成提供物质来源。细菌富含蛋白质，大多很快在沼泽中降解，因此参与形成泥炭的菌类会带来高于高等植物的有机硫。

植物死亡后降解产生H_2S、CH_3SH及$(CH_3)_2S$等。由于底栖生物作用或风暴扰动作用造成局部或短时间泥炭浅层富氧，使这些气体氧化为硫酸盐，更主要的是厌氧生物光合自氧和化学自氧硫细菌借助光能或化学能将H_2S或FeS_2氧化成硫酸盐。由硫酸盐细菌还原形成的HS^-或S既可与有机质反应生成有机硫，也可与铁离子反应形成硫化物。若体系缺乏活性铁离子，而SO_4^{2-}含量相对充足，在适合的条件下必然会形成大量有机硫和少量黄铁矿。

由植物到煤这一过程要经历生物化学凝胶化和地球化学凝胶化两种作用，不同的聚煤环境中，由于水介质、水动力条件的不同，其生物化学凝胶化作用程度和形式差别很大，所以不同成因煤有机硫含量也差别很大。另外，即使同一沼泽环境中，由于微环境和成煤母质器官稳定性的差别，生物化学凝胶化作用也会变化很大，导致同一煤层中不同显微组分间的差别。

随着凝胶化程度增强，组分有机硫含量增加，煤中次生有机硫的生成是介质中还原型（S^{2-}，S）有机质中活性官能团作用的结果。凝胶化程度高的有机质中活性官能团较多，在其形成过程中沼泽一般覆水较深，较多地受海水影响，同时凝胶化产物与水介质的接触面积也最大，因而生成次生有机硫的能力强；反之，在相对氧化环境下泥炭沼泽中凝胶化作用弱，凝胶化产物少，凝胶化程度相对较低，有机质中活性官能团较少，加之水介质性质的差异生成次生有机硫的能力弱。

资料表明，煤层在不同的演化阶段形成有机硫化合物的类型也不同。在泥炭化阶段和早期成岩阶段形成的有机硫多以硫醇、硫醚和饱和环状硫化合物为主，晚期成岩阶段和变质阶段形成的有机硫以噻吩硫为主。许多学者认为高硫煤中的硫经历了一个逐渐积聚的过程，在这一过程中，沉积环境起到了决定性作用。

b　成煤过程中的沉积环境对煤中有机硫形成的影响

煤中硫的富集，与煤层顶板岩石沉积环境直接相关，即使成煤原始植物没有供给沼泽中大量的硫，但堆积后的泥炭在随后被海水淹没浸泡以及掩埋条件下，最终在煤中吸附了大量海水中的硫，使煤中硫含量较高。成岩阶段，从上覆水介质中所能得到的硫酸盐非常有限，随着埋深加大、经历的成岩阶段延长，硫酸盐可继续转化为硫铁矿硫和有机硫。成岩作用不断进行，泥炭层在顶底板附近可利用围岩中的硫酸盐来增加自身硫分。若顶底板为潮坪沉积，那么可供泥炭层利用的硫酸盐是比较可观的。煤层有机硫的聚集是一个逐渐累积的过程，从成煤植物死亡开始一直持续到成岩变质阶段，受控因素是多方面的。从沉积盆地发育的宏观控制来说，古构造特征、海平面升降、沉积体系的变化、沉积物源特征及其供应等对其均有重要影响，其中泥炭沼泽环境起着十分重要的作用，因为它控制着硫源以及硫酸盐还原菌的活动性，进而影响硫质量分数的高低。一般陆相煤的硫含量较低，而海相煤的硫含量较高。这是因为在海相还原环境下，海水中的硫酸根离子被还原形成硫铁矿进入煤层。此外，海相植物本身的含硫量较高。

c 成煤过程中有机硫的形成机理

沼泽水介质中SO_4^{2-}的含量和介质的 pH 值是影响泥炭硫含量的主要因素。海水中的SO_4^{2-}为海相泥炭提供了丰富的硫源，同时海水具有弱碱性，经常被海水淹没的泥炭的 pH 值为 7.0~8.5，这种介质条件对硫酸盐还原菌和许多微生物的活动都有利（最有利的生存条件的 pH 值为 6.5~8.3）。据研究，硫酸盐还原菌最宜在 pH 值为 7.0~7.8 的弱碱性条件下生存，亦可在 pH 值为 5.5~9.0 条件下生存。硫酸盐还原菌利用泥炭中大量的有机质把海水中的SO_4^{2-}还原成 H_2S，经复杂的物理化学作用，H_2S 能与Fe^{2+}结合，最终形成黄铁矿。而内陆淡水中的SO_4^{2-}含量平均为海水的 1/200，且淡水沼泽多呈酸性（$pH<4$），不利于硫酸盐还原菌的生存，故淡水泥炭中所形成的 H_2S 少，黄铁矿及全硫含量都不高，这也是淡水沼泽所形成的煤一般为低硫煤，且主要来自成煤原始植物的原因。研究表明，当泥炭顶板为海相沉积时，能增加其下部泥炭硫的含量。Davis 认为海水渗入淡水泥炭时，可增加淡水泥炭有机硫的含量。可见泥炭沼泽被上覆的沉积物覆盖后，上部沉积介质中的SO_4^{2-}也会渗入泥炭，在成煤过程中转变为煤中的硫。泥炭上覆沉积介质中的硫也是煤中硫的来源之一。

B 煤中黄铁矿的来源

a 原料来源

煤系沉积岩中黄铁矿的形成主要受控于可被还原菌利用的有机质含量、活性铁的含量和SO_4^{2-}的丰度，这些因素也同样决定着有机硫的形成。众所周知，活性铁离子与有机质相比对还原硫有更大的竞争能力，当存在铁离子的情况下，硫离子会优先与其结合形成硫化铁矿物，只有在铁离子不足的情况下，多余的 H_2S 才结合进入有机分子。由于海水本身所含铁离子的浓度很小，所以大量的铁应来自陆源区，一般通过水流以黏土矿物等方式搬运至沼泽中。与黏土伴生的铁，在形成矿物的情况下能保持稳定。但随着环境条件，尤其是 pH 和 Eh 值的变化，铁可以从黏土矿物中迁出，如 pH 值增高，Eh 值下降，Fe^{3+}会还原为Fe^{2+}，从而引起铁的迁移，也可能是其他元素与铁离子发生离子交换反应，还可能是晶格随着环境的改变而变得不稳定，从而引起铁的迁出。只有一部分以低价存在的可溶于盐酸的Fe^{2+}才能与 H_2S 反应生成黄铁矿，或通过 FeS 的形式最终转化为黄铁矿，所以水溶液中是否有可被利用的活性铁离子是黄铁矿得以聚集的重要因素。

b 成煤过程中黄铁矿的形成机理

黄铁矿的形成极为复杂，一般具有SO_4^{2-}、Fe^{2+}及有机质三要素，且多数要经历几个阶段。首先是有机质与硫酸反应生成 H_2S，H_2S 与沉积物中的铁反应生成四方硫铁矿 FeS（即硫铁矿的前驱物）。硫化亚铁在转化为 FeS_2 时，可能还经历了胶黄铁矿阶段：

$$3FeS(\text{四方硫铁矿}) + S = Fe_3S_4(\text{胶黄铁矿})$$

$$Fe_3S_4(\text{胶黄铁矿}) + 2S = 3FeS_2(\text{黄铁矿})$$

上述过程在低温浅埋藏条件下还原菌的还原作用才能实现。黄铁矿的形成是一个渐进的过程，煤中各类黄铁矿的共存是不同演化阶段的产物，但其形成都需有硫酸盐的供给、沉淀物中有利于细菌活动的厌氧条件及维持硫酸盐还原菌生成的有机质与铁的供给。还有学者认为，泥炭沼泽中大量的植物遗体腐殖质与腐殖酸，为硫酸盐还原细菌提供了能量。

而在硫酸盐丰富、Fe^{2+}供给充足的环境下，形成高黄铁矿含量的煤。

铁的氧化物（如针铁矿）与存在于孔隙水中的 H_2S 反应：

$$2FeO(OH) + H_2S = S + 2Fe^{2+} + 4OH^-$$

$$Fe^{2+} + H_2S = FeS + 2H^+$$

非晶质硫化亚铁逐渐结晶形成四方硫铁矿并进一步转化为黄铁矿：

$$9FeS = Fe_9S_8 + S$$

$$Fe_9S_8 + 10S = 9FeS_2$$

4.3.1.6 不同类别煤的元素组成

煤的元素组成与煤变质程度有关，煤化度越低的煤，其碳含量就越低，氢和氧含量越高，氮含量也越高。统计研究表明，中国各类煤的元素组成的分布情况见表4-13。

表 4-13 煤中元素随煤化程度的变化规律（质量分数） （%）

煤 种	C_{daf}	H_{daf}	O_{daf}	N_{daf}
泥炭	55~62	5.3~6.5	27~34	1~3.5
年轻褐煤	60~70	5.5~6.6	20~23	1.5~2.5
年老褐煤	70~76.5	4.5~6.0	15~20	1~2.5
长焰煤	77~81	4.5~6.0	10~15	0.7~2.2
气煤	79~85	5.4~6.8	8~12	1~1.2
肥煤	82~89	4.8~6.0	4~9	1~2
焦煤	86.5~91	4.5~5.5	3.5~6.5	1~2
瘦煤	88~92.5	4.3~5.0	3~5	0.9~2
贫煤	88~92.7	4.0~4.7	2~5	0.7~1.8
年轻无烟煤	89~93	3.3~4.0	2~4	0.8~1.5
典型无烟煤	93~95	2.0~3.2	2~3	0.6~1.0
年老无烟煤	95~98	0.8~2.0	1~2	0.3~1.0
腐泥煤	75~80	6.5~7.0	—	—

4.3.2 煤中碳、氢含量的测定

4.3.2.1 测定原理

GB/T 476—2008 规定了煤和水煤浆中碳氢分析的三节炉和二节炉法以及用电量法测定煤与水煤浆干燥煤样中的氢、用重量法测定碳的方法原理等，适用于褐煤、烟煤、无烟煤和水煤浆。这里以三节炉和二节炉法为例说明煤中碳氢测定的方法原理。

在三节炉法和二节炉法的测定过程中，一定量的煤样或水煤浆干燥煤样在氧气流中燃烧，其中的碳转化成为二氧化碳，氢转化成为水，此外还生成了其他副产物。生成的水和二氧化碳分别用吸水剂和二氧化碳吸收剂吸收，并依据增量来计算煤中碳和氢的质量分数。

(1) 燃烧反应:

$$\text{煤} + O_2 \xrightarrow{850℃,\ \text{催化剂}} CO_2\uparrow + H_2O\uparrow + SO_2\uparrow + SO_3\uparrow + Cl_2\uparrow + N_2\uparrow + NO_2\uparrow + \cdots$$

(2) 二氧化碳和水的吸收反应:

$$2NaOH + CO_2 \longrightarrow Na_2CO_3 + H_2O$$

$$CaCl_2 + 2H_2O \longrightarrow CaCl_2 \cdot 2H_2O$$

$$CaCl_2 \cdot 2H_2O + 4H_2O \longrightarrow CaCl_2 \cdot 6H_2O$$

或

$$Mg(ClO_4)_2 + 6H_2O \longrightarrow Mg(ClO_4)_2 \cdot 6H_2O$$

(3) 硫氧化物和氯的脱除。三节炉法中,用铬酸铅脱除硫氧化物,以银丝卷脱除氯:

$$4PbCrO_4 + 4SO_2 \xrightarrow{600℃} 4PbSO_4 + 2Cr_2O_3 + O_2\uparrow$$

$$4PbCrO_4 + 4SO_3 \xrightarrow{600℃} 4PbSO_4 + 2Cr_2O_3 + 3O_2\uparrow$$

$$2Ag + Cl_2 \xrightarrow{180℃} 2AgCl$$

二节炉法中,用高锰酸银的热分解产物脱除硫氧化物和氯:

$$AgMnO_4 \xrightarrow{\triangle} Ag \cdot MnO_2 + O_2\uparrow$$

$$2Ag \cdot MnO_2 + 2SO_2 + O_2 \xrightarrow{500℃} Ag_2SO_4 \cdot MnO_2 + MnSO_4$$

$$2Ag \cdot MnO_2 + 2SO_3 \xrightarrow{500℃} Ag_2SO_4 \cdot MnO_2 + MnSO_4$$

$$2Ag \cdot MnO_2 + Cl_2 \xrightarrow{500℃} 2AgCl \cdot MnO_2$$

(4) 氮氧化物的脱除。用粒状二氧化锰脱除氮氧化物:

$$MnO_2 + H_2O \longrightarrow MnO(OH)_2$$

$$MnO(OH)_2 + 2NO_2 \longrightarrow Mn(NO_3)_2 + H_2O$$

一般分析煤样或水煤浆干燥试样的碳、氢质量分数分别按式(4-20)和式(4-21)计算:

$$w(C)_{ad} = \frac{0.2729m_1}{m} \times 100 \tag{4-20}$$

$$w(H)_{ad} = \frac{0.1119(m_2 - m_3)}{m} \times 100 - 0.1119M_{ad} \tag{4-21}$$

式中 $w(C)_{ad}$——一般分析煤样或水煤浆干燥煤样中碳的质量分数,%;

$w(H)_{ad}$——一般分析煤样或水煤浆干燥煤样中氢的质量分数,%;

m——一般分析煤样质量,g;

m_1——吸收二氧化碳U形管质量的增量,g;

m_2——吸水U形管质量的增量,g;

m_3——水分空白值,g;

M_{ad}——一般分析煤样水分的质量分数,%;

0.2729——将二氧化碳折算成碳的因数;

0.1119——将水折算成氢的因数。

当需要测定有机碳时,按式(4-22)计算有机碳的质量分数:

$$w(C)_{o,ad} = \frac{0.2729m_1}{m} \times 100 - 0.2729w(CO_2)_{ad} \tag{4-22}$$

式中 $w(CO_2)_{ad}$——一般分析煤样中碳酸盐二氧化碳的质量分数,%；其余符号同式（4-20）。

水煤浆中碳和氢的质量分数分别按式（4-23）和式（4-24）计算：

$$w(C)_{CWN} = w(C)_{ad} \times \frac{100 - M_{CWN}}{100 - M_{ad}} \tag{4-23}$$

$$w(H)_{CWN} = w(H)_{ad} \times \frac{100 - M_{CWN}}{100 - M_{ad}} \tag{4-24}$$

式中 $w(C)_{CWN}$——水煤浆中碳的质量分数,%；

$w(C)_{ad}$——水煤浆干燥试样中碳的质量分数,%；

$w(H)_{CWN}$——水煤浆中氢的质量分数,%；

$w(H)_{ad}$——水煤浆干燥试样中氢的质量分数,%；

M_{CW_N}——水煤浆水分的质量分数,%；

M_{ad}——水煤浆干燥试样水分的质量分数,%。

4.3.2.2 影响碳氢元素含量的因素

影响碳氢元素含量的因素主要有以下几种。

（1）成因类型。在变质程度相同时，腐泥煤比腐殖煤的氢含量高，而碳含量低。这是因为形成腐泥煤的低等植物含有较多的脂肪族化合物结构，氢、碳原子比大；而形成腐殖煤的高等植物含有更多的芳香族结构，氢、碳原子比小。

（2）煤变质程度。无论是煤化度较低的泥炭、褐煤，还是煤化度较高的烟煤和无烟煤，它们所含的碳元素的质量分数都是各元素中最高的，且随煤化度的升高而有规律性地增加。在我国各种煤中，泥炭的干燥无灰基碳含量为55%~62%，褐煤的为60%~77%，烟煤的为77%~93%，无烟煤的为88%~98%。与碳元素相反，越是年轻的煤，氢元素的比例也越高。氢元素占烟煤和褐煤有机质的质量分数为4.0%~6.5%，无烟煤的为1%~4%。因此，我国无烟煤分类中采用氢元素含量作为分类指标。

（3）煤岩组分。在同一种煤中，在变质程度相同的情况下，各种显微组分的碳氢含量也不一样。一般惰质组的干燥无灰基碳含量最高，镜质组次之，壳质组最低。氢含量的情况正好相反，壳质组的干燥无灰基氢含量最大，镜质组次之，惰质组最低。

4.3.2.3 测定煤中碳氢元素含量的意义

碳含量与煤变质程度关系密切，与挥发分之间存在负相关关系，亦可作为表征煤化程度的分类指标。在某些情况下，碳含量对煤化程度的表征比挥发分更准确。对于氢含量来说，在早期的煤化过程中，氢含量随煤变质程度加深而降低得并不多，规律性并不明显；但随着芳香族稠环中富氢官能团和侧链的脱落，在烟煤和无烟煤阶段析出的甲烷增多，尤其以无烟煤阶段的逸出量最大，导致氢含量在无烟煤阶段减少较多且规律性明显，故氢含量成为划分无烟煤小类的指标。

煤的碳氢含量往往可以直接表征出煤性质的不同。例如碳含量高而氢含量低的煤常是一些无黏结性的贫煤或无烟煤等年老煤，只有干燥无灰基碳含量在84%~88%之间，氢含量在5%以上的中等变质程度的煤，才是结焦性最好的炼焦用煤。煤中碳氢含量与煤的其他特性也有着密切的关系，可以利用其分析数据推算发热量等其他煤质指标以及核对其他指标的测定结果。在工业生产中，根据煤中碳氢的含量来推算燃烧设备的理论燃烧温度以及计算锅炉燃烧中的热平衡。在气化工业中，根据碳和氢的分析数值计算物料平衡。所以，煤中碳氢含量的测定，是日常煤质分析工作中不可缺少的项目之一。

4.3.3 煤中氮含量的测定

4.3.3.1 测定原理

GB/T 19227—2008 规定了测定煤、焦炭和水煤浆中氮的半微量开氏法和半微量蒸汽法的方法原理等，半微量开氏法适用于褐煤、烟煤、无烟煤和水煤浆，半微量蒸汽法适用于烟煤、无烟煤和焦炭。对于高变质程度的无烟煤，半微量开氏法消化样品时间偏长，可能导致测定结果偏低，此时可采用半微量蒸汽法。这里以半微量开氏法为例简要说明煤中氮的测定方法原理。

在半微量开氏法的测定过程中，称取一定量的空气干燥煤样或水煤浆干燥煤样，加入混合催化剂（由无水硫酸钠、硫酸汞和化学纯硒粉混合而成）和硫酸，加热分解，氮转化为硫酸氢铵。加入过量的氢氧化钠溶液，把氨蒸出并吸收在硼酸溶液中。用硫酸标准溶液滴定，根据硫酸的用量，计算样品中氮的含量。测定时各主要化学反应如下：

（1）消化反应：

$$\text{煤}\xrightarrow[\text{催化剂}]{\text{浓硫酸}} NH_4HSO_4 + N_2(\text{极少量}) + CO_2 + H_2O + SO_2 + SO_3 + Cl_2 + H_3PO_4$$

（2）蒸馏反应：

$$NH_4HSO_4 + 2NaOH \longrightarrow NH_3\uparrow + Na_2SO_4 + 2H_2O$$

（3）吸收反应：

$$NH_3 + H_3BO_3 = NH_4H_2BO_3$$

（4）滴定反应：

$$2NH_4H_2BO_3 + H_2SO_4 \longrightarrow (NH_4)_2SO_4 + 2H_3BO_3$$

空气干燥煤样中氮的质量分数按式（4-25）计算：

$$w(N)_{ad} = \frac{c(V_1 - V_2) \times 0.014}{m} \times 100 \qquad (4\text{-}25)$$

式中 $w(N)_{ad}$——空气干燥煤样中氮的质量分数，%；

c——硫酸标准溶液的浓度，mol/L；

m——分析样品质量，g；

V_1——样品试验时硫酸标准溶液的用量，mL；

V_2——空白试验时硫酸标准溶液的用量，mL；

0.014——氮的摩尔质量，g/mmol。

水煤浆中氮的质量分数按式（4-26）计算：

$$w(N)_{CWN} = w(N)_{ad} \times \frac{100 - M_{CWN}}{100 - M_{ad}} \qquad (4\text{-}26)$$

式中 $w(N)_{CWN}$——水煤浆中氮的质量分数,%;
$w(N)_{ad}$——水煤浆干燥试样中氮的质量分数,%;
M_{CWN}——水煤浆水分的质量分数,%;
M_{ad}——水煤浆干燥试样水分的质量分数,%。

4.3.3.2 影响氮元素含量的因素

煤中氮含量随煤变质程度的加深而趋向减少，但其规律性到高变质烟煤阶段才比较明显。在各种显微组分中，氮含量的相对关系也没有规律性。研究表明，氮在镜质组中以吡咯和吡啶形式存在，在壳质组中以氨基和吡啶形式存在，在惰质组中以氨基和吡咯的形式存在。总体来说，还原程度越高的煤，其 N_{daf} 值也越高。此外，煤中氮含量还与成煤时代有关。一般以第三纪煤的含氮量最高，即同一牌号的煤，一般第三纪煤的 N_{daf} 值最高，早、中侏罗世煤的氮含量最低。如大同和神府、东胜等煤田的平均含氮量均在1%以下。这主要是由于这类早、中侏罗世时期形成的不黏煤在成煤初期都经受过不同程度的氧化，大部分蛋白质在成煤初期就被氧化成 N_2 排入大气，保留在有机质中的氮就大为减少。

4.3.3.3 测定煤中氮元素含量的意义

在煤的加工转化过程中，煤中的氮可以生成胺类、含氮杂环、含氮多环化合物和氰化物等。煤燃烧和气化时，其中一部分氮转变为污染环境的氮氧化物 NO_x，另一部分则呈游离状态 N_2 进入废气中。煤液化时，需要消耗部分氢才能使产品中的氮含量降到最低程度。在炼焦过程中，部分氮可生成 N_2、NH_3、HCN 及其他有机含氮化合物而逸出，而这些化合物可回收制成氮肥、硝酸、药品等化学产品，其余的氮则进入煤焦油或残留在焦炭中。炼焦化学产品中，氨的产率与煤中氮含量及其存在形态有关。煤焦油中的含氮化合物有吡啶类和喹啉类，而在焦炭中以某些结构复杂的氮化合物形态存在。

测定氮含量，可以计算煤中氧的含量，估算炼焦时氨的生成量。此外，由于煤在燃烧时约有25%的氮转化为污染环境的氮氧化物，因此环保部门也需要了解煤中氮的含量。

4.3.4 煤中硫的测定

4.3.4.1 煤中硫的测定

煤中硫的测定，分为全硫和各种形态硫的测定两类，其中形态硫的测定又包括硫酸盐硫和硫化铁硫的测定，有机硫用差减法计算。硫含量通常用全硫含量计算结果代替，不单独进行测定。无机硫含量高的煤，在应用全硫数据时，应将全硫含量计算结果减去无机硫含量。因此，在全硫分析结果大于2%时，应进行成分硫的测定。

GB/T 214—2007 规定了测定煤中全硫的艾士卡法、库仑法和高温燃烧中和法的方法原理等，适用于褐煤、烟煤、无烟煤和焦炭，也适用于水煤浆干燥煤样。在仲裁分析时，应采用艾士卡法。这里以艾士卡法为例简要说明煤中全硫测定的方法原理。

在艾士卡法的测定过程中，将空气干燥煤样与艾士卡试剂（2份质量的化学纯轻质氧化镁和1份质量的化学纯无水碳酸钠混匀并研细至粒度小于0.2mm）混合灼烧，使煤中的硫分转化为硫酸钠和硫酸镁，然后使硫酸根离子生成硫酸钡沉淀，根据硫酸钡的质量计算出煤中的全硫含量。测定过程中的各主要化学反应如下：

（1）煤的氧化作用：

$$煤 \xrightarrow{O_2} CO_2\uparrow + H_2O + N_2\uparrow + SO_2\uparrow + SO_3\uparrow$$

（2）硫氧化物的固定作用：

$$2SO_2 + SO_3 + 3NaCO_3 + O_2 \xrightarrow{\triangle} 3Na_2SO_4 + 3CO_2$$

$$2SO_2 + SO_3 + 3MgO + O_2 \xrightarrow{\triangle} 3MgSO_4$$

（3）硫酸盐的转化作用：

$$CaSO_4 + Na_2CO_3 \xrightarrow{\triangle} CaCO_3 + Na_2SO_4$$

（4）硫酸盐的沉淀作用：

$$MgSO_4 + Na_2SO_4 + 2BaCl_2 \longrightarrow 2BaSO_4\downarrow + 2NaCl + MgCl_2$$

测定结果按式（4-27）计算：

$$w(S)_{t,ad} = \frac{(m_1 - m_0) \times 0.1374}{m} \times 100 \tag{4-27}$$

式中 $w(S)_{t,ad}$——一般分析煤样中全硫质量分数，%；

m_1——硫酸钡质量，g；

m_0——空白试验硫酸钡的质量，g；

m—煤样的质量，g；

0.1374——由硫酸钡换算为硫的系数。

三种形态硫可以分别测定和计算的原理在于硫酸盐溶于盐酸和硝酸；硫化物硫不溶于盐酸，但可被硝酸氧化后溶解；有机硫既不溶于盐酸，也不溶于硝酸。在测定时，先用盐酸浸取硫酸盐硫，再以硝酸浸取硫化铁硫，剩下的就是有机硫。GB/T 215—2003 规定了煤中硫酸盐硫和硫铁矿硫测定的方法原理等，适用于褐煤、烟煤和无烟煤。

（1）硫酸盐硫的测定。用稀盐酸煮沸煤样，浸取煤中硫酸盐并使其生成硫酸钡沉淀，根据硫酸钡沉淀的质量，计算煤中硫酸盐硫的含量。反应式如下：

$$CaSO_4 \cdot 2H_2O + 2HCl \longrightarrow CaCl_2 + H_2SO_4 + 2H_2O$$

$$2FeSO_4 \cdot 7H_2O + 6HCl + \frac{1}{2}O_2 \longrightarrow 2FeCl_3 + 2H_2SO_4 + 15H_2O$$

$$H_2SO_4 \cdot 7H_2O + BaCl_2 \longrightarrow BaSO_4\downarrow + 2HCl + 7H_2O$$

空气干燥煤样中硫酸盐硫的质量分数按式（4-28）计算：

$$w(S)_{s,ad} = \frac{(m_1 - m_0) \times 0.1374}{m} \times 100 \tag{4-28}$$

式中 $w(S)_{s,ad}$——空气干燥煤样中酸盐硫的质量分数，%；

m_1—煤样测定的硫酸钡质量，g；

m_0——空白试验硫酸钡的质量，g；

m—煤样的质量，g；

0.1374——由硫酸钡换算为硫的系数。

（2）硫化铁硫的测定。硫化铁硫的测定可分为氧化法和原子吸收分光光度法。无论是采用哪种测定方法，都是先用盐酸浸取煤中非硫化铁中的铁，浸取后的煤样用稀硝酸浸取，然后以重铬酸钾滴定硝酸浸取液中的铁或以原子吸收分光光度法测定硝酸浸取液中的铁，再以铁的质量计算煤中硫化铁硫含量。

在氧化法中，主要的化学反应如下：

$$FeS_2 + 4H^+ + 5NO_3^- \longrightarrow Fe^{3+} + 2SO_4^{2-} + 5NO\uparrow + 2H_2O$$

$$2Fe^{3+} + Sn^{2+} + 6Cl^- \longrightarrow 2Fe^{2+} + SnCl_6^{2-}$$

$$6Fe^{2+} + Cr_2O_7^{2-} + 14H^+ \longrightarrow 6Fe^{3+} + 2Cr^{3+} + 7H_2O$$

空气干燥煤样中硫化铁硫的质量分数按式（4-29）计算：

$$w(S)_{p,ad} = \frac{c \cdot (V_1 - V_2)}{m} \times 0.05585 \times 1.148 \times 100 \qquad (4\text{-}29)$$

式中 $w(S)_{p,ad}$——空气干燥煤样中硫化铁硫质量分数,%；

c——重铬酸钾标准溶液浓度，mol/L；

V_1——煤样测定时重铬酸钾标准溶液用量，mL；

V_2——空白测定时重铬酸钾标准溶液用量，mL；

0.05585——铁的毫摩尔质量，g/mmol；

1.148——由铁换算为硫化铁硫的系数。

GB/T 215 中，硫化铁硫测定不是用直接测定硫的方法，而是用间接测定法，即先测定铁，然后按照 FeS_2 化学式换算成硫。因此，盐酸溶液不但要将硫酸盐浸出，还要把非硫化铁的铁溶解除去，否则将转入硫化铁浸取液，导致硫化铁硫测定结果偏高。采用间接法是因为在硝酸氧化煤中硫铁矿时，有一部分硫铁矿硫氧化不完全而生成元素硫，即使加入溴水也不能防止元素硫生成。如果直接测定氧化后得到的硫酸根离子，将使测定值偏低。另外，在用硝酸氧化煤时，侧链上的部分有机硫也可能被氧化，会使整个氧化过程变得更为复杂，导致测定结果失去准确性。

（3）有机硫的计算。煤中有机硫含量按照式（4-30）计算：

$$w(S)_{o,ad} = w(S)_{t,ad} - (w(S)_{s,ad} + w(S)_{p,ad}) \qquad (4\text{-}30)$$

式中 $w(S)_{o,ad}$——空气干燥煤样中有机硫的质量分数,%。

由于把三种硫的测定误差都累积到了有机硫上，所以计算值误差比较大。当测得的全硫含量结果偏低、硫化铁硫和硫酸盐硫含量结果偏高，而煤中有机硫的含量又极低时，有机硫含量的计算结果可能是负值。

4.3.4.2 煤中各种形态硫及其全硫之间的关系

一般地说，煤中硫以硫铁矿硫为主，其他硫化物硫含量都比较低。硫酸盐硫在新鲜的煤中含量极少，在氧化过的煤中含量较多，有时以硫酸盐硫含量的增高作为判断煤是否经历过氧化的标志。煤中有机硫的含量也较低，仅在个别年轻煤中含量较高。煤中硫含量低于1%时，往往以有机硫为主。硫含量高时，则大部分是硫铁矿硫，但也可能以有机硫为主。煤中硫铁矿硫含量一般随全硫含量的增高而增高，如苏联顿巴斯煤的全硫含量和硫铁矿硫含量之间有式（4-31）的关系：

$$S_{p,d} = 0.737S_{t,d} - 0.38 \qquad (4\text{-}31)$$

我国某些煤中硫铁矿硫含量和全硫含量之间也有类似的关系。如某矿区累积了大量的全硫和硫铁矿硫资料后，也可以找出其间的相互关系。根据全硫含量和硫铁矿硫含量的相关方程式，不仅能用全硫含量近似计算硫铁矿硫含量，有时还可以用来校验实测结果的可靠性。对于同一矿区，有时全硫含量和有机硫含量之间也有一定关系，但不如全硫含量与硫铁矿硫含量之间的关系有规律。

4.3.4.3 煤中硫的分布特征

研究发现，煤中硫分的高低与成煤时代的沉积环境有十分密切的关系。在陆相沉积的煤系（煤层）中，其硫分往往较低，$S_{t,d}$多在1%以下。而在海陆交互相沉积和浅海相沉积的煤系中，由于受海水中硫分的侵入而常使其硫分增高，且煤系受海水侵蚀的时间越长，则煤中硫分就越高，其硫分多在2%以上，最高的还可以超过10%。

总体来说，中国煤中硫含量变化较大，最低为0.04%，最高为9.62%，但以低硫煤和特低硫煤为主，主要分布在东北、西北和华北等广大地区；中国的高硫煤也占有相当比例，主要聚集区为华南和华东各省；另外，华北和西北局部地区也有少量高硫煤。按聚煤区储量加权平均计算，中国煤中平均硫含量为1.02%。中国煤中硫的含量分布与成煤时代和聚煤地区密切相关。总的来说，晚古生代煤中硫平均含量较高，而中生代和新生代煤中硫平均含量普遍较低；华南地区、华东地区煤中硫平均含量较高，而北方地区（华北部分、西北、东北）煤中硫平均含量较低。各煤种中以气肥煤中平均硫含量为最高，其次为贫煤、肥煤、瘦煤和焦煤的平均硫含量也较高，而较低煤阶的褐煤、长焰煤、不黏煤和弱黏煤等平均硫含量较低。总的来看，动力煤的平均硫含量要低于炼焦煤。

硫是煤中的主要有害元素之一，在燃烧、气化或炼焦时都会带来很大的危害。GB/T 15224.2按干燥基硫分划分的煤炭硫分分级见表4-14。

表4-14 煤炭硫分分级

序　号	级别名称	代号	硫分（$S_{t,d}$）范围/%
1	特低硫煤	SLS	≤0.50
2	低硫分煤	LS	0.51~1.00
3	低中硫煤	LMS	1.01~1.50
4	中硫分煤	MS	1.51~2.00
5	中高硫煤	MHS	2.01~3.00
6	高硫分煤	HS	>3.00

高硫煤用作燃料时，燃烧后产生的二氧化硫气体，不仅严重腐蚀金属设备和设施，而且还严重污染环境，造成公害。用高硫煤制半水煤气时，由于煤气中硫化氢等含硫气体较多且不易脱净，会使合成氨催化剂毒化而失效，影响操作和产品质量。煤中的硫化铁硫能促进煤的氧化和自燃，这对煤的储存很不利，同时也造成煤碎裂、灰分增加和热值降低等。在炼焦工业中，硫分的影响更大。煤在炼焦时，约60%的硫进入焦炭，煤中硫分高，焦炭中的硫分势必增高，从而直接影响钢铁质量。钢铁中含硫量大于0.07%，会使钢铁产生热脆性而无法轧制成材；为了除去硫，必须在高炉中加入较多的石灰石和焦炭，这样又会减小高炉的有效容量，增加出渣量，从而导致高炉生产能力降低，焦比升高。经验表

明，焦炭中硫含量每增加 0.1%，炼铁时焦炭和石灰石将分别增加 2%，高炉生产能力下降 2%~2.5%，因此炼焦配合煤要求硫分小于 1%。

虽然硫对煤的工业利用有各种不利影响，但硫又是一种重要的化工原料，可用来生产硫酸、杀虫剂及硫化橡胶等。从煤炭洗选后排出的洗矸中回收黄铁矿，在燃烧和气化的烟道气和煤气中回收含硫的各种化合物，从焦炉煤气中回收硫以制取硫酸和硫酸铵等，不仅可以减少环境污染物，而且可以做到资源的综合利用。此外，煤中的硫铁矿硫在煤的直接液化过程中具有催化作用，能使产油率明显提高。

为了减少燃煤排放 SO_2 对环境的影响，国家已经规定，凡 $S_{t,d}>3\%$ 的新矿区不再批准开采。对原有 $S_{t,d}>3\%$ 的高硫煤矿区，则要求逐步限产甚至关闭。对于 $S_{t,d}>2\%$ 的中高硫煤也要经过洗选后销售。对用户来说，尤其是占全国耗煤量超过二分之一的燃煤电厂来说，均应增加烟气脱硫装置。

4.3.5 煤中氧含量的计算

4.3.5.1 煤中氧的计算与测定

煤中的氧含量一般不直接测定，而是根据工业分析和元素分析的结果，用差减法按式（4-32）计算：

$$w(\mathrm{O})_{ad}=100-M_{ad}-A_{ad}-w(\mathrm{C})_{ad}-w(\mathrm{H})_{ad}-w(\mathrm{N})_{ad}-w(\mathrm{S})_{t,ad}-w(\mathrm{CO_2})_{ad} \tag{4-32}$$

式中 $w(\mathrm{O})_{ad}$——空气干燥煤样中氧的质量分数，%；

M_{ad}——空气干燥煤样水分的质量分数，%；

A_{ad}——空气干燥煤样灰分的质量分数，%；

$w(\mathrm{C})_{ad}$——空气干燥煤样中碳的质量分数，%；

$w(\mathrm{H})_{ad}$——空气干燥煤样中氢的质量分数，%；

$w(\mathrm{N})_{ad}$——空气干燥煤样中氮的质量分数，%；

$w(\mathrm{S})_{t,ad}$——空气干燥煤样全硫的质量分数，%；

$w(\mathrm{CO_2})_{ad}$——空气干燥煤样中碳酸盐二氧化碳的质量分数，%。

煤中氧含量直接测定的方法原理是：在氮气流和 105~110℃ 的温度下干燥煤样，然后使之在（1125±25）℃下分解，有机物挥发，只留下不含氧的焦渣。挥发物中含有以有机状态结合的氧，用纯碳将挥发产物中的氧转化为一氧化碳，并进一步氧化成二氧化碳，然后用滴定法或重量法测定，测定结果分别按式（4-33）和式（4-34）计算：

滴定法时
$$w(\mathrm{O})_{ad}=\frac{1600TV}{m_0} \tag{4-33}$$

重量法时
$$w(\mathrm{O})_{ad}=\frac{36.36\Delta m}{m_0} \tag{4-34}$$

式中 $w(\mathrm{O})_{ad}$——空气干燥煤样中氧的质量分数，%；

T——滴定液物质的量浓度，mol/L；

V——滴定液的净消耗量，mL；

Δm——吸收管的质量增量，mg；

m_0 ——空气干燥基煤样的质量，mg。

由于煤在氮气流中分解时，不仅析出有机氧，而且水和矿物质中的无机氧也同时析出，并同样与碳发生反应生成一氧化碳和二氧化碳。所以在测定煤中氧元素时，必须先将煤样干燥脱水，必要时还应进行脱除矿物质处理，因此测定所用仪器设备和操作步骤都比较复杂。

在氧元素分析的实际工作中一般都不采用直接测定法，而是采用直接计算法。现在有多功能分析模式的元素分析仪，可对煤中碳、氢、氧、氮、硫五种元素的测定一次完成，非常快捷方便。

4.3.5.2 氧元素含量与煤质的关系

煤中有机氧含量随煤变质程度的加深而降低。泥炭中干燥无灰基氧含量 O_{daf} 高达27%~34%，褐煤中 O_{daf} 为15%~30%，烟煤为2%~15%，无烟煤为1%~3%。各种显微组分的氧含量也不相同。对于中等煤化度的烟煤，镜质组 O_{daf} 最高，惰质组次之，壳质组最低；对于高煤化度的烟煤和无烟煤，镜质组 O_{daf} 仍然最高，但壳质组的 O_{daf} 略高于惰质组。

在研究煤化程度的演变过程时，经常会用O/C和H/C原子比来描述煤元素组成的变化及煤的脱羧、脱水和脱甲基反应。

4.3.5.3 氧元素含量与煤加工利用性能的关系

氧是煤中反应能力最强的元素，对煤的加工利用性能影响较大。通常，碳含量低而氧含量高的煤，多是黏结性很差甚至是没有黏结性的年轻煤。氧元素在煤的燃烧过程中不产生热量，却能与产生热量的氢生成水，使煤的燃烧热量降低，因此氧含量高对动力用煤来说是不利的。对于炼焦用煤，氧含量增高会使其黏结性和结焦性大为降低，甚至消失。但对于用煤制取芳香羧酸和腐殖酸类物质而言，氧含量高的煤则是较好的原料。

4.3.6 煤中微量元素

在煤的矿物质和有机质中，除了上述含量较高的元素之外，还含有为数众多的含量较少的元素，即微量元素。对于煤中微量元素的研究始于20世纪40年代，人们研究的重点是微量元素的分布规律。到20世纪50年代，由于电子工业、原子能工业的迅猛发展，对稀有元素的需求量剧增，从煤中提取稀有元素成为科学家的研究重点之一。一般来说，煤中的锗含量达到20g/t以上、镓30g/t以上、铀300g/t以上、钍900g/t以上，就有工业提取价值。到目前为止，已经发现与煤伴生的微量元素有几十种，可分为常见元素：铜、铍、锶、钡、氟、锰、硼、镓、锗、铅、锡、锌、钒、铬、砷、镍、钴、钛、锆等；不常见元素：钪、钇、镧、镱、锑、锂、铯、铊、铋、镭、铀等；很少见元素：铪、铌、钽、铂、钯、铑、铼、钍、铈等。下面介绍几种煤中常见的微量元素。

(1) 锗是一个稀散元素，地球上单独存在的锗矿石极少，锗通常分布在各种硅酸盐、碳酸盐与锡石共生的矿物以及铌、钽、铁和硫化物矿物中。锗在煤层中往往形成大面积的富集区。绝大多数煤中含有锗，但一般含量小于5g/t，个别可以达到20g/t的工业可采品位。研究结果表明，锗在低煤化程度的煤（褐煤、长焰煤、气煤）中含量较高。在煤岩组分中，镜煤中的锗含量较高，在薄煤层中锗的含量比厚煤层高。煤中的锗赋存形式有无机的，也有有机的。锗主要用作半导体材料。

(2) 在自然界中镓分布得既少又散，它没有独立的矿石，所以镓也是一个稀散元素。一般在煤中镓的含量达10g/t，有的煤中则高达250g/t。镓的工业可采品位是30g/t。镓与铝的原子半径相近（分别为0.139nm和0.143nm），因此镓和铝常常共生。通常，铝含量较高的煤中，镓含量也往往高些。一般来说，在煤层中，镓的品位并不高，但在其顶板、底板和夹矸层中却富集有较多的镓。镓在煤中的赋存形式既有无机的，也有有机的。目前，镓大量用于制造半导体元件，其性能优于锗、硅半导体。

(3) 铀也是煤中易富集的元素之一，但一般不超过5g/t。通常在褐煤中富集有较多的铀。铀在褐煤中含量较多的原因之一是褐煤中腐殖酸易于吸附铀，而且构成稳定的配合物。在我国已经发现有一些铀含量超过工业提取品位（300g/t）的褐煤矿点，在美国、俄罗斯等国家的煤矿中也有发现。煤中的铀大多数与有机质结合，但也有含铀的无机矿物。铀主要用做原子能工业的燃料。

(4) 钒在地壳中的含量很低，大约只占0.02%，且多分散在其他矿物或岩石中。在煤中，钒和镓常常共生。在我国已经成功地从石煤中提取出了钒，实现了工业化生产。钒主要用于制造优质合金钢，也是重要的合成催化剂。

(5) 铍在煤中以有机结合为主。通常，铍在煤中的含量不高（10~20g/t），但有时也高达40g/t。铍是一种剧毒元素，有致癌作用。铍广泛用于原子能、火箭、导弹、航空航天以及电子工业中。

(6) 铼在煤中也有富集，当其品位达到2g/t以上时有工业利用价值。但我国的煤中，铼的品位多在1g/t以下。铼可作宇宙飞船的耐高温部件，也是重要的仪表的材料。

(7) 钍在有些煤中富集，它以二氧化钍的形式存在，但含量一般只有每吨数克，难以达到900g/t以上的工业开采品位。钍是重要的热核燃料，冶金工业用钍冶炼优质合金钢，如钍铝合金能耐海水侵蚀和增大延展性。

(8) 钛也是煤中有提取价值的一种元素，其合金有良好的抗腐蚀性和耐高温性，已经在航海和航空工业中得到广泛应用。

4.3.7 煤中有害元素

煤中的有害元素主要有硫、磷、氯、砷、氟、汞、铍、镉、铅等。这里所说的“有害”是指在煤的利用过程中，对工艺、设备、产品、人体、环境等会产生危害。如果这些元素达到工业提取品位，能够提取出来，它们将是有用的原料。

4.3.7.1 硫

煤中的硫以硫铁矿以及有机质等形式存在煤中。硫是煤中最主要的有害元素。煤中的硫在燃烧过程中形成 SO_2 随烟气进入大气环境，下雨时成为酸雨，腐蚀建筑物和设备，进入水体后污染水源。大气中 SO_2 对人体健康和动植物的生长也有危害。

煤通过焦化制成焦炭主要用于炼铁。在焦化过程中，煤中的硫在焦炉中发生了很大的变化，有20%~30%转化为 H_2S、COS、CH_3SH、CH_3SCH_3 等低分子硫化合物进入煤气和焦油中，其余则残留在焦炭中。焦炭中的硫对于炼铁是非常有害的，生铁中的硫主要来自焦炭，当生铁中的硫含量较高时就不能炼钢。硫以FeS的形式存在于钢中，FeS能与Fe形成低熔点化合物（985℃），它低于钢材热加工开始温度（1150～1200℃）。在热加工时，由于它的过早融化而导致工件开裂，这种现象成为“热脆性”。含硫量越高，钢材的热脆性越明显。通常钢中的含硫量低于0.07%。为了防止过量的硫进入生铁，在炼铁高炉炉料中必须配入大量的石灰石。实践经验证明，焦炭中的硫每增加0.01%，焦比增加1.5%左右，石灰石用量增加2%左右，高炉生产能力降低2%～2.5%。

煤中的硫在气化时主要形成H_2S、COS等，作为燃料气时，H_2S、COS燃烧后形成SO_2刺激人的呼吸道，腐蚀燃烧设备，污染大气；如作为合成气，这些硫化合物将会使合成催化剂中毒失效，影响生产的正常进行。因此，煤气中的硫化合物必须脱除。

4.3.7.2 磷

煤中的磷含量一般不高，通常在0.001%～0.1%之间，最高不超过1%。煤中的磷主要以无机物的形式存在，如磷灰石[$3Ca_2(PO_4)_2 \cdot CaF_2$]和磷酸铝矿物($Al_6P_2O_{14}$)，但也有以有机磷的形式存在于煤中。煤在炼焦时，磷几乎完全进入焦炭中。用磷含量高的焦炭炼铁，过量的磷将进入生铁中，用这种生铁炼成的钢磷含量也较高。磷在钢中能溶于铁素体（钢中的一种金相组织）内，使铁素体在室温的强度增大，而塑性、韧性下降，即产生所谓“冷脆性”，使钢的冷加工和焊接性能变坏，因此磷也是煤中的有害元素。含磷量越大，冷脆性越强，故钢中磷含量控制较严，一般小于0.06%。因此，炼焦用煤的磷含量必须小于0.1%。作为燃料使用时，煤中的磷形成的化合物在锅炉的受热面上冷凝下来，胶结了一些飞灰颗粒，形成难以清除的污垢，对受热面的传热效率影响很大。

4.3.7.3 氯

世界主要产煤量的煤中氯含量差别较大，含量一般为0.005%～0.2%，个别的可达1%左右。我国煤中氯含量较低，在0.01%～0.2%之间，平均为0.02%，绝大部分在0.05%以下。早期的研究认为，煤中的氯主要以NaCl或KCl的形式存在；但目前的研究认为，煤中的氯也有以有机质的形式存在的证据。关于煤中氯的存在形式学术界还存在争议。煤中的氯对于煤炭利用有很大的危害，如炼焦煤氯含量高于0.3%，将腐蚀焦炉炭化室的耐火砖，大大缩短焦炉的使用寿命。若含氯量高的煤用于燃烧，会对锅炉产生严重的腐蚀。经过分选的煤，其中的氯化物会溶于水而使煤中的氯含量下降。

4.3.7.4 砷

砷是煤中挥发性较强的有毒物质，是煤中最毒的元素之一。煤燃烧时大部分砷形成剧毒的As_2O_3（砒霜）和As_2O_5，并以化合物形式侵入到大气环境中；另一部分残留在灰渣和飞灰中。由砷引起的地方性疾病已引起有关部门和国内外学术界的重视。它与其他污染物质如苯并（a）芘起协同作用促使癌变，从而对人体健康构成危害。煤中的砷主要以硫化物的形式与硫铁矿结合在一起，即以砷黄铁矿（$FeS_2 \cdot FeAS_2$）的形式存在于矿物质中，小部分以有机质的形式存在。煤中的砷含量极小，一般为$(3\sim5)\times10^{-6}$，高的可达10^{-4}甚至10^{-3}。煤燃烧时，砷以As_2O_3的形式随烟气排放到大气中。As_2O_3俗称砒霜，是一种剧毒物。因此，作为食品工业的燃料煤，砷含量必须小于8×10^{-6}。

4.3.7.5 汞

煤中的汞是污染环境的有害元素之一。汞在煤中的赋存形式还没有定论，其含量一般在10^{-7}以下，但国外有汞含量高达2×10^{-3}的煤。煤在燃烧时，汞以蒸汽的形式排入大气中，当空气的汞浓度达到30~50μg/m^3时，将对人体产生危害。汞蒸汽吸附在粉尘颗粒上，随风飘散，进入水体后能通过微生物作用，转化为毒性更大的有机汞（如甲基汞CH_3HgCH_3）。甲基汞能在水体动物体内积累，最后通过食物链而危害人类。汞的慢性中毒会导致精神失常、肌肉震颤、口腔炎等，对人体危害极大。

4.3.7.6 氟

氟是地壳中常见的元素之一，是人体中既不可缺少又不能多的“临界元素”。煤中的氟主要以无机物赋存在煤中的矿物质中，含量一般在3×10^{-4}以下，也有个别高氟煤的氟含量达到10^{-3}以上。燃烧高氟煤，将对周围的动植物造成严重危害。曾经发生过电厂周围的蜜蜂、桑蚕大量死亡的事件，经调查与氟中毒有关。煤在燃烧过程中，氟以SiF_4、H_2F_2的形式挥发出来，并形成含NaF和CaF_2的粉尘。这些氟化物一部分滞留在空气中，一部分进入土壤和水体中。

4.3.7.7 铅

煤中的铅以方铅矿的形式存在于煤中，我国煤中的铅含量在$(1\sim5)\times10^{-6}$。铅对人体有危害，人发生铅中毒后，表现为全身无力、肢端麻木、伴有呕吐等症状。煤在燃烧时，铅以氧化铅的形式随烟尘飘散到空气中，从呼吸道或消化道进入人体。

4.3.7.8 铍

铍在煤中多以有机质的形式存在，通常在煤化程度低的煤中铍的含量较高。一般煤中的铍含量在$(1\sim30)\times10^{-6}$。煤燃烧时，铍随烟气进入大气中。铍的氧化物和氯化物都是极毒的物质，特别是这种化合物以气溶胶的形式滞留在大气中时，对人畜的危害更大。研究表明，铍可引起中毒性肝炎，并导致癌症。

4.3.7.9 镉

镉以无机物形式存在于煤中，在煤中的含量为$(1\sim26)\times10^{-6}$。煤燃烧时，镉以氧化物的形式随烟气进入大气中，通过呼吸道进入人体。在人体内的镉能积聚并取代骨骼中的钙，能造成严重的骨质疏松症。

4.4 煤中有机质的族组成

4.4.1 煤有机质族组成的概念

煤的族组成是指在一定条件下，对煤的分子结构未加破坏的情况下，进行分子分离后得到的组成。通常利用的手段就是溶剂抽提（或称溶剂苯取），即通过对煤有一定溶解能力的溶剂进行抽提分离。通过不同溶解能力的溶剂分级处理，可以得到一组组成不同的组分。虽然同一溶剂抽提得到的组分结构类似、性质接近，但也不是纯净组分仍然是一族的混合物，因此这种组分称为煤的族组成。

较早开展煤族组分分离的是 Wheeler 等，他们使用吡啶抽提原煤，将原煤分离成残渣和吡啶可溶物，然后以氯仿为溶剂将吡啶可溶物分离成氯仿不溶物和可溶物，再以石油醚将可溶物分离成石油醚不溶物和可溶物，以乙醚将石油醚不溶物分离成乙醚不溶物和可溶物，最后以丙酮将乙醚不溶物分离成丙酮可溶物和不溶物。该法虽然可以将煤有机质分离成 6 种族组分，但各族组分都是在吡啶可溶物中进行的，而吡啶可溶物所占比例不大，因此真正构成煤主体的部分并没有得到分离。

1985 年，lino 等发现二硫化碳/N-甲基-2-吡咯烷酮（CS_2/NMP）混合溶剂在常温常压下对某些煤具有超强溶解能力，结合微波、超声波处理等技术，对煤进行了较全面的萃取分离研究。近年来，秦志宏等在此基础上提出了加入反萃取剂的方法对煤进行全组分分离。将黏结性烟煤可分为疏中质组、密中质组和轻质组，加上先期分出的混合溶剂的萃余物（重质组）。即将煤在常压室温条件下分离成四大族组分，如图 4-4 所示。

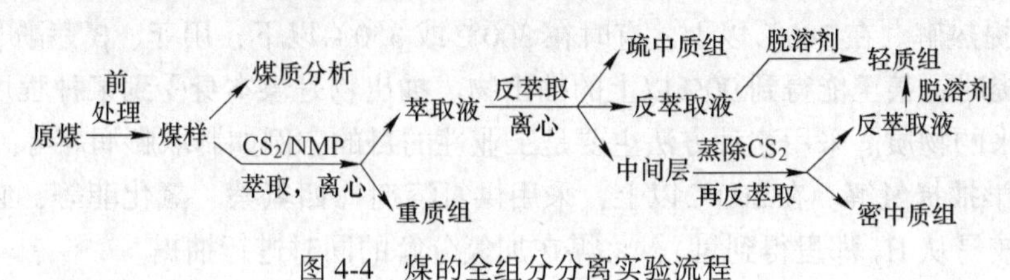

图 4-4 煤的全组分分离实验流程

4.4.2 抽提溶剂和抽提方法

4.4.2.1 抽提溶剂

溶剂抽提法是研究煤的组成、结构的最早方法之一。早在 20 世纪初，费雪尔（Fischer）、彭恩（Bonn）和惠勒（Wheeler）等相继采用溶剂抽提法试图从炼焦煤中分离出结焦要素。随后，大量的研究工作转向通过研究溶剂抽提物来阐明煤的结构。该方法的优点是在基本不破坏煤有机质结构的情况下，研究各种溶剂抽出物及其残渣的组成、结构和性质，从而推测煤大分子的组成和结构。

煤的溶剂抽提也用在工业生产过程中，如抽提某些泥炭、褐煤可以得到泥炭蜡，褐煤蜡；用碱性溶液抽提泥炭、褐煤及风化煤可以得到腐殖酸钠等；用有机溶剂抽提炼焦煤，可以研究黏结成分和不黏结成分的数量和性质，以此指导炼焦生产过程；有机溶剂抽提用于煤的液化，获得燃料油；溶剂抽提还应用于煤的脱灰，制备超纯煤。

因此，煤的抽提既有理论意义，也有实用价值，是煤化学和煤化工的一个重要研究领域。常用的有机溶剂大致可分为以下几类。

（1）中性溶剂：脂肪烃类——石油醚；
芳香烃类——四氢萘、苯、甲装、二甲苯等；
含氧化合物——乙醇，乙醚、丙酮等；
含氯化合物——氟仿（$CHCl_2$）、四氯化碳。

（2）碱性溶剂：含氮化合物——吡啶、喹啉等。

(3) 酸性溶剂：各种酚类。

(4) 混合溶剂：二硫化碳/N-甲基-2-吡咯烷酮等。

迄今为止，煤科学研究者已筛选了几十种煤的抽提溶剂，但其中大部分抽提率都不高，仅吡啶（Py）、乙二胺、二甲基甲酰胺、环已酮、N-甲基-2-吡咯烷酮（NMP）等少数溶剂的抽提率较高。

4.4.2.2 抽提方法

有人按抽提条件不同将抽提方法分为以下五类。

(1) 常规抽提。在100℃以下，采用一般溶剂（苯、乙醇等）抽提时，抽出物仅占煤的百分之几，抽出物是由树脂和树蜡组成的物质，不是煤的代表性成分。

(2) 特殊抽提。在200℃以下，用亲核性的溶剂（具有给予电子性质的胺类、酚类及羰基类溶剂）抽提时，抽出物占煤的20%~40%。其抽出物与煤有机质的基本结构单元类似，对煤的结构研究是重要的。在此条件下，抽提纯属物理过程。

(3) 抽提热解。在200℃以上，有时在300℃或350℃以下，用菲、β萘酚、蒽油、沥青等进行抽提时，甚至能得到90%以上的抽出物。抽出物是煤本身受到某种程度的热分解后所抽提出来的物质。采用这种方法主要是工业性的目的，例如制取膨润煤等。

(4) 化学抽提氢解。在300℃以上，采用供氢溶剂（四氢萘、氢化菲等，它们既较易给出氢、又较易从 H_2 那里得到氢），将煤在加氢分解的同时进行抽提。

(5) 超临界抽提。以甲苯、异丙醇或水为溶剂，在超过溶剂临界点的条件下抽提煤。抽提温度一般在400℃左右，抽提率可达30%以上，它已发展成为一种煤液化工艺。

4.4.3 煤的常规抽提

4.4.3.1 褐煤的苯-乙醇抽提

以1∶1的苯和乙醇混合溶液在沸点下抽提褐煤，所得抽出物称为沥青。它是由树脂、树蜡和少量地沥青构成的复杂混合物。再用丙酮抽提时，可溶物为树脂和地沥青，不溶物为树蜡。来源于褐煤的树蜡称为褐煤蜡，又称蒙旦蜡。树脂中含有饱和的与不饱和的高级脂肪烃、萜烯类、羟基酸等化合物。褐煤蜡基本上由高级脂肪酸（C_{14}~C_{32}以上）和高级脂肪醇（C_{20}~C_{30}以上）以及游离的脂肪酸、脂肪醇和长链烷烃等构成。它具有熔点高、化学稳定性高、防水性好、导电性低、强度较高和表面光亮等优点，故应用范围很广，可用于精密铸造，其性能优于硬脂酸；还可用于电线电缆工业以及制造复写纸、鞋油、地板蜡、有色铅笔和金属擦亮剂等。树脂在很多场合可代替松香使用，在电气工业中用于浇注，生产黑色硝基清漆以及用做矿石浮选剂和铸造泥芯黏结剂等。

由于褐煤蜡在工业上有广泛应用，所以含蜡高的褐煤是一种宝贵的资源。我国云南寻甸和潦浒褐煤的含蜡量（干燥基）近10%，德国的蒙旦褐煤含蜡量高达20%以上。

4.4.3.2 氯仿抽提

为研究煤的黏结机理，对煤的氯仿抽提已进行过不少研究。表4-15为原煤和经预处理后的煤，用氯仿在其沸点温度下抽提所达到的抽提率。由表4-15可见，原煤用氯仿抽提时，抽提率不到1%，经快速预热、钠-液氨处理和乙烯化后，抽提率明显增加。由于黏结性好的煤经预热后，氯仿抽提率增高，抽提率在中等变质程度烟煤处出现最高点，所以有不少研究者力图找出黏结性和氯仿抽提率之间的相关性。

表 4-15 煤的氯仿抽提率

抽 提 对 象	抽提率/%	
	气煤（C_{daf}=82.2%）	焦煤（C_{daf}=88.0%）
原煤	0.8	0.9
预热煤（400℃）	3.7	—
预热煤（450℃）	—	6.8
钠-液氨处理过的煤	3.2	11.2
乙烯化的煤	10.9	6.9

4.4.4 煤的特殊抽提

最常用的溶剂是吡啶、有机胺类和N-甲基-2-吡咯烷酮等。用这些溶剂抽提时，虽然煤的有机质尚未发生热解反应，但从抽提物和抽余煤中很难完全分离出溶剂，说明有少量溶剂分子已与煤的有机质发生了键合反应。下面以吡啶抽提为例做简要介绍。

吡啶在沸点温度下对煤的抽提率和抽提物的碳、氢元素组成列于表4-16。由表4-16可见，吡啶的抽提率明显高于普通的有机溶剂，在烟煤阶段，抽提率先随变质程度的增加而增加，在煤中C_{daf}为88%左右时达到最大值，然后随变质程度的进一步提高而急剧下降。抽提物的元素组成与原煤很接近。由于煤的复杂性，有些国家的煤在C_{daf}为83%左右时，抽提物的产率最高。

表 4-16 煤的吡啶抽提率和抽提物组成（碳氢为质量分数） （%）

原煤 C_{daf}	抽提率	抽提物组成		原煤 C_{daf}	抽提率	抽提物组成	
		C_{daf}	H_{daf}			C_{daf}	H_{daf}
81.7	28.3	—	—	87.1	37.1	87.4	5.9
82.8	30.1	83.6	5.7	89.0	37.9	88.3	5.6
84.3	32.3	—	—	90.9	0.6	—	—
84.7	31.4	—	—				

4.4.5 煤的超临界抽提

超临界气体抽提是基于在压缩气体存在时，物质自由蒸发的能力提高了。理论研究表明，气体溶解某些物质的能力随气体的密度增大而增加。对一定的气体来说，施加一定的压力，在其临界温度时密度最大。因此，进行抽提的温度应稍高于所选择抽提气体的临界温度，称为超临界抽提。挥发性小的物质与具有超临界状态的溶剂相接触，能使物质的蒸气压增大，向超临界状态的气体中溶解和气化。在合适的条件下，挥发度可提高10000倍。因此，此法能在温度比其正常沸点低得多时抽提低挥发度的物质。

此技术很适于抽提煤在400℃左右加热时形成的液体。超临界气体提供了一个回收此液体的方法，因为它们是在低温下进行的，避免了不必要的热分解和缩聚。

煤焦油或石脑油馏分的普通烃类液体的临界温度范围为315~400℃，适用于煤的气体抽提。回收蒸发物质最简单的方法是把气相转移到另一降低压力的容器内，降低了“溶剂”气体的密度，因而使之“溶解能力”降低，固体将沉淀下来被回收，剩下的“溶剂”气体被循环使用。

英国国家煤炭局（NCB）在Chelenham的煤研究部（CRE）研究了在超临界条件下用有机溶剂直接抽提煤。在约400℃、10MPa下，以甲苯为溶剂抽提出煤中1/3的组分，剩余的煤作为固体回收，气体和液体产率很小。

对英国煤来说，抽提收率随煤中挥发分的增加而增加。表4-17是典型高挥发分煤及所得抽提产物的分析数据。

表4-17 典型超临界抽提物、原料煤及残渣的分析（daf）

物 质	材料煤	抽提物	残渣
$w(C)/\%$	82.7	84.0	84.6
$w(H)/\%$	5.0	6.9	4.4
$w(O)/\%$	9.0	6.8	7.8
$w(N)/\%$	1.85	1.25	1.90
（刚收到时）$w(S)/\%$	1.55	0.95	1.45
H/C原子比	0.72	0.98	0.53
（干燥基）$A/\%$	4.1	0.005	5.0
$V/\%$	37.4	—	25.0
相对分子质量	—	490	—

抽提物为低熔点玻璃状固体，其软化点（环球法）约为70℃（与煤焦油中温沥青相近），基本无矿物质和溶剂。

与多数的煤转化过程相比，煤的超临界抽提有许多潜在优点。

（1）不必供给高压气体，抽提介质像液体而不像气体那样被压缩，压缩能量低。

（2）煤抽提物含氢多，相对分子质量比用原油得到的低，更容易转化为烃油和化学品。

（3）残渣为非黏结性的多孔固体，并有适量的挥发分，反应性好，是理想的气化原料，并适宜在硫化燃烧情况下用做电站燃料。

（4）抽提时仅有固体和蒸气相，所以残渣易与溶剂分离，避免了通常煤液化时高黏流体的过滤。

4.5 分析结果的表示方法与基准换算

4.5.1 煤质指标及基准的表示方法

大量的煤质分析指标是用百分比表示的，计算百分比时，有一个计算的基准。在进行工业分析、元素分析和其他煤质指标分析时，一般均采用空气干燥煤样为试样，所得到的直接结果为空气干燥基数据。由于用途不同，这些分析数据往往需要采用其他的基准来表示。如在炼焦生产上为便于比较，用煤的灰分、硫分和发热量来表示煤的质量时，应采用干燥基；在研究煤的有机质特性时，常采用干燥无灰基；在煤作为气化原料或动力燃料、热工计算、煤炭计量计价时，多采用收到基数据。

煤质分析时煤炭组成有两种划分法，一种是将煤划分为有机质（用挥发分 V、固定碳 FC 或 C、H、O、N 和 S）和无机质（水分 M、矿物质 MM），另一种是将煤划分为可燃质（挥发分 V、固定碳 FC 或 C、H、O、N 和 S）和不可燃质（水分 M、灰分 A）。常用基准的物质划分如图 4-5 所示。

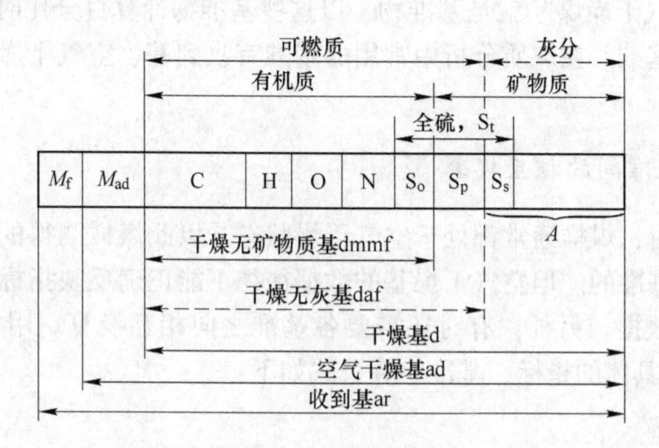

图 4-5 各基准中包含的基准物质示意图

煤质分析指标的测定数值，是煤的基本参数。分析项目的基准不同，分析结果也不同，从而使同类分析项目失去可比性。因此，熟练进行基准间的换算非常重要。下面介绍几个非常重要的基准：

（1）收到基 ar：

$$V_{ar} + FC_{ar} + A_{ar} + M_{ar} = 100$$

$$C_{ar} + H_{ar} + O_{ar} + N_{ar} + S_{ar} + A_{ar} + M_{ar} = 100$$

（2）空气干燥基 ad：

$$V_{ad} + FC_{ad} + A_{ad} + M_{ad} = 100$$

$$C_{ad} + H_{ad} + O_{ad} + N_{ad} + S_{ad} + A_{ad} + M_{ad} = 100$$

（3）干燥基 d：

$$V_d + FC_d + A_{ad} = 100$$

$$C_d + H_d + O_d + N_d + S_d + A_d = 100$$

（4）干燥无灰基 daf：

$$V_{daf} + FC_{daf} = 100$$

$$C_{daf} + H_{daf} + O_{daf} + N_{daf} + S_{daf} = 100$$

（5）干燥无矿物质基 dmmf：

$$V_{dmmf} + FC_{dmmf} = 100$$

$$C_{dmmf} + H_{dmmf} + O_{dmmf} + N_{dmmf} + S_{dmmf} = 100$$

4.5.2 煤质分析结果的基准换算

4.5.2.1 基准的概念

大量的煤质分析指标要用百分比表示，如工业分析指标、元素分析指标等。计算某指标的百分比时，都有一个计算的基准。计算某指标的分数时，是指它占某种具体对象的分数，这个对象就是基准。例如灰分产率，对于某一给定煤样，灰分占绝对干煤质量的百分比就是干燥基的灰分产率；灰分占空气干燥煤质量的百分比就是空气干燥基的灰分产率。像“绝对干煤、空气干燥煤”就是基准物，以这些基准物计算百分比时，就相应得到干燥基或空气干燥基等基准。在煤质分析中常用的基准有收到基、空气干燥基、干燥基、干燥无灰基等。

4.5.2.2 各基准间的相互换算

煤质分析测定时，煤样通常都处于空气干燥状态，以此煤样测得的结果，就是以空气干燥煤样的质量为基准的。但空气干燥基的数据往往不能正确反映指标的本质，需要换算成其他基准表示的数据。另外，有时还需要各基准之向相互换算。用 X 代表 A、V、FC、C、H、O、N、S 等具体的指标，基准换算公式如下：

（1）ad→d：

$$X_{\mathrm{d}} = X_{\mathrm{ad}} \frac{100}{100 - M_{\mathrm{ad}}} \tag{4-35}$$

（2）ad→daf：

$$X_{\mathrm{daf}} = X_{\mathrm{ad}} \frac{100}{100 - A_{\mathrm{ad}} - M_{\mathrm{ad}}} \tag{4-36}$$

（3）ad→dmmf：

$$X_{\mathrm{dmmf}} = X_{\mathrm{ad}} \frac{100}{100 - M_{\mathrm{ad}} - MM_{\mathrm{ad}}} \tag{4-37}$$

（4）ad→ar：

$$X_{\mathrm{ar}} = X_{\mathrm{ad}} \frac{100 - M_{\mathrm{ar}}}{100 - M_{\mathrm{ad}}} \tag{4-38}$$

（5）d→daf：

$$X_{\mathrm{daf}} = X_{\mathrm{d}} \frac{100}{100 - A_{\mathrm{d}}} \tag{4-39}$$

（6）ar→daf：

$$X_{\mathrm{daf}} = X_{\mathrm{ar}} \frac{100}{100 - M_{\mathrm{ar}} - A_{\mathrm{ar}}} \tag{4-40}$$

（7）ar→d：

$$X_{\mathrm{d}} = X_{\mathrm{ar}} \frac{100}{100 - M_{\mathrm{ar}}} \tag{4-41}$$

5 煤的一般性质

本章数字资源

5.1 煤的物理性质

煤是我国的主要能源，又是冶金和化工等行业的重要原材料。煤的物理性质和物理化学性质是确定煤炭加工利用途径的重要依据。

煤的一般性质包括煤的物理性质、化学性质、物理化学性质等。

煤的物理性质主要包括：煤的密度，煤的硬度，煤的热性质，煤的电磁性质，煤的光学性质等。

煤的物理性质与下面几个主要因素有关：①煤的成因因素，即原始物料及其堆积条件；②煤化程度或变质程度；③灰分（数量、性质与分布）、水分和风化程度等。

一般来说，煤的成因因素与煤化程度是独立起作用的因素。但是变质程度越深，用显微镜所观察到的各种成因上的区别则变得越小，并且这些区别对于物理与物化性质的影响也越小。因此，在煤化作用的低级阶段，成因因素对煤的物理性质的影响起主要作用；在煤化作用的中级阶段，变质作用成为主要因素；而在煤化作用的高级阶段，成因上的区别变得很小，变质作用成为唯一决定煤的物理性质的因素。煤的颜色随煤变质程度的加深而变化，褐煤呈褐色，烟煤呈黑色，无烟煤呈钢灰色。即使是同一牌号的煤，也随变质程度和矿物质的不同而颜色有深有浅。

研究煤的物理性质首先是生产实践的需要，因为它们与煤的各种用途有密切的关系，了解煤的物理性质对煤的开采、破碎、分选、型煤制造、热加工等工艺有很大的实际意义；同时也是煤化学理论研究的需要，因为这些性质与煤的成因、组成和结构有内在的联系，可以提供重要的信息。

5.1.1 煤的密度

煤的密度因研究目的和用途不同，可分为真相对密度、视相对密度和散密度。

5.1.1.1 煤的真相对密度

从物理学角度来说，煤的真密度是指20℃时单位体积（不包括煤中所有孔隙）煤的质量，用 *TD* 或 *d* 表示，但煤质分析中用相对密度，指在20℃时，单位体积（不包括煤中所有孔隙）煤的质量与同体积水的质量之比，叫做煤的真相对密度，用 *TRD* 表示。真相对密度是煤的主要物理性质之一，在研究煤的分子结构、确定煤化程度、制定煤的分选密度时，都会用到煤的真相对密度。

用不同物质（例如氦、甲醇、水、正已烷和苯等）作为置换物质测定煤的密度时所得的结果是不同的。通常以氦作为置换物所测得的结果叫煤的真相对密度。因为煤中的最小气孔的直径为0.5~1nm，而氦分子的直径为0.178nm，因此氦能完全进入煤的孔隙内。另外，由于煤不能将氦吸附在其表面上，因此吸附对于密度测定的影响也就被排除了。

在研究煤质时，为了排除煤中矿物质的影响，有时用纯煤真相对密度的概念。它是指煤的有机质的真相对密度，用 $(TRD)_{daf}$ 表示，可以用 TRD 和煤的灰分等进行计算，公式如下：

$$(TRD)_{daf} = \frac{TRD \cdot d_A(100 - A_d)}{100d_A - TRD \cdot A_d} \tag{5-1}$$

式中 d_A ——灰的平均真相对密度，无数据时可取 3.0；

A_d ——干燥基灰分产率,%。

有时用式（5-2）估算纯煤的真相对密度：

$$(TRD)_{daf} = TRD - 0.01A_d \tag{5-2}$$

运用回归分析的方法，通过对大量分析数据的研究发现，煤的真相对密度与工业分析和元素分析指标之间有密切的相关性。依据这种相关性，可以导出多种回归方程，从而建立计算煤的真相对密度的多种数学模型，并且可以选出其中最优的若干数学模型作为计算各种煤的真相对密度的计算公式。但需要说明的是，在计算煤的真相对密度时，一定要考虑煤的灰分，而在判断分析有关煤的真相对密度问题时，还要充分考虑煤的显微组分。

（1）利用灰分和挥发分计算中国不同矿区煤的真相对密度。在分析煤的真相对密度与灰分关系的基础上，可以推导出煤干燥基真相对密度的计算公式（5-3）。

$$TRD = K_A + 0.01A_d \tag{5-3}$$

式中 K_A——用灰分计算煤的真相对密度时的回归分析常数项。

其余符号意义同式（5-1）。

在烟煤中，长焰煤、气煤、肥煤、焦煤、瘦煤和弱黏煤的 K_A 为 1.28，贫煤和不黏煤的 K_A 为 1.35。对无烟煤和褐煤来说，K_A 随矿区的不同而异。例如，阳泉、晋城、焦作、北京和汝箕沟的无烟煤，K_A 值分别为 1.37、1.49、1.48、1.78 和 1.34，舒兰、梅河、扎赉诺尔、黄县和元宝山的褐煤，K_A 值分别为 1.35、1.28、1.44、1.37 和 1.42。其他无烟煤和褐煤矿区的 K_A 值也可以以实测的干燥基真相对密度为基础而分别求出。

按照式（5-3）计算的真相对密度的误差很小，约有 80%的煤样的计算误差在 0.03 以内，95%煤样的计算误差在 0.05 以内。

由于煤的真相对密度还随挥发分的增高而降低，如果用灰分和挥发分共同计算煤的真相对密度，其精确度就会更高。式（5-4）是用灰分和挥发分指标共同计算煤的真相对密度的回归方程。

$$TRD = K_V + 0.01A_d - 0.004V_{daf} \tag{5-4}$$

式中 K_V——用灰分和挥发分计算煤的真相对密度时的回归分析常数项；

V_{daf}——煤的干燥无灰基挥发分,%。

其余符号意义同式（5-1）。

对于气煤、肥煤、焦煤、瘦煤、贫煤和 V_{daf}>8%的年轻无烟煤（如阳泉、汝箕沟等）的 K_V 值为 1.40，长焰煤、不黏煤和弱黏煤的 K_V 值为 1.45。对于褐煤和 V_{daf}<8%的大多数无烟煤，其 K_V 值随矿区不同而异。对于褐煤的 K_V 值，义马与梅河的均为 1.47，昭通的为 1.55，平庄和黄县的均为 1.58，沈阳的为 1.46，百色的为 1.49，舒兰、霍林河的均为 1.57。对于无烟煤的 K_V 值，晋城、金竹山的均为 1.52，红茂、松藻、英南岭、平坝和托

山二区的均为1.43，芙蓉山的为1.47，加福的为1.70，罗城的为1.63，牛心台的为1.45，柳江的为1.50，北京无烟煤的K_V值最大，达1.82。

（2）利用元素分析数据计算中国不同煤种煤的真相对密度。研究结果表明，无烟煤、烟煤和褐煤的纯煤真相对密度均与其氢含量H_{daf}成反比，尤其是无烟煤的纯煤真相对密度与H_{daf}的相关系数高达-0.9645。以此为依据，即可推导出无烟煤的纯煤真相对密度计算的经验公式（5-5）。

$$TRD = 2.00 + 0.01A_d - 0.16w(H)_{daf} \tag{5-5}$$

式中 $w(H)_{daf}$——煤的干燥无灰基氢含量，%。

其余符号意义同式（5-1）。

所有褐煤、烟煤和$w(H)_{daf}>3.4\%$的无烟煤的纯煤真相对密度可用式（5-6）求出。

$$TRD_{daf} = \frac{100}{\frac{w(C)_{daf}}{3} + \frac{9w(H)_{daf}}{4} + 23} \tag{5-6}$$

式中 $w(C)_{daf}$——煤的干燥无灰基碳含量，%。

其余符号意义同式（5-1）和式（5-5）。

对于$w(H)_{daf} \leqslant 3.4\%$的无烟煤，纯煤真相对密度可用式（5-7）计算。

$$TRD_{daf} = \frac{100}{0.53\,C_{daf} + 5w(H)_{daf}} \tag{5-7}$$

式中符号意义同式（5-1）和式（5-6）。

对于任何未知牌号和产煤矿区的煤，其干燥基真相对密度可用式（5-8）计算。

$$TRD = \frac{100\,TRD_{daf}}{100 - A_d\left(1 - \frac{TRD_{daf}}{2.9}\right)} - K \tag{5-8}$$

式中 K——常数项。

其余符号意义同式（5-1）。

对于褐煤和烟煤（贫煤除外），K值为0.27；对于贫煤和$w(H)_{daf}>3.4\%$的无烟煤；K值为0.23；$w(H)_{daf}>2\%\sim2.3\%$的无烟煤K值为0；$w(H)_{daf}\leqslant2\%$的无烟煤，K值为-0.04。对于$w(H)_{daf}>2.3\%\sim3.4\%$的无烟煤，$K$值为0.04。

煤密度的波动范围较大，影响因素也较多，其中主要有煤的种类、岩相组成、煤化程度、矿物质的含量和煤的风化程度等。

（1）成煤原始物质的影响。不同成因的煤其密度是不同的，腐殖煤的真密度比腐泥煤高。例如，除去矿物质的纯腐殖煤的真密度在1.25g/cm^{3}以上，而纯腐泥煤的真密度约为1.0g/cm^3。腐殖煤的密度较腐泥煤高，是由前者的分子结构特性所决定的，可用腐殖煤有机质的芳香结构来解析。

（2）煤化程度的影响。自然状态下煤的成分比较复杂，由各种因素的综合影响使煤的密度大体上随煤化度的加深而提高。当煤化度不高时真密度增加较慢，接近无烟煤时真密度增加很快。各类型煤的真密度大致范围：泥炭为0.72g/cm^3，褐煤为0.8~1.35g/cm^3，烟煤为1.25~1.50g/cm^3，无烟煤为1.36~1.80g/cm^3。

从低煤化程度烟煤开始，随煤化程度的提高，煤的真相对密度缓慢减小；到碳含量为 86%~89%之间的中等煤化程度时，煤的真相对密度最低，为 1.30 左右；此后，煤化程度再提高，煤的真相对密度急剧提高到 1.90 左右。煤的真相对密度随煤化程度的变化是煤分子结构变化的宏观表现。从化学结构的角度看，煤的真相对密度反映了煤分子结构的紧密程度和化学组成的特点，其中分子结构的紧密程度是影响煤真相对密度的关键因素。年轻褐煤分子结构上有较多的侧链和官能团，在空间形成较大孔隙，难以形成致密的结构，所以密度较低；随煤化程度的提高，分子上的侧链和官能团呈减少趋势，同时，分子上的氧元素也迅速减少，虽然侧链和官能团的减少有利于密度的提高，但氧的相对原子质量较碳大，氧的减少造成密度下降占优势，总体上使煤的真相对密度有所下降；到无烟煤阶段后，煤大分子结构上的侧链和官能团迅速减少，使煤分子缩聚成为非常致密的芳香结构，从而使煤的真相对密度也随之迅速增大。采用氦和水测得煤的真相对密度见表 5-1。

表 5-1 用氦和水测得煤的真相对密度

挥发分 V_{daf}/%	真相对密度		差值/%	挥发分 V_{daf}/%	真相对密度		差值/%
	氦	水			氦	水	
44.5	1.31	1.31	0.0	23.7	1.31	1.32	+0.8
34.8	1.36	1.36	0.0	17.0	1.34	1.33	-0.7
32.9	1.27	1.28	+0.8	14.0	1.45	1.46	+0.7
29.6	1.30	1.29	-0.8	12.9	1.40	1.37	-2.1
26.6	1.28	1.28	0.0	11.7	1.39	1.45	+4.3
24.9	1.34	1.33	-0.7	3.4	1.57	1.57	0.0
24.6	1.38	1.45	+5.1	1.7	1.58	1.58	0.0

(3) 岩相组成的影响。就腐殖煤而言，其丝炭密度最大，镜煤、亮煤最小。丝炭的真密度为 1.37~1.52g/cm^3，暗煤为 1.30~1.37g/cm^3，镜煤为 1.28~1.30g/cm^3，亮煤为 1.27~1.29g/cm^3。表 5-2 为中国本溪煤田煤的各岩相组分的真密度。

表 5-2 本溪煤田煤的各岩相组分的真密度 (g/cm^3)

煤岩组成	镜煤	亮煤	暗煤	丝炭
真密度	1.294~1.350	1.320~1.406	1.339~1.465	约 1.542

如图 5-1 所示，惰质组、微粒体的真相对密度最高，镜质组其次，壳质组最低，当 w(C)>90%后，三者的真相对密度逐渐趋于一致，并且急剧上升，表明其结构发生深度的变化，到无烟煤阶段趋于一致。一般来说，随着煤化程度的提高，煤的结构越趋紧密化，因而煤的密度也应不断增加。然而，实际上如图 5-1 所示，在煤化程度较低时，即镜质组的 w(C)<87%的情况下，镜质组的密度反而随煤化程度增高而降低。在 w(C)<87%之前，H/C、O/C、N/C 原子比的变化幅度，以氧减少的幅度最大。由于氧的迅速减少，且氧的相对原子质量又较碳的相对原子质量大，因而碳的相对增长率低于氧的减少速度，这使煤的密度相对地降低了；w(C)=87%时，真相对密度达极小值（1.274）。

(4) 矿物质的影响。煤中矿物质含量与组成对煤的密度影响很大，矿物质的密度比有机质密度大。例如：常见黏土矿物的密度为 2.4~2.6g/cm³；石英的密度为 2.65~2.66g/cm³；黄铁矿的密度约为 5.0g/cm³。可以粗略地认为：煤的灰分每增加 1%，煤的密度增加 0.01%。

(5) 水分及风化的影响。水分越高的煤，其密度越大，但这个因素的影响较为次要。煤风化作用使煤的密度增加，因为煤风化后灰分和水分都相对增加。特别是煤层露出地面之处，灰分增加得特别快。例如：某矿区在 106m 深处煤的灰分为 3.8%，而在煤层露头附近表面处其灰分高达 42.1%，密度相应由 1.53g/cm³增加到 2.07g/cm³。

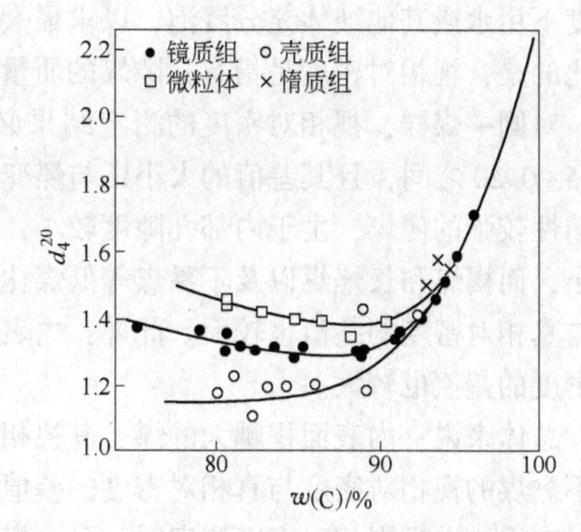

图 5-1 不同煤岩组成的密度和煤化程度的关系

5.1.1.2 煤的视相对密度

煤的视相对密度是指在 20℃时，煤（包括煤的孔隙）的质量与同体积水的质量之比，用 *ARD* 表示。视相对密度是表示煤物理特性的一项指标，用于煤矿及煤田地勘部门计算煤的埋藏量。此外，在储煤仓设计、煤的运输、磨碎、燃烧等过程的有关计算中也都需要该项指标。GB/T 6949 规定了煤视相对密度的测定方法。根据煤的真相对密度和视相对密度还可算出煤的孔隙度，见式（5-9）。

$$孔隙度 = (TRD - ARD) \times 100/TRD \tag{5-9}$$

视密度可用涂蜡法（参考 GB/T 6949）、凡士林法或水银法测定。

涂蜡法的测定原理：称取一定粒度的煤，表面用蜡涂封后，放入密度瓶内，以十二烷基硫酸钠溶液为浸润剂，测出涂蜡煤粒所排开同体积水溶液的质量，计算涂蜡煤粒的视密度，减去蜡的密度后，按式（5-10）求出在 20℃时煤的视相对密度。

$$ARD_{20}^{20} = \frac{m_1}{\left(\dfrac{m_2 + m_4 - m_3}{d_s}\right) - \left(\dfrac{m_2 - m_1}{d_{Wax}}\right) \times d_W^{20}} \tag{5-10}$$

式中 ARD_{20}^{20} ——在 20℃时煤的视相对密度；

m_1 ——煤样的质量，g；

m_2 ——涂蜡煤粒的质量，g；

m_3 ——密度瓶、涂蜡煤粒及水溶液的质量，g；

m_4 ——密度瓶、水溶液的质量，g；

d_s ——在 t℃时 1g/L 十二烷基硫酸钠溶液的密度，g/cm³；

d_{Wax} ——石蜡的密度，g/cm³；

d_W^{20} ——蒸馏水在 20℃时的密度，可近似取 1.00000g/cm³。

煤的真相对密度是指无孔隙煤的质量与同体积同温度水质量之比，但测定时不可能让水或其他液体充满煤的所有孔隙，尤其是煤的微孔。所以，实测的真相对密度只是在一定温度下用水或其他液体充分浸泡，以求最大限度地充满煤的孔隙后所得的数值。与之形成对比的是，视相对密度是指有孔隙煤的质量与同温度同体积水的质量之比。

对同一煤样，视相对密度的测定结果必然低于其真相对密度，其间的差值一般均在0.05~0.20之间，且其差值的大小还与煤变质程度有关。如中等煤化度的肥煤和焦煤以及黏结性较强的瘦煤，由于内部孔隙度较小，因而其视相对密度与真相对密度之间的差值也最小，而褐煤和长焰煤以及不黏煤等低煤化度的煤，由于内表面积较大，因而其视相对密度与真相对密度的差值也较大。此外，内表面积较大的年老无烟煤，其视相对密度与真相对密度的差值也较大。

总体来说，内表面积越大的煤，其视相对密度与真相对密度的差值也越大。如长焰煤和不黏煤的视相对密度与真相对密度的差值为0.10~0.15，年轻褐煤可达0.2左右。

在无法进行视相对密度测定时，可由煤的真相对密度计算出视相对密度，其标准误差一般都不大于0.03，对灰分大于30%或硫分大于2%的煤，其标准误差一般也不超过0.06，计算公式为式（5-11）。其中，式（5-11a）适用于中变质阶段烟煤，式（5-11b）适用于褐煤或低变质阶段烟煤，式（5-11c）适用于无烟煤或灰分大于30%或硫分大于2%的各类煤。

$$ARD_{20}^{20} = 0.14 + 0.87TRD_{20}^{20} \tag{5-11a}$$

$$ARD_{20}^{20} = 0.20 + 0.78TRD_{20}^{20} \tag{5-11b}$$

$$ARD_{20}^{20} = 0.05 + 0.92TRD_{20}^{20} \tag{5-11c}$$

式中 ARD_{20}^{20}——20℃时煤的视相对密度；

TRD_{20}^{20}——20℃时煤的真相对密度。

5.1.1.3 煤的散密度

煤的散密度又称堆密度，用 *BRD* 表示，是指20℃下单位体积（包括煤的内外孔隙和煤粒间的空隙）煤的质量。散密度的大小除了与煤的真相对密度有关外，主要决定于煤的粒度组成和堆积的密实度。散密度对煤炭生产和加工利用部门在设计矿车、煤仓、炼焦炉炭化室和气化炉的装煤量及估算煤堆质量等方面有很大的实用意义。

煤的散密度测定，是在具有一定容积的容器中以自由堆积方法装满煤，然后称出煤的质量，再换算成单位体积的质量（t/m^3）。

测定煤的散密度可用火车车皮、船舱等大容器，也可以用木箱等较小容器，所用的容器越大，其准确度也就越好。因此，测定粒度较大的块煤时应用较大的容器，测定粒度较小的煤时可用稍小的容器。在火车车皮上直接测定的煤的堆积密度与实际情况较为接近，而且准确度也高，但需要称量大量的煤，工作量太大，实施有一定的困难。国际标准规定大容器测堆积密度时煤量不少于3t；小容器测定时，容器容积为$0.2m^3$，约0.6m×0.6m×0.6m。美国标准规定木箱容积为（28.3±0.082）dm^3，即木箱的长、宽、高为0.305m×0.305m×0.305m。我国原煤炭工业部标准MT/T 739规定小容量测定时，采用容积为200L（$0.200m^3$）内边长为585mm的正方体容器。MT/T 740规定大容器测定时，采用至少可容3t样品的方形容器，如火车或翻斗车。

由于煤的散密度是在一定条件下测出的，为了得到可比性较好的结果，应该对容器的形状、大小、煤的水分、粒度及装样方法（影响煤的堆积紧密程度）做出严格规定。例如，用大容器直接在车皮上测得的煤炭散密度，因煤本身重力作用，煤装得比较紧密，因而比用小容器测出的数值要大一些。为使试样的紧密程度尽可能一致，在装样方法（如落煤高度、速度、位置等）上也有一定规定，以免由于试样降落力量不同使紧密程度有所差别。为使测定条件与煤的实际使用条件一致，并消除煤的水分对测定的影响，煤的散密度应以含全水分的煤样测定，因而在取样和保存煤样时要注意防止水分损失。在雨雪天气或有五级以上大风时，不能进行散密度的测定。

5.1.2 煤的硬度

煤的硬度是指煤对坚硬物体压入的对抗能力，能对采煤机械的工作效率与应用范围以及煤的破碎、成型加工产生影响。根据外加力的不同，煤的硬度有不同的表示和测定方法。由于机械力的不同，煤硬度表示的方式有：刻划硬度（莫氏硬度）、弹性回跳硬度（肖氏硬度）、压痕硬度（努普硬度、显微硬度）和耐磨硬度（突起）等。常用的是刻划硬度和显微硬度。MT/T264 规定了煤的显微硬度的测定方法，适用于烟煤和无烟煤的显微维氏硬度测定。

采用一套具有标准硬度的矿物刻划煤，得到粗略的相对硬度，也就是刻划硬度。标准矿物的刻划硬度见表 5-3。根据刻划硬度的划分，煤的硬度一般为 1~4。煤的硬度与煤化程度有关，中等煤化程度的焦煤硬度较小，为 2~2.5，随煤化程度的提高，硬度增加，无烟煤的硬度最大，约为 4。同一煤化程度的煤，惰质组的硬度最大，壳质组最小，镜质组居中。刻划硬度的准确性较差，在科学研究上一般采用显微硬度的指标。

表 5-3 标准矿物的刻划硬度

矿 物	硬度级别	矿 物	硬度级别
滑石	1	长石	6
石膏	2	石英	7
方解石	3	黄晶	8
氟石	4	刚玉	9
磷灰石	5	金刚石	10

煤的显微硬度是指煤对坚硬物体压入的对抗能力，属于压痕硬度的一种。它的测定方法有多种，但它们的基本原理都是在光滑的煤样平面上，用金刚石或合金钢制成的压锥以一定压力，压入煤的表面，在煤的表面压出一个压痕，卸除压力后再用显微镜测量压痕尺寸，即可计算出煤样的显微硬度。

$$H = 2\left(\sin\frac{\alpha}{2}\right)\frac{P}{d^2} \tag{5-12}$$

式中 H——显微硬度，MPa；

P——加在压入器上的负荷，N；

d——压痕对角线长度，mm；

α——方形棱锥体两相对锥面的夹角，一般为 136°。

压痕越大，煤的显微硬度越小；反之，压痕越小，煤的显微硬度越大。通常煤的显微硬度都以煤与压锥实际接触的单位面积上所承受的压力来表示（MPa）。

从煤的煤岩组成来看，暗煤的硬度最大，稳定组分的显微硬度最小。因此腐泥煤的显微硬度常常低于同样变质阶段的腐殖煤。煤的显微硬度取决于煤结构单元中芳香核的大小、分子间排列的有序性、氧含量、交联程度以及高塑性物质的多少。

相同变质程度的煤中，各显微组分的显微硬度值不尽相同。一般惰质组的显微硬度值最高，镜质组次之，壳质组最低。其中，惰质组中菌类的显微硬度最高。因此，在煤的光片进行抛光时，惰质组比镜质组磨损得慢，惰质组比相邻较软的组分突起要高。图 5-2 中曲线的变化规律可以用煤的结构和组成加以解释。在不同还原程度的煤中，强还原煤中镜质组的显微硬度要低于弱还原程度煤中的镜质组，而且差别十分明显。

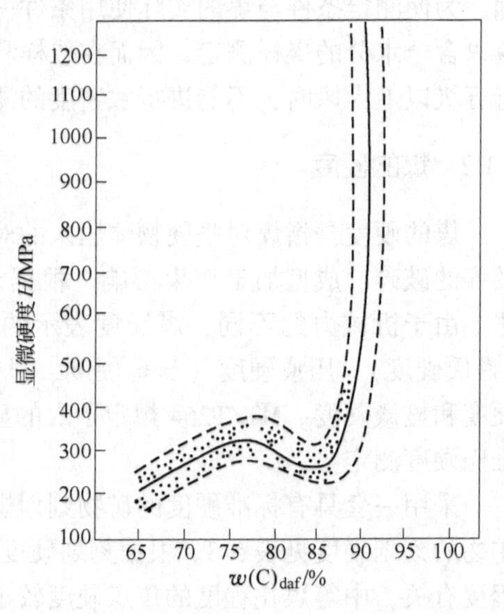

图 5-2 煤的显微硬度与碳含量的关系

煤的显微硬度受煤变质程度的影响很大，特别是对于变质程度深的无烟煤来说更大。其变化规律是，变质程度越深，显微硬度越大。

从褐煤开始，显微硬度随煤化程度提高而上升，在碳含量为 75%～80%之间有一个极大值；此后，显微硬度随煤化程度提高而下降，在碳含量达到 85%左右最低；煤化程度进一步提高，显微硬度又开始上升，到无烟煤阶段，显微硬度几乎随煤化程度提高而呈直线增加。由图 5-2 可见，整个曲线像一个背靠椅，“椅背”是无烟煤，“椅面”是烟煤，“椅脚”为褐煤。在碳含量为 78%左右时，显微硬度有一最大值；碳含量为 87%时，硬度最小。在无烟煤阶段，随变质程度的提高，镜质组的显微硬度急剧升高，变化幅度很大，在 300～2000MPa 之间，因此显微硬度可作为详细划分无烟煤的指标。在不同还原程度煤中，强还原煤的显微硬度比弱还原煤的小。

由于褐煤富含腐殖酸及沥青质，这些成分的塑性高、硬度值小，因此褐煤的显微硬度较低。随着煤化程度逐渐提高，煤中的腐殖酸不断转变为结构紧密和强度较高的腐殖质，沥青质含量也逐渐减少，分子间相互作用力不断增大，导致煤的显微硬度上升，在碳含量 78% 左右的烟煤阶段达到极大值。碳含量大于 78%的烟煤阶段，其硬度变化与 O/C 原子数比和 C 含量的关系（见图 5-3）相似。随着氧原子及氧桥的减少，煤分子间结合力降低；同时，侧链缩短，使分子的交联力较弱，反映在硬度上就出现了自不黏煤转为黏结煤的硬度的逐渐次降低，在碳含量为 87%左右达到最低点。此后，煤分子结构的缩合程度迅速增大，煤结构趋于致密化，分子内部的化学键力远远大于分

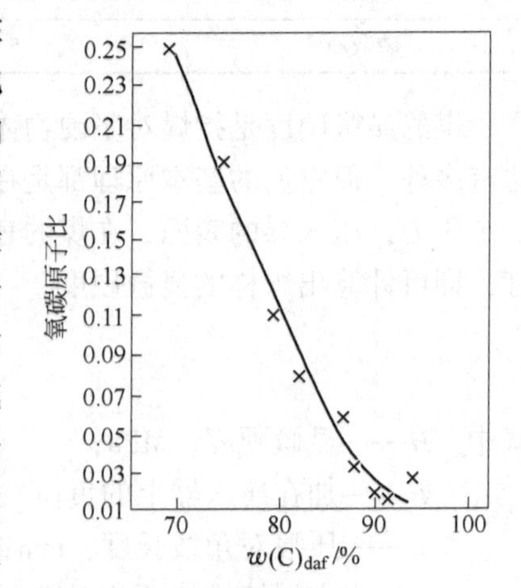

图 5-3 煤中碳含量和 O/C 原子数比的关系

子间力，煤的硬度也随之急剧增大。

到烟煤中的肥煤和焦煤阶段，交联程度相对有所减弱，致使显微硬度逐渐降低，到接近无烟煤阶段时显微硬度出现最小值。无烟煤具有高度的芳香缩聚结构，随煤化度的持续加深，相邻碳原子网状结构增大，有序性增强，显微硬度也相应地增大。但到了超级无烟煤阶段，由于形成了一定的石墨结构，因而显微硬度则又变得更小。值得说明的是石墨的显微硬度显著的低于无烟煤。

5.1.3 煤的磁性质

煤的磁性质主要有抗磁性和顺磁性、核磁共振和顺磁共振等，它们对阐明煤的结构都有重要意义，特别是核磁共振为直接研究煤的结构开创了新的途径。

5.1.3.1 煤的抗磁性

在外磁场的作用下产生的附加磁场与外磁场的方向相同，那么该物质具有顺磁性；方向相反，则具有抗磁性。煤中的有机质一般具有抗磁性，但也表现少量的顺磁性，这可能是由于煤中不成对电子或自由基的作用。

化学上常用比磁化率χ（即单位质量的磁化率）（cm^3/g）和摩尔磁化率χ_M（cm^3/mol）表示物质的磁性大小。磁化率与分子结构关系密切，抗磁性化合物的摩尔磁化率具有加和性。煤的抗磁性磁化率可以用古埃磁力天平测定。在测定煤的抗磁性磁化率时要注意消除强磁性杂质和顺磁性的影响，前者可用无机酸脱矿物质和以强磁场饱和加以消除，后者可用提高温度来避免。

煤的比磁化率与煤变质程度、煤的岩相组成、煤系伴生矿物的种类及含量、煤表面氧化程度、温度、粒度与密度组成等有关。经过盐酸处理后得到的大部分纯煤均具有反磁性，并且无烟煤在磁性上呈各向异性。比磁化率的绝对值随煤化度的提高而呈直线增加，但在C_{daf}含量为79%~91%阶段出现转折，直线的斜率减小，增大幅度减缓，此后又急剧增大，即煤的比磁化率在烟煤阶段增大幅度较小，无烟煤阶段最大，褐煤阶段居中，其变化趋势如图5-4所示。利用比磁化率和统计结构解析方法，可以计算煤的结构参数。

5.1.3.2 煤的核磁共振

核磁共振是一个非常重要的有机结构分析方法，过去仅用于煤的溶剂抽提物和液化产品的分析，近几年由于核磁共振技术的发展已开始用于直接分析固体煤样。

核磁共振是原子核在强磁场作用下吸收一定波长射频的能量产生能阶跃迁的现象。

^1H核磁共振用于测煤的溶剂抽提产物或转化降解产品的氢分布。图5-5是一种次烟煤吡啶抽提物的^1H核磁共振图谱。根据大量分析结果，一般认为对煤的抽提物或转化产物这样的复杂体系，共振峰和氢原子位置有以下的对应关系：

$\sigma=0\sim1.0$　　脂肪或不是芳环α位置上的—CH_3

$\sigma=1.0\sim2.0$　　脂肪或不是芳环α位置上的—CH_2—和 —$\overset{|}{\underset{|}{C}}H$

$\sigma=2.0\sim3.6$ 芳环 α 位置上的—CH_3、—CH_2—和 —CH（次甲基）

$\sigma=3.6\sim5.8$ 芳环之间作为桥链的—CH_2—和 —CH（次甲基）

$\sigma=5.8\sim10.0$ 芳香氢和酚羟基氢

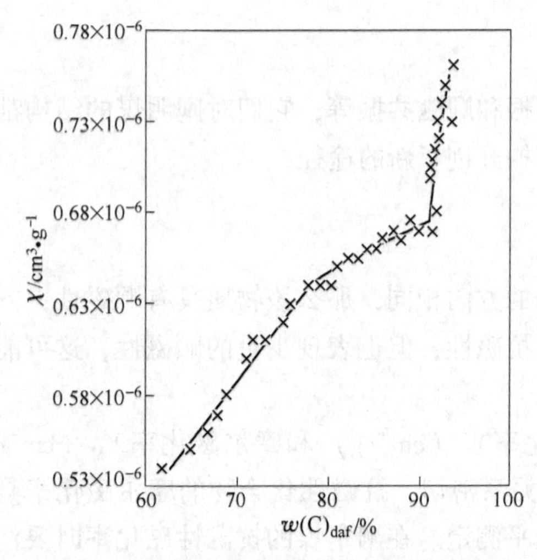

图 5-4 煤的比磁化率与煤化程度的关系

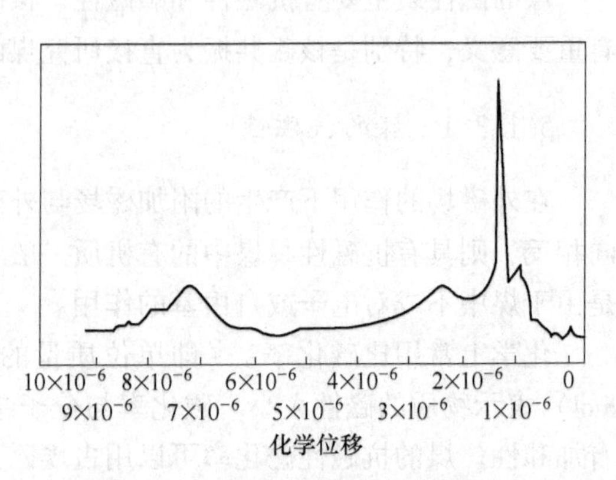

图 5-5 一种次烟煤吡啶抽提物的 ^{1}H 核磁共振图谱

上述 σ 值为吸收峰面积占总面积之比，即对应氢原子数占总氢原子数之比。

^{13}C 核磁共振、傅里叶变换和电子计算机数据处理相结合，这是核磁共振技术的重大发展，它可直接用于分析包括煤在内的固体样品。交叉偏振的 ^{13}C 核磁共振分析固体煤得到的图谱如图 5-6 所示。这是两个相邻的宽峰，右边的代表脂肪碳，左边的代表芳香碳。从模型物质的数据可见结果基本上是正确的。

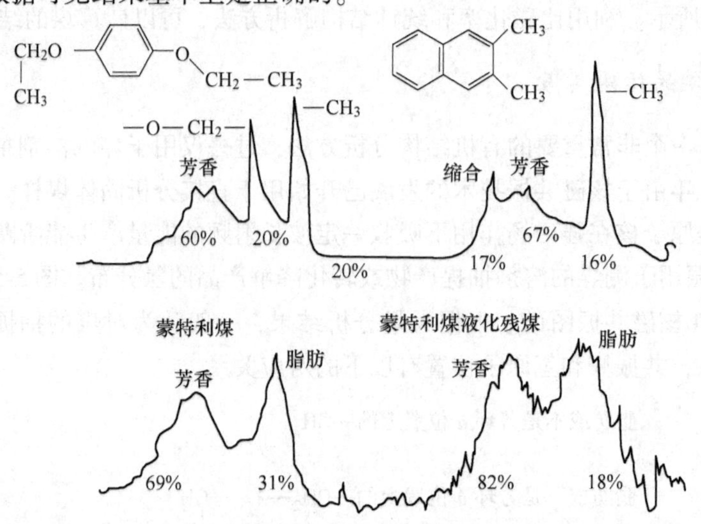

图 5-6 ^{13}C 核磁共振分析固体煤得到的图谱对比

5.1.3.3 煤的顺磁共振

顺磁共振又称电子自旋共振（ESR），其原理、实验方法和核磁共振相似。由于电子的磁矩比核磁矩大3个数量级，故电子顺磁共振频率也大3个数量级。当电子自旋成对时，没有自旋共振，所以顺磁共振主要研究对象是未成对电子。测定自由基浓度是它的一个主要应用方面。

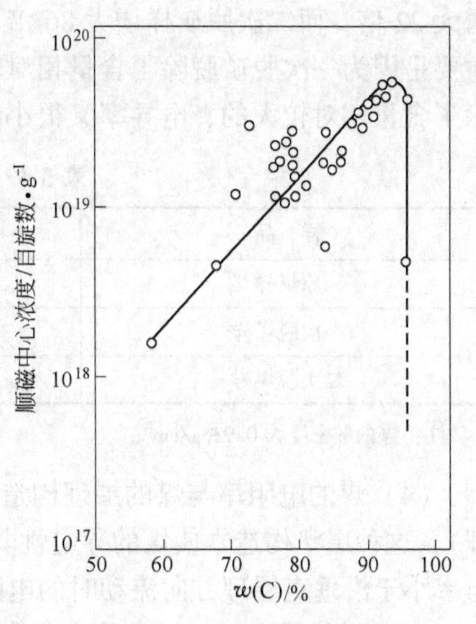

图 5-7 顺磁中心浓度和煤化程度的关系

顺磁中心浓度，即未成对电子或自由基浓度，与煤化程度的关系如图5-7所示。开始顺磁中心浓度随煤化程度增加而增加，至碳含量在94%左右突然垂直下降。在煤化过程中由于热解反应，自由基不断生成，同时由于聚合反应等原因又不断消失。从自由基浓度的增加说明自由基的生成速度大于消失速度。据研究认为，煤中的自由基自旋不是未成对的σ电子自旋，而是不成对的π电子自旋。在芳香环结构增大时，后一种自由基的稳定性增加。但当煤向石墨过渡时，由于芳香环结构大大增长，以致电子可能进入导带，故顺磁中心浓度直线下降。

5.1.4 煤的电性质

5.1.4.1 煤的导电性

煤的导电性是指煤传导电流的难易程度，通常用电阻率 $\rho(\Omega \cdot cm)$ 或电导率 $\sigma(\Omega^{-1} \cdot cm^{-1})$ 表示。电阻率和电导率互为倒数，电导率越大，导电能力越强。按照电导率衡量，煤也和其他岩石或矿石相似，是一种导体或半导体。

煤的导电性可以分为电子导电性和离子导电性两种形式。电子导电性的煤是依靠组成煤的基本物质成分中的自由电子导电的，如无烟煤就属于电子导电；离子导电性的煤是依靠煤的物质成分孔隙中水溶液的离子导电的，如褐煤就属于离子导电。研究煤的导电性对于了解煤层结构和判断煤化程度都有一定的实际意义。

煤导电性与煤质的关系如下：

（1）煤的导电性与其变质程度呈现有规律性的变化，烟煤尤其是气煤、肥煤、焦煤和瘦煤等炼焦煤是电的不良导体，常具有较高的电阻率；到无烟煤阶段的电阻率急剧降低，为良导体。含水分高的褐煤、长焰煤和不黏煤类的电阻率也比较小，具有较好的导电性。

（2）煤岩成分不同，煤的导电性也有很大的不同，如镜煤的电阻率就显著高于丝炭。在低、中变质程度的煤中，暗淡煤的导电性依次高于半暗煤、半亮煤和光亮煤。在高变质阶段的贫煤和无烟煤中，暗淡煤的导电性依次比暗煤、半亮煤和光亮煤要差。

（3）煤的电阻率与煤中矿物质的含量有关。通常在烟煤阶段，煤的电阻率随煤中矿物质含量的增高而降低，但在无烟煤中的矿物质含量越高时，电阻率就越高，导电性也就越差。煤中的黄铁矿常使煤的电阻率明显降低，导电性显著增高。

从表5-4列出煤样的电导率变化情况看，一次脱矿样的直流电导率（σ_{DC}）比原煤样增大22倍，而二次脱矿样增大86倍；交流电导率（σ_{AC}）的变化规律与此基本相同，这主要是因为一次脱矿脱除了含量相对较低的碳酸盐及一些碱性氧化物，而二次脱矿主要脱除了含量相对较大的、电导率又很小的石英。

表5-4　矿物质对煤电导率的影响　（μS/m）

样　品	σ_{DC}	σ_{AC}
原煤样	1.564	3.480
一次脱煤样	35.93	37.95
二次脱煤样	135.6	138.0

注：煤的散密度为0.936g/cm^3。

（4）煤的电阻率与煤的层理构造有密切关系。大多数煤都具有明显的层状构造（层理），这种层状构造常使煤的导电性具有明显的各向异性，即电流沿层理方向流动时的电阻率小于沿垂直层理方向流动时的电阻率。

（5）煤的导电性与煤中的水分和孔隙度具有十分密切的关系。一般褐煤和长焰煤等低煤化度煤中的孔隙度（包括裂隙）较大，吸收的水分多，电阻率低，导电性好。在褐煤中还含有数量不等的羧基和酚羟基等酸性含氧基团，它们部分溶于水后又显著地增高了褐煤的离子导电性。从褐煤转变为烟煤以后，由于水分降低以及煤中各种含氧基团的消失，其电阻率显著增高，导电性明显降低。

由于煤的导电性受多种因素的影响，因而在自然条件下不同煤的电阻率变化范围很大。即使同一种煤的导电性也常常不是一个固定的常数，而是一个变化较大的数值。但总的趋势是无烟煤的导电性最好，尤其是含碳量超过95%的某些优质超无烟煤类，基于其优良的导电性能，常常被用来制造石墨化碳电极和阳极糊等导电体。

5.1.4.2　无烟煤的比电阻

无烟煤具有本征半导体性质，其比电阻列于表5-5。

表5-5　无烟煤的比电阻

煤中碳含量/%	比电阻/Ω·cm	ΔE/eV
93.7	4.01×10^7	0.5
94.2	$6.09\times10^4_{\perp}$ $4.97\times10^4_{//}$	0.34
95.0	$1.71\times10^3_{\perp}$ $0.70\times10^3_{//}$	0.27
96.0	$6.43_{\perp}$ $3.73_{//}$	0.17

注：⊥表示垂直于芳香层面方向；//表示平行于芳香层面方向。

由表5-5可见，无烟煤的ΔE随变质程度增加急剧下降。碳含量从93%增加到96%时，

ΔE减少到原来的1/3。比电阻的变化幅度更大，相差百万倍以上。在无烟煤阶段，由于方向层片迅速增大，分子内π轨道彼此重叠，故电子活动范围扩大，并有可能在一定范围内转移，从而使比电阻急剧下降。同样发现多环芳烃的比电阻（见表5-6）随缩合苯环数的增加而减小，表中二吡啶紫蒽酮已具有半导体性能。

表5-6 多环芳香烃的比电阻

结构式			
名称	蒽缔蒽	阴丹士林	二吡啶紫蒽酮
比电阻/Ω·cm	1.5×10^{19}	7.5×10^{14}	1.2×10^{7}

另外，还发现烟煤在常温下比电阻很大，但随着干馏温度的提高，尤其在半焦阶段以上，比电阻显著降低。所以，比电阻或导电率可作为评价焦炭质量的指标。

5.1.4.3 煤的介电常数

物质的介电常数ε是指当物质介于电容器两极板间的蓄电量和两板间为真空时的蓄电量之比。非极性绝缘体的介电常数ε与折射率n之间存在$\varepsilon = n^2$的函数关系。

煤化程度是影响煤的介电常数的主要因素(见图5-8)，在煤的变质程度较低时，煤的介电常数随煤化度的增加而减少，直到$w(\mathrm{C})_{\mathrm{daf}}$为87%时，$\varepsilon$出现了极小值，此时$\varepsilon$与$n^2$的数值大致相等，其他煤化度均为$\varepsilon>n^2$，说明中等变质程度烟煤比较接近于非极性的绝缘体。随煤化程度的加深，含氧官能团减少，介电常数也减少；而年老煤的ε增大是因为其导电性增大。$w(\mathrm{C})_{\mathrm{daf}}<87\%$，$\varepsilon$较大的原因是年轻煤中极性基团如—OH、—COOH等含量较高，煤的极性比较大，所以其介电常数较大。$w(\mathrm{C})_{\mathrm{daf}}>87\%$，$\varepsilon$较大则是高煤化度煤电导率增大的缘故，这种变化规律与煤结构的变化规律是一致的。水的极性较强，介电常数要大得多（$\varepsilon=81$），故煤的介电常数受水分的影响较大。如果煤样不是十分干燥，ε的数值就普遍偏大。所以在测定煤的介电常数时，必须用完全干燥的煤样。

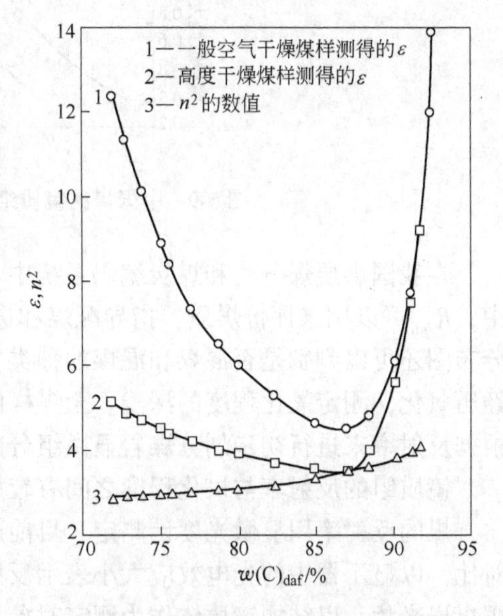

图5-8 介电常数、折射率的平方与煤化程度的关系

5.1.5 煤的光学性质

煤的光学性质主要包括在可见光照射下的反射率、折射率和透光率以及在不可见光照射下的X射线、红外光谱、紫外光谱和荧光性质等。

5.1.5.1 煤的反射率

煤的光泽是指煤的新断面的反光能力。在腐殖煤的四种煤岩组成中，镜煤的反射能力最大，因此肉眼观察它是最亮的；亮煤次之；暗煤光泽较暗；丝炭的光泽最暗。镜质组的反射率与煤化程度之间有较好的线性关系，故可作为煤的分类指标。

煤对光的反射率随变质程度的加深而增大。例如从褐煤到烟煤，最后到无烟煤，它们的光泽由暗淡到像玻璃似的光泽，一直增大到像金属似的光泽。镜煤能真实地表征煤化程度，它的反射率在四种煤岩组成中最强。

镜质体是煤的主要组分，颗粒较大且表面均匀，其反射率易于测定。镜质体反射率与表征煤阶的其他指标如挥发分、碳含量等不同，较少受煤的岩相组成变化的影响，是公认较理想的煤阶指标，尤其适用于烟煤阶段。中国煤的镜质体反射率与干燥无灰基挥发分和碳含量的关系如图5-9所示。

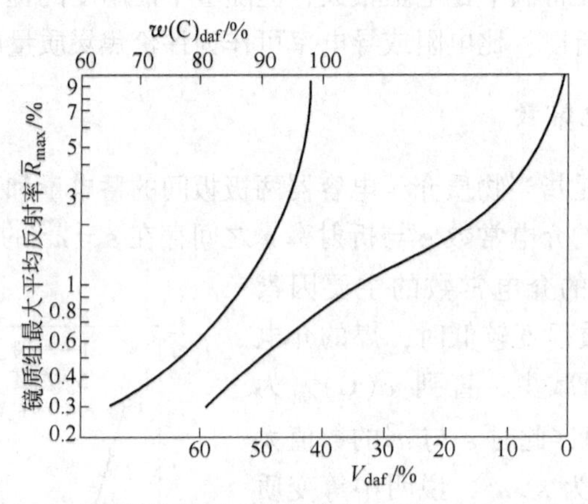

图5-9 中国煤的镜质组反射率与V_{daf}和$w(C)_{daf}$的关系

在我国煤层煤分类和煤炭编码系统中，已经采用R_{ran}作为一个分类指标。在煤焦生产中，R_{ran}可以用来评价煤质，指导配煤和进行焦炭强度的预测研究。此外，根据反射率的分布图还可以判别是否混煤和混煤的种类。在蓝色光中测定镜质组反射率还能鉴别煤是否经历氧化，测定氧化程度的深浅。全煤样的反射率扫描，可测出煤中的黄铁矿含量，并可根据反射率来进行初步划分煤岩显微组分的定量工作。

镜质组的反射率与煤化程度之间有较好的线性关系，故可作为煤分类的指标。

煤的反射率用显微光度计测定，目前广泛采用光电倍增管接受反射光，与单光束进行对比，以显示器中的光电效应大小表示反射光强度。测定中要注意以下几个问题：(1) 采用煤岩光片，以结构镜质体作为测定对象；(2) 测点选定后，使反射光投射到光电倍增管上，缓慢转动台360°，应出现两次相同的最大值，因为在与煤层层面成任意交角的切面上最大反射率不变，而最小反射率随交角改变而变化，所以测定时应以最大值为准；(3) 一般以油为介质，因为油浸物镜的解像力远比干物镜（空气为介质）强，对反射率的分辨力强；（4）在一个煤岩光片上一般要测 20~50 个点，然后计算平均值，因此人工测定比较费时。

经过多年努力，到 20 世纪 70 年代，自动扫描反射显微镜问世。美国生产的 ADPR Mark I，除能自动测定反射率外，还能作煤岩显微组分分析。载物台移动间距为 10μm，自动扫描速度为 200μm/s，1min 可测上万个点。

5.1.5.2 煤的折射率

折射率是光线通过某物质界面时，在界面发生折射后进入该物质内部，其入射角和折射角的正弦之比值。通过折射率的加和性可以求出分子折射，是煤结构解析研究中的重要性质之一。

（1）煤的折射率与反射率的相关性。煤的折射率不能直接测定，但折射率同垂直入射光的反射率之间存在相关性，其函数关系见式（5-13）。

$$R = \frac{(n - n_0)^2 + n^2K^2}{(n + n_0)^2 + n^2K^2} \tag{5-13}$$

式中 R——煤的反射率，%；

n_0——标准介质的折射率，雪松油的 $n_0 = 1.514$；

n——煤的折射率；

K——煤对光线的吸收率，%。

根据煤在空气和雪松油两种介质中所测出的入射光的反射率，可以根据式（5-13）得到两个方程，联立方程组可求出煤的折射率 n 和吸收率 K。

（2）煤的折射率与煤变质程度的关系。从反射率曲线计算得到的煤的镜质组折射率与煤化度的关系如图 5-10 所示。由图 5-10 可见，折射率随煤化度的提高而增加，当碳含量高于 85%时增加的幅度较大。

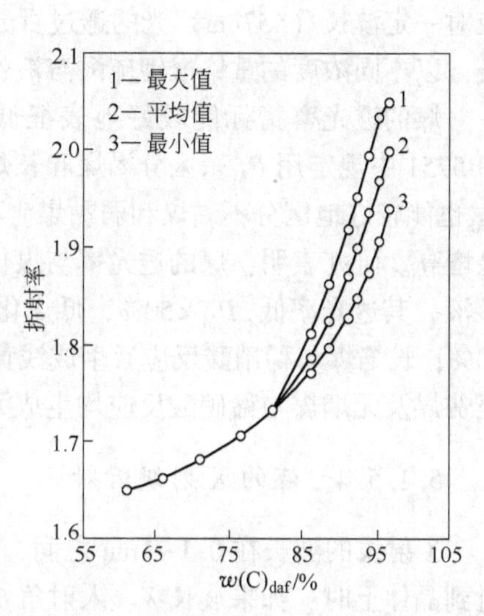

图 5-10 镜质组折射率与煤化度的关系

一般来说，褐煤在光学上是各向同性的。随着煤化度的增加，煤由烟煤向无烟煤阶段过渡，分子结构中芳香核层状结构不断增大，排列趋向规则化，在平行或垂直于芳香层片的两个方向上光学性质的各向异性逐渐明显。反射率和折射率都能反映这一变化，并且都是由煤的内部结构决定的，见表 5-7。

表 5-7 煤的折射率和反射率 （%）

碳含量	雪松油中反射率		空气中反射率		折射率	
	最大值	最小值	最大值	最小值	最大值	最小值
58.0	0.26	0.26	6.40	6.40	1.680	1.680
70.5	0.35	0.35	6.80	6.80	1.705	1.705

续表 5-7

碳含量	雪松油中反射率		空气中反射率		折射率	
	最大值	最小值	最大值	最小值	最大值	最小值
75.5	0.51	0.51	7.25	7.25	1.730	1.730
81.5	0.67	0.67	7.85	7.85	1.775	1.775
85.5	0.92	0.90	8.50	8.45	1.815	1.815
89.0	1.26	1.18	9.50	9.30	1.880	1.870
91.2	1.78	1.55	10.60	10.00	1.950	1.900
92.5	2.37	1.84	11.70	10.55	2.000	1.930
93.4	3.25	2.06	12.90	10.80	2.020	1.930
94.2	4.17	2.22	14.05	11.50	2.020	1.930
95.0	5.20	2.64	15.35	11.55	2.020	1.930
96.0	6.60	3.45	17.10	12.55	2.020	1.930
100	11.0	—	22.10	—	—	—

5.1.5.3 煤的透光率

煤的透光率是指褐煤、长焰煤和不黏煤等低煤化度煤在（99.5±5）℃的温度下，用稀硝酸和磷酸混合酸水溶液（硝酸：磷酸：水＝1：1：9）加热90min处理后所得的有色溶液对一定波长（457nm）光的透过百分率，用P_M表示。GB/T 2566规定，根据溶液颜色深浅，以不同浓度的重铬酸钾硫酸溶液作为标准，用目视比色法测定煤样的透光率。

煤的透光率指标能较好地表征低煤化度煤的变质程度，故我国煤炭分类国家标准GB5751中规定用P_M来区分褐煤和长焰煤以及作为褐煤再细分小类别的主要指标。同时，P_M也能较好地区分不黏煤和弱黏煤。不黏煤因煤化度低而透光率也低，而弱黏煤的P_M明显增高。研究表明：煤的透光率与煤化度的关系密切，褐煤与稀硝酸反应后生成红棕色的溶液，其透光率低，$P_M<50\%$，低煤化度褐煤的P_M多数$<30\%$，高煤化度褐煤P_M为30%～50%；长焰煤与稀硝酸反应后生成浅黄色至黄色溶液，$P_M>50\%$；气煤的$P_M>90\%$；肥煤至贫煤及无烟煤与稀硝酸反应均生成无色溶液，透光率为100%。

5.1.5.4 煤的X射线衍射

X射线的波长在0.1～1nm之间，这一尺寸正好与晶体的晶格大小相近。当X射线照射到晶体上时，如果波长λ、入射角θ和晶面间距d符合公式（5-14），就产生衍射现象，使光线增强。因为煤不是完整的单晶，所以只能用粉末法测量其X射线衍射情况。粉末法采用煤粉作试样，固定X射线的波长，连续改变入射角。X射线计数管接受来自煤样的衍射线，把它变成电信号，并经放大后在记录仪中记录下来。

$$2d\sin\theta = n\lambda \quad (n = 1,\ 2,\ 3,\ \cdots) \tag{5-14}$$

石墨和各种煤的X射线衍射曲线：石墨具有明显的晶体结构，而煤一般属非晶体。但它在煤化过程中结构逐渐接近于石墨，所以煤的X射线衍射随煤化程度加深而增强，褐煤和烟煤只有2～3个衍射峰（条带），无烟煤增加到4个，而石墨共有9个（见表5-8）。煤的 X 射线衍射图如图 5-11 所示。

表 5-8 石墨和各种煤的 X 射线衍射条带名称

名称	1(15°)	2	3	4	5(27°)	6	7	8	9
石墨	002	100	101	102	004	103	110	112	006
半石墨	002	100			004		110		
无烟煤	002	100			004		110		
烟煤	002	100					(110)①		
褐煤	002，γ	(100)①							

①有括号者表示条带不明显。

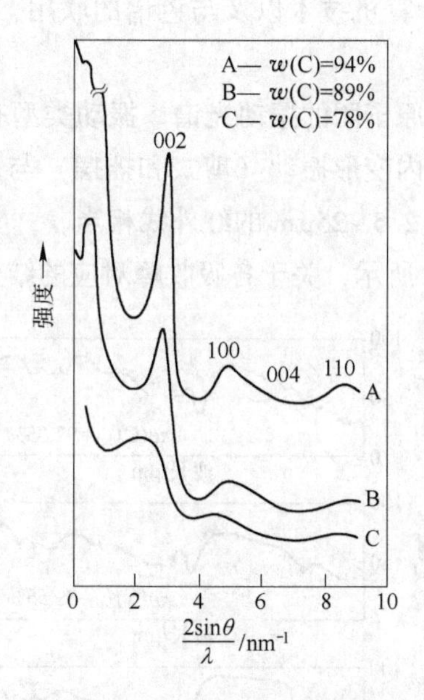

图 5-11 三种煤的 X 射线衍射图

表 5-8 中，002 和 004 表示芳香碳网（层片）平行定向程度，100 和 110 表示芳香碳网的大小，002 带左侧的 γ 带表示非芳香结构的比例多少、侧链长度和分支程度等。条带越高越窄，变质程度越大，即无烟煤>烟煤>褐煤。

随着煤化程度的提高，煤的 X 射线衍射图的清晰程度逐渐接近于石墨，表明煤结构中存在有类似石墨结晶的物质，不少学者称为芳香微晶子。它是由数个芳香层片构成的。微晶子平行于芳香层面方向上的尺寸为 L_α，垂直于芳香层面方向上的尺寸为 L_c，芳香层面的间距为 d。

利用 X 射线衍射公式可以求得上述芳香微晶子尺寸的大小，见表 5-9。

表 5-9 芳香微晶子的尺寸

微晶子尺寸/nm	气煤	肥煤	焦煤	瘦煤	贫煤	无烟煤	超无烟煤
L_c	1.329	1.506	1.912	1.968	2.090	2.168	1.8568
L_α	—	2.067	2.414	2.558	2.813	2.913	5.768
d	0.36806	0.36508	0.35505	0.35201	0.35147	0.34984	0.33634

由表5-9可见，随煤化程度加深，芳香微晶子的尺寸L_c和L_α逐渐增加，而层间距d越来越小。对无烟煤，其微晶子由5~6个层片构成，每一层片的苯环数为7~8个。

X射线衍射法一般适用于无烟煤，对其他煤种求得的结构参数与其他方法相比大多偏高。

5.1.5.5 煤的红外光谱

红外光谱法是研究有机化合物结构的最主要方法之一，其图谱有很强的结构特征性。该法分析速度快、灵敏度高、试样用量少，可以分析各种状态的样品，因此得到广泛应用。运用傅里叶变换和计算机技术以及与色谱的联用，使红外光谱技术有了更大的发展。

红外光谱是分子中原子和原子团的振动光谱。振动类型有伸缩振动（对称和不对称）和变形振动两类，后者包括面内变形振动（剪式和摇摆）与面外变形振动（扭曲和摇摆）两种。它们吸收的能量正好与2.5~25μm的红外线相当。

煤的红外光谱图如图5-12所示，关于各吸收峰对应的结构列于表5-10。

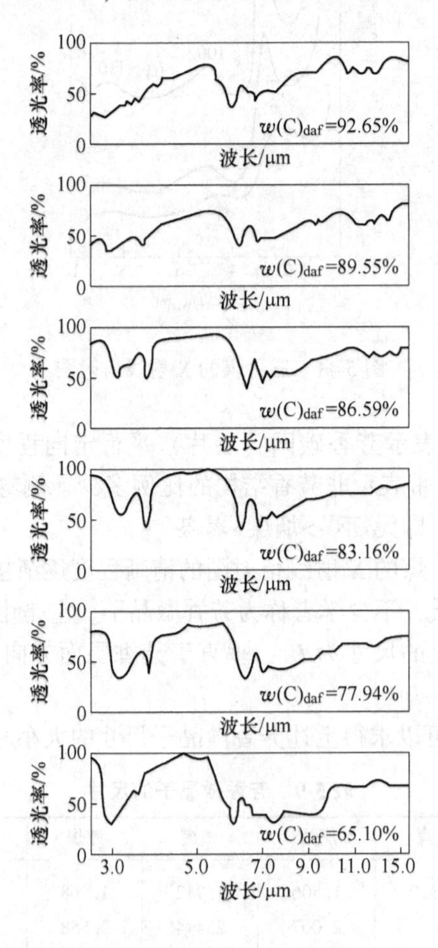

图5-12 煤的红外光谱图

表 5-10 煤中基团的特征吸收峰

吸收峰位置		对应基团	振动类型
波数/cm^{-1}	波长/μm		
3450	2.9	氢化建的—OH 或—NH_2	伸缩
3300	3.0	—OH 或—NH_2	伸缩
3030	3.3	芳香氢	伸缩
2940	3.4	脂肪氢	伸缩
2925	3.42	脂肪氢	
2860	3.5	脂肪氢	
1700	5.9	羰 基	
1600	6.25	芳香环	环振动、伸缩
1500	6.65	芳香环	环振动、伸缩
1450	6.9	芳香环	不对称变形
1380	7.25	—CH_3	对称变形
1300~1000	7.7~10.0	酚 C—O，醚键	伸缩
900~700	11.1~14.3	芳香环	变形

（1）羟基吸收峰主要是 3450cm^{-1}和 1260cm^{-1}。煤中羟基一般都是氢键转化的，所以吸收峰位置从 3300cm^{-1}移到 3450cm^{-1}。各种煤的羟基消光度随煤化程度增加而减小。

（2）芳香氢吸收峰主要以 3030cm^{-1}为代表，低煤化程度时很微弱，随煤化程度增加而增强。

（3）脂肪氢一般以 2925cm^{-1}的吸收峰为衡量指标。消光度 D_{3030}/D_{2925} 与 $D_{芳烃}/D_{脂肪}$ 相对应，它与煤化程度的关系如图 5-13 所示，在中低煤化程度时，D_{3030}/D_{2925}缓慢增加，在 C_{daf}>90%以上这一比值急剧增加。说明芳香氢在 C_{daf}小于 90%时比例不高，增加很慢，而在 C_{daf}大于 90%以后大幅度增加。

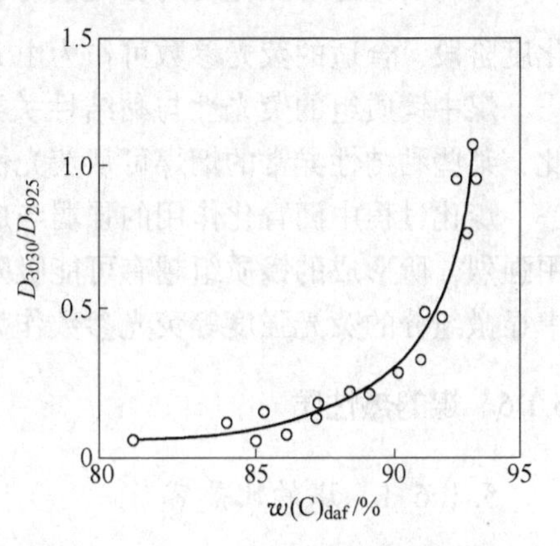

图 5-13 D_{3030}/D_{2925}与煤化程度的关系

另外，1380cm^{-1}吸收峰是甲基的特征吸收峰，可以测定甲基含量。

（4）羰基和羧基吸收峰在波数 1700cm^{-1}附近。褐煤比较强，它随煤化程度加深而减弱。

（5）1600cm^{-1}吸收峰在煤的红外光谱图上特别强，这里有多种解释：如—OH 和═C ═螯合、缩合芳环被—CH_2—所连接、两个芳香层面间的电子转移和非结晶的假石墨结构等，很有可能是上述原因综合作用的结果。

（6）醚键吸收峰在波数 1300~1000cm^{-1}之间。

（7）芳香环吸收峰主要为 900~700cm^{-1}，一般消光度随着煤化程度的加深而增加。

5.1.5.6 煤的荧光性

煤的荧光性是指在蓝光或紫外光等的照射、激发下，煤中显微组分在可见光区

400~700nm发光的特性。

研究结果表明，芳烃聚合物、极性化合物和流动相中少量的脂肪族化合物是一些自发的强荧光性物质，包括了那些造成某些镜质组显示次生荧光性的荧光化合物。在含有 π 电子的不饱和结构中，运动的 π 电子通过吸收激发能量，从基态跃迁到较高的能级轨道，当被激发的 π 电子加到基态时，就发出荧光。

煤的荧光性是煤的基本特征之一，与其显微组分的种类和演化条件直接相关，并对于煤的成烃规模和结焦性能的评价具有重要意义。煤显微组分的荧光光谱形态、荧光强度和荧光变化等特征在一定程度上反映其化学结构和组成。不同的显微组分在不同的成岩阶段呈现不同的荧光性。随着煤级变化，煤显微组分的荧光性也发生变化。

荧光的颜色和强度因显微组分、煤化度和还原程度的不同而异。稳定组是煤中荧光特性最显著的组分：泥炭和褐煤的稳定组其荧光色总的来说是带绿的浅黄色，低煤化度烟煤的荧光色呈黄色，随煤化度提高变为黄橙色，到中等煤化度时稳定组变为红橙色。某些烟煤的镜质组也有荧光色，随煤化度的提高，荧光色由棕褐色、棕黄色、深褐色到黑褐色。少数烟煤的丝质组也有荧光色，一般为黑褐色或黑棕色。

煤的荧光性除了用荧光色定性描述外，通常可用几个荧光参数来定量表示：（1）在546nm 处的荧光强度；（2）相对荧光强度的光谱分布（荧光光谱）；（3）最大荧光强度波长 λ_{max}；（4）红光（650nm）和绿光（500nm）强度的熵 Q 值；（5）λ_{max} 和绿光荧光强度的熵 Q_{max}；（6）在 546nm 荧光强度的变化过程（荧光强度变异）。我国煤炭行业标准 MT/T594 和 MT/T595 分别规定了煤的荧光光谱和荧光强度的测定方法。

煤的荧光性对煤化度的变化极为敏感，可作为表征煤化度变化的参数。特别是在低煤化度阶段，合适的荧光参数可作为由 $\overline{R}^{o}_{max}$ 所表征的煤化度的修正与补充。

煤中镜质组的荧光性与黏结性关系密切，荧光性强的镜质组往往黏结性特别强。因此，某些黏结性异常的烟煤可从荧光性的变化找出原因。

煤化过程中沥青化作用的强弱与成煤环境关系密切，沉积环境的还原性强，沥青化作用强烈，所形成的镜质组越有可能吸附较多的沥青而显示荧光性。因此，今后有可能以煤中显微组分的荧光强度等荧光参数作为煤的还原程度的指标。

5.1.6 煤的热性质

5.1.6.1 煤的比热容

在一定的温度范围内，单位质量的煤温度升高 1K 所需的热量称为煤的比热容，室温下煤的比热容为 1.00~1.266kJ/(kg·K)。

煤的比热容因煤变质程度、水分、灰分及温度的变化而异。室温下煤的比热容随煤化度的增加而减少。因为水的比热容较大，故煤的比热容随其所含水分的提高而大致成直线增加。一般矿物质在室温时的比热容为 0.7~0.84kJ/(kg·K)，因而煤的灰分较多时，比热容下降，比热容和煤中碳含量的关系如图 5-14 所示。煤的比热容随温度的升高而呈抛物线的变化，在 350℃左右达到最大值。温度低于 350℃时，煤的比热容随温度的升高而增大；温度超过 350℃，煤的比热容随温度的升高有所下降，因为 350℃后煤发生了热分解，最后接近于石墨的比热容为 0.71kJ/(kg·K)。比热容随温度的变化规律如图 5-15 所示。

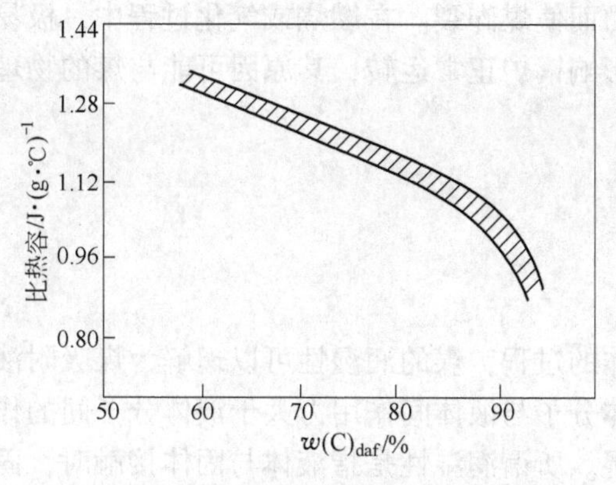

图 5-14 比热容和煤中碳含量的关系

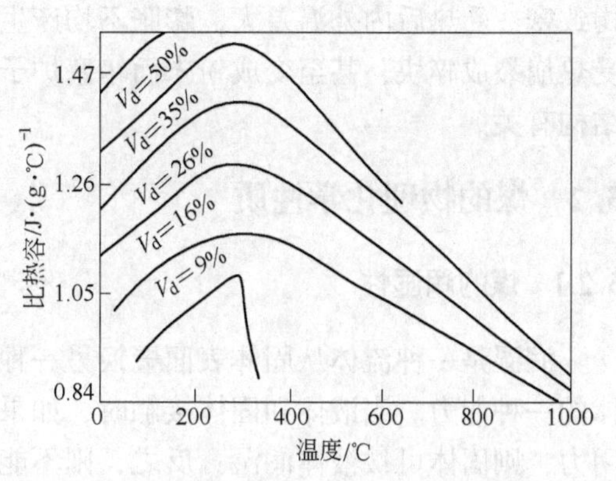

图 5-15 煤的比热容随温度的变化规律

5.1.6.2 煤的导热性

煤的导热性包括煤的导热系数 λ[kJ/(m·h·K)] 和导温系数 α(m^2/h) 两个基本常数。导热系数 λ 是热量从煤的高温部位向低温部位传递时，单位距离上温差为 1K 的传递速率。物质的导热系数 λ 应理解为热量在物体中直接传导的速度，表示物体的散热能力；$c\cdot\rho$ 表示物体的蓄热能力。导温系数 α 是不稳定导热的一个特征物理量，是物质散热能力和蓄热能力的比，它代表物体具有的温度变化（加热或冷却）能力。

λ 和 α 常应用于煤料的传热计算，其关系为式（5-15）。

$$\alpha = \frac{\lambda}{c\cdot\rho} \tag{5-15}$$

式中 c——煤的比热容，kJ/(m·K)；

ρ——煤的密度，kg/m^3。

煤的导热系数与其水分、灰分、温度及煤种有关。水的导热系数远大于空气，约为后者的 25 倍，所以煤中水分增高，煤的导热系数将变大；矿物质的导热系数远高于有机物，因而煤的灰分增加，导热系数将随之增大；煤的导热系数与温度成正比关系，随温度的上升而增大；腐殖煤中泥炭的导热系数最低，烟煤的导热系数明显高于泥炭，烟煤中焦煤和肥煤的导热系数最小，无烟煤具有更高的导热系数。

以上煤的导热系数变化规律反映了煤质内部结构变化的特点。煤在变质过程中有机质结构渐趋紧密化与规则化，因而其导热性指标渐趋增大，并越来越接近于石墨。此外，煤的导热系数亦与粒度有关，一般块煤或型煤、煤饼的导热系数比同种煤的末煤和粉煤大。

5.1.6.3 煤的热稳定性

煤的热稳定性又叫煤的耐热性，是煤在高温下保持其原来粒度大小的性质。有的煤在加热时，易爆裂成细粒或粉末，从而造成炉内气流的阻力增大，这种煤的热稳定性就差。热稳定性好的煤在加热时，仍保持其原来的粒度。

煤的热稳定性和煤种有关，褐煤和某些超无烟煤的耐热性差。褐煤水分较多，受热后，水分汽化，同时因其内部结构和组成的热分解而碎裂成小粒。某些超无烟煤，由于结构致密，受热后内外温差大，膨胀不均产生应力而使煤碎裂。在燃烧或气化过程中，极易受热崩裂成碎块，甚至变成粉末而堵塞炉子，影响锅炉正常运转，其原因可能与煤的物理结构有关。

5.2 煤的物理化学性质

5.2.1 煤的润湿性

润湿是一种流体从固体表面置换另一种流体的过程，煤的润湿性可以理解为煤吸附液体的一种能力。当液体和固体接触时，如果固体分子与液体间作用力大于液体分子间的作用力，则固体可被液体润湿；反之，则不能润湿。所谓润湿性是指液体与固体接触时，固体被液体所润湿的程度。

5.2.1.1 润湿性与接触角

根据固体表面润湿性理论，当液体在固体表面形成液滴并达到平衡时，液滴就会呈现一定的形状，如图 5-16 所示。在图 5-16 中的气、液、固三相交界处 *A* 点，液体表面 *A* 点处的切线和固-液界面之间的夹角称为接触角 θ。接触角 θ 的大小由煤、液体和固-液界面的界面张力的相对大小决定，其相关性方程式见式（5-16）。

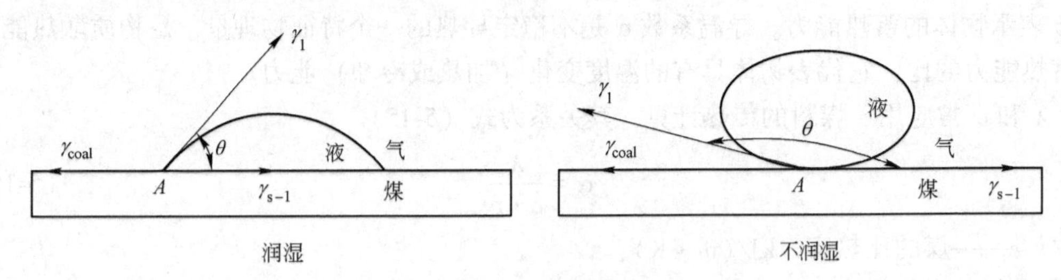

图 5-16 润湿作用与液滴形状

$$\cos\theta = \frac{\gamma_{coal} - \gamma_{s-1}}{\gamma_1} \tag{5-16}$$

式中 γ_{coal}——煤的表面张力，N/m；

γ_1——液体的表面张力，N/m；

γ_{s-1}——煤和液体的界面张力，N/m。

通常采用接触角表示煤的润湿性的大小，接触角越大，煤的润湿性越差。接触角为锐角时，可以认为液滴能润湿固体煤。θ 越小，液体对煤的润湿性越好。θ 的数值可以通过多种实验方法测定，如粉末法、倾板法、液滴法和气泡黏结法等。对粉煤无法测定其接触角，可将粉煤加压成型块再进行测定。

5.2.1.2 润湿性的影响因素

水润湿煤的本质是煤表面分子或原子与水分子之间的作用过程，影响这种作用的因素有煤化程度、煤的表面含氧官能团、pH 值、温度、水中所含的表面活性剂的种类和浓度、矿物质、煤的粒度、煤岩组分等。

(1) 煤化程度。煤的润湿性取决于煤表面的分子结构特点。通常分别用水和苯作为液体介质测定煤的接触角，来反映煤的亲水性和亲油性。煤的液体接触角的大小与煤变质程度和液体的种类有关，如图 5-17 所示。

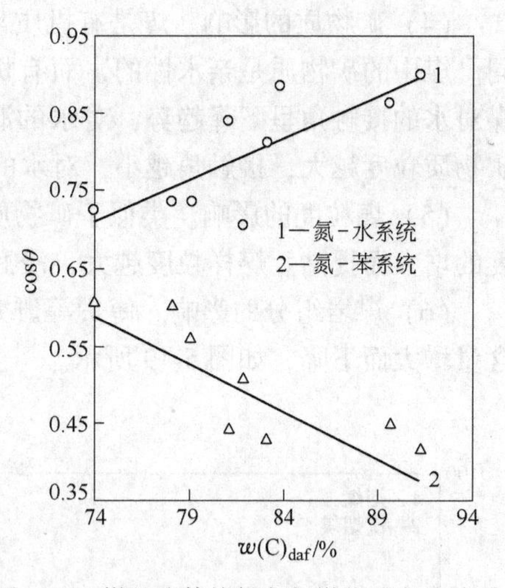

图 5-17 煤的液体接触角与煤化程度的关系

从图 5-17 中可以看出，随着煤化度的加深，对于氮-水系统，$\cos\theta$ 呈下降趋势，亦即 θ 是增大的，所以煤对水的润湿性是下降的。与此相反，对于氮-苯系统，$\cos\theta$ 呈增加趋势，所以随煤化程度的提高，煤对苯的润湿性是增加的。通常，年轻煤对水介质的亲和性较强，中等以上煤化程度的煤对水的亲和性较差。在煤的浮选脱灰过程中，就是利用煤和矸石亲水性的差异进行分离的。矸石表现为亲水性，而煤一般表现为疏水性，但年轻煤由于分子中含有大量的极性含氧官能团，表现为较强的亲水性，因而其可浮性较差，必须经过特殊工艺才能采用浮选工艺脱灰。

(2) 表面含氧官能团的影响。煤表面的有机质由带不同极性官能团的结构单元组成。在褐煤阶段，由于表面极性官能团较多，与水分子之间的作用力大，因而对水的润湿性较好。随着煤化程度的提高，表面极性官能团的数量逐渐减少，芳香度增加，对水的润湿性下降。在烟煤阶段，对于芳香环少的烟煤，随芳香环的增多，煤的疏水性增强；而对于芳香环多的烟煤，随连接芳香环的脂肪族侧链的减少，煤的疏水性反而减弱。接触角是煤表面性质的宏观表现，碳氧比反映了这种表面性质的平衡度量。随着碳氧比增加，煤的临界界面张力增加，界面更容易被一些低极性的有机液体润湿。煤表面的羟基、羧基、醚键、羰基等含氧官能团易与水分子形成氢键而亲水。煤氧化后导致醚键和羟基、羧基官能团增多，因而煤的亲水性增强。村田逞诠详细研究了接触角与含氧官能团之间的关系，发现羧基含量是影响煤表面润湿性最主要的因素，如从水悬浮液角度考虑，褐煤表面化学性质由羧基官能团控制。羟基对润湿性的影响仅次于羧基。从化学结构上可以看出，羰基、醚键对润湿性的影响很微小，与接触角之间不存在相关性。因此，煤的含氧量及含氧官能团不同，它们的表面润湿性也不同。在水煤浆制备中，用疏水性较强的煤种制备的水煤浆黏度较低。浮选时，疏水性较强的煤种可浮性好，能够采用浮选工艺进行分选加工。

(3) pH 值的影响。F. Osasere 研究发现，溶液从酸性到碱性转化过程中，接触角先是增大，出现极大值后又开始下降，如图 5-18 所示。这种变化规律是 pH 值的变化使体系达到等电点时，接触角达到最大值。

润湿现象只是一种纯粹的界面行为，通过改变相互接触的液固界面性质即可改变润湿性，除了改变体系的 pH 值可以改变润湿性外，在水中加入添加剂，如表面活性剂、混凝剂或絮凝剂等，它们在界面上的吸附作用，可导致固体表面与水的界面性质发生变化，从而引起煤表面的润湿性的变化。就表面活性剂分子的吸附而言，因其所带的电荷不同，煤粒子表面和表面活性剂分子之间的相互作用也不同。同时，添加剂浓度不同，添加剂分子在溶液中的行为也不同，从而导致煤表面的润湿性不同。

（4）矿物质的影响。煤是有机质与矿物质的混合物，两者对液体的润湿性有很大的不同。煤中的矿物质是亲水性的，而有机质一般是疏水性的，因此随着矿物质含量的增加，煤对水的接触角呈下降趋势，对水的润湿性增强。矿物质的粒度对煤的润湿性也有影响，矿物质粒度越大，接触角越小，对水的润湿性就越好。

（5）煤粒度的影响。类似于矿物质粒度的影响，煤的粒度对润湿性也有影响，且随粒度的增大而提高。煤样粒度越大，浸润速度也越快，这对于煤尘治理有重要的指导意义。

（6）煤岩组分的影响。傅贵等研究发现，接触角随惰质组含量增大而提高，随镜质组含量增大而下降，如图 5-19 所示。

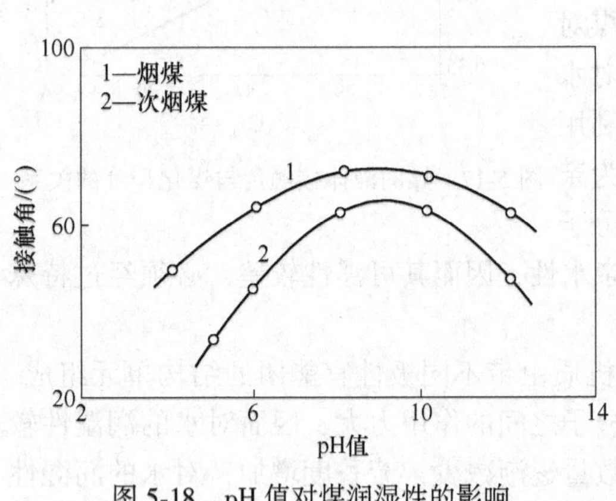

图 5-18 pH 值对煤润湿性的影响

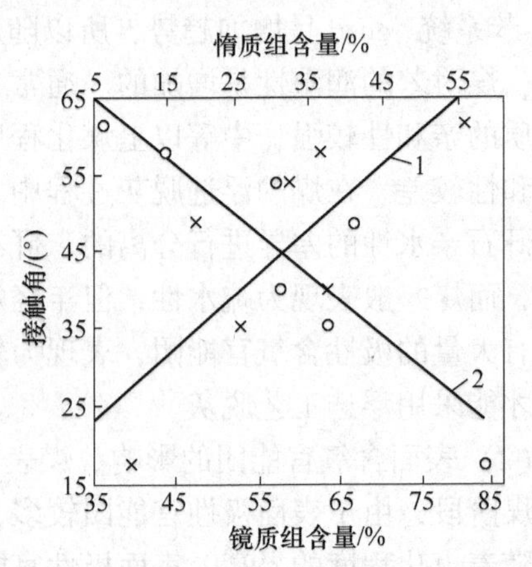

图 5-19 煤岩组分对煤润湿性的影响

1—惰质组；2—镜质组

5.2.1.3 测定接触角和润湿性的意义

在煤炭加工利用过程中，油团聚法和浮选法是以润湿性为依据的选煤工艺。在煤的相对接触角与成浆性关系研究中发现，越是疏水的煤越能制备出高浓度的水煤浆，而亲水程度高的煤则难以制备水煤浆。在煤层预注水防尘中，煤润湿性的大小在很大程度上影响注水效果。在煤应用性质研究中，接触角已被广泛用来表征煤的表面特征。通过接触角的测量，可以评价煤表面的化学特征以及液体与煤表面之间的相互作用方式。

5.2.2 煤的润湿热

煤被液体润湿时会释放出热量，通常用 1g 煤被润湿时释放出的热量作为煤的润湿热。润湿热的大小主要与液体种类、煤的表面性质有关。常用的润湿剂是甲醇，甲醇能在几分钟内将润湿热全部释放出来。润湿热与煤化程度的关系如图 5-20 所示。年轻煤的润湿热较高，但随着煤化程度的提高而急剧下降，在碳含量为 90%左右达到最低值，以后又有所上升。润湿热的产生实际上是液体在煤的孔隙内表面上发生吸附作用的结果。吸附作用越强，比表面积越大，润湿热就越高。年轻煤的分子上含有较多的含氧官能团，易与甲醇分子产生强极化作用，而且年轻煤的比表面积大，因而润湿热较高。随煤化程度的提高，含氧官能团和比表面积均呈下降趋势，所以润湿热也随之下降。到了碳含量为 90%以上的无烟煤阶段，润湿热上升是由于比表面积有所提高。

润湿热的大小受多种因素影响，但主要与比表面积有关。试验表明，煤的润湿热为 0.39~0.42J/m²。利用润湿热可以大致估计煤的比表面积，但不准确。

影响润湿热的因素很多。例如，低煤化度煤含氧量高，可能与甲醇发生强极化作用，或结合成氢键而释放热量；煤中某些矿物质组分与甲醇作用也能放热或吸热；煤中的黏土矿物能与甲醇反应也产生热量。此外，还有吸热现象，如树脂的溶解、煤的体积膨胀和煤中硫化物以及碳酸钙与甲醇反应等。

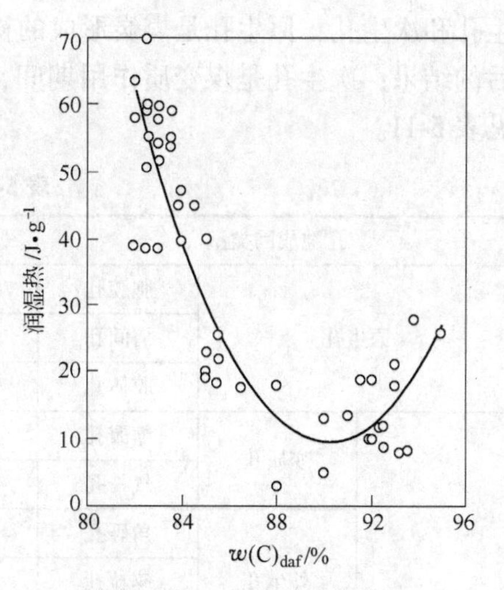

图 5-20 甲醇对煤的润湿热与煤化程度的关系

煤的润湿热源于液体与煤表面的相互作用，主要是由范德华力或极性分子的作用力所引起的，其大小与液体种类和煤的表面积有关。因此，润湿热的测值可用于确定煤中孔隙的总表面积。一般情况下，煤的单位内表面积的润湿热为 0.39~0.42J/m²，据此计算得到煤的内表面积范围是 10~200m²/g。

5.2.3 煤的孔和比表面积

煤中的孔是指煤粒内可由流体进出或填充的孔洞或空间。成煤作用初期，古代植物在沼泽、湖泊等有水的环境中降解形成胶体状物质——泥炭，其中存在大量的孔，泥炭转化为煤后即转化为煤中的孔。此外，泥炭埋入地下经受变质作用的过程中，由于各种原因也会在煤基体上形成孔。因此，煤中含有数量众多、大小悬殊、形态各异的孔。煤中孔的大小、数量直接影响到煤对瓦斯的吸附性、解吸性以及瓦斯在煤层中的流动运移性等，也影响煤中水分的存在方式和含量。研究煤中的孔，对于认识煤中瓦斯的赋存、瓦斯在煤层中的运移以及对煤的加工利用等具有重要意义。

一般将煤中各样的孔统称为孔隙，本书将煤中的孔按其特点划分为孔隙和裂隙。孔隙的特点主要有：(1) 尺寸较小，从微米到纳米级，肉眼不可见，部分较大孔隙电子显微镜可见；(2) 形状呈多样化，如圆筒形、狭缝形、墨水瓶形等；(3) 孔隙的横截面是规则或不规则环形曲线，多呈闭合状态；(4) 主要为原生孔和次生变质孔。裂隙的特点主要有：(1) 尺寸较大，多是微米到毫米级，常常肉眼或光学显微镜可见；(2) 形状多是相邻片状煤基体构成的平面或凹凸面形状的缝隙孔；(3) 裂隙的横截面呈近似直线，直线的两端距离较远，不会形成闭合曲线，呈四面开放型结构；(4) 主要是因应力（如构造应力、收缩应力等）而产生。

5.2.3.1 煤的孔隙

A 煤中孔隙的成因

煤中的孔隙体系十分复杂，表现在孔隙的形状各异、大小不同、多少不等，有的开放，有的闭合等方面，这些差异性是煤形成过程多样性的结果。煤中孔隙的成因可分为原生孔和次生孔，原生孔是煤炭形成的初期，在成岩作用之前煤物质中原有的孔隙及其演变后的结果；次生孔是煤变质作用期间，因不同力作用在煤物质的基体上重新形成的孔隙，见表5-11。

表5-11 煤中孔隙的成因

孔隙成因类型			成因简述
原生孔		胞腔孔	成煤植物本身所具有的细胞结构孔
		屑间孔	镜屑体、惰屑体和壳屑体等碎屑状颗粒之间的孔
		胶体孔	泥炭胶体经脱水、压缩形成的孔
次生孔	变质孔	缩聚孔	凝胶化物质在变质作用下缩聚而形成的分子链之间的孔
		气　孔	煤变质过程中由生气和聚气作用而形成的孔
	外生孔	角砾孔	煤受构造应力破坏而形成的角砾之间的孔
		碎粒孔	煤受构造应力破坏而形成的碎粒之间的孔
		摩擦孔	压应力作用下面与面之间摩擦而形成的孔
	矿物质孔	铸模孔	煤中矿物质在有机质中因硬度差异而铸成的印坑
		溶蚀孔	可溶性矿物质在长期气、水作用下受溶蚀而形成的孔
		晶间孔	矿物晶粒之间的孔

a　原生孔

原生孔是在泥炭化阶段就已存在的孔隙，主要有胞腔孔、屑间孔和胶体孔。

胞腔孔（或称植物组织孔）是成煤植物本身所具有的细胞结构孔，其孔径为几微米至几十微米；对煤储层而言，胞腔孔的空间连通性差，尤其是纤维状丝质体的胞腔孔，仅局限于一个方向发育，相互之间连通少。

屑间孔指煤中各种碎屑状显微体，如镜屑体、惰屑体、壳屑体等碎屑颗粒之间堆砌形成的孔隙，这些碎屑颗粒无一定形态，有不规则棱角状、半棱角状或似圆状等，大小为2~30μm。由其构成的屑间孔的形态以不规则状为主，孔的大小一般小于碎屑。这些碎屑可能来自于成煤早期被降解或在运移过程中遭机械破坏的植物碎屑和泥炭，但也不排除可能由后期构造作用导致破碎而产生。按前一成因而言，屑间孔为原生孔。屑间孔发育于镜屑体、惰屑体及壳屑体之间，仅微区连通，且数量很少，对煤储层渗透率贡献不大。

胶体孔即泥炭化作用阶段，植物组织被降解后形成的胶体在后来的成岩作用和变质作用过程中经历脱水、压缩等作用形成的孔隙。这类孔是煤中孔隙的重要组成部分，它们的孔径小，一般在纳米级至微米级，相互连通性好，是瓦斯气体的主要吸附场所和运移通道。胶体孔尺寸随上覆岩层的压力增大而缩小，随煤化程度的提高明显下降。

b　次生孔

次生孔是成岩作用及变质作用期间，因各种应力作用在煤基体上新形成的孔隙，分为变质孔、外生孔和矿物质孔。

变质孔是煤在变质作用过程中因发生各种物理化学反应而形成的孔隙。变质孔分为缩聚孔和气孔。变质作用过程中煤的大分子在温度、压力作用下，侧链逐渐减少缩短，芳香稠环体系不断增强，芳构化程度逐渐增高，引起体积收缩，并导致煤基体产生细微孔隙，这样的孔隙称为缩聚孔，其尺寸范围在纳米级。

气孔主要由生气和聚气作用而形成，以往称之为热成因孔。常见气孔的大小为0.1~3μm，1μm左右的多见。单个气孔的形态以圆形为主，边缘圆滑，其次有椭圆形、梨形、圆管形、不规则港湾形等。气孔大多以孤立的形式存在，相互之间连通性不好。不同煤岩组分气孔的发育特征不同。壳质组气孔最发育，并大多以群体的形式出现，有些壳质体具有外壳壁，壳壁上很少有气孔，壳内气孔密集；镜质组气孔较发育，但很不均匀，成群的特点突出，气孔群中的气孔排列有无序的，也有有序的，有的呈带状分布，有的呈线状分布，椭圆形及圆管形气孔的长轴常定向排列，气孔群与气孔群之间也很少连通，有时气孔与裂隙连通；惰质组中很少见到有气孔。

泥炭固结成岩后，受构造应力的作用而形成的孔隙为外生孔。外生孔主要有角砾孔、碎粒孔和摩擦孔。角砾孔是煤受构造破坏而形成的角砾之间的孔。角砾呈直边尖角状，相互之间位移很小或没有位移，角砾孔的大小以2~10μm居多。碎裂煤的镜质组中角砾孔发育较好，局部连通性比较好。碎粒孔是煤受较严重的构造破坏而形成的碎粒之间的孔。碎粒呈半圆状、条状或片状，碎粒之间有位移或滚动，碎粒大小多为5~50μm，其孔隙大小为0.5~5μm。碎粒孔体积小，易堵塞。碎粒孔占优势的煤层，煤体破碎严重，影响煤储层渗透性。摩擦孔是煤中压性构造面上常有的孔隙，这是在压力作用下面与面之间相互摩擦和滑动而形成的孔。摩擦孔有圆状、线状、沟槽状、长三角状等形态，且常有方向性，孔边缘多为锯齿状，大小相差悬殊，小的1~2μm，大的几十或几百微米。摩擦孔还常与擦痕伴生，二者的方向有一致的，也有不一致的。摩擦孔仅局限于二维构造面上，空间连通性差。

由于矿物质（包括晶质矿物和非晶质无机成分）的存在而产生的各种孔隙称为矿物质孔，孔的大小以微米级为主，常见的有铸模孔、溶蚀孔和晶间孔。铸模孔是煤中原生矿物质在有机质中因硬度差异而铸成的印坑。溶蚀孔是煤中可溶性矿物质（碳酸盐类、长石等）在长期气、水作用下受溶蚀而形成的孔。晶间孔指矿物晶粒之间的孔，有原生的，也有次生的。裂面和滑面上的次生方解石、白云石、菱铁矿、高岭石和石英等常发育有晶间孔或溶蚀孔，次生矿物晶间孔和溶蚀孔的发育是煤层水文地质环境的反映，也是煤储层渗透率的反映，矿物质在煤中含量有限，矿物质孔只有少数矿物质发育，数量很少，对煤储层性能影响不大。

B 煤中孔隙的大小

煤中孔隙直径的大小在10^{-9}~10^{-3}m之间。由于煤的孔径大小悬殊，差别很大，为便于研究和应用，可按照孔直径的大小对孔隙进行分类。孔隙的大小分类方案很多，不同分类方案的区别在于所规定的各种孔径的范围不同。煤中孔隙常见的分类方案见表5-12。国际纯粹化学与应用化学联合会（IUPAC）的分类方案在世界范围内广为接受。

表5-12 主要的煤中孔隙分类方案（孔直径） （nm）

分类方案及年份	孔直径					
	大孔	中孔	小孔	过渡孔	微孔	超微孔
焦作矿业学院（1990年）	>100	100~10			10~1	<1
俞启香（1992年）	100000~1000	1000~100	100~10		<10	
王大增（1992年）	>10000	10000~1000			1000~200	<200

续表 5-12

分类方案及年份	孔直径					
	大孔	中孔	小孔	过渡孔	微孔	超微孔
IUPAC（1966年，孔宽）	>50	50~2			<2	
Dubinin（1966年）	>20			20~2	<2	
ХОЛОТ（1961年）	>1000	1000~100		100~10	<10	
Gan（1972年）	>30			30~1.2	<1.2	
抚顺煤研所（1985年）	>100			100~8	<8	
杨思敏（1991年）	>750	750~50		50~10	<10	
秦勇（1995年）①	>400	400~50		50~15	<15	

①适合于高煤级的煤。

从表5-12看出，虽然孔隙的名称有大孔、中孔、微孔等区别，但不同分类方案所对应的孔尺寸相差很大。总体来看，IUPAC、Dubinin和Gan提出的方案是基于气体吸附法的测定结果划分的，对50nm以下的孔划分得较细；其他的方案都是基于压汞法结果划分的，对10nm以上的孔划分得较细，10nm以下的孔几乎没有再细分。实际上，1~10nm的孔是煤中重要的孔隙，且对瓦斯的储存和运移有重要影响，因此必须考虑10nm以下孔的分布情况。限于目前的测定技术，还没有一种方法可以全程测定煤中的孔隙结构，常常是将压汞法和气体吸附法结合起来使用。由于原理的不同，这两类方法得到的孔径数据的物理意义有一定的差别，还不能相互代替。

前述大部分划分方案的缺憾是没有考虑孔隙大小与气体的吸附或运移的流动特性相关联，仅仅是根据孔隙的机械尺寸进行划分。罗新荣在探索瓦斯在煤孔隙中的流动扩散特性的基础上，提出了一套分类方案，见表5-13。

表 5-13 煤层孔隙与流动形态

孔隙分级	孔隙分类	孔径/nm	瓦斯储运特征
一级吸附容积	微孔	≤10	吸附与扩散
	小孔	10~100	毛细凝结和扩散
	中孔	100~1000	分子滑流层流渗透
二级渗透容积	大孔	$10^3\sim10^5$	剧烈层流渗透
	可见缝隙	$>10^5$	层流与紊流渗透

桑树勋等人在研究前人成果的基础上，提出了一套基于吸附过程本质的分类体系，见表5-14。

表 5-14 煤中孔隙类型与瓦斯储运特征

孔隙类型	特征	气储蓄	气运移
渗流孔隙	孔径大于100nm，原生孔和变质气孔	游离气	渗流
凝聚-吸附孔隙	孔径10~100nm，分子间孔和部分经受变形改造的原生孔和变质气孔	吸附气、凝聚气	扩散

续表 5-14

孔隙类型	特征	气储蓄	气运移
吸附孔隙	孔径 2~10nm，分子间孔	吸附气	扩散
吸收孔隙	孔径小于 2nm，有机大分子结构单元缺陷，部分为分子间孔	充填气	扩散

该方案整体上较为科学，且覆盖了煤中的各种尺寸的孔隙，值得借鉴。本书认为同一类孔对于分子的吸附有相近的特性，且对应相似的物理过程。

C 煤中孔隙的孔径分布与煤化程度的关系

吕志发等详细研究了煤中孔隙结构分布随煤化程度的变化规律，见表 5-15。

表 5-15 不同煤化程度煤的孔隙结构变化

采样点	R^{o}_{max} /%	总孔容 /$cm^3 \cdot g^{-1}$	孔面积 /$m^2 \cdot g^{-1}$	孔隙率/%	孔隙体积/%			
					微孔	小孔	中孔	大孔
抚顺	0.52	0.1185	32.20	5.67	36.71	15.61	2.28	45.40
焦坪	0.54	0.0801	18.59	4.76	30.21	36.08	14.86	18.85
乌鲁木齐	0.62	0.0584	20.27	5.88	52.10	24.30	13.40	11.20
镇城	1.16	0.0404	13.71	2.29	44.80	30.20	7.18	17.82
鸡西	1.42	0.0544	13.42	1.38	32.54	21.51	5.33	40.62
半城	1.67	0.0230	9.34	1.33	61.80	18.20	8.59	11.41
南桐	1.91	0.0254	9.32	2.55	48.43	29.53	5.91	16.13
阳泉	2.36	0.0354	15.90	2.78	59.60	32.20	3.95	4.25
汝箕沟	3.32	0.0299	12.27	3.36	55.18	34.11	4.02	6.69

从表 5-15 中可以看出：

(1) $R^{o}_{max} < 1.5\%$ 时，在该阶段随着煤化程度的提高，总孔容、比表面积和各级别孔隙体积均明显减小，尤其是大孔和中孔体积的减小更为迅速。

(2) $R^{o}_{max} \geqslant 1.5\%$ 时，随煤化程度的提高，小孔和微孔体积开始增大，但大、中孔体积和总孔体积继续减少。

D 孔隙率

孔隙率又称孔隙度，是煤中孔隙体积占煤总体积的百分比。孔隙率大小影响煤储层储集气体的能力。与常规天然气储层孔隙度相比，煤的孔隙率较低，前者一般为 10%~20%，后者一般小于 10%。

煤的孔隙率随煤化程度的变化如图 5-21 所示。年轻煤中的孔隙主要是由泥炭胶体的孔隙转化而来的，由于成煤作用中受到的压力较小，孔径也就较大；到了中等煤化程度的煤，由于煤化作用，分子结构的变化会使分子趋于紧密，因而孔隙会减小；到了高煤化程度的无烟煤，煤分子缩聚加剧，密度增大，使煤的体积收缩，由于收缩不均产生的内应力大于煤的强度时，就会在局部形成裂隙，使无烟煤的孔隙率又有所增大，这些裂隙基本以微孔为主。

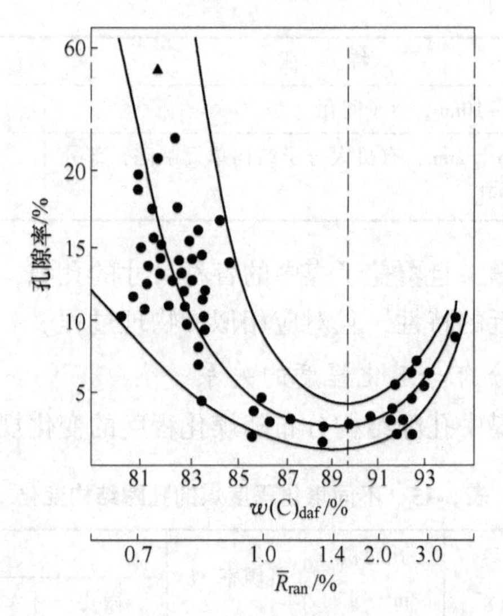

图 5-21 煤的孔隙率随煤化程度的变化规律

5.2.3.2 煤的裂隙

煤的裂隙是指煤在各种应力的作用下，煤基体裂开所形成的缝隙，通常肉眼可见。煤的裂隙可分为内生裂隙和外生裂隙。在煤层气界，内生裂隙又称为割理。

A 煤的内生裂隙

a 内生裂隙的概念

煤的内生裂隙是指煤化作用过程中，煤在自身产生的收缩内应力和孔隙流体高压力作用下，煤基体开裂形成的缝隙即为内生裂隙。内生裂隙的走向受古构造应力场控制。

内生裂隙一般呈相互垂直的两组出现，且与煤层层面垂直或高角度相交。一般情况下，连续性较强、延伸较远、裂隙数较多的一组称为主要垂直裂隙面（面割理）；主要垂直裂隙面之间断续分布、裂隙数较少的一组称为次要垂直裂隙面（端割理）。这两组裂隙将煤体切割成一系列菱形或长方体基质块。裂隙一般集中分布在光亮煤分层中，裂隙面平整、无擦痕、多具张性特征。裂隙的充填物一般为自生矿物，如方解石、黏土等，极少充填碎煤粒。主要垂直裂隙面（面割理）和次要垂直裂隙面（端割理）如图 5-22 所示。

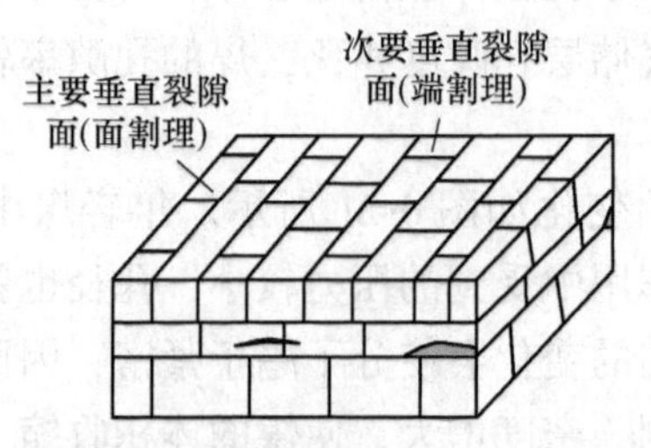

图 5-22 煤的主要垂直裂隙面（面割理）和
次要垂直裂隙面（端割理）示意图

b 内生裂隙与煤岩组分、层理的关系

煤的内生裂隙与煤岩组分、层理之间的关系如图 5-23 所示。

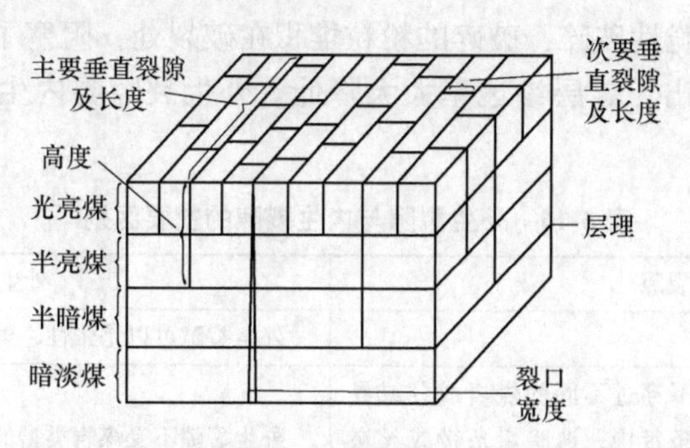

图 5-23 煤的内生裂隙与煤岩组分、层理关系示意图

主要垂直裂隙与次要垂直裂隙在空间上是两组互相垂直或微斜交、各自沿一定方向平行排列且垂直于煤层层理并延伸发育的裂隙。其中主要垂直裂隙在走向上连续发育，次要垂直裂隙发育在相邻两条主要垂直裂隙之间，两端终止在主要垂直裂隙面。

主要垂直裂隙面垂直于煤层层理并平行排列，区域内走向大体一致，走向长度不等，有的仅在镜煤成分中发育，分布范围与镜煤体积大小一致，延伸长度一般较小。有的不受煤岩成分的控制，可切穿不同的煤岩成分，一般延伸长度较大。主要垂直裂隙的高度有的仅发育在镜煤微层理中，有的可发育在一个煤岩类型中局部范围内。主要垂直裂隙有等间距性，裂隙裂缝平直，裂隙面平整，煤体容易沿主要垂直裂隙面断开。

次要垂直裂隙面垂直于煤层层理并平行排列，沿一定方向延伸发育，区域内走向大体一致。走向上的长度受主要垂直裂隙间距的控制，一般情况下其长度等于主要垂直裂隙的间距。次要垂直裂隙的高度有的仅发育在镜煤微层理中，有的可发育在一个煤岩类型中。

裂隙发育程度与煤岩组分有关，裂隙密度由大到小是：镜煤>亮煤>暗煤，这一规律具有普遍性。裂隙发育程度与煤岩类型有关，光亮型煤最为发育，其次是半亮型煤和半暗型煤。从长焰煤到焦煤，随着煤变质程度的提高，裂隙密度增大，到瘦煤阶段裂隙密度又减小，但此后规律不明显。

c 内生裂隙与煤化程度的关系

煤化程度对内生裂隙的影响很大。腐殖煤中，长焰煤<10 条/5cm，气煤 10~15 条/5cm，焦煤 30~40 条/5cm，无烟煤<10 条/5cm。一般认为，内生裂隙是凝胶化物质在变质作用过程中受温度、压力的影响，内部结构变化、体积均匀收缩，产生内应力而形成的。有迹象显示，内生裂隙可能受构造的影响。内生裂隙发育程度随煤级的变化，不但受变质程度的影响，而且还受宏观煤岩类型的制约。在成煤作用过程中，由于成煤环境的变迁，成煤物质将有所差异，导致煤的宏观煤岩成分和煤岩类型有明显不同，从而控制了内生裂隙的发育程度。光亮型煤内生裂隙最发育、裂隙孔隙度最大；向暗淡型煤过渡，内生裂隙密度和裂隙孔隙度依次降低。

B 煤的外生裂隙

外生裂隙是煤层形成后受到构造应力破坏而产生的裂隙。外生裂隙常成组出现，方向性明显，延伸较长，可切入各种煤岩分层，是良好的导水、导气通道。外生裂隙受控于区域构造运动，强调对煤储层的主干通道作用。一定程度的构造运动是储层渗透性能改善的有利条件，但剧烈构造运动会使煤层积压发生塑性形变，煤体压缩成糜棱状，破坏裂隙中枢网络结构，同时发生脆性破碎，破碎的粉粒堆积在破裂处，阻塞了裂隙通道，气体富集难以疏导，造成瓦斯突出，煤层渗透率大大降低。外生裂隙与内生裂隙的主要区别见表5-16。

表 5-16 外生裂隙与内生裂隙的主要区别

内生裂隙	外生裂隙
割理的力学性质以张性为主	外生裂隙可以是张性、剪性及张剪性等
割理在纵向上或横向上都不穿过不同的煤岩成分或界线，一般发育在镜煤和亮煤条带中，遇暗煤条带或丝炭终止	外生裂隙不受煤岩类型的限制
割理面垂直或近似垂直于层理面	外生裂隙面可以与层理面以任何角度相交
割理面上无擦痕，一般比较平整	裂隙面上有擦痕、阶步、反阶步
割理中充填方解石、褐铁矿及黏土，极少有碎煤粒	外生裂隙中除了方解石、褐铁矿、黏土外，还有碎煤粒

5.2.3.3 煤的比表面积

A 煤比表面积的概念

煤中含有大量的孔隙，孔隙都有表面，煤的比表面积是指单位质量煤的孔隙的表面积，常以 m^2/g 为单位。煤的比表面积具有当量的概念，即煤的比表面积并非宏观意义上的平面或曲面的面积，而是根据某种方法测定出来的煤中孔隙的当量面积，因此不同方法和不同介质测定出来的比表面积的结果常常有显著的差异。煤的比表面积的测定方法有很多，如甲醇润湿热法、吸附法、压汞法、小角度 X 射线散射法等。

因为甲醇上的羟基能与煤分子上的含氧官能团相互作用，润湿热法很不准确，这个方法现在只有历史意义了。小角度 X 射线散射法测定的孔隙和比表面积包含了封闭孔隙的信息，因此对于研究煤的吸附作用时，该法的结果不适用。在实用上，目前主要采用吸附法和压汞法测定煤的孔隙结构和比表面积。

B 影响煤比表面积的因素

a 煤化程度的影响

煤的比表面积是煤内部孔隙的表面积的反映，煤的比表面积随煤化程度的变化见表5-17和图 5-24。

表 5-17 煤的比表面积和煤化程度的关系

$w(C)_{daf}/\%$	比表面积/$m^2 \cdot g^{-1}$				
	N_2(−196℃)	Kr(−78℃)	CO_2(−78℃)	Xe(0℃)	CO_2(25℃)
95.2	34	176	246	226	224
90.0	~0	96	146	141	146
86.2	~0	34	107	109	125

续表 5-17

$w(C)_{daf}$/%	比表面积/$m^2 \cdot g^{-1}$				
	N_2(-196℃)	Kr(-78℃)	CO_2(-78℃)	Xe(0℃)	CO_2(25℃)
83.6	~0	20	80	62	104
79.2	11	17	92	84	132
72.7	12	84	198	149	139

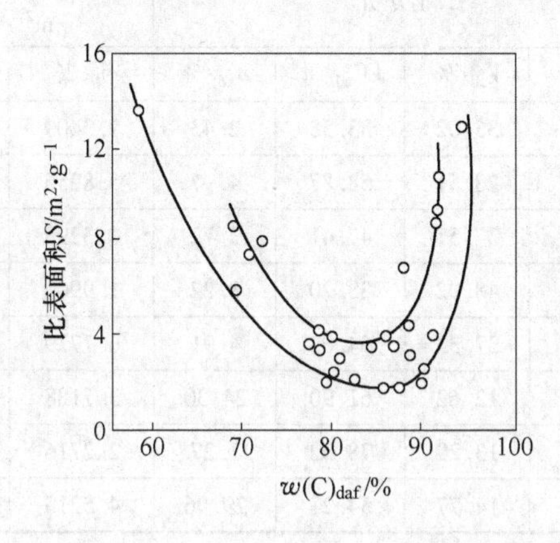

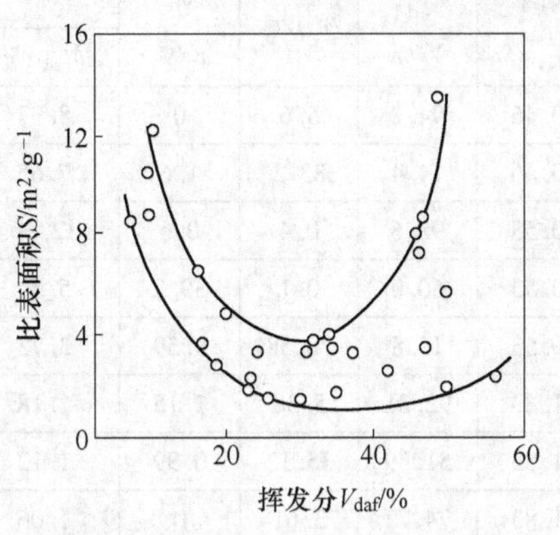

图 5-24 煤的比表面积与煤化程度的关系

表 5-17 中的数据表明，氮吸附法测定的比表面积值最小，二氧化碳吸附法测定的结果最高。从孔的可进入性和扩散活化能来看，多数人认为-78℃下用二氧化碳测定的结果较为可靠。

从表 5-17 可以看出，用 N_2 测得的比表面积比用 CO_2 的测值小得多。这与气体分子在煤微孔中的活化扩散速度有关。N_2 分子的扩散活化能比 CO_2 分子的扩散活化能大，扩散速度就慢。同时，N_2 吸附法的测定温度为 77K，CO_2 吸附法的测定温度则高得多，通常为 298K。低温下 N_2 分子的能量低，扩散进入孔隙更难，这是导致两者测值差异的主要原因。

b 煤岩组分的影响

不同煤岩组分的孔隙结构有很大区别，而且随煤化程度的变化，不同煤岩组分孔隙结构的变化规律也有差异，导致在不同煤化阶段，煤岩组分的比表面积出现此消彼长的变化。从煤中孔隙演变的情况来看，镜质组在低煤化程度阶段，其中的孔隙以胶体孔隙为主，孔隙大而且多，表现出比表面积也大；随着煤化程度的提高，受上覆岩层压力的影响，孔隙收缩，比表面积也逐渐减小，大约在碳含量为 90%达到最低；此后，煤化程度再提高，变质作用形成的微孔不断增多，煤的孔隙率和比表面积也增大。对于惰质组来说，它的特点是孔隙发达，但多为植物组织孔，孔径较大，其比表面积可能比镜质组还高。由于惰质组随煤化程度提高的变质作用不如镜质组和壳质组明显，其孔隙结构的演变也比较缓慢。总体而言，在中低煤化程度阶段，惰质组与镜质组的比表面积相当，互有高低，壳质组最低；在中高煤化程度阶段，惰质组>壳质组>镜质组；在高煤化程度阶段，镜质组>惰质组>壳质组。

从表 5-18 中可以看出，神 1 煤主要由镜质组构成，神 2 煤主要由惰质组构成，神 1 煤的比表面积稍大；抚1和抚3有相同的反射率，但以惰质组为主的抚3比表面积大。这说明低煤化程度阶段镜质组的比表面积占优势，煤化程度提高，惰质组的比表面积逐渐占优势；从鹤1和鹤2煤的比较，在高煤化程度时，镜质组的比表面积又重新占优势。有趣的是，抚2煤中有较多的壳质组，但该煤的比表面积最小，说明壳质组的比表面积很小。

表 5-18 煤岩组分对煤比表面积的影响

样品名称	镜煤反射率 R^o_{max} /%	镜质组 V/%	惰质组 I/%	壳质组 E/%	工业分析				BET 比表面积 /$m^2 \cdot g^{-1}$	
					M_{ad}/%	V_{ad}/%	FC_{ad}/%	A_{ad}/%	原煤	焦煤
神1	0.46	94.2	5.6	0	8.97	35.02	53.58	2.43	7.3409	317.3831
神2	0.46	14.4	83.2	1.6	7.65	28.51	58.87	4.97	5.8256	289.7962
抚1	0.53	98.6	0.4	0.6	12.36	37.51	47.41	2.72	4.3295	203.9412
抚2	0.53	60.0	0.1	39.2	5.56	48.02	38.20	8.22	1.9900	150.7022
抚3	0.53	19.8	76.58	0.59	3.73	37.33	54.03	4.91	6.7739	297.8250
鹤1	1.83	92.31	5.38	1.15	1.18	12.62	61.90	24.30	3.7188	69.8753
鹤2	1.83	51.39	35.12	0.99	1.12	13.29	78.32	7.27	2.2716	74.7410
鹤3	1.83	74.77	3.61	0	1.06	14.77	54.21	29.96	4.5215	76.9324

5.2.3.4 煤的吸附性能

煤是一种多孔隙并有很大内表面积的物质，对气体有较强的吸附能力。在微孔（直径约小于2nm）内，气体分子还可呈“容积充满”状态，即“固溶”状态。在同一煤层内，煤层气各组分中二氧化碳被吸附的能力强于甲烷，更强于氮；重烃的被吸附能力也强于甲烷。以极性键与煤结合的水分子比煤对甲烷的吸附具有更强的作用力。煤中水的含量增加可使气体吸附量减少。当被吸附的气体分子的热运动动能足以克服吸附引力场的作用时，可回到游离气相，并吸收热量，这一过程称为解吸。吸附和解吸互为可逆过程。通常采用煤对甲烷的吸附等温线（见图 5-25）表征煤对甲烷的吸附特征，并常用朗缪尔（Langmuir）方程描述吸附等温线。煤层气开采过程中通过排水降压，使吸附气解吸成为游离气产出。

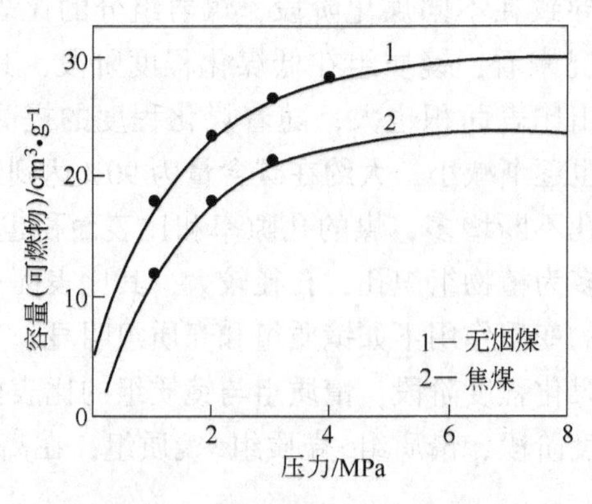

图 5-25 煤对甲烷的吸附等温线

5.3 煤的化学性质

5.3.1 煤的氧化性质

5.3.1.1 不同氧化条件下煤的氧化产物

煤的氧化是研究煤结构和性质的重要方法，同时又是煤炭加工利用的一种工艺。煤的氧化是在氧化剂作用下煤分子结构从复杂到简单的转化过程。氧化的温度越高、氧化剂越强、氧化的时间越长，氧化产物的分子结构就越简单，从结构复杂的腐殖酸到较简单的苯羧酸，直至最后被完全氧化为二氧化碳和水。常用的氧化剂有：高锰酸钾、重铬酸钠、双氧水、空气、纯氧、硝酸等。煤的氧化可以按其进行的深度或主要产品划分为表面氧化、轻度氧化、中度氧化、深度氧化和完全氧化。表5-19列举了煤进行不同深度氧化的条件及其产物。

表5-19 煤进行不同深度氧化的条件和产物

氧化深度	主要氧化条件	主要氧化产物
表面氧化	100℃以下的空气氧化	表面碳氧配合物
轻度氧化	100~300℃空气或氧气氧化 100~200℃碱溶液中，空气或氧气氧化 80~100℃硝酸氧化等	可溶于碱的高分子有机酸（再生腐殖酸）
中度氧化	200~300℃碱溶液中空气或氧气加压氧化，碱性介质中 $KMnO_4$ 氧化及双氧水氧化等	可溶于水的复杂有机酸（次生腐殖酸）
深度氧化	与中度氧化条件相同。增加氧化制用量，延长反应时间	可溶于水的苯羧酸
完全氧化	在空气或氧气中，煤的着火点以上	二氧化碳和水

A 煤的表面氧化

氧化条件较弱，一般是在100℃以下的空气中进行，氧化反应发生在煤的内外表面，主要形成表面碳氧配合物。这种配合物不稳定，易分解为CO、CO_2和H_2O等。煤经氧化后易于碎裂，表面积增加，使氧化加快。煤的表面氧化虽然氧化程度不深，却会使煤的性质发生较大的变化，如热值降低、黏结性下降甚至消失、机械强度降低等，对煤的工业应用有较大的不利影响。

B 煤的轻度氧化

a 轻度氧化条件及产物

氧化条件有所增强，一般是在100~300℃的空气或氧气中氧化，或100~200℃的碱溶液中用空气或氧气氧化，或在80~100℃的硝酸溶液中氧化，氧化的产物主要是可溶于碱液的高分子有机酸，称为再生腐殖酸。

再生腐殖酸与煤中的天然腐殖酸结构和性质相似，通过研究再生腐殖酸可以得到煤结构的信息。同时，腐殖酸又有许多用途，如作为肥料使用，可刺激植物生长、改良土壤、蔬菜病虫害防治、饲料添加剂等；在工业上可用做锅炉除垢剂、混凝土减水剂、硬水软化剂、型煤黏结剂、水煤浆添加剂等。

泥炭、褐煤、风化煤被碱所抽提的物质称为腐殖酸。腐殖酸具有弱酸性，它不是单一的化合物，是由多种结构相似但又不相同的高分子羟基芳香酸所组成的复杂混合物。它的组分既不具有塑性，也不具有弹性，而是一种高分子的非均一缩聚物；它既不溶解于水，又不结晶，是一种无定形的高分子胶体。按腐殖酸在不同溶剂中的溶解度和颜色，一般可分成三个组分，即黄腐酸、棕腐酸和黑腐酸。

腐殖酸类物质一般是指由腐殖酸及其派生物质的总称，它包括腐殖酸的各种盐类（钠盐、钾盐、铵盐等）、各种配合物（络腐酸、腐殖酸-尿素等）以及各种衍生物（硝基腐殖酸、氯化腐殖酸、磺化腐殖酸等）。硝基腐殖酸是腐殖酸类物质中的一大类，它本身包括多种盐类、配合物以及衍生物。广义地说，腐殖酸类物质也包括天然含腐殖酸的煤（泥炭、褐煤和风化煤）。

b 腐殖酸的主要性质

（1）腐殖酸能或多或少地溶解在酸、碱、盐、水和一些有机溶剂中，因而可用这些物质作为腐殖酸的抽提剂，而且腐殖酸的钠盐、钾盐和铵盐可溶于水。

（2）腐殖酸是一种亲水的可逆胶体，低浓度时是真溶液，没有黏度；而在高浓度时则是一种胶体溶液或成分散体系呈现胶体性质。加入酸或高浓度盐溶液可使腐殖酸溶液发生凝聚。一般使用稀盐酸或稀硫酸，保持溶液 pH 值在 3~4 之间时，此溶液经静置后就能很快析出絮状沉淀。

（3）腐殖酸分子结构中有羧基和酚羟基等基团，具有弱酸性，所以腐殖酸可以与碳酸盐、醋酸盐等进行定量反应。腐殖酸与其盐类组成的缓冲液可以调节土壤的酸碱度，使农作物在适宜的 pH 值条件下生长。

（4）腐殖酸分子上的一些官能团如羧基（—COOH）上的 H^+可以被 Na^+、K^+、NH_4^+等金属离子置换出来而生成弱酸盐，所以具有较高的离子交换能力。

（5）由于腐殖酸含有大量的官能团，可以与一些金属离子（Al^{3+}、Fe^{2+}、Ca^{2+}、Cu^{2+}、Cr^{3+}等）形成配合物或螯合物，故能从水溶液中除去金属离子。

（6）可溶于水的腐殖酸盐能降低水的表面张力，降低泥浆的黏度和失水。

（7）腐殖酸具有氧化还原性，如可将 H_2S 氧化为硫，将 V^{4+}氧化为 V^{5+}；黄腐殖酸能把 Fe^{3+}还原为 Fe^{2+}，将 $AuCl^-$还原为 Au 等。

（8）腐殖酸具有一定的生理活性，作为氢接受体可参与植物体内的能量代谢过程，对植物体内的各种酶有不同程度地促进或抑制作用，也能促进铁、镁、锰及锌等离子的吸收与转移等。

c 腐殖酸类物质的主要应用

（1）在农业上的应用。腐殖酸是有机质的重要组成部分，由于自身独特的化学组成和理化性质，对于提高土壤肥力有着重要作用。它不但可以改良土壤的理化性质、刺激作物生长，而且还可以增强作物的抗逆性，改善农产品的品质等。所以，腐殖酸在农业生产中被人们广泛关注。近几年来各种各样的腐殖酸肥料也相继在市场上广泛出现。目前，腐殖酸肥料的生产原料大多采用不同腐殖化程度的有机物料，例如草炭、褐煤、风化煤等，腐殖化程度不同，其性质和组成是否相同，其作用是否一致等问题成为困扰腐殖酸肥料生产的重要问题。

目前我国经审议定型的有腐殖酸铵、腐殖酸钠、硝基腐殖酸铵等。腐殖酸肥料是植物生长的刺激剂，可增产粮食，也可作土壤改良剂、多功能除草剂、蔬菜生理病预防剂、饲料添加剂、杀虫杀菌剂、养殖池环境调整剂等。

（2）工业上的应用。腐殖酸类物质一般包括腐殖酸类本身及其重要的衍生物硝基腐殖酸类两大类，这两大类的酸和它们的一些盐类或螯合物，例如，碱金属（钠、钾）盐、碱土金属（钙、钡）盐、铵盐、铋盐、钴盐、铝盐、铬腐殖酸、胺盐、烷基胺盐以及酰胺盐等在工业上有较广泛的应用。轻度氧化生成腐殖酸类物质用于水泥减水剂、锅炉除垢剂、锅炉硬水软化剂、钻井泥浆调整剂、浮选药剂制造偶氮染料和硫化染料、涂料（船底漆防污剂、抗腐蚀剂）、黏结剂（煤砖、煤球和型焦）脱硫剂（石油馏分、煤气、焦炭）、煤-油混烧稳定剂、煤粉运输用分散剂、皮革颜色分散剂、香肠肠衣浸润剂、食品防腐剂、酿酒促酵剂、工业废水废气净化剂和陶瓷添加剂等。腐殖酸还可以用于医药，可调整机体的免疫功能、抑制肿瘤的生长、调节内分泌，并有止血和活血作用。

C 煤的中度氧化和深度氧化

在200~300℃的碱性溶液中用空气或氧气加压氧化，或在碱性介质中用高锰酸钾或双氧水氧化，产物是可溶于水的复杂有机酸。如果增加氧化剂用量或延长氧化时间，生成的产物可以继续氧化为分子更小的苯羧酸甚至氧化为二氧化碳和水。利用煤的中度氧化或深度氧化可以制备芳香羧酸。

煤经轻度氧化得到腐殖酸类物质，如果继续氧化分解，在氧化第三阶段和第四阶段条件下，可生成溶于水的低分子有机酸和大量二氧化碳。低分子有机酸类包括草酸、醋酸和苯羧酸（主要有苯的二羧酸、三羧酸、四羧酸、五羧酸和六羧酸等）。

煤的深度氧化通常是在碱性介质中进行的，碱性介质的作用是使氧化生成的酸转变成相应的盐而稳定下来。同时，由于碱的存在还能促使腐殖酸盐转变为溶液，因此可以明显地减少反应产物的过氧化，从而达到控制氧化的目的。常用的碱性介质是 NaOH、Na_2CO_3、$Ca(OH)_2$ 等。如果采用中性或酸性介质，则会使 CO_2 含量增加，而水溶性酸含量降低。煤的深度氧化过程是分阶段进行的，氧化时首先生成腐殖酸，进一步氧化则生成各种低分子酸，如果一直氧化下去，则全部转变成 CO_2 和 H_2O。氧化过程是一个连续变化过程，也就是边生成边分解的过程。因此，适当控制氧化条件，可增加某种产品收率。

氧化剂的用量和氧化时间对氧化产物的收率影响很大。用高锰酸钾氧化煤时，高锰酸钾的用量对氧化产物的收率有重大影响，见表5-20。

表5-20 高锰酸钾用量对氧化产物收率的影响（质量分数） （%）

$KMnO_4$的用量	0	1.0	3.0	5.0	7.0	8.1	12.8
未变化	100	81.9	56.1	32.4	10.9	4.4	0
腐殖酸	0	10.9	27.8	24.4	19.1	0	0
芳香族羧酸	0	6.0	23.0	35.1	51.0	46.8	41.8
草酸	0	2.0	8.0	13.2	20.0	17.0	20.8
醋酸	0	0.9	1.9	2.4	2.1	2.6	3.3

波内（Bone）等人对木质素、纤维素以及各种煤化程度的煤，用碱性高锰酸钾进行了深度氧化研究，结果见表5-21。

表 5-21 木质素、纤维素及各种煤的氧化物收率（质量分数） （%）

原料物质	二氧化碳	醋酸	草酸	芳香族酸
纤维素	48	3	48	—
木质素	57~60	2.5~6.0	21~22	12~16
泥炭	49~61	3.0~5.5	15~28	10~25
泥炭和褐煤	45~47	3.0~7.5	9~23	22~34
烟煤	36~42	1.5~4.5	13~14	39~46
无烟煤	43	2	7	50

从表 5-21 可知，醋酸的收率较少，随煤化程度变化很微小；草酸的收率较多，且随煤化程度增加而减少；芳香族酸收率也较多，且随煤化程度增加而增加，增加的幅度也比较大；二氧化碳的收率很高，随着煤化程度的增加而呈下降的趋势。

D 煤的完全氧化

煤的完全氧化是指煤在高温空气中的燃烧过程，生成二氧化碳和水，并放出大量的热能。煤炭作为能源主要是以这种方式加以利用的。

E 煤氧化过程中不同结构基团的变化规律

a 脂肪族结构的变化

褐煤氧化时，脂肪族基团被氧攻击而减少，甚至在某一温度之后某一官能团不复存在，且不同的脂肪族基团具有不同的氧化活性，大部分是煤分子结构中的支链部分，如和芳核、$\rangle$C═O 或—OR 相连的 $\rangle CH_2$ 都比较活泼，但也存在相对稳定的—CH_3。

b 含氧官能团的变化

煤的氧化反应是吸氧反应，整个过程表现为含氧官能团增加，脂肪和芳香族基团减少，并且脂肪族最易被氧攻击，形成含氧官能团。煤的氧化能力随煤中含氧官能团的增加而增强。

煤表面官能团的种类和数量对煤的性质有很大的影响，最重要的表面基团是含氧官能团，而在氧化过程中含氧官能团的种类和数量的变化也尤为明显。

褐煤结构中的含氧官能团可以分成两种类型，一种是和氢结合，形成醇、酚、酸结构中的羟基；另一种是和碳结合，形成酮、酯、酸、酐、醌中的羰基和醇、酚、醚、酯、酸、酐中的 C—O 键。

羟基的变化规律最为明显，如果不考虑脂肪基和芳基的 C—H，在氧化过程中，尽管羟基在生成酯、酐等反应中有所消耗，但总的说来，在结构中它仍呈积累趋势。其中醇羟基呈增加趋势。但对酚羟基来说，只是在氧化初期有所增加，在氧化后期则有所下降。关于羧酸中的羟基，在原煤中它们大多呈缔合状态存在，但随着氧化的开始，这些相近的羧基相当活泼，易于脱水成酐，或脱羧成 CO_2，或和邻近的羟基反应生成酯。而氧化过程中的羧酸羟基，主要以孤独的“游离”状态存在。

随着氧化时间的增加，在煤氧化过程中开始出现五元环共轭酸酐新基团。五元环共轭酸酐可来自同核相邻的两个羧基脱水反应，也可能由和芳核拼接的饱和环氧化而得。与此同时，在氧化过程中，还伴随着酚酯类羰基的产生。酚酯可由酸、酚反应而得到，也可由过氧化物与酮的反应生成。在经历较长时间的氧化过程之后，会有极少量的脂肪酸酯（RCOOR′）存在。醛、酮、酸中的 >C═O 随氧化时间的变化并不明显，可能是由于这些基团比较活泼，因此在氧化过程中，虽有新的羰基生成，但它们的进一步转化使得该基团在结构中难以有显著的积累。

煤氧化过程中还有醌和二芳酮基存在的标志。氧化煤中醌基的增多是某些多取代酚被氧化的结果。醚键由于测试过程中受到醇、酚、酸、酯的 C—O 干扰，煤结构中对醚键的定量表征比较困难。但还是可以确定氧化过程中一定包含有芳醚，终因其干扰的复杂性，难以根据它们的强度来了解醚含量的变化规律。氧化过程中，醚键的增多，部分是由羟基本身缩合或和自由基缩合而成的。

由上面分析可知，煤氧化过程中，芳香酮、醛类羰基、酚、醇、醚、酯等含氧官能团数量增加，或者从无到有并逐渐增加，这是由于煤在氧化过程出现氧原子与还原性较强的官能团结合，导致这些含氧官能团在低温氧化过程中随温度升高数量增加。

c 芳香结构的变化

煤氧化时，由于芳核上的含氧取代基不断变化，一部分芳环 C ═C 呈递增趋势，而另一部分则先增多，然后又逐渐下降。褐煤由于芳核上有较多羧基，它的 C ═O 基和芳环共轭，氧化开始后，由于酚酯和芳醚的积累以及脱羧造成与芳核共轭的 C ═O 减少。对褐煤来说，温度不高时，氧化基本不触及结构单元的核心芳核，核本身是稳定的，这种认识和褐煤的结构概念相一致。众所周知，低煤化程度的褐煤，其主要结构单元是仅有 1~2 个环的芳核，在氧化过程中本身不会发生缩合反应，而部分羧酸基的脱羧反应使芳核的取代程度降低，导致芳烃 C—H 键增多。氧化时，唯一能使芳烃 C—H 键减少的，可能是部分酚基转化成醌基的反应，但这种反应仅占很小比例。

综上可知，低温氧化褐煤时，氧原子主要攻击脂肪族取代基，通过生成过氧化物进入煤结构中，因此整个过程表现为含氧基团的增多和脂肪族基团的减少，煤的核心部分芳环是稳定的。芳烃 C—H 键在氧化过程中的增多进一步说明芳核未遭破坏，本身也没有发生缩合，它的增多主要是由于芳香酸中的部分羧基脱羧的结果。

此外，煤在低温氧化过程中微观结构的变化主要表现为煤表面官能团的变化，在低温氧化阶段，煤分子中的芳香结构由于需要较高的能量才能被活化而发生氧化反应，依据相关试验也可以从不同氧化温度红外光谱图看出煤的芳香结构基本没有大的变化。

F 煤低温氧化过程中反应历程分析

在煤低温氧化过程中，随着温度的升高，首先是煤分子中大量的缔合羟基、酚羟基与氧发生反应转化为羧基，部分羧基在氧化过程中变成水随气流逸出；芳香羧基（Ar—COOH）先是逐渐增多，在温度到达 100℃时，其数量达到一最大值后，由于高温下不稳定，发生分解，转变为较稳定的醚键。随着氧化温度的继续上升，直至温度高于 175℃时，煤大分子结构上一些脂肪侧链开始脱落，甚至部分连接芳香基团间的桥键发生了断裂，氧化产物中的芳香环显著增加，从而使芳香族部分相对比例升高。

根据最新研究表明，当温度在 200℃以下时，煤在氧化过程中，分子中芳香结构单元间的桥键及与其连接的官能团侧链参与了氧化反应：

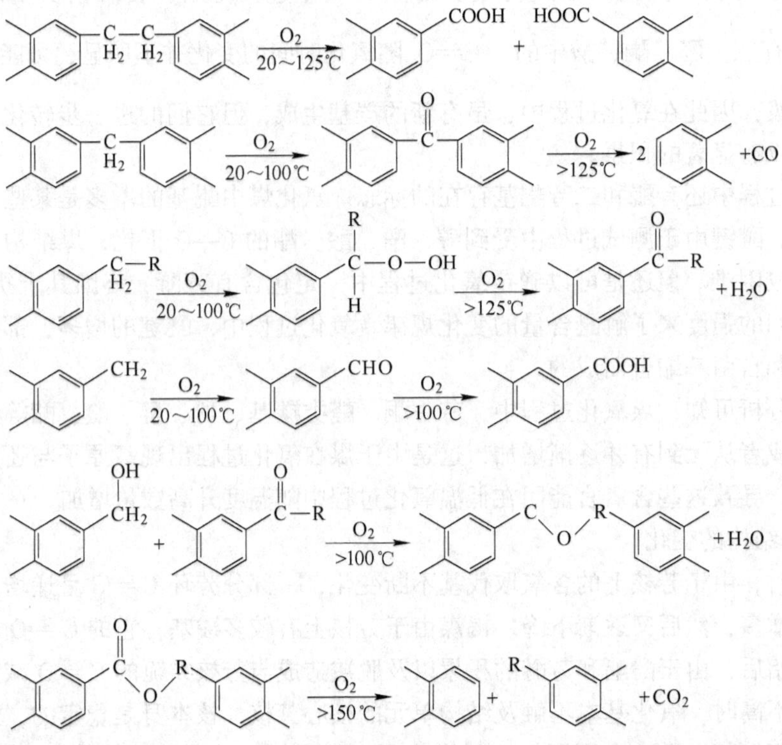

大多数研究者已认同煤氧化的开始阶段主要是氧分子与某些烷基侧链反应，如处在芳烃α位上的亚甲基键或一些含氧桥键如—OR首先反应，生成相对稳定的过氧化物，进一步生成羧基酮、共轭羰基及醚键等含氧官能团。

综上所述，可以认为煤分子中羟基和与芳香族相连的亚甲基是较为活跃的基团，在低温下首先与氧发生反应生成羧基，其中芳香羧基增加比例高于脂肪羧基；在温度较高时，羧基分解成羰基并进一步氧化转变成更为稳定的醚键。当温度高于150℃进行氧化时，大量脂肪侧链开始脱落，部分桥键断裂并参与反应，从而使煤分子中芳香基团的比例增高；在低温下，煤分子中的芳香结构相对较为稳定，没有受到破坏。

5.3.1.2 煤的风化与自燃

A 煤的风化

煤的风化是指离地表较近的煤层，经受风、雪、雨露、冰冻、日光和空气中氧等的长时间作用，使煤的性质发生一系列不利变化的现象。在浅煤层中被风化了的煤称为风化煤。被开采出来存放在地面上的煤，经长时间与空气作用，也会发生缓慢的氧化作用，使煤质发生变化，这一过程也称为风化作用。经风化作用后，煤的性质主要发生下面一些变化。

（1）化学组成的变化。碳元素和氢元素含量下降，氧含量增加，腐殖酸含量增加。

（2）物理性质的变化。光泽暗淡，机械强度下降，硬度下降疏松易碎，表面积增加，对水的润湿性增大。

（3）工艺性质的变化。低温干馏焦油产率下降，发热量降低；黏结性煤的黏结性下降甚至消失；煤的可浮性变差，浮选回收率下降，精煤脱水性恶化。

风化煤中的腐殖酸常与钙、镁、铁、铝离子结合形成不溶性的腐殖酸盐，所以用碱溶液不能直接抽出，而要先进行酸洗。有些风化煤因风化程度较深，生成了相对分子质量更低的黄腐酸，可以溶于酸并能用丙酮抽提出来。

B 煤的自燃

煤不经外源性的点燃而自行着火的现象称为自燃。一般煤层露头、老窿以及煤堆都是容易引起煤自燃的场所。

多年来，为了解释煤为什么能够自燃，人们进行了不懈的努力与探讨，提出了若干学说来解释煤的自燃，如黄铁矿作用、细菌作用、酚基作用、煤氧复合作用等学说。黄铁矿作用学说认为，煤的自燃是由于煤层中的黄铁矿（FeS_2）与空气中的水分和氧相互作用，发生热反应而引起的。细菌作用学说认为，在细菌作用下，煤在发酵过程中放出一定热量，对煤自燃起了决定性作用。酚基学说认为，煤的自燃是由于煤体内不饱和的酚基化合物强烈地吸附空气中的氧，同时放出一定的热量而造成的。煤氧复合作用学说认为，原始煤体自暴露于空气中后，与氧气结合，发生氧化并产生热量，当具备适宜的储热条件时，就开始升温，最终导致煤的自燃。

近年来，又提出了煤自燃逐步自活化反应理论，认为煤结构中不同官能团活化所需温度与能量不同，先被活化而发生氧化反应的官能团释放能量，使其他需要更高活化温度和能量的官能团活化进一步与氧发生反应而释放出更多能量。煤自燃过程是不同官能团分步逐渐活化而与氧发生反应的自加速升温过程。此外，还有人提出煤自燃零活化反应理论，认为零活化能使煤活化能由正值向负值转变的过渡值，意味着煤从被动氧化进入自发氧化，然后煤可以依靠本身的物理吸附、化学吸附和化学反应产热不断使煤体内的活性结构活化，发生氧化反应，放出热量而使温度升高，最终达到着火点发生自燃。

由于煤是一个非均质体，其品种多样，化学结构、物理化学性质、煤岩成分、赋存状态、地质条件均有很大差别，所以其自燃过程也是相当复杂的，至今现有的煤炭自燃学说都还不能完全揭示煤炭自燃的机理，例如高变质程度富含黄铁矿的煤会发生自燃，但完全不含黄铁矿的煤也会自燃；煤即使在真空中让细菌充分死亡的条件下，其自燃倾向也未降低，这说明黄铁矿作用学说和细菌作用学说都是不全面的。有人认为酚基作用学说实际上是煤氧复合学说，或者是煤氧复合学说的补充。另外，这些学说也未能回答煤炭自燃过程中产生的 CO、CO_2、烷烃、烯烃、低级醇、醛等气体成分是如何生成的等一系列问题。主要原因是人们不能获得准确的煤的分子结构，因此不能准确揭示煤氧反应的化学机理。尽管如此，煤氧复合作用学说还是揭示了煤炭氧化生热的本质，并得到了实践的验证，所以该学说已经被人们广泛认同，成为指导人们防治煤炭自燃工作的重要理论。

根据现有的研究成果，人们认为煤炭的氧化和自燃是基-链反应。煤炭自燃过程大体分为 3 个阶段：①准备期；②自热期；③燃烧期，如图 5-26 所示。

煤分子上有许多含氧游离基，如羟基、羧基和羰基等。当破碎的煤与空气接触时，煤从空气中吸附的 O_2 与游离基反应，生成更多的、稳定性不同的游离基。此阶段煤的温度的变化不明显，煤的氧化进程十分平稳缓慢，然而它确实在发生变化，不仅煤的质量略有增加，着火温度降低，而且氧化性被激活。由于煤的自燃需要热量的聚积，在该阶段因环境起始温度低，煤的氧化速度慢，产生的热量较少，因此需要一个较长的蓄热过程，这个阶段通常称为煤的自燃准备期，它的长短取决于煤的自燃倾向性的强弱和通风散热条件。

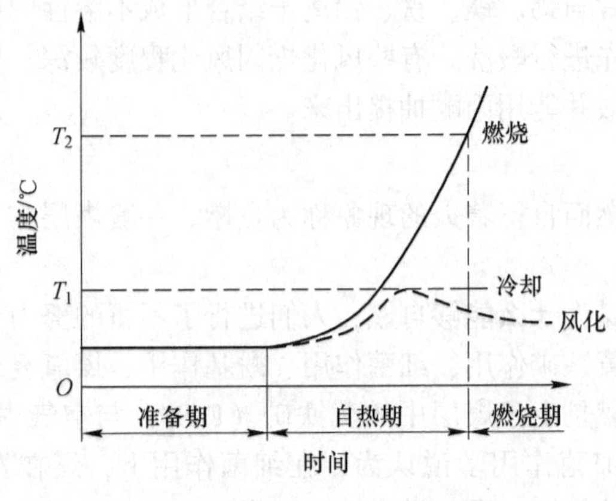

图 5-26 煤的自燃过程

经过这个准备期之后，煤的氧化速度加快，不稳定的氧化物分解成水、二氧化碳、一氧化碳。氧化产生的热量使煤的温度继续升高，超过自热的临界温度（60~80℃），煤温上升急剧加速，开始出现煤的干馏，产生碳氢化合物、氢气、更多的一氧化碳等可燃气体，这个阶段称为自热期。

临界温度也称自热温度（Self-heating temperature，SHT），是能使煤燃烧的最低温度。一旦达到该温度点，煤氧化的产热与煤所在的环境的散热就失去了平衡，即产热量将高于散热量，就会导致煤与周围环境温度的上升，从而又加速了煤的氧化速度并产生了更多的热量，直至煤自动燃烧起来。煤的自热温度与煤的产热能力和蓄热环境有关，对于具有相同产热能力的煤，煤的自热温度也是不同的，主要取决于煤所处的散热环境。如煤堆积量越大，散热环境越差，煤的最低自热温度也就越低。因此应该注意即使是同一种煤，其自热温度也不是一个常量，受散热（蓄热）环境影响很大。

自热期的发展有可能使煤温上升到着火温度（T_2）而导致自燃。煤的着火温度由于煤种不同而变化，无烟煤一般为400℃，烟煤为320~380℃，褐煤为270~350℃。如果煤温根本不能上升到临界温度（60~80℃），或上升到这一温度，由于外界条件的变化更适于热量散发而不是聚积，煤炭自燃过程即行放慢而进入冷却阶段，继续发展，便进入风化状态，使煤自燃倾向性降低而不易再次发生自燃，如图 5-26 中虚线所示。

煤的自燃过程就是煤氧化产生的热量大于向环境散失的热量导致煤体热量聚积，使煤的温度上升而达到着火点进而自发燃烧的过程。

由此可见，煤炭自燃必须具备 4 个条件：（1）煤具有自燃倾向性；（2）有连续的供氧条件；（3）热量易于聚积；（4）持续一定的时间。第一个条件由煤的物理化学性质所决定，取决于成煤物质和成煤条件，表示煤与氧相互作用的能力。第二、第三个条件为外因，决定于矿井地质条件和开采技术条件或煤的堆放条件。自燃倾向性强的煤更容易氧化，在单位时间内放出的热量更多，从而更容易自燃。最后一个条件是时间。只有上述 4 个条件同时具备时煤炭才能自燃。

完整的煤体只能在其表面发生氧化反应，氧化生成的热量少且不易聚积，所以不会自燃。相反，煤受压时引起煤分子结构的变化，游离基增加。另外，煤的破碎程度越大，氧化表面积就越大，也就越容易自燃。因此，煤炭自燃经常发生的地点有：

(1) 有大量遗煤却未及时封闭或封闭不严的采空区（特别是采空区附近的联络巷附近及采空区处）。

(2) 巷道两侧和遗留在采空区内受压破坏的煤柱。

(3) 巷道内堆积的浮煤或巷道的冒顶垮帮处。

(4) 与地面老窑通联处。

(5) 高大的煤堆内部。

C 煤风化和自燃的影响因素

(1) 成因类型和煤化程度。腐泥煤和残殖煤较难风化和自燃，腐殖煤则比较容易风化和自燃，腐殖煤随煤化程度加深，着火点升高，风化和自燃的趋势下降。各种煤中以年轻褐煤最易风化和自燃。

(2) 岩相组成。岩相组分的氧化活性一般按以下的次序递减：镜煤>亮煤>暗煤>丝炭。但丝炭有较大的内表面，低温下能吸附更多的氧，丝炭内又常夹杂着黄铁矿，故能放出较多热量，从而促进周围煤质和自身的氧化。

(3) 黄铁矿含量。黄铁矿含量高，能促进氧化和自燃。因为在有水分存在时黄铁矿极易氧化并放出大量热量。煤炭科学研究总院重庆分院赵善扬研究发现，煤中硫含量低于2%时，不增加煤的自燃危险性；煤中硫含量高于3%时，煤的自燃危险性增加。

(4) 散热与通风条件。大量煤堆积，热量不易散失；自然堆放时，煤堆比较疏松，与空气接触面大，容易引起自燃。

(5) 煤的粒度、孔隙特征和破碎程度。完整的煤体（块）一般不会发生自燃，一旦受压破裂，呈破碎状态，其自燃性显著提高。当煤粒度小于1mm时氧化速率和粒径无关，且孔径大于10nm的孔在煤氧化中起重要作用。煤的自燃性随着其孔隙率、破碎程度的增加而上升。

(6) 煤的瓦斯含量。瓦斯或者其他气体含量较高的煤，由于其内表面含有大量的吸附瓦斯，使煤与空气隔离，氧气不易与煤表面发生接触，也就不易与煤进行复合氧化，使煤炭自燃的准备期延长。当煤中残余瓦斯量大于$5m^3/t$时，煤往往难以自燃。但随着瓦斯的放散，煤与氧就更易结合。

(7) 水分。煤的水分分为内在水分和外在水分，煤的含水量对煤的氧化进程的影响主要是煤的外在水分。如果煤的外在水分含量较大，就会增加蓄热时间，延长煤炭自燃的准备期。

D 风化和自燃的预防

(1) 开拓开采技术措施。矿井开拓系统和采煤方法是影响煤炭自燃的重要因素，因此在矿井设计、建设初期就应注意选择合理的开拓系统和采煤方法。在矿井生产过程中更应采取有效的开采技术措施，防止发生煤炭自燃灾害，以保证矿井生产安全正常地进行。

从预防煤炭自燃的角度出发，对易自燃煤层开拓开采方法的总的要求是煤炭回采率高，工作面推进速度快，尽量减少丢煤等。

(2) 防止漏风。根据煤自燃必须满足的4个条件可知，如果能够杜绝或减少向易自燃区域的漏风，使自燃低温氧化过程得不到足够的氧气，那么在一定程度上就能延长煤自燃发火期和防止煤自燃的发生。因此，防止漏风是防治煤自燃的重要措施之一。同时，在发火后对火区进行封闭，也必须尽量减少向火区漏风，使火区惰化，尽快使火区的火熄灭。

（3）减少和防止煤的风化和自燃的其他措施。

1）隔断空气。在水中或惰性气体中储存（适合于实验室保存试样）；储煤槽密闭，煤堆尽量压紧，上面盖以煤粉、煤泥、黏土或重油。

2）通风散热。不能隔断空气时可以使用换气筒等，使煤堆通风散热。

3）通过分选减少黄铁矿含量。

4）尽可能缩短储存期。

5.3.2 煤的加氢

煤加氢是煤十分重要的化学反应，是研究煤的化学结构与性质的主要方法之一，也是具有发展前途的煤转化技术。煤加氢分轻度加氢和深度加氢两种。煤加氢可制取液体燃料，可脱灰、脱硫制取溶剂精制煤，生产结构复杂和有特殊用途的化工产品以及对煤进行改质等。

煤的加氢又称煤的氢化。最初研究煤加氢的主要目的是煤通过加氢液化制取液体燃料油。人们研究了煤和烃类的化学组成后发现，固体的煤与液体的烃类在化学元素的组成上几乎没有区别，仅仅是各元素含量的比例不同而已，特别是 H/C 原子比。一般石油的H/C原子比接近 2，褐煤、长焰煤、肥煤、无烟煤分别约为 0.9、0.8、0.7、0.4。从分子结构来看，煤主要是由结构复杂的芳香烃组成的，相对分子质量高达 5000 以上，而石油则主要由结构简单的支链烃组成，相对分子质量小得多，仅为 200 左右。通过对煤加氢，可以破坏煤的大分子结构，生成相对分子质量小、H/C 原子比大、结构简单的烃，从而将煤转化为液体油。煤与烃类的元素组成典型数据见表 5-22。

表 5-22 煤和烃类元素组成比较

元素	无烟煤	中挥发分烟煤	高挥发分烟煤	褐煤	煤焦油沥青	甲苯	粗石油	汽油	甲烷
C	93.7	88.4	80.3	72.7	87.43	91.3	83.87	86	75
H	2.4	5.0	5.5	4.2	6.5	8.7	11.14	14	25
O	2.4	4.1	11.1	21.3	3.5				
N	0.9	1.7	1.9	1.2	2.2		0.2		
S	0.6	0.8	1.2	0.6	0.37		1.0		
H/C 原子比	0.31	0.68	0.82	0.86	0.9	1.4	1.76	1.94	4

研究表明，在一定条件下对煤进行不同程度的加氢处理，煤的性质将发生巨大变化。轻度加氢可以生产以固体为主的洁净燃料；深度加氢可以生成液体油，经进一步加工可以得到发动机燃料、化工产品及化工原料。

5.3.2.1 煤加氢液化反应机理

煤的加氢分轻度加氢和深度加氢两种：轻度加氢是在反应条件温和的条件下与少量氢结合，煤的外形没有发生变化，元素组成变化不大，但不少性质发生了明显的变化，如年轻烟煤和年老烟煤的黏结性、在蒽油中的溶解度大大增加，接近于中等变质程度烟煤；深度加氢是煤在激烈的反应条件下与更多的氢反应，转化为液体产物和少量气态烃。下面分别讨论煤加氢中的主要化学反应、反应历程、反应动力学和影响因素等。

煤加氢中包括很多的反应，是一系列顺序反应和平行反应的综合，极其复杂。仅能根据煤在加氢液化过程中的状况，判断其基本化学反应。

(1) 热解反应。煤热解生成自由基，是加氢液化的第一步。热解温度要求在煤的开始软化温度（300℃左右）以上。

根据对煤的结构研究和模型物质试验，证明煤中容易受热裂解的主要是下列桥键：

次甲基键：$—CH_2—$、$—CH_2—CH_2—$、$—CH_2—CH_2—CH_2—$等。

含氧桥键：—O—、$—CH_2—O—$等。

含硫桥键：—S—、—S—S—、$—S—CH_2—$等。

这些桥键键能较低，受热易生成自由基碎片，热解生成的自由基在有足够的氢存在时便能得到饱和而稳定下来，生成低相对分子质量的液体，没有氢供应就要重新缩合。

热解反应式可示意为：

$$R—CH_2—CH_2—R' \longrightarrow RCH_2 \cdot + R'CH_2 \cdot$$

煤结构中的化学键断裂处用氢来弥补，化学键断裂必须在适当的阶段就应停止，如果切断进行得过分，则生成气体太多（类似气化）；如果切断进行得不足，则液体油产率低。所以，必须严格控制反应条件。

(2) 供氢反应。煤加氢时一般都用溶剂作介质，溶剂的供氢性能对反应影响很大。研究证明，反应初期使自由基稳定的氢主要来自溶剂而不是来自氢气。煤结构中的某些C ═C也可能被氢化。

研究表明，烃类的相对加氢速度，随催化剂和反应温度的不同而异；烯烃加氢速度远比芳烃大；一些多环芳烃的加氢速度快；芳环上取代基对芳环的加氢速度有影响。如当供氢溶剂不足时，煤热解生成带有游离基的碎片缩聚生成半焦。

影响煤加氢难易程度的因素是煤本身稠环芳烃结构，稠环芳烃结构越密、相对分子质量越大，则加氢越难，煤呈固态也阻碍其与氢相互作用。

具有供氢能力的溶剂主要是部分氢化的缩合芳环如四氢萘、9，10-二氢菲和四氢喹啉等。供氢溶剂给出氢后又能从气相吸收氢，如此反复起了传递氢的作用。反应表示如下：

$$\underset{+4H}{\overset{-4H}{\rightleftharpoons}}$$

$$\underset{+2H}{\overset{-2H}{\rightleftharpoons}}$$

N $\underset{+4H}{\overset{-4H}{\rightleftharpoons}}$ N

煤直接液化溶剂种类很多，在实验室研究中经常使用的主要有：四氢萘、萘、蒽、菲等，而在实际工艺中使用最多的液化溶剂是煤直接液化循环油和煤焦油等。溶剂在煤直接液化中的主要作用有溶解热解的煤粒、保护煤热解产生的自由基、溶解气相氢气、促进氢气向催化剂的扩散、贡献活性氢、转移氢和配制便于输送的煤浆等。

除上述被动的“自由基-氢-转移”机理外，根据McMillen的研究，煤在直接液化过程中，溶剂还起着主动进攻的作用，即所谓的“溶剂促使氢解”。由于溶剂的这份贡献，使煤直接液化反应的实际难度要小于模型化合物中桥键断裂的难度。

而在液化过程中，一般而言，氢气参与煤液化反应的步骤为：溶解、活化和反应。催化剂只是促进了氢气向溶剂以及溶剂中的氢再向煤的转移，溶剂起到了桥梁的作用，而且催化剂在促进煤中稳定的C—C键的断裂也起到了一定的作用。也有研究者认为，在催化剂和高压氢气存在的条件下，供氢主要发生在煤和氢气之间，而不用供氢溶剂，溶剂只是很好地溶解了煤以及液化过程中生成的小分子物质。

催化剂是煤直接液化的重要因素之一，一般认为煤直接液化催化剂在液化过程中的作用主要有两个方面：1）促进煤的热解；2）促进活性氢的产生。催化剂在煤直接液化反应中的第一种作用已经被许多研究者证实，但是大部分研究者认为后者才是煤直接液化过程中所起的关键作用。

（3）脱杂原子反应。从煤的元素组成可知，构成煤有机质的元素除C和H外，还有O、N和S，其中O、N、S也称为煤中的杂原子。杂原子在加氢条件下会先后与氢反应，生成H_2O、H_2S和NH_3等小分子化合物。杂原子的脱除情况与液化转化率直接有关，同时对产品质量和环境保护十分重要，所以应该特别重视。煤中杂原子脱除的难易程度与其存在形式有关，一般侧链上的杂原子比环上的杂原子容易脱除。

1）脱氧反应。在煤加氢反应中，发现开始氧的脱除与氢的消耗正好符合化学计量关系（见图5-27）。可见反应初期氢几乎全部消耗于脱氧，以后氢耗量急增是因为有大量气态烃和富氢液体生成。从煤的转化率和氧脱除率关系（见图5-28）可见，开始转化率随氧的脱除率成直线关系增加。当氧脱除率达60%时，转化率已达90%。另有40%的氧十分稳定，难以脱除。

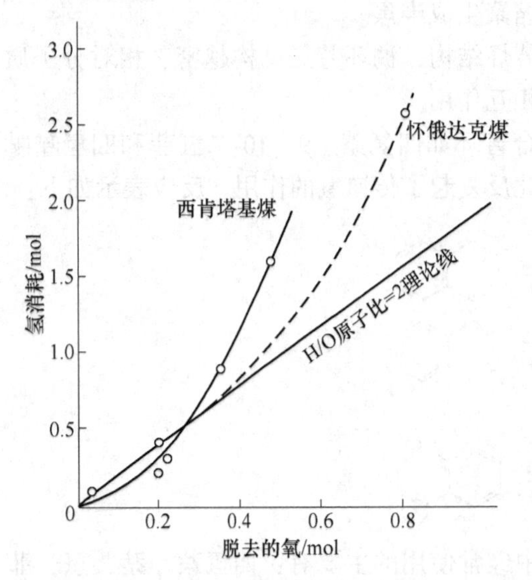

图5-27 氢消耗与氧脱除的关系

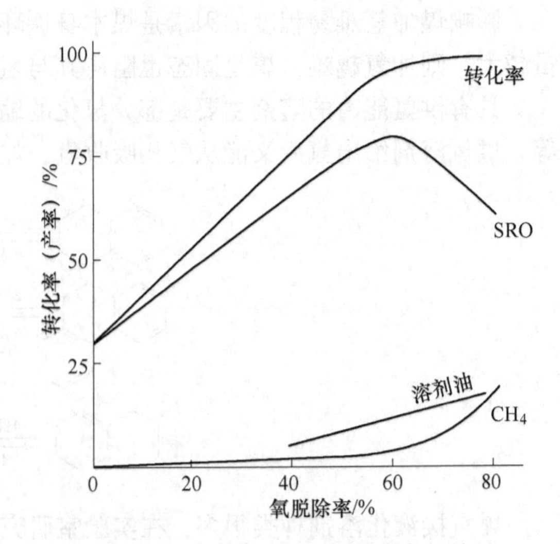

图5-28 煤的转化率和氧脱除率的关系

煤结构中的氧多以醚基（—O—）、羟基（—OH—）、羧基（—COOH）、羰基和醌基等形式存在。醚基、羧基和羰基在较缓和的条件下就能断裂脱去，羟基则不能，需在苛刻条件下才能脱去；羧基最不稳定，加热到200℃以上即发生明显的脱羧反应，析出CO_2；酚羟基在比较缓和的加氢条件下相当稳定，故一般不会被破坏，只有在高活性催化剂作用下才能脱除；羰基和醌基在加氢裂解中，既可生成CO也可生成H_2O。醚键有脂肪醚键和芳香醚键两种，前者易破坏，而后者相当稳定。杂环氧和芳香醚键差不多，也不易脱除。

2）脱硫反应。煤结构中的硫以硫醚、硫醇和噻吩等形式存在。脱硫与脱氧一样比较容易进行，由于硫的负电性弱，所以脱硫反应更容易进行，脱硫率一般在40%~50%。有机硫中硫醚最易脱除，噻吩最难，一般要用催化剂。硫醇基不如酚羟基稳定，加氢条件下比酚羟基容易脱去。

3）脱氮反应。煤中的氮大多存在于杂环中，少数为氨基。脱氮反应比上面两种反应要困难得多。在轻度加氢时氮含量几乎不减少，它需要激烈的反应条件和高活性催化剂。脱氮与脱硫不同的是，含氮杂环只有当旁边的苯环全部饱和后才能破裂，即芳香环要饱和加氢，然后才能破坏环脱氮。

（4）缩合反应。在加氢反应中如温度太高，氢供应不足和反应时间过长，煤的自由基碎片或反应物分子及产物分子也会发生逆方向的反应，即缩合生成半焦和焦炭。缩合反应将使液化产率降低，它是煤加氢液化中不希望进行的反应。为了提高液化效率，必须严格控制反应条件和采取有效措施，抑制缩合反应，加速裂解、加氢等反应。另外，还可能产生异构化、脱氢等反应。

由此可见，煤加氢液化反应，使煤中氢的含量增加，氧、硫的含量降低，生成低分子的液化产物和少量的气态产物。煤加氢时发生的各种反应，因原料煤的性质、反应温度、反应压力、氢量、溶剂和催化剂的种类等不同而异，因此所得产物的产率、组成、性质也不同。如果氢分压很低，氢量又不足时，在生成含氢量较低的高分子化合物的同时，还可能发生脱氢反应，并伴随发生缩聚反应并生成半焦；如果氢分压高、氢量富裕时，将促进煤裂解和氢化反应的进行，并能生成较多的低分子化合物。所以加氢时，除了原料煤的性质外，合理地选择反应条件是十分重要的。

加氢产物非常复杂，既有多种气体和沸点不同的油类，又有结构十分复杂的重质产物。现已证明，煤加氢液化反应包括一系列非常复杂的顺序和平行反应，顺序反应是反应产物的分子量从高到低，结构从复杂到简单，出现先后大致有一个次序；平行反应是即使在反应初期，煤刚刚开始转化就有少量气体和油产生，在任何时候反应产品都不是单一的。综合对比分析近年来众多研究者提出的不同反应历程，可以得出下列比较公认的看法：

（1）煤的组成是不均一的，既存在少量容易液化的成分，也存在少量很难甚至不能液化的成分。但如果煤的岩相组成比较均一，为简化起见也可近似把煤当作均一的反应物看待。

（2）虽然在反应初期有气体和轻油生成，不过质量很少，在比较温和的条件下更少，所以反应基本上以顺序反应为主。

（3）近几年研究发现在煤和沥青烯之间还有一个中间产物前沥青烯，它可溶于吡啶而不溶于苯。

(4) 沥青烯是主要的中间产物，但后来的研究证明，在沥青烯中间产物，前沥青烯的相对分子质量大约为1000，比沥青大1倍。对油主要是经过前沥青烯还是沥青烯直接生成还没有一致意见。

(5) 逆反应也可能发生，当反应温度过高、氢的分压不足、反应时间过长时，已形成的前沥青烯、沥青烯以及煤裂解生成的自由基碎片可能缩聚形成不溶于任何有机溶剂的焦；油也可裂解、聚合生成气态烃和相对分子质量更大的产物。

综合起来认为，煤加氢反应历程可用图5-29表示。

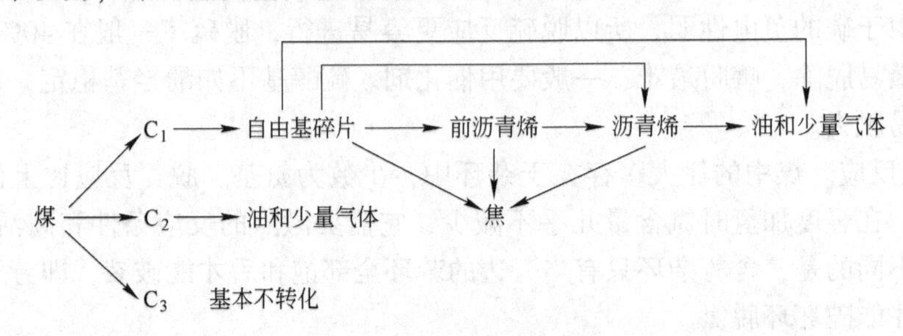

图5-29 煤加氢反应历程

C_1—煤有机质的主体；C_2—存在于煤中的低分子化合物；C_3—惰性成分

煤是复杂的有机化合物的混合物，含有少量容易液化的成分，在反应初期加氢直接生成油；也存在少量很难甚至不能液化的成分，同时还有煤还原解聚反应。在加氢反应的初期由于醚键等桥键断裂生成沥青烯，沥青烯进一步加氢，可能使芳香环饱和及羧基、环内氧、环间脱除，使沥青烯转变成油。沥青烯是加氢液化的重要中间产物。研究发现，沥青烯之前还有一个中间产物前沥青烯。油主要是由前沥青烯还是沥青烯直接生成，看法不一。沥青烯和前沥青烯也可脱氢缩聚生成半焦。

5.3.2.2 煤加氢反应的影响因素

影响煤加氢反应的因素很多，有原料煤（煤化程度、岩相组成、粒度、灰分和含硫量等）、溶剂（种类、供氢能力、溶剂与煤配比等）、催化剂（种类和用量等）和工艺条件（反应温度、压力、时间等）。

A 原料煤的影响

(1) 煤化程度是重要的影响因素，一般认为，煤化程度越深，加氢液化越困难。高挥发分烟煤（长焰煤、气煤）和褐煤是最适宜加氢液化的原料，中等变质程度以上的煤不适宜于液化。液化转化率和煤化程度关系如图5-30所示。反应时间短，转化率在煤中$w(C)$接近85%时为最高；反应时间长，$w(C)>85\%$，转化率急剧下降。

液体产品产率与煤化程度关系如图5-31所示。这是连续装置上的试验结果，液体产品指的是油类。可见在$w(C)$81%~83%时，油产率最高。$w(C)$含量大于83%，油产率明显下降。

(2) 岩相成分加氢反应活性的排列顺序是：稳定组>镜质组>丝质组。表5-23列出了粗视岩相组分的元素组成和液化转化率。可见液体转化率最高的是镜煤。

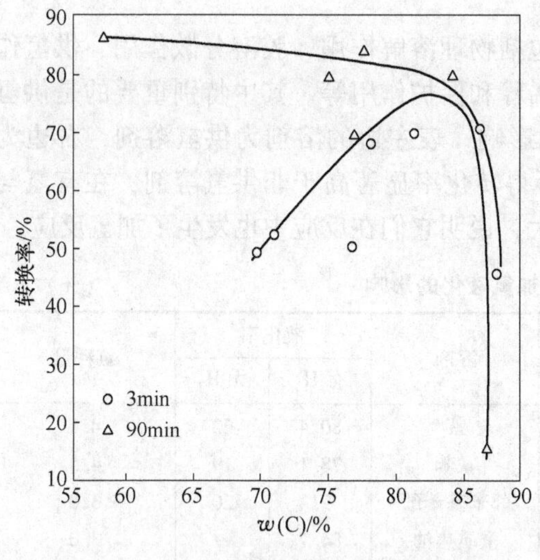

图 5-30 煤的转化率与煤化程度的关系

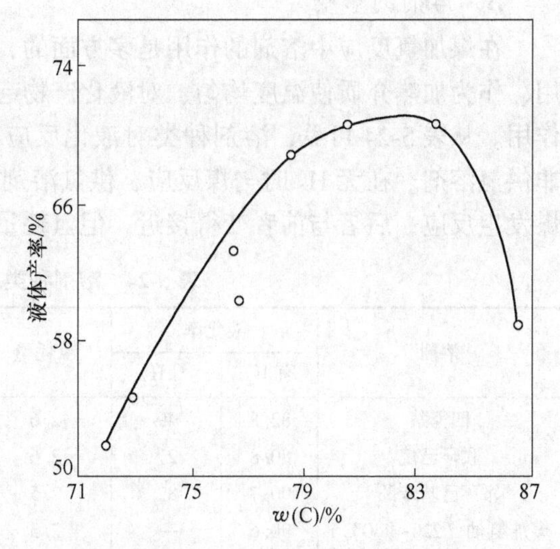

图 5-31 液体产率和煤化程度的关系

表 5-23 宏观岩相组成的元素组成和液化转化率

宏观岩相组成	元素组成/%				液化转化率/%
	w(C)	w(H)	w(O)	H/C 原子比	
丝炭	93.0	2.9	0.6	0.37	11.7
暗煤	85.4	4.7	8.1	0.66	59.8
亮煤	83.0	5.8	8.8	0.84	93.0
镜煤	81.5	5.6	8.3	0.82	98.0

(3) 煤中矿物质含量要求越低越好，最好在 5%，不大于 10%。因为黄铁矿对煤液化有较好的催化活性，故含黄铁矿多的煤对反应有利。

(4) 煤中氢碳原子比的影响。煤和液体烃类在化学组成上的差别在于煤的 H/C 原子比较石油、汽油等低很多。一般石油的 H/C 原子比约为 2.0，而煤的 H/C 原子比随煤化程度的不同而异，褐煤较高，也只有 1.1 左右。一般认为，煤中 H/C 原子比在煤液化中也扮演着十分重要的角色。所以在加氢液化时应选择 H/C 原子比较高的煤，一般 H/C 原子比在 0.8~0.9 时，液化油的产率最高。氢碳原子比高到一定程度，液化油的产率下降。这是因为煤化程度低的煤含脂肪族碳和氧多，H/C 原子比高，加氢液化时，生成的气体和水多，耗氢量大。当 H/C 原子比<0.6 时，为中等变质程度以上烟煤，加氢困难。所以液化常使用褐煤、长焰煤和气煤。

(5) 煤中官能团对煤液化的影响。煤中官能团对煤液化也起着重要作用。煤中或煤衍生物中的官能团及某些成分在促进煤化反应方面的重要性为：酯>苯并呋喃>内酯>含硫成分>萜烯>二苯并呋喃>脂环酮，其中含氧官能团中酯对煤液化起着重要作用，其作用原理并非是破坏 C—O 键，而是通过减少中间体芳环的数目增加液体产物的收率。另外，含氧官能团也可能与催化剂作用形成活性中心。而恰恰相反，大多数酚类化合物对煤液化起负面作用。

B 溶剂的影响

在煤加氢反应中溶剂的作用是多方面的，包括物理溶解作用、胶溶分散作用、供氢作用、作为加热介质使温度均匀、对液化产物起稀释和保护作用等。其中特别重要的是供氢作用。从表5-24可见，溶剂种类对液化反应的影响。表左边的溶剂为供氢溶剂，右边为非供氢溶剂。在无 H_2 时与煤反应，供氢溶剂所得转化率显著高于非供氢溶剂；在有氢与煤发生反应，后者与前者变得接近，但氢耗量大，说明它们在反应中也发生了加氢反应。

表 5-24 溶剂种类对加氢液化的影响 (%)

溶剂	液化率		氢耗量	溶剂	液化率		氢耗量
	有 H_2	无 H_2			有 H_2	无 H_2	
四氢萘	82.8	49	2.6	萘	80.4	22	4.1
联环己烷	80.8	27	2.6	联苯	78.1	19	4.5
邻环己基苯酚	90.7	82	2.5	邻苯基苯酚	91	20	3.0
煤加氢油（220~240℃）	90.6	—	2.5	重质焦油	84.7	—	3.0

混合溶剂往往优于单一溶剂，例如在缩合芳烃溶剂中加入酚类和喹啉类物质可以增加转化率。

C 催化剂的影响

煤加氢液化一般都采用催化剂，在得到硫含量0.6%的产品情况下，氢耗量比不用催化剂要低；处理量相同时，反应温度较低；产品中气体和重质成分比例低；产物黏度低，固液分离容易。其缺点是增加操作费用和催化剂回收、再生设备。

（1）催化剂种类。对煤加氢催化剂做过大量的筛选工作，元素周期表上差不多所有元素都做过试验。目前常用的有三类：1）铁系催化剂。含氧化铁的矿物或工业废渣。这种催化剂活性不太高，但价格便宜，操作中不回收，故称一次性催化剂。2）钴、钼、镍、钨催化剂。一般以 Al_2O_3 或 SiO_2 为载体，如3% CoO、15% MoO_3、5% SiO_2、77% Al_2O_3。该类的活性高，但价格贵，需要反复使用。3）金属卤化物催化剂，如 $ZnCl_2$，$SnCl_2$ 等。活性高，但对设备有腐蚀性。

（2）催化剂的硫化。第一、二类催化剂使用前或使用中要用硫化氢硫化，使金属氧化物转变成硫化物才有较好的催化活性。同时在反应中还要保证气相中有一定的 H_2S 浓度，以防金属硫化物被 H_2 还原而失去活性。另外，发现 H_2 中加入少量的 H_2S，对某些煤可提高转化率，增加油产率。

D 工艺条件的影响

（1）反应温度。因为热解是煤加氢液化的先决条件，所以煤加氢液化有一个起始反应温度。它大致相当于煤的开始热分解温度，褐煤在300~320℃，年轻烟煤为350℃。在这一温度以下基本上不发生加氢反应，而从这一温度开始，反应速度随温度升高而增加。但温度增加到一定程度以后转化率反而下降，因为发生缩聚反应，有半焦产生。这一温度随氢压变化有一波动范围，大致在煤的胶质体固化温度附近，增加氢压可以使这一温度有所提高；反应温度高，可以增加煤的液化反应速度，促进沥青烯向油的转化。在15.2MPa（150atm）下最佳反应温度大致在450℃附近。

（2）反应压力。煤加氢液化一般都在高压下进行，过去曾经采用过70.9MPa

(700atm)，现在多采用 15.2MPa（150atm）左右。选择高活性催化剂和适宜的溶剂，可以适当降低压力。

(3) 反应时间。因为煤的加氢液化反应基本上是以顺序反应为主，随反应时间增加，前沥青烯和沥青烯这两个中间产品的产率依次出现最高点。轻质产品产率开始很低，等沥青烯产率下降后，才明显增加。工业加氢采用的反应时间一般为 40~50min。为了降低氢耗量最近开发了短接触时间工艺，反应条件：450℃，14.2MPa（140atm），3~4min，产品（溶剂精制煤）产率 76%，煤转化率 91%，耗氢 1.6%。在同样条件下采用 40min 反应时间，产品（同前）产率 52%（另有较多的气态烃），煤转化率 95%，耗氢 2.9%。

(4) 利用 $CO—H_2O$ 和合成气加氢。因为氢气成本较高，故在寻找氢气代用品方面做了大量工作，发现 $CO—H_2O$ 和合成气 $+H_2O$ 有很好的反应活性。原理是利用水煤气变换反应产生氢气，即

$$CO + H_2O = CO_2 + H_2$$

$CO+H_2O$ 与 H_2 作反应剂的煤加氢结果列于表 5-25，反应条件为：初压 10.1MPa（100atm）、380℃、30min。可见 $CO+H_2O$ 比 H_2 活性更高，转化率和液体产率都有增加，对年轻煤效果更好。为了促进变换反应进行，可以采用催化剂，如 Fe/Cr、Co/Mo、Na_2CO_3 和甲酸钠等。合成气主要成分是 CO 和 H_2，用它代替纯 CO 也有同样效果。此法的缺点是要用水作介质，产品分离比较困难，目前还没有建中试装置。

表 5-25 $CO+H_2O$ 与 H_2 加氢结果比较 (%)

煤种	加氢介质	转化率	液体产率	苯抽提物分析			
				$w(C)$	$w(H)$	$w(O)$	$\overline{M}$
烟煤	$CO+H_2O$	43	22	84.0	7.2	6.0	390
$w(C)$83%	H_2	32	13	84.0	6.9	5.6	410
褐煤	$CO+H_2O$	67	54	78.0	8.0	13.0	540
$w(C)$72%	H_2	45	23	82.4	6.7	10.0	350
泥炭	$CO+H_2O$	75	66	79.1	8.2	10.4	315
	H_2	67	24	79.3	9.0	10.3	342

5.3.2.3 煤加氢液化产品的组成和结构

煤加氢液化产品中包括前沥青烯、沥青烯、各种油类和气体。

(1) 前沥青烯。前沥青烯是可溶于吡啶不溶于苯的煤的轻度加氢反应产物。它并不是单一化合物，而是一个复杂的混合物，平均相对分子质量 1000 左右，特点是含有较多的酚羟基，分子间作用力大，常温下为固体。溶液中存在少量前沥青烯，会使溶液黏度明显增加。采用不同溶剂可以把它分成若干级分。

(2) 沥青烯。沥青烯是可溶于苯而不溶于环己烷的煤的轻度加氢反应产物，与前沥青烯同属中间产品。沥青烯在溶剂精制煤中大约占 45%，相对分子质量比前沥青烯小一半，在 500 左右。它也是混合物，可以分为若干级分。

沥青烯和前沥青烯都是热不稳定物，长期受热会产生缩聚反应，氢压不足时尤其严重。

(3) 油类。油类是煤加氢液化的目的产品，按沸点高低可分为轻油、中油和重油。轻油中主要是苯族烃和环烷烃，另有较多的酚类（20%左右）和少量吡啶（约 0.5%）；中油主要是含有 2~3 个环的芳香烃和氢化芳烃，另含酚 15%左右，重吡啶和喹啉 15%；重油是由 3 个环和 3 个环以上的缩合芳香烃构成。油类可用气液色谱、液相色谱和质谱等方法分析鉴定。

(4) 反应气体产物。煤加氢中产生的气体可分两部分：一是脱杂原子所产生的气体如 CO_2、CO、H_2S、H_2O 和 NH_3 等，其产率与杂原子含量有关，褐煤高于烟煤；二是低分子饱和烃 C_1~C_4，一般 C_1+C_2 含量大于 C_3+C_4，以碳原子计算对原料煤约占 10%。

5.3.3 煤的磺化

用浓硫酸或发烟硫酸处理有机物质的过程叫做磺化反应。煤与浓硫酸或发烟硫酸能起磺化反应，生成物就是磺化煤。煤的磺化过程是将磺酸基（—SO_3H）引入到煤的结构中去，反应式如下：

$$RH + HOSO_3H \longrightarrow R—SO_3H + H_2O$$

浓硫酸在加热条件下，不仅是磺化剂而且还是氧化剂，它能把煤结构中的某些基团，如芳香环上的甲基（—CH_3）、乙基（—C_2H_5）等氧化成羧基（—COOH），并使碳氢键（C—H）氧化成酚羟基（—OH），因而磺化煤的结构式可以大致地表示为：

$$R\begin{cases} SO_3H \\ OH \\ COOH \end{cases}$$

生产工艺流程如图 5-32 所示。

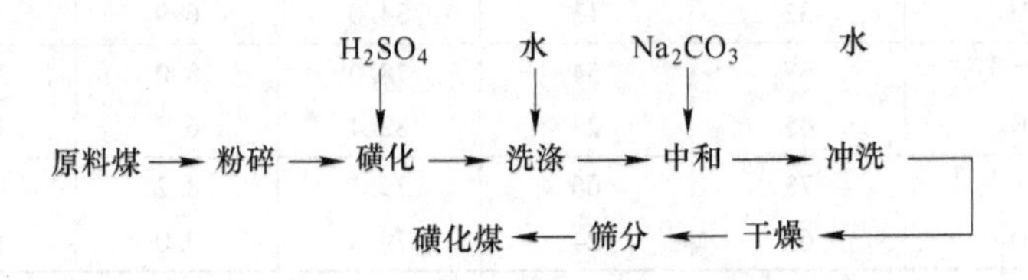

图 5-32 磺化煤的生产工艺流程图

影响煤磺化的主要因素有以下几种。

(1) 原料煤。采用挥发分大于 20%的中低变质程度煤种，为了确保磺化煤具有较好的机械强度，最好选用含有暗煤较多的煤种，灰分 6%左右，煤粒度 2~4mm。

(2) 硫酸浓度和用量。硫酸浓度应大于 90%，用发烟硫酸反应效果更好，硫酸：煤的质量比一般为（3~5）：1。酸煤比对磺化反应的影响有两个方面：一方面它影响磺化反应进行的完全程度，酸煤比增大，碳化反应程度深，磺化煤对 Cu^{2+} 的吸附能力增加；另一方面，酸煤比增大，酸对煤的碳化作用、氧化作用也加强，磺化煤的收率下降。所以，确定合理的酸煤比可以保证磺化反应的顺利进行，而且有利于降低酸耗，提高磺化煤生产的经济性。

(3) 反应温度。110~160℃较适宜。在磺化煤制备中，磺化温度是最显著的影响因素，只有磺化温度达到一定数值才能保证磺化反应的顺利进行，才可以得到符合标准要求的磺化煤产品。有研究表明，温度越高，产品对 Cu^{2+} 的吸附性能越好。这是因为中等变质程度的煤种，其反应活性并不是很好，所以只有在较高的温度下磺化反应才能够顺利进行。根据磺化反应原理，磺化温度存在一适宜范围，若温度太高，煤分子的磺化反应和氧化反应速率均加快，易导致煤结构的深度氧化分解和热分解。

(4) 反应时间。反应开始需要加热，因磺化为放热反应，所以反应发生后就不需供热；包括升温在内总的反应时间一般在 9h 左右。

由于煤经磺化后，增加了—SO_3H、—COOH 和—OH 三种官能团，并且它们都有活性氢，可以简化地表示为 RH。这些官能团上的氢离子（H^+）能被其他金属离子如 Ca^{2+}、Mg^{2+} 等所取代。煤磺化反应后经洗涤、干燥、过筛制得的多孔黑色颗粒，称为氢型磺化煤（RH），若与 Na^+ 交换可制成钠型磺化煤（RNa）。当磺化煤遇到含金属离子的溶液时，H^+ 和金属离子就会发生如下的交换反应：

$$2RH + M^{2+} \longrightarrow R_2M + 2H^+ \quad (M = Ca,\ Mg)$$

它们的饱和交换能力为 1.6~2.0mmol/g。

磺化煤主要有下列用途是：

(1) 锅炉水软化，除去钙离子、镁离子。磺化煤作为硬水软化剂，具有制取容易、价格低廉、原料来源普遍的优点，既有较好的抗酸性，又有较大的交换钙镁离子的能力，所以磺化煤广泛应用在工农业上水质要求不太高的中、低压锅炉水软化装置或高压锅炉一级水处理装置中。

(2) 有机反应催化剂，用于烯酮反应、烷基化或脱烷基反应、酯化反应和水解反应等。

(3) 钻井泥浆添加剂。

(4) 处理工业废水（含酚和重金属废水），尤其是电镀废水的吸附净化效果较好。

(5) 湿法冶金中回收金属，如 Ni、Ga、Li 等。

(6) 制备活性炭。

5.3.4 煤的其他化学性质

5.3.4.1 煤的卤化

煤的卤化是指在煤的结构中引入氯、氟等卤族元素。和煤进行卤化可以用氯、氟，也可以用它们的化合物。因为氯和氟都是强氧化剂，所以在和煤进行卤化的同时，还伴随有氧化作用，以致煤分子的键链会断裂成较低的分子。

煤的氯化方法主要有两种，一是在较高温度（约 175℃或更高）下用氯气进行气相氯化，二是在低于 100℃的温度下，在水介质中进行氯化。在水的强离子化作用下，氯化反应速度很快，煤的转化程度较深，故研究得较多。煤在水介质中发生氯化反应时可发生取代、加成和氧化反应。

氯化反应的前期主要是芳环和脂肪侧链上的氢被氯取代，析出 HCl：

$$RH + Cl_2 \longrightarrow RCl + HCl$$

在反应后期，当煤中氢含量大大降低后也可以发生芳香加成反应：

$$\text{>C=C<} + Cl_2 \longrightarrow Cl-\overset{|}{\underset{|}{C}}-\overset{|}{\underset{|}{C}}-Cl$$

在氯化过程中，氯含量大幅度上升，有时可达30%以上。氯化煤是棕褐色固体，不溶于水。影响氯化反应的主要因素有温度、时间、氯气流量、水煤比和催化剂等。

氯气溶解于水产生盐酸和氧化能力很强的次氯酸，次氯酸可将煤氧化产生可溶性腐殖酸和水溶性有机酸。但煤的氯化反应不断生成的盐酸能抑制氧化作用，所以与氯化相比较，氧化一般不是主要的。

在氯化（氧化）过程中，由于煤的聚合物结构发生某种程度的解聚，使得氯化煤在有机溶剂中的溶解度大大提高，见表5-26。盐酸一部分来自氯取代反应，一部分来自氯与水的反应。煤氯化可以大量减少矿物质和硫的含量。

表5-26　氯化煤在不同溶剂中的抽提率①　（%）

溶剂	抽提率		溶剂	抽提率	
	原煤	氯化煤		原煤	氯化煤
乙醚	7.82	17.6	苯	3.86	4.11
乙醇	1.27	58.0	乙醇+苯（1∶1）	2.82	85.9

①氯化条件：80℃，6h，扎赉诺尔褐煤。

氯化煤的溶剂抽提物可以作为涂料和塑料的原料。用溶剂抽提出的氯化腐殖酸具有生物活性，可作植物生长的刺激剂。氯化煤还可作水泥分散剂、鞣革剂和活性炭等。利用氯化时副产的盐酸可以分解磷矿粉，生产腐殖酸-磷肥。煤在高温下气相氯化可制取四氯化碳。

由于氟的化学活性高于氯，所以煤的氟化反应速度更快和更安全。气相氟化反应包括取代和加成反应，它可用来测定煤的芳香度。煤经过氟化后得到的油类物质，在电工上可作为绝缘用油。

5.3.4.2　煤的水解

煤的水解一般是在碱性溶液中进行的一系列反应。煤在NaOH水溶液中的水解是很复杂的，除水解反应外还有热解、氧化和加氢等反应，例如：

（1）$R-O-R' + H_2O \longrightarrow ROH + R'OH$。

（2）$R-\underset{\underset{O}{\|}}{C}-CH_3R' + H_2O \longrightarrow RCH_2OH + R'CHO$。

（3）热解反应脱羧基和其他含氧基团产生CO_2和CO。

（4）水煤气反应：

$$CO + H_2O \rightleftharpoons CO_2 + H_2$$
$$C + H_2O \rightleftharpoons CO + H_2$$

（5）加氢反应：

水解产物随反应条件而变化。一种碳含量76.9%的烟煤，在350℃下经过5mol/L的NaOH水解处理24h后，水解产物的种类和所占的百分比见表5-27，主要是脂肪酸、烃类、酚类和二氧化碳等。

表 5-27 某烟煤的碱性水解产物

产物组成	产率/%	分析结果
可燃气体	2.8	H_2、CH_4、C_2H_6
低级酚	3.0	液体酚类（相对分子质量 90~180）
高级酚	5.0	固体酚类（相对分子质量大于 300）
脂肪酸类	1.3	乙酸、丙酸、丁酸等
碱类	0.7	—
氨	0.5	NH_3
烃类	15.6	1~2 个芳香环（相对分子质量 100~400）
碳酸盐	22.0	—
合计	62.6	

如果用乙醇、异丙醇和乙二醇等代替水进行水解反应，效果更好。例如褐煤用 NaOH-C_2H_5OH 水解处理可使煤在溶剂中的溶解度大大增加。某种煤在 300℃下处理后，吡啶抽提率接近 100%，乙醇抽提率达到 50%。这主要是因为在这种反应条件下能产生较多氢气，即

$$NaOH + C_2H_5OH = CH_3COONa + 2H_2$$

所以加氢作用更为明显。异丙醇的供氢能力优于乙醇。

通过对煤水解产物的研究分析，说明煤的结构单元是由缩合芳香环组成，并且在芳香环周围有含氧官能团，在一定程度上为研究煤结构提供了依据。实验证明，煤中可水解的键不多，但水解可以引起煤中有机质的变化，如煤水解后不溶残余物在苯中的溶解度明显增加。利用异丙醇和乙二醇代替水进行水解反应，煤的水解比率要高得多，但目前此类反应尚不能保证定量进行。

5.3.4.3 煤的解聚

用苯酚作溶剂，BF_3 作催化剂可使煤在不高的温度下发生解聚反应，从而大大提高吡啶等溶剂对煤的抽提率。这一反应属于碳正离子反应：

$$—R—OH_2—R— \xrightarrow[H^+]{+\ C_6H_5OH} —R—OH_2—C_6H_4—OH + —R—$$

$$\xrightarrow[H^+]{+\ C_6H_5OH} HO—C_6H_4—OH_2—C_6H_4—OH + —R—$$

$$—R—OH_2—OH_2—R— \xrightarrow[H^+]{+\ C_6H_5OH} —R—OH_2—OH_2—C_6H_4—OH + —R—$$

$$\xrightarrow[H^+]{+\ C_6H_5OH} HO—C_6H_4—OH_2—OH_2—C_6H_4—OH + —R—$$

反应产物主要是芳香烃，酚类和含氧杂环烃等。有人将 C 含量 76.8%的煤用吡啶抽提，对抽提物用苯酚解聚，发现产物中有苯、萘、蒽、菲、苯酚和苯并呋喃等，以萘为主不存在三个以上的环。上述反应证实了煤结构中有次甲基桥键存在，也可解释在溶剂抽提和加氢中添加酚类产生的促进作用。

5.3.4.4 煤的烷基化反应

烷基化就是在煤的芳香结构上引入烷基的反应。主要的烷基化方法如下：

(1) 用四氢呋喃（THF）作溶剂，加入萘和金属锂，使煤与卤烷作用。

(2) 用 HF 作催化剂使煤与低分子烯烃（如乙烯）在 135℃反应。

(3) 利用弗里德尔-克拉夫茨反应，在 CS_2 中将煤与卤烷和 $AlCl_3$ 反应。

(4) 在高温（300~360℃）和高压（200 大气压下）煤直接与乙烯或丙烯反应。

不同煤种引入不同烷基所得到的反应产物性质列于表 5-28。由表 5-28 可见：煤化程度不同，烷基化反应性不同。无烟煤很难烷基化，在 C 含量 78%~88%之间差别不大；烷基化后的煤在苯中溶解度大大增加，引入的烷基越多，烷基碳链越长，溶解度越高，最高

表 5-28 各种煤烷基化产品的性质

原料煤 $w(O)/\%$	烷基化产品			苯抽提率 /%	苯抽提物数均分子量	
	引入烷基	H/O 原子比	每 100 个 O 原子的烷基数		测定值	扣除引入烷基的校正值
78.2	CH_3—	0.91	10.5	38.6	606	546
	C_2H_5—	0.99	9.6	44.5	655	549
	C_4H_9—	1.04	7.2	48.2	1028	801
	C_8H_{17}—	1.17	6.3	49.5	1210	810
81.1	CH_3—	0.94	9.6	34.4	786	712
	C_2H_5—	0.99	8.0	44.5	826	707
	C_4H_9—	1.04	6.2	52.4	1253	1003
	C_8H_{17}—	1.16	5.4	58.1	2094	1472
86.9	CH_3—	0.85	9.7	50.3	700	633
	C_2H_5—	0.92	8.9	69.9	1059	923
	C_4H_9—	0.99	7.1	73.6	1560	1208
	C_8H_{17}—	1.16	6.8	78.4	2084	1342
87.9	CH_3—	0.78	9.9	46.0	839	756
	C_2H_5—	0.85	8.6	57.9	1052	890
	C_4H_9—	1.00	8.7	60.3	1861	1366
	C_8H_{17}—	1.14	7.4	75.0	3186	1990
92.6	CH_3—	0.30	3.2	1.2	370	358
	C_2H_5—	0.29	1.9	1.5	445	430
	C_4H_9—	0.31	1.3	2.9	472	450
	C_8H_{17}—	0.39	1.3	5.4	500	455

溶解度达到 78%；苯可溶物的数均分子质量对烟煤是在 500~2000 之间，随抽提率的增加而增加，这对煤的分子结构是极重要的信息。另外，还发现烷基化的煤热解时焦油产率大大增加，同时黏结性有所改善。

5.3.4.5 煤的酰化反应

不少学者研究了煤的酰化反应（引入酰基），与上述烷基化反应情况相似。荷德克等用 C_2H_5COCl-$C_{15}H_{81}COCl$ 作酰化剂、CS_2 作溶剂、$AlCl_3$ 作催化剂对煤进行酰化，发现 C 含量 87.8%和 89.7%的煤反应活性最好，100 个原子与 5 个酰基结合；C 含量 82.7%和 91.0%的煤反应性差，100 个碳原子只与 2~3 个酰基结合。表 5-29 是酰化煤在吡啶中的溶解度变化。可见与原煤相比酰基化后的煤吡啶溶解度除 C 含量 82.7%的煤外，其他三种煤都大幅度提高，最高抽提率可达 85%。

表 5-29 酰化煤在吡啶中的溶解度 （%）

酰化剂	煤中碳			
	82.7	87.8	89.7	91.0
原煤	18.5	27.2	3.5	2.0
C_2H_5COOH	14	32	—	5
$C_5H_{11}COOH$	18	32	27	—
$C_7H_{15}COOH$	22	63	85	14
$C_9H_{19}COOH$	—	62	84	17
$C_{11}H_{23}COOH$	28	85	85	—
$C_{15}H_{31}COOH$	20	85	85	13

6 煤的工艺性质

本章数字资源

6.1 煤的发热量测定及其计算

6.1.1 发热量的测定

国家标准规定采用氧弹法测定煤的发热量，其方法要点是：称取1g一般分析试验煤样，放置于悬挂在氧弹内的样品皿中，在氧弹中注入10mL水，拧紧氧弹盖后向氧弹充入纯氧，使氧弹中氧的压力为2.6~3.0MPa，然后将氧弹放入充有定量水的内桶。利用电流将煤样点燃，煤样燃烧后产生的热量通过氧弹传给内桶中的水，使水的温度升高。根据内桶水的温升和氧弹系统的热容量（水温升高1℃，系统所需要的热量）可以计算出煤在氧弹中燃烧后释放出的热量，此即弹筒发热量，用$Q_{b,ad}$表示。

氧弹中注入10mL水的主要目的是使煤燃烧后形成的SO_3和NO_2分别转化为稀硫酸和稀硝酸，也有减轻氧弹腐蚀的作用。但是，美国的发热量测定标准中不加水，而是采用少量水润湿氧弹的办法。高松进行对比研究发现，不加水测定结果的重复性远远超过加水时的测定结果。统计结果显示，以116J/g为界，不加水时测定结果合格率为92.9%，而氧弹内加水时测定结果的合格率仅为78.6%。发热量测定时氧弹内不加水，不仅重复性远远优于氧弹内加10mL水的情况，而且减少了返工及称量加水的麻烦（反应生成水随时倒出）并且很少崩样，极大地提高了工作效率。高松的研究中还发现，不加水时测得的结果总体高于加水时的情况，差值达46.2J/g，他将原因归结于加水时煤样燃烧得不够完全。陈文敏等对混煤发热量的测定结果表明，一般混煤实测发热量高于理论加权平均值，达0.11~0.60MJ/kg。混合后使煤的发热量增加了，理论上这是不可能的。据分析，可能因为混煤的挥发分适中，灰熔融性温度也相对稳定且较高；不像有的单种煤挥发分过低，且灰熔融性温度也低，因在弹筒中不能完全燃烧而导致煤的热值偏低。高挥发分的单种煤有的易产生爆燃现象，将煤样微粒崩入弹筒水中而使其不能充分燃烧，导致其热值偏低。高松认为，灰熔融温度低也会导致煤中焦炭与氧接触不充分而不易燃尽。

氧弹法测定煤的发热量时，氧弹加水使煤样燃烧不完全，可能还因为氧弹中煤样燃烧后会使氧弹中加入的水吸热蒸发，大大降低了氧弹中烟气的温度（10mL水完全蒸发需要吸收大约24000J的热量，这与氧弹中煤样燃烧释放的热量相当），低温导致煤样的燃烧不完全。另外，氧弹中若不加水，煤样燃烧后烟气的温度肯定明显高于加水时的温度，这会导致硝酸的生成量高出很多，而这一部分热量的扣除并未在计算公式中充分体现出来，因此导致测量结果偏高。

6.1.2 弹筒发热量的校正

6.1.2.1 煤在氧弹中燃烧和在大气中燃烧的不同

煤在氧弹中燃烧时，氧弹中的气氛是高压纯氧。在这一特殊条件下，煤的燃烧反应与大气条件下的燃烧有较大的区别。

(1) 氮（包括煤样中含有的氮元素和氧弹中原有少量空气中的氮）在高压氧条件下，部分氮生成了高价氮氧化物，这些高价氮氧化物与水作用生成硝酸。

在高温下，氮首先与氧反应生成一氧化氮：$N_2+O_2 \rightleftharpoons 2NO$；一氧化氮进一步与氧气反应生成二氧化氮：$2NO+O_2 \rightleftharpoons 2NO_2$；二氧化氮溶于水形成硝酸：$3NO_2+H_2O \rightleftharpoons 2HNO_3+NO$。

氧弹中氮氧化形成硝酸的过程是放热的，而煤在大气中燃烧时并不生成高价氮氧化物，更不会在锅炉内生成硝酸而放热。显然，煤在氧弹中燃烧时放出更多的热量。

(2) 煤中的可燃硫（有机硫和硫化物硫）在氧弹中燃烧时，由于高压氧的存在，生成的 SO_2 又转化为 SO_3，并与水作用生成了 H_2SO_4，H_2SO_4溶于水形成稀硫酸，这一系列过程都是放热的。而煤在大气中燃烧时绝大部分的可燃硫以 SO_2 形式放出。显然，煤中硫的存在，使煤在氧弹中燃烧释放出的热量大于煤在大气中燃烧释放的热量。

(3) 煤中的吸附水以及煤中的氢燃烧后生成的水在氧弹中均以液体形式存在，而煤在大气中燃烧时生成的水以蒸汽的形式排放到大气中，由蒸汽变为液态的水要释放出大量的热。可见，水的存在形态不同，使得煤在氧弹中燃烧后释放出的热量大于在大气中燃烧所释放的热量。

(4) 煤在氧弹中燃烧是恒容燃烧，在大气中燃烧是恒压燃烧。在恒压条件下燃烧时因气体体积增大需向环境做功，从而使释放的热量减少。在氧弹中燃烧时则不存在向环境做功的问题，释放的热量就大。煤在恒压和恒容条件下燃烧释放的热量差别不大，一般不作校正，可以直接使用恒容条件下测得的结果。

6.1.2.2 弹筒发热量的校正

从上面的分析可知，由弹筒测得的弹筒发热量与煤在实际条件下燃烧释放的热量有较大的差别，在实际工作中，由于恒容低位发热量与恒压低位发热量相差很小（几焦耳到几十焦耳）。为了得到接近实际的发热量值，需对弹筒发热量进行校正，但一般对恒容和恒压的影响不做校正，如无特别说明，发热量均是指恒容发热量。

A 对稀硫酸、稀硝酸生成热效应的校正

从弹筒发热量中扣除稀硫酸和稀硝酸的生成热，得到的发热量值称为恒容高位发热量，简称高位发热量，用符号 $Q_{gr,v,ad}$ 表示：

$$Q_{gr,v,ad} = Q_{b,ad} - (94.1S_{b,ad} + \alpha Q_{b,ad}) \tag{6-1}$$

式中 $Q_{gr,v,ad}$——空气干燥基的恒容高位发热量，J/g；

$Q_{b,ad}$——空气干燥基的弹筒发热量，J/g；

$S_{b,ad}$——由弹筒溶液测得的硫含量，%，满足下列条件之一时，即可用全硫代替：$Q_{b,ad}>14.6$kJ/g，或 $S_{b,ad}<4\%$；

94.1——煤中每1%硫生成硫酸热效应的校正值，J；

α——硝酸生成热校正系数，试验证明，α 与 $Q_{b,ad}$有关，$Q_{b,ad} \leqslant 16.7$kJ/g 时 $\alpha=0.0010$，16.7kJ/g$<Q_{b,ad} \leqslant 25.10$kJ/g 时 $\alpha=0.0012$，$Q_{b,ad}>25.10$kJ/g 时 $\alpha=0.0016$。

硝酸生成热校正系数在不同的发热量区间取值不同，主要原因与硝酸生成量有关。煤在氧弹中燃烧产生瞬时高温，氧弹内原有空气中的氮和煤中的氮能与氧反应先生成一氧化氮，一氧化氮进一步与氧反应生成二氧化氮，二氧化氮溶于水形成硝酸。由氮气到硝酸的三步反应热之和即为硝酸生成热。国内外的一些研究实验均表明，在氧弹燃烧条件下，无论是空气中的氮还是煤中的氮，都不能完全转化为硝酸。硝酸生成过程中最困难的反应是第一步反应，即生成NO的反应，这个反应只有在很高的温度下才能进行，第二步和第三步反应则很容易进行。因此，氧弹内硝酸生成量主要取决于第一步反应，即取决于氧弹内所能达到的瞬时温度的高低。由于氧弹的容积和充入氧气的压力都是一定的，且测定用的煤样质量基本相同，因此氧弹内气体的温度主要与煤的单位热值有关。煤在氧弹内释放的燃烧热越大，氧弹内产生的瞬时温度越高，生成的硝酸也就越多，但非呈正比关系，而是呈指数增长关系，因此硝酸生成热校正系数随弹筒发热量增大而提高。这也解释了氧弹中不加水时测得的发热量偏高的原因，可能是烟气温度高导致更多高价氮氧化物的生成，使硝酸的生成量高于常规测定。

B 对水不同状态热效应的校正——恒容低位发热量

从恒容高位发热量中扣除水（煤中的吸附水和氢燃烧生成的水）的汽化热，称为恒容低位发热量，简称低位发热量，用符号 $Q_{net,v,ad}$ 表示，计算公式如下：

$$Q_{net,v,ad} = Q_{gr,v,ad} - 206w(H)_{ad} - 23M_{ad} \tag{6-2}$$

式中 $Q_{net,v,ad}$——空气干燥基的恒容低位发热量，J/g；

$w(H)_{ad}$——煤样的空气干燥基氢含量，%；

M_{ad}——煤样的空气干燥基水分，%；

206——0.01g 氢生成的水的汽化热，J；

23——0.01g 吸附水的汽化热，J。

6.1.3 煤的发热量的影响因素

发热量是煤质分析的重要指标之一。煤作为动力燃料，其发热量越高，经济价值越大；煤在燃烧或气化过程中，需用发热量来计算热平衡、耗煤量和热效率。根据这些参数即可考虑改进操作条件和工艺过程，从而设法达到最大的热能利用率；根据煤的发热量还可以估算锅炉燃烧时的理论空气量、理论干烟气量和湿烟气量，以及可达到的理论燃烧温度等。根据 GB/T 15224.3 按收到基低位发热量将煤炭分为 6 个级别，见表 6-1。

表 6-1 发热量分级标准

序号	级别名称	代号	发热量 $Q_{net,ar}$/MJ · kg^{-1}	序号	级别名称	代号	发热量 $Q_{net,ar}$/MJ · kg^{-1}
1	低热值煤	LQ	2.50~12.50	4	中高热值煤	MHQ	21.01~24.00
2	中低热值煤	MLQ	12.51~17.00	5	高热值煤	HQ	24.01~27.00
3	中热值煤	MQ	17.01~21.00	6	特高热值煤	SHQ	>27.00

煤的发热量是表征煤炭各种特性的综合指标，在煤质研究中也是一个十分重要的参数。除去水分和灰分（矿物质）后的高位发热量，是反映各种煤化程度指标的函数；根据纯煤的高位发热量，结合煤的挥发分产率，即可概略地推测煤的一些特征指标，如黏结性和焦油产率等。煤的发热量也是反映煤化程度的指标之一，常作为煤炭分类的指标。

煤的发热量与煤变质程度、成因类型、显微组分、煤中的水分和矿物质、风化作用等因素有关。

(1) 与煤变质程度的关系。煤的发热量随煤化度的变化而发生有规律性的变化。煤的发热量(可燃基)和变质程度的关系见表 6-2。从褐煤到焦煤，发热量随煤化度的加深而逐步增高，在焦煤阶段出现最大值。而从焦煤到高变质的无烟煤，随着煤化度的加深，发热量又逐步降低，只是变化量较小。这一变化规律与煤的元素组成密切相关。从褐煤到焦煤，碳含量不断增加，氧含量总体呈降低趋势，而氢含量减少的幅度较小，使得煤的发热量逐步增高。由焦煤再到高变质无烟煤的过程中，碳含量继续增加，但氧含量的变化幅度较小，而氢含量的减少幅度较大，因为氢的发热量约为碳的 4 倍，所以煤的发热量随煤化程度的加深而下降。煤发热量随碳含量变化的规律如图 6-1 所示。

表 6-2 煤的发热量和变质程度的关系

煤种	$Q_{gr,v,daf}$/MJ · kg^{-1}	煤种	$Q_{gr,v,daf}$/MJ · kg^{-1}	煤种	$Q_{gr,v,daf}$/MJ · kg^{-1}
泥炭	20~24	气煤	32.2~35.6	贫煤	34.8~36.4
年轻褐煤	24~28	肥煤	34.3~36.8	年轻无烟煤	34.8~36.2
年老褐煤	28~30.6	焦煤	35.2~37.1	典型无烟煤	34.3~35.2
长焰煤	30~33.5	瘦煤	35~36.6	年老无烟煤	32.2~34.3

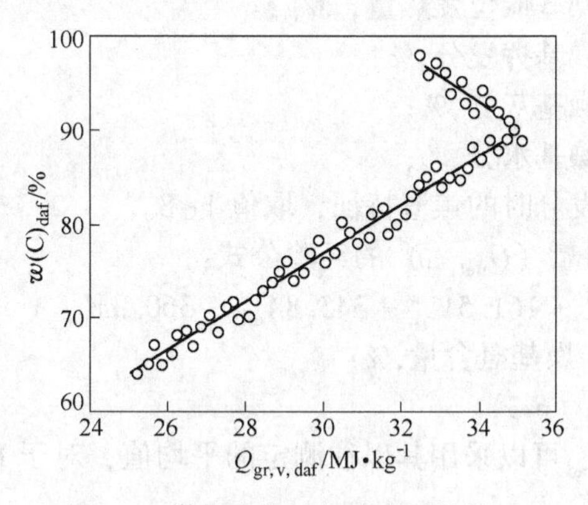

图 6-1 煤的发热量与碳含量的关系

(2) 与煤的成因类型的关系。腐泥煤和残殖煤的发热量高于腐殖煤，其原因在于煤中氢、硫等元素含量的差异。腐泥煤中有机质的氧含量少，碳、氢含量多，所以其发热量高于腐殖煤。

(3) 与煤岩组成的关系。煤化程度相同时，壳质组的发热量最高，镜质组次之，惰质组最低。但是对于低煤化度的煤，其惰质组的发热量可能高于镜质组。随煤化程度的提高，这种差别逐步减小，到无烟煤阶段，就几乎没有差别了。

(4) 与煤中水分和矿物质的关系。煤中水分越高，则煤的发热量越低，主要原因是水在燃烧过程中吸收热量而蒸发。通常水分每增加 1%，煤的发热量降低 370J/g 左右。煤中的矿物质绝大多数在煤燃烧时都能吸热分解，矿物质越多，热解所需的热量也越多。灰分每增加 1%，发热量约降低 370J/g。虽然 FeS_2 在燃烧时也可以放热，但其热值比煤的发热量低，因而也会使煤发热量降低。

（5）与风化作用的关系。煤受风化后，产生热量的碳、氢含量下降，不放热的氧含量增加，因而煤风化后的热值明显降低。

6.1.4 煤发热量的估算

煤的发热量主要是由煤中的碳和氢两种元素燃烧后产生的。氧元素不仅不能产生热量，而且在燃烧时还要与氢元素结合生成水，影响氢的燃烧热。根据煤的元素分析结果，通过回归分析的方法，可以推导出煤发热量的计算公式，比较精确地计算出某一矿区或某一煤种的发热量。同时，煤的发热量还与固定碳含量和挥发分等因素有关，因而也可以利用水分、灰分和挥发分等指标计算煤的发热量。

对于某一矿区、特定煤种或固定来源的煤，可以依据发热量与元素分析和工业分析指标的相关性，推导出用一个或数个分析指标计算煤发热量的公式，其中计算烟煤的经验公式有的已经列入“能源通则”的国家标准中。

6.1.4.1 根据工业分析结果估算发热量的公式

（1）计算烟煤发热量（$Q_{net,ad}$）的经验公式：

$$Q_{net,ad} = 35860 - 73.7V_{ad} - 395.7A_{ad} - 702.0M_{ad} + 173.6CRC \quad (6\text{-}3)$$

式中 $Q_{net,ad}$——空气干燥基低位发热量，J/g；

V_{ad}——空气干燥基挥发分，%；

A_{ad}——空气干燥基灰分，%；

M_{ad}——空气干燥基水分，%；

CRC——测定挥发分时的焦渣特征，取值1~8。

（2）计算无烟煤发热量（$Q_{net,ad}$）的经验公式：

$$Q_{net,ad} = 32347 - 161.5V_{ad} - 345.8A_{ad} - 360.3M_{ad} + 1042.3w(\mathrm{H})_{ad} \quad (6\text{-}4)$$

式中 $w(\mathrm{H})_{ad}$——空气干燥基氢含量，%；

其余符号意义同式（6-3）。

对于同一矿区煤的H_{ad}可以采用其以往测定的平均值，对于H_{ad}未知的矿区的无烟煤，$Q_{net,ad}$可用式（6-5）计算。

$$Q_{net,ad} = 34814 - 24.7V_{ad} - 382.2A_{ad} - 563.0M_{ad} \quad (6\text{-}5)$$

（3）计算褐煤发热量（$Q_{net,ad}$）的经验公式：

$$Q_{net,ad} = 31733 - 70.5V_{ad} - 321.6A_{ad} - 388.4M_{ad} \quad (6\text{-}6)$$

6.1.4.2 根据元素分析结果估算发热量的公式

鉴于煤的发热量主要由其有机组分中的碳和氢两元素燃烧后所得，因此利用元素分析结果计算出的发热量的精度更高，有时还可用来审核实测发热量结果是否出现了较大的偏差。式（6-7）、式（6-8）是由100多个全国统检煤样和煤标准物质的测定结果导出的计算各种煤的发热量的计算公式。

$$Q_{net,ar} = 0.2803w(\mathrm{C})_{ar} + 1.0075w(\mathrm{H})_{ar} + 0.067w(\mathrm{S})_{t,ar} - 0.1556w(\mathrm{O})_{ar} - 0.086M_{at} - 0.0703A_{ar} + 5.737 \quad (6\text{-}7)$$

式中 $Q_{net,ar}$——煤的收到基低位发热量，MJ/kg；

$w(C)_{ar}$——煤的收到基碳含量,%;

$w(H)_{ar}$——煤的收到基氢含量,%;

$w(S)_{t,ar}$——煤的收到基全硫含量,%;

$w(O)_{ar}$——煤的收到基氧含量,%;

M_{at}——煤的全水分,%;

A_{ar}——煤的收到基灰分,%。

$$Q_{net,ad} = 0.2659w(C)_{ad} + 0.9935w(H)_{ad} + 0.0487w(S)_{t,ad} - 0.1719w(O)_{ad} - 0.1055M_{ad} - 0.0842A_{ad} + 7.144 \tag{6-8}$$

式中 $Q_{net,ad}$——煤的空气干燥基低位发热量，MJ/kg;

$w(C)_{ad}$——煤的空气干燥基碳含量,%;

$w(H)_{ad}$——煤的空气干燥基氢含量,%;

$w(S)_{t,ad}$——煤的空气干燥基全硫含量,%;

$w(O)_{ad}$——煤的空气干燥基氧含量,%;

M_{ad}——煤的空气干燥基水分,%;

A_{ad}——煤的空气干燥基灰分,%。

式（6-7）、式（6-8）均可用于计算并审核各种褐煤、烟煤和无烟煤（包括A_d<40%的石煤）的发热量。但需要说明的是，用经验公式估算的发热量只可用于实验室结果审查和生产（加工利用）厂矿质量控制，不能用于商业结算和其他要求较高准确度的场合。

6.1.5 发热量各种基准间的换算

虽然测定煤的发热量时采用经过空气干燥的一般分析试验煤样，结果也用空气干燥基表示，但对于不同的应用目的，发热量需要用恰当的基准表示，如干燥基、干燥无灰基和收到基等，这些基准的数值不能直接得到，需由空气干燥基的数据进行换算而来。

6.1.5.1 高位发热量的基准换算公式

由空气干燥基到干燥基的换算：

$$Q_{gr,v,ad} = Q_{gr,v,ad}\frac{100}{100 - M_{ad}} \tag{6-9}$$

由空气干燥基到干燥无灰基的换算：

$$Q_{gr,v,daf} = Q_{gr,v,ad}\frac{100}{100 - M_{ad} - A_{ad}} \tag{6-10}$$

由空气干燥基到收到基的换算：

$$Q_{gr,v,ar} = Q_{gr,v,ad}\frac{100 - M_{ar}}{100 - M_{ad}} \tag{6-11}$$

弹筒发热量的基准换算，与式（6-9）~式（6-11）基本相同，只是将式中的高位发热量符号换为相应基准的弹筒发热量即可。

6.1.5.2 低位发热量的基准换算公式

对于低位发热量而言，要进行换算的基准之间若存在吸附水分的变化，会引起发热量绝对值的变化。如空气干燥基到干燥基的低位发热量的换算，这两个基准之间出现了 M_{ad} 的变化，基准的改变不仅改变了基准物的量，同时，M_{ad} 的变化引起"$23M_{ad}$ 焦耳热值的变化"，这时就不能采用高位发热量基准换算的公式和方法。但对于基准间不涉及吸附水分的变化时，就可以采用上述的基准换算公式，如干燥基低位发热量到干燥无灰基低位发热量的换算。

为谨慎起见，建议用下面的公式计算不同基准的低位发热量。

干燥基低位发热量的计算：

$$Q_{net,v,d} = (Q_{gr,v,ad} - 206w(H)_{ad})\frac{100}{100 - M_{ad}} = Q_{gr,v,d} - 206w(H)_{d} \tag{6-12}$$

干燥无灰基低位发热量的计算：

$$Q_{net,v,daf} = (Q_{gr,v,ad} - 206w(H)_{ad})\frac{100}{100 - M_{ad} - A_{ad}} = Q_{gr,v,daf} - 206w(H)_{daf} \tag{6-13}$$

收到基低位发热量的计算：

$$Q_{net,v,ar} = (Q_{gr,v,ad} - 206w(H)_{ad})\frac{100 - M_{ar}}{100 - M_{ad}} - 23M_{t} = Q_{gr,v,ar} - 206w(H)_{ar} - 23M_{ar} \tag{6-14}$$

6.1.5.3 恒湿无灰基高位发热量

恒湿无灰基是指煤样含有最高内在水分但不含灰分的一种假想状态，这时煤样中只含有可燃质和最高内在水分。煤的恒湿无灰基高位发热量不能直接测定，需要用空气干燥基的高位发热量进行换算，公式如下：

$$Q_{gr,maf} = Q_{gr,v,ad}\frac{100(100 - MHC)}{100(100 - M_{ad}) - A_{ad}(100 - MHC)} \tag{6-15}$$

式中 $Q_{gr,maf}$——恒湿无灰基高位发热量，J/g；

$Q_{gr,v,ad}$——空气干燥基恒容高位发热量，J/g；

M_{ad}——煤样的空气干燥基水分,%；

A_{ad}——煤样的空气干燥基灰分,%；

MHC——煤样的最高内在水分,%。

6.2 煤的热解和黏结成焦性质

煤在隔绝空气的条件下加热至较高温度而发生一系列物理变化和化学反应的复杂过程，称为煤的热解，或称热分解和干馏。煤的热解是煤转化的关键步骤，煤气化、液化、焦化和燃烧等都要经过或发生热解过程。

在不同的工艺过程中，煤热解的加热速率和环境气氛是不同的，热解产物也各不相同。研究煤的热解过程和机理，可以正确地选择原料煤，解决加工工艺问题以及提高产品

(焦炭、煤气、焦油等)的质量和数量，有助于开辟新的煤炭加工方法如煤的高温快速热解、加氢热解和等离子体热解等技术。此外，煤的热解与煤的组成和结构密切相关，可以通过热解研究为煤的分子结构分析提供支持。

6.2.1 煤的热解

将煤隔绝空气加热，随温度的升高煤发生一系列的分解反应。煤的热分解是煤的一个极重要的性质。利用这个性质从烟煤中可制得苯、甲苯和酚类等宝贵的有机化学工业的一些基本原料，又能炼得冶金用的焦炭。

6.2.1.1 煤的热解过程

煤在隔绝空气条件下加热时，煤的有机质随温度升高发生一系列变化，形成气态（煤气)、液态（焦油）和固态（半焦或焦炭）产物。典型烟煤受热时发生的变化过程如图6-2所示。

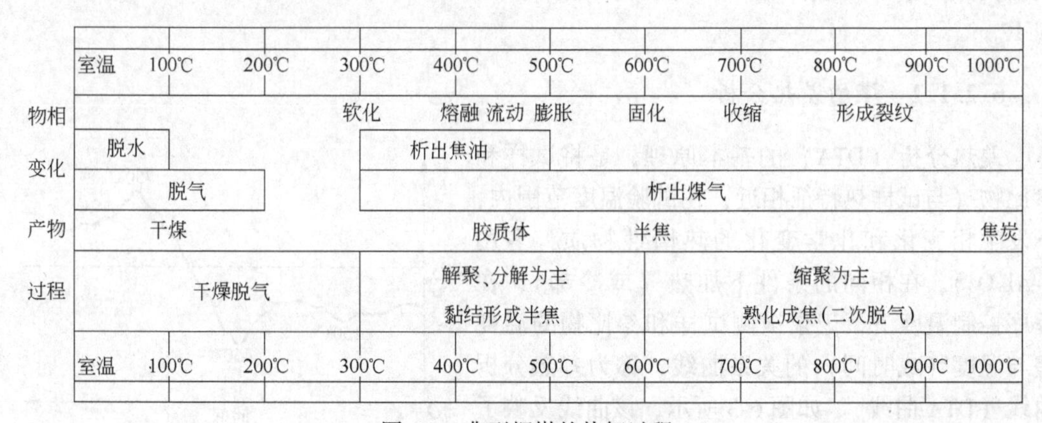

图6-2 典型烟煤的热解过程

从图6-2可以看出，煤的热解过程大致可分为三个阶段：

(1) 第一阶段，室温~活泼分解温度 T_d(300℃)。这一阶段主要是煤的干燥脱气阶段，煤的外形基本上没有变化。在120℃以前脱去煤中的游离水，120~200℃脱去煤所吸附的气体如CO、CO_2和CH_4等。在200℃以后，年轻的煤如褐煤发生部分脱羧基反应，有热解水生成，并开始分解放出气态产物如CO、CO_2、H_2S等。近300℃时开始热分解反应，有微量焦油产生。烟煤和无烟煤在这一阶段没有显著变化。

(2) 第二阶段，活泼分解温度 T_d~600℃。这一阶段以煤的分解和解聚反应为主，产生胶质体，胶质体固化形成半焦。煤在300℃左右开始软化，并有煤气和焦油产生。气体主要是CH_4及其同系物，还有H_2、CO_2、CO及不饱和烃等，为热解一次气体。焦油在450℃时析出量最大，气体在450~600℃时析出量最大。烟煤（特别是中等煤化度烟煤）在这一阶段从软化开始，经熔融、流动到再固化，出现了一系列特殊现象，在一定温度范围内产生了气、液、固三相共存的胶质体。胶质体的数量和性质决定煤的黏结性和结焦性。固体产物半焦和原煤相比，其部分物理指标差别不大，说明在生成半焦过程中缩聚反应还不是很明显。

(3) 第三阶段，600~1000℃。这一阶段又称二次脱气阶段，以缩聚反应为主，半焦分解生成焦炭，析出的焦油量极少。一般在700℃时缩聚反应最为明显和激烈，产生的气体主要是H_2，仅有少量的CH_4，为热解二次气体。随着热解温度的进一步升高，在750~1000℃半焦进一步分解，继续放出少量气体（主要是H_2）。同时分解残留物进一步缩聚，芳香碳网不断增大，排列规则化，密度增加，使半焦变成具有一定强度或块度的焦炭。一方面析出大量煤气，另一方面焦炭本身的密度增加，体积收缩，导致生成许多裂纹，形成碎块。焦炭的块度和强度与收缩情况有直接关系。如果将最终加热温度提高至1500℃以上即可生成石墨，用于生产炭素制品。

需要强调的是，煤的热解过程是一个连续的、分阶段的过程，每一个后续阶段都必须经过前面的阶段，但不同煤化度煤的热解过程略有差异。其中烟煤的热解过程比较典型，三个阶段的区分比较明显。低煤化度的煤如褐煤，其热解过程与烟煤大致相同，但热解过程中没有胶质体形成，仅发生分解产生焦油和气体，加热到最高温度得到的固体残留物是粉状的。高煤化度煤（如无烟煤）的热解过程则更为简单，在逐渐升温的过程中，既不形成胶质体，也不产生焦油，仅有少量热解气体放出。无烟煤不适宜用干馏的方法进行加工。

6.2.1.2 煤的差热分析

差热分析（DTA）的基本原理，是将试样和参比物（与试样热特征相近，在试验温度范围内，不发生相变化和化学变化的热惰性物质，多用α-Al_2O_3）。在相同的条件下加热（或冷却），在程序控制温度下，记录被测试样和参比物的温度差与温度（或时间）的关系曲线，称为差热分析曲线（DTA曲线）。如图6-3所示，该曲线反映了煤在热解过程中发生的吸热效应和放热效应，吸热为低谷，放热为高峰。

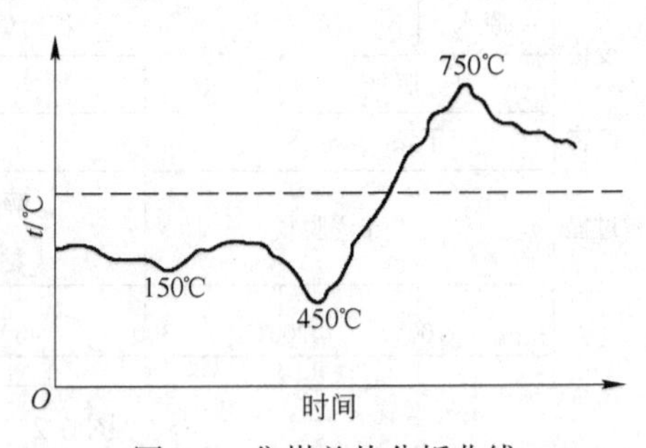

图6-3 焦煤差热分析曲线

吸热峰——被测试样温度低于参比物温度的峰，温度差Δt为负值，差热曲线为低谷。

放热峰——被测试样温度高于参比物温度的峰，温度差Δt为正值，差热曲线为高峰。

在煤的差热分析图谱上一般有三个明显的热效应区：

(1) 在150℃左右，有一个吸热峰，表明此段是吸热效应，是煤析出水分和脱除吸附气体的过程；相当于热化学分析的干燥脱气阶段。

(2) 在350~550℃范围内，有一个吸热峰，表明此阶段为吸热效应。在这一阶段煤发生解聚、分解生成气体和煤焦油（蒸气状态）等低分子化合物；相当于热化学分析的胶质体阶段。

(3) 在750~850℃范围内，有一个放热峰，表明此阶段为放热效应，是煤热解残留物互相缩聚，生成半焦的过程；相当于热化学分析的半焦熟化阶段。

煤的差热曲线上三个明显的热效应峰与煤热解过程化学分析的三个主要阶段的差热分析方法，证实了煤热解过程的热化学反应。

各种不同煤，其热解过程不同，所以差热分析曲线上峰的位置、峰的高低也有区别。

6.2.1.3 热解过程中的化学反应

由于煤的不均一性和分子结构的复杂性，再加上矿物质对热解的催化作用等其他作用，使得煤的热解化学反应非常复杂，彻底了解反应的细节十分困难。但从煤的热解进程中不同分解阶段的元素组成、化学特征和物理性质的变化出发，对煤的热解过程进行研究考察，可以将煤热解的化学反应总体分为裂解和缩聚两大类，其中包括了煤的有机质的裂解、裂解产物中相对分子质量较小部分的挥发、裂解残留物的缩聚、挥发产物在逸出过程中的分解及化合、缩聚产物的进一步分解和再缩聚等过程。

从煤的分子结构看，可以认为热解过程是基本结构单元周围的侧链、桥键和官能团等对热不稳定成分的不断裂解，形成低分子化合物并逸去，以及基本结构单元的缩合芳香核对热保持稳定并相互缩聚形成固体产物（半焦或焦炭）的过程。

从化学的角度看，煤的热解是煤有机质大分子中的化学键的断裂与重新组合的过程。有机化合物对热的稳定性，主要取决于分子中化学键键能的大小。依据键能大小以及有机化合物的反应规律，可以得出煤有机质热分解的一般规律。

（1）在相同条件下，煤中各有机物的热稳定次序是：芳香烃>环烷烃>炔烃>烯烃>开链烷烃。

（2）芳环上侧链越长越不稳定，芳环数越多其侧链越不稳定，不带侧链的分子比带侧链的分子稳定。例如，芳香族化合物的侧链原子团是甲基时，在700℃才断裂；如果是较长的烷基，则在500℃就开始断裂。

（3）缩合多环芳烃的稳定性大于联苯基化合物，缩合多环芳烃的环数越多（即缩合程度越大），热稳定性越大。

煤的热分解过程也遵循一般有机化合物的热裂解规律，按照其反应特点和在热解过程中所处的阶段，一般划分为煤的裂解反应、二次反应和缩聚反应。

A 煤热解中的裂解反应

煤在受热温度升高到一定程度时其结构中相应的化学键就会发生断裂，这种直接发生于煤分子的分解反应是煤热解过程中首先发生的，通常称为一次热解，主要包括以下几种裂解反应。

（1）桥键断裂生成自由基。煤的结构单元中的桥键是煤大分子中最为薄弱的环节，受热很容易裂解生成自由基碎片，且自由基的浓度随加热温度的升高而增大。

（2）脂肪侧链断裂。煤中的脂肪侧链受热容易裂解，生成气态烃，如 CH_4、C_2H_6 和 C_2H_4 等。

（3）含氧官能团裂解。煤中含氧官能团的热稳定性顺序为：$—OH > \rangle C=O > —COOH > —OCH_3$。羟基不易脱除，到温度为700~800℃和有大量氢存在时可生成 H_2O。羰基可以在400℃左右裂解生成CO。羧基在温度高于200℃时即可分解生成 CO_2。另外，含氧杂环在500℃以上也有可能开环裂解，放出CO。

（4）低分子化合物的裂解。煤中以脂肪结构为主的低分子化合物受热后熔化，同时不断裂解，生成较多的挥发性物质。

B 煤热解中的二次反应

一次热解产物的挥发性成分在析出过程中如果受到更高温度的作用（如在焦炉中的作用一样），就会继续分解产生二次裂解反应。主要的二次反应有以下几种。

（1）直接裂解反应：

$$C_2H_6 \xrightarrow{-H_2} C_2H_4 \xrightarrow{-CH_4} C$$

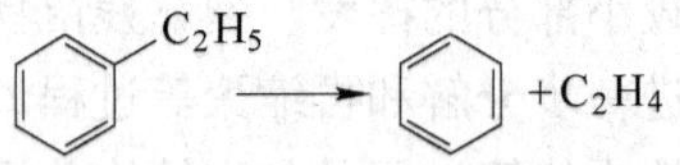

$$C_2H_5 \longrightarrow +C_2H_4$$

（2）芳构化反应：

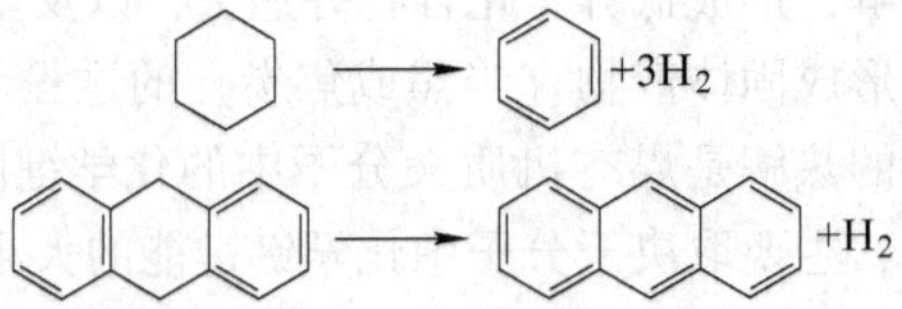

$$\longrightarrow +3H_2$$

$$\longrightarrow +H_2$$

（3）加氢反应：

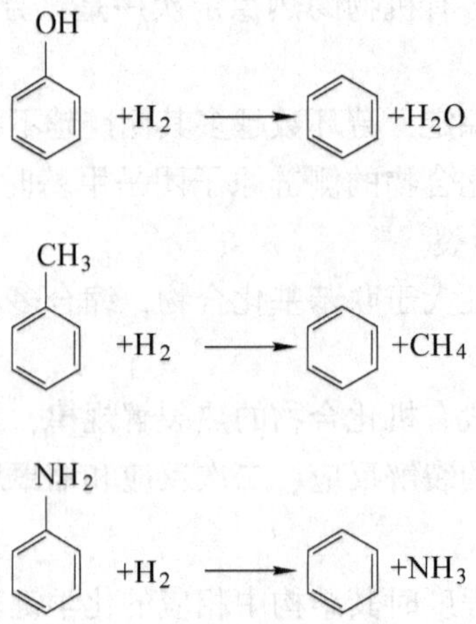

$$OH \quad +H_2 \longrightarrow +H_2O$$

$$CH_3 \quad +H_2 \longrightarrow +CH_4$$

$$NH_2 \quad +H_2 \longrightarrow +NH_3$$

（4）缩合反应：

$$+C_4H_6 \longrightarrow +2H_2$$

$$+C_4H_6 \longrightarrow +2H_2$$

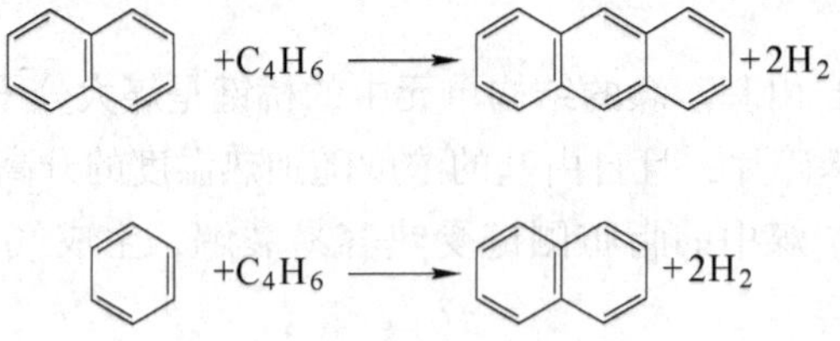

（5）桥键分解：

$$—CH_2— +H_2O \longrightarrow CO+2H_2O$$

$$—CH_2— + —O— \longrightarrow CO+H_2$$

C 煤热解中的缩聚反应

煤热解的前期以裂解反应为主，后期则以缩聚反应为主。缩聚反应对煤的黏结、成焦和固态产品的质量影响很大。

（1）自由基的缩聚反应。热解生成的自由基之间发生缩聚生成半焦，如：

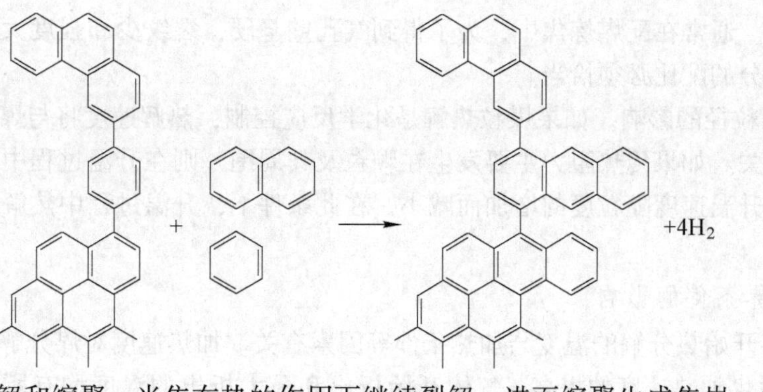

$$+4H_2$$

（2）半焦裂解和缩聚。半焦在热的作用下继续裂解，进而缩聚生成焦炭，缩聚反应是芳香结构脱氢的过程，如：

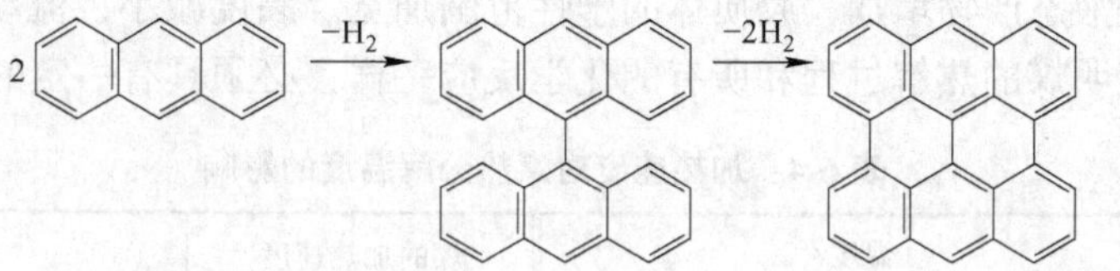

$$2 \xrightarrow{-H_2} \xrightarrow{-2H_2}$$

6.2.1.4 影响煤热解的因素

影响煤热解的因素很多，首先受原料煤性质的影响，包括煤化程度、显微组分和粒度等；其次，煤的热解还受到许多外界条件的影响，如加热条件（升温速度、最终温度和压力等）、预处理、添加成分、装煤条件和产品导出形式等。

A 原料煤性质的影响

（1）煤化程度是最重要的影响因素之一，它直接影响煤的热解开始温度、热解产物的组成与产率、热解反应活性和黏结性、结焦性等。从表 6-3 可以看出，随煤化度的加深，热解开始的温度逐渐升高。在不同煤种的煤中，褐煤开始热解的温度最低，无烟煤最高。

表 6-3 不同煤种的开始热解温度

种类	泥炭	褐煤	烟煤					无烟煤
			长焰煤	气煤	肥煤	焦煤	瘦煤	
开始热解温度/℃	<100	约 160	约 170	约 210	约 260	约 300	约 320	约 380

（2）变质程度不同的煤在同一热解条件下，所得到的热解产物的产率也是不相同的。如煤化度较低的褐煤热解时煤气、焦油和热解水产率高，煤气中 CO、CO_2 和 CH_4 含量高，焦渣不黏结；中等煤化度的烟煤热解时，煤气和焦油产率比较高，热解水较少，黏结性强，固体残留物可形成高强度的焦炭；高煤化度的煤（贫煤以上）热解时，焦油和热解水产率很低，煤气产率也较低，且无黏结性，焦粉产率高。在各种煤化度的煤中，中等煤化度的煤具有较好的黏结性和结焦性。

（3）显微组分不同，煤的黏结性就会不一样。对于炼焦用煤，一般认为镜质组和壳质组为活性组分，惰质组为惰性组分。煤气产率以壳质组最高，惰质组最低，镜质组居中；焦油产率以壳质组最高，惰质组没有，镜质组居中；焦炭产率惰质组最高，镜质组居中，壳质组最低。通常在配煤炼焦中，为了得到气孔壁坚硬、裂纹少和强度大的焦炭，活性组分与惰性组分的配比必须恰当。

（4）煤粒径的影响。如果煤粒热解是化学反应控制，热解速度将与煤颗粒的粒度或颗粒孔结构无关。如果传热阻力主要发生在颗粒及其周围，则在升温过程中颗粒的温度是均匀的，而且升温速度随粒度的增加而减小。在此条件下，升温过程中热解速度随粒度减小而增大。

B 外界条件的影响

（1）煤开始热分解的温度与加热条件等因素有关。加热速度对煤分解温度的影响见表6-4。随着对煤加热速度的提高，气体开始析出和最大析出的温度均有所提高。此外，提高加热速度，煤的软化点和固化点都要向高温侧移动，但软化温度和固化温度增高的幅度不同，通常都是液态产物增加、胶质体的塑性范围加宽、黏度减小、流动度增大及膨胀度显著提高等，表明煤的热解过程和所有的化学反应一样，必须具有一定的热作用时间。

表 6-4 加热速度对煤热分解温度的影响

煤的加热速度 /℃·min^{-1}	温度/℃		煤的加热速度 /℃·min^{-1}	温度/℃	
	气体开始析出	气体最大析出		气体开始析出	气体最大析出
5	255	435	40	347	503
10	300	458	60	355	515
20	310	486			

（2）提高热分解过程中外部的气体压力可以使液态产物的沸点升高，因而它们在热解过程中的煤料内暂时聚集量增大，有利于煤的膨胀，煤的膨胀性和结焦性以及所产生的焦炭的气孔率都有所增大。

（3）煤形成过程或储存过程中受到氧化（约在30℃开始，50℃以上加速），会使煤的氧含量增加，黏结性降低甚至丧失；在炼焦过程中配入某些添加剂可以改善、降低或完全破坏煤的黏结性，添加剂可分为有机和惰性两大类。石油沥青、煤焦油沥青、溶剂精制煤和溶剂抽提物等属于有机添加剂，添加适量可改善煤的黏结性。惰性添加剂如 CaO、MgO、Fe_3O_4、SiO_2、Al_2O_3和焦粉等，可使配合煤瘦化。添加剂的种类和数量与煤软化和固化温度之间并没有必然的联系。

6.2.2 煤的黏结与成焦机理

6.2.2.1 胶质体的形成及来源

图 6-4 示出了煤粒受热形成胶质体及胶质体固化的过程。由于胶质体中液相物质的黏度大，透气性不好，热解形成的部分气体会在液相物质中形成气泡。煤热解形成的胶质体是黏结成焦的前提，胶质体液相的数量和质量是影响焦炭质量的关键。

A 胶质体的来源

目前对于煤热解时的塑性与它的化学结构和反应性关系的研究有两种理论，一个是Y-化合物理论，另一个是氢转移理论。前者是由 Ouchi 等以喹啉和吡啶萃取日本煤的试验

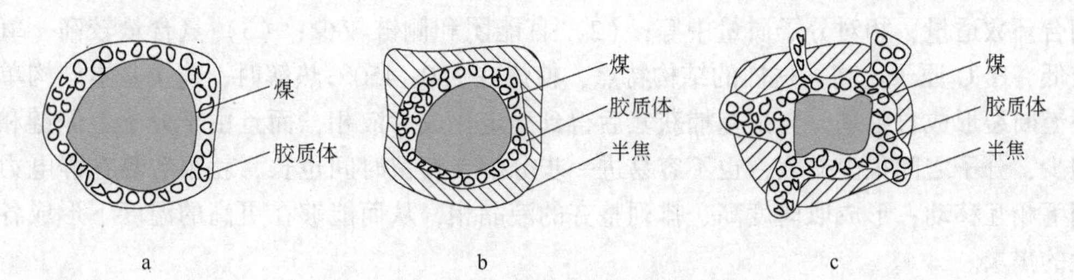

图 6-4 胶质体的生成及转化过程示意图

a—转化开始阶段；b—开始形成半焦阶段；c—煤粒强烈软化和半焦破裂阶段

结果提出来的，煤被处理后吡啶可以萃取出很多物质，该物质无供氢性、相对分子质量较小，作者把此种煤的塑性归于具有大量的可溶的小分子物质，即 Y-化合物；后一种理论认为煤中可转移的氢对于煤塑性的发展是非常重要的，它可以稳定煤受热裂解产生的自由基。Kidena 等用模型化合物测试了所用几种煤的供氢性和接受氢的能力，煤中供氢的活性位是环烷上的甲撑碳连接芳香基团之间的乙撑碳，在 XRD 和 SEM 观测热处理煤（半焦）的基础上，当煤达到软化温度时，芳香层的定向开始变得混乱，随着温度的升高，芳香层才开始发展。所以在塑性阶段，键断裂反应、氢转移反应及芳香层的重排同时发生，这些反应之间的平衡非常重要。可以肯定地说，胶质体主要来源于煤大分子裂解反应生成的中间产物。

当煤样在隔绝空气条件下加热至一定温度时，煤粒开始软化，在表面上出现了含有气泡的液膜，如图 6-4a 所示。温度进一步升高至 500~550℃时，液体膜外层开始固化生成半焦，中间仍为胶质体，内部为未变化的煤，如图 6-4b 所示。这种状态只能维持很短时间，因为外层半焦外壳上很快就会出现裂纹，胶质体在气体压力下从内部通过裂纹流出，如图 6-4c 所示。这一过程一直持续到煤粒内部完全转变成半焦为止。

B 胶质体的形成

胶质体的形成是煤热解过程中氢再分配的结果。一些产物被氢饱和后形成稳定的饱和分子，而另一些则缺氢成为自由基或不饱和物，自由基或不饱和物参与缩聚反应、加成反应等。由于氢的再分配及部分中间产物被氢所饱和，因而形成了胶质体。

胶质体中的液相是形成胶质体的基础，其来源是多方面的。根据煤的分子结构、热解和液化机理，通过科学分析和推断，已经确认的胶质体来源可能有以下几方面。

(1) 煤热解时结构单元之间结合比较薄弱的桥键断裂形成自由基碎片，其中一部分相对分子质量不太大、含氢较多，使自由基稳定化，形成液体产物并以芳香族化合物居多。

(2) 在热解时，结构单元上的脂肪侧链脱落，大部分挥发逸出，少部分参加缩聚反应形成液态产物，其中以脂肪族化合物居多。

(3) 煤中原有的相对分子质量低的化合物——沥青质，受热熔融变为液态。

(4) 残留的固体部分在已形成的液态产物中部分溶解和胶溶，使液相数量增加。

上述理论或见解忽略了一个重要的事实，就是热解时能形成大量胶质体的煤，都是碳含量在 87%~91%之间的中等煤化程度的煤。此外，需要特别注意的是，胶质体的数量多，焦炭的质量不一定好，如气肥煤的胶质体量最大，但焦炭的强度远低于焦煤炼制的焦炭。这些事实表明，胶质体的质量非常关键，而胶质体的质量必然与母煤的分子结构相关。

结焦性好的煤种如焦煤和典型肥煤的分子结构及组成有以下特点：(1) 基本结构单元

中缩合环数适量，相对分子质量中等；（2）官能团和侧链较少；（3）氢含量较高，氧含量较低，H/O 原子比高。这样的结构特点，使煤在350~450℃热解时，连接基本结构单元的桥键断裂形成自由基，自由基捕获氢后得到稳定化成为液相，而且由于分子上侧链和官能团少，分子之间很少交联，也不容易进一步分解，存留时间也长，就很容易在静电力等作用下相互移动；形成取向度高、排列整齐的液晶相，从而能够在更高的温度下形成各向异性的焦炭。

6.2.2.2 胶质体的性质及影响因素

在热解过程中，胶质体的液相分解、缩聚和固化而生成半焦，而半焦的质量好坏则取决于胶质体的性质。目前还没有能够全面反应胶质体性质的指标，就胶质体的主要性质而言，有热稳定性、流动性、透气性和膨胀性等。

（1）热稳定性。热稳定性可用煤的软、固化温度区间来表示，是煤黏结性的重要指标，对炼焦配煤有重大的意义。

煤开始软化的温度（$t_{软}$）到开始固化的温度（$t_{固}$）之间的温差范围即为胶质体的温度间隔（$\Delta t=t_{固}-t_{软}$），它表示了煤在胶质体状态时所经过的时间，反映了胶质体的热稳定性的好坏。一般地说，温度间隔越大，表示胶质体在较高的加热温度下停留的时间越长，煤粒间有充分的时间接触并相互作用，煤的黏结性就好；反之，则差。有人测定了中等煤化程度烟煤的温度间隔，得到了表 6-5 的结果。由表 6-5 可见，肥煤的温度间隔最大。此外，提高加热速度，可以使煤开始软化的温度和固化的温度都向高温侧移动，而固化温度的升高大于软化温度的升高，因而可使胶质体的温度间隔增大。

表 6-5 各种煤胶质体的温度间隔

煤种	$t_{软}$/℃	$t_{固}$/℃	Δt /℃	胶质体停留时间（3℃/min）/min
肥煤	320	460	140	50
气煤	350	440	90	30
焦煤	390	465	75	28
瘦煤	450	490	40	13

（2）流动性。煤在胶质体状态下的流动性对黏结影响较大，通常以煤的流动度或黏度来衡量。如果胶质体的流动性差，表明胶质体液相数量少，不利于将煤粒之间或与惰性组分之间的空隙填满，所形成的焦炭熔融性就差，界面结合不好，耐磨性差，因而煤的黏结性就差；反之，则有利于煤的黏结。中等煤化程度的烟煤（肥煤和焦煤）其胶质体的流动性最好；而煤化程度高或低的煤的胶质体流动性差。此外，提高加热速度可使煤的胶质体的流动性增加。

（3）透气性。煤在热分解过程中有气体析出，但在胶质体状态时，煤粒间空隙被液相产物填满，则气体通过时就会受到阻力。透气性是指煤热解产生的气体物质从胶质体中析出的难易程度。如果胶质体的阻力大，气体析出困难，则胶质体的透气性不好。透气性差，气体的析出会产生很大的膨胀压力，促使受热变形的煤粒之间互相黏结，提高了煤的黏结性；透气性好，气体可以顺利地透过胶质体，或胶质体液相量少，液相不能充满颗粒之间，气体容易析出，则膨胀压力小，不利于变形煤粒间的黏结。

一般中等煤化度煤在热解过程中能产生的胶质体透气性差，有利于胶质体的膨胀，使气、液、固三相混合物紧密接触，故煤的黏结性好。显微组分中，镜质组的胶质体透气性差。提高加热速度可使某些反应提前进行，使胶质体中的液相量增加，从而使胶质体的透气性变差。

(4) 膨胀性。煤在胶质体状态下，由于气体的析出和胶质体的不透气性，往往发生胶质体体积膨胀。膨胀压力大，有利于煤粒间的黏结，但膨胀压力过大，将对炭化设备产生危害。煤的膨胀性与透气性有关，透气性好，则不易膨胀；透气性差，则较容易发生胶质体的膨胀。如果胶质体的膨胀不加限制，则发生自由膨胀。若膨胀受到限制，如煤在焦炉炭化室中的炭化，就会对炉墙产生一定的压力。

胶质体的数量和性质主要受到煤的性质和加热速度的影响。另外，煤经过氧化、氢化和粒度的变化等也会改变胶质体的数量和性质。

胶质体性质随煤种而异，挥发分 V_{daf} 为 13%~15%的煤，在加热时才会明显出现胶质体。在一定的温度范围内，煤中 V_{daf} 上升则胶质体增加。当 V_{daf} 为 25%~30%时，胶质体达到最大值。此后，胶质体则随挥发分的上升而减少。当煤的 V_{daf} 为 35%~40%时，胶质体消失。中等煤化度的煤热解时，煤气和焦油产率高，胶质体的数量多、质量好。镜质组和壳质组是可熔组分，惰质组和矿物组是不熔组分，它们均影响煤的热解液体产物的产率和组成。此外，加热速度对胶质体性质的影响十分显著，提高加热速度可使胶质体增加，煤的流动性和膨胀性亦增加。

6.2.2.3 煤的黏结与成焦机理

A 煤的黏结机理

煤热解形成胶质体，煤粒之间的黏结主要发生在煤粒的表面上。利用显微镜和放射线照相技术对半焦光片进行研究表明，热解后的煤粒沿着颗粒的接触表面产生界面结合。表面的黏结不仅发生在熔融颗粒与不熔颗粒之间，也发生在相邻颗粒产生的胶质体交界面上。无论对于胶质体数量较多的肥煤还是胶质体数量较少的气煤，煤粒间的黏结只发生在煤粒间的表面分子层上。有学者对流动性最大的肥煤胶质体的液相在塑性阶段的平均移动距离进行了计算，只有 1.9μm，这与煤粒的大小相比是可以忽略的。因此，煤热解后不同煤粒生成的液相之间的相互渗透只限于煤粒的表面。这就是说，煤粒间的黏结过程，只在煤粒的接触表面上进行，煤的黏结是煤粒间的表面黏结。

在热解时，煤分子结构上的氢发生了再分配。对于黏结性烟煤，生成了富氢、相对分子质量较小的液相物质和呈气态的焦油蒸气、气体烃类等化合物。有人认为，热分解产物的相对分子质量在 400~1500 范围内时呈液相并能使煤软化生成胶质体。胶质体中的液相不仅能软化煤粒，也能隔离热解中生成的大量自由基，阻止它们迅速结合成为更大的分子而固化。煤热解生成的胶质体是逐渐增加的，当液相的生成速度与液相的热解速度相等时，胶质体的流动性达到最大；此后，胶质体的分解速度超过了生成速度，胶质体的流动性则逐渐下降，直到全部固化成为半焦。胶质体的固化是液相分解产生的自由基缩聚的结果。胶质体的固化过程是胶质体中的化合物因脱氢、脱烷基和其他热解反应而引起的芳构化和炭化的过程。

综上所述，要使煤在热解中黏结得好，必须满足以下条件：

（1）胶质体应有足够数量的液相，能将固体煤粒表面润湿，并充满颗粒间的空隙。

（2）胶质体应有较好的流动性和较宽的温度间隔。

（3）胶质体应有一定黏度，有一定的气体生成量，能产生一定的膨胀压力，将软化的煤粒压紧。

（4）黏结性不同的煤粒应在空间均匀分布。

（5）液态产物与固体粒子之间应有较好的附着力。

（6）液相进一步分解缩聚所形成的固体产物和未转变为液相的固体粒子本身应具有足够的机械强度。

B 煤的成焦机理

胶质体固化形成半焦后继续升高温度，半焦发生裂解和缩聚，析出以氢气为主的气体，几乎没有焦油产生。这时的裂解反应主要是芳香化合物脱氢，同时产生带电的自由基，自由基相互缩聚而稳定化，温度进一步升高，缩聚反应进一步发展，自由基的缩聚使芳香碳网不断增大，碳网间的排列也趋于规则化。

从半焦的外形变化来看，由于缩聚反应，使半焦的体积发生收缩；由于半焦组成的不均匀性，体积收缩也是不均匀的，造成半焦内部产生应力，当应力大于半焦的强度时就产生了裂纹。温度继续升高到1000℃，半焦的裂解和缩聚反应趋缓，析出的气体量减少，半焦也变成了具有一定块度和强度的银灰色并具有金属光泽的焦炭。

6.2.2.4 中间相理论

黏结性烟煤在炭化过程中，镜质组变为胶质体时开始形成很微小的球体，这些小球体逐渐接触、融并、长大，最后聚结在一起，形成了类似于液晶的具有各向异性的流动相态，这就是中间相。中间相是由聚合的芳香层片的扭曲结构组成的，再继续加热，聚合物发生分解、缩聚而固化，最终形成各向异性炭。如果没有中间相的转变过程，只能形成各向同性炭。

中间相的特点是：中间相的形成是不可逆的；中间相在形成过程中，相对分子质量是逐渐增大的；中间相在形成过程中 C/H 原子比逐渐增大；中间相的形成是化学过程，中间相形成以后，内部发生连续的化学变化。

A 中间相的发展

中间相的发展过程如图 6-5 所示，从小球体产生到胶质体固化、半焦形成这一个阶段为中间相阶段。

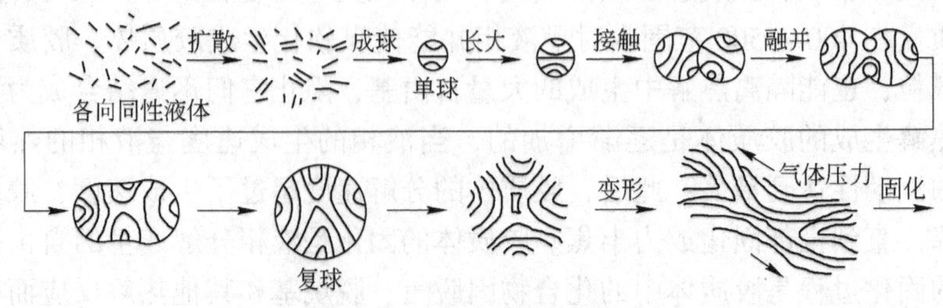

图 6-5 中间相发展示意图

由图 6-5 所示中间相的发展经历如下阶段：

(1) 煤的热分解。煤受热分解的实质是指氢在分解产物中的重新分配。煤大分子中不稳定部分，如侧链、活性键（离解能低的键）、官能团受热断裂，并接受氢原子而成为饱和中等相对分子质量的液相（1100~1600）和低相对分子质量的焦油蒸气和烃类气体；而另一些产物则缺氢，成为不饱和化合物和游离基。

(2) 缩聚。游离基或不饱和化合物缩聚成平面稠环大分子或大游离基层片。

(3) 成球。稠环大分子或大游离基在液相中因热扩散而迁移，并平行堆砌而成单球。

(4) 长大。中间相作为各向异性的新相不断吸收周围各向同性的基质，使每个小球体体积不断增大。

(5) 接触。新球体不断产生，原来的小球体不断长大，使球间距缩小而互相接触。

(6) 融并。两个接触的单球或多个单球合并成一个复球，也可能多个单球与熔合后的新球融并成为中间相体。

(7) 重排。中间相体和复球内部层片分子不断重新排列、变形呈规则化。

(8) 增黏。中间相进一步吸收周围的流动相而长大，待各向同性基质消耗殆尽时，系统的黏度迅速增加。

(9) 变形。在胶质体内析出气体的压力和剪切力作用下，使高度聚集相弯曲，层片变形，排列更规则化。

(10) 固化。温度继续升高，层片相对分子质量迅速增大，胶质体固化成各种尺寸与形态的各向异性单元，形成不同的焦炭显微结构体（各种类型的光学结构体）。

B 中间相的形成和发展的影响因素

中间相的形成和发展受原料性质、工艺条件多方面的影响，归纳起来主要有以下几个方面。

(1) 胶质体液相的化学缩聚活性。煤热解产生胶质体的液相产物中含有大量的游离基，易于聚合成相对分子质量较大的化合物。如果相对分子质量大小和平面度合适，则有利于中间相的形成。但缩聚活性太强，如低煤化程度的气煤，缩聚速度快，相对分子质量增大快，层片间易生成大量的交联键而成为难石墨化的各向同性炭，使中间相难以生成和长大。对于焦油沥青、溶剂精炼煤、高芳烃石油沥青等，相对分子质量适当，黏度小，它们含有或在热解时能生成 2~3 环的短侧链芳烃，其化学活性适中，是形成中间相的理想组分。对于石油渣油，其相对分子质量大，沥青质具有多环结构，相对分子质量高达 2000~4000，大大降低了分子的平面度和可动度。它们在受热时不稳定，长侧链容易断裂，化学缩聚活性大，相互之间易于形成空间交联结构，因此不能得到规整的中间相小球体而形成杂乱的各向同性炭。

(2) 流动度。液相的流动性可保证游离基或不饱和化合物顺利地迁移到适当的位置，进行平行有序的堆砌，还能保证小球体吸收周围流动的基质，故它是小球体成长的边界条件。中间相向内部的流动性对于内部分子的重排、球的变形、球的融并及有序化、消除结构缺陷等均有重要的作用。

(3) 塑性温度间隔。塑性温度间隔大，中间相发展的时间长，有利于中间相的形成和发展。

(4) 沥青中的游离炭、煤中惰性组分。中间相物质的生成和发展是一个不可逆的化学过程，通常认为该反应是一级反应。反应速度常数随沥青中分散度很大的游离炭（性质类似炭黑，各向同性）的增加而增大。反应活化能一般在168kJ/mol左右。沥青中游离炭增加，反应活化能降低，反应速度则有所增加。沥青中碳质微粒如超过5%（质量分数），小球就很难长大，一般直径仅几微米。煤中惰性组分的影响，与沥青中游离炭的影响有些类似。因此，手选纯净的肥煤镜煤热解时才较易观察到小球体。

（5）温度、加热速度、恒温时间。升温速度，尤其在塑性状态时，对中间相的影响极大。与慢速升温比较，快速升温可使煤分解速度加快，短时间内产生较多适合的游离基，并且气体析出速度和流动性增加，流动温度区间大，对中间相生长有利，因此得到的各向异性单元尺寸大。工业上干燥煤和预热煤装炉都可增加升温速度。如炭化最终温度高于胶质体固化温度，对中间相发展无影响，单元尺寸随最终温度变化大，但反射率随终温的提高而增大。如在中间状态恒温一段时间，可增大中间相生长尺寸，如在胶质体固化之后恒温一段时间，可增加反射率。

（6）压力。在塑性状态下，适当增加压力可以增加中间相的尺寸，增大碳网直径 La 和单球尺寸。其机理可能是，在压力下氢不易析出，氢压增加，使产生的游离基很稳定，形成的中间相不易很快聚积，单球尺寸较大，固化后相应地得到较大的 La。高压（200~300MPa）可以阻止小球体的融并，形成无数小球所形成的一种液态沥青。所以在高压下进行沥青的炭化，可以制得所谓“葡萄碳”和“球簇碳”。这些碳球的本身是各向异性的，从葡萄球的宏观性质来看，则是各向同性的，因为碳球的堆砌是随机的。0.2~5MPa的压力，可使中间相的有序化稍有增加。

（7）低共熔效应。在同一温度制度下，生成小球体的温度不相同的两种原料，以一定比例混合后，混合物的小球体生成温度，并不是按两种原料混合比例求出的合成平均温度（按加和性），混合性小球体的实际生成温度略低于合成平均温度。

（8）在沥青中加入硫黄，可促使中间相的迅速转化。加入硫黄的质量如超过7%，会使得中间相层片之间产生广泛的交联键，以致最后生成的焦炭成为不能石墨化的玻璃碳。因此可以推测，如氧化沥青、风化煤、高硫煤，它们含杂原子较高，对于形成易石墨化碳是有妨碍的。

（9）煤的还原程度。还原性强的煤，热解产物中氢化芳烃含量高，它们作为供氢溶剂，使游离基加氢，稳定性增强，缩聚活性适当，故中间相易于生成和发展。

6.3 煤的黏结性和结焦性及其评定方法

6.3.1 煤的黏结性和结焦性

烟煤在隔绝空气加热时黏结其本身原有的或外来的惰性物质的能力称为黏结性，它是热解时形成的胶质体所显示塑性的另一种表征。在烟煤中，能显示软化熔融性质的煤叫黏结性煤，不显示软化熔融性质的煤为非黏结煤。黏结性不仅是评价炼焦用煤的一项主要指标，也是评价煤作为其他加工利用原料性能的一个重要依据。煤的黏结性是煤结焦的必要条件，与煤的结焦性密切相关。炼焦煤中以气肥煤和肥煤的黏结性最好。

煤的结焦性是烟煤在焦炉或模拟焦炉的炼焦条件下，形成具有一定块度和强度的焦炭的能力，是评价炼焦用煤的主要指标。炼焦煤必须兼有黏结性和结焦性，两者密切相关。

在制定中国煤炭分类国家标准中，即以200kg试验焦炉所得的焦炭强度和焦粉率作为结焦性指标，炼焦煤中以焦煤的结焦性最好。

煤的黏结性着重反映的是煤干馏过程中软化熔融形成胶质体并使散状煤粒间相互黏结、固化成半焦的能力。测定黏结性指标时，由于加热速度较快，一般只测到形成半焦为止；煤的结焦性全面反映煤在焦化过程中软化、熔融直到固化形成焦炭的能力。测定结焦性指标时一般加热速度较慢，终温通常与实际炼焦生产接近。

国际煤分类中采用奥阿膨胀度和格金焦型作为煤结焦性指标，这实际上是使用模拟工业炼焦条件下煤的塑性来表示其结焦性的。可见，结焦性好的煤除具备足够且适宜的黏结性外，还应在半焦到焦炭阶段具有较好的结焦能力。

综上所述，煤的黏结性与结焦性是两个密切关联但又不完全相同的概念。良好的黏结性是煤具有结焦性的必要条件，但并非黏结性越高的煤，其结焦性越好。例如，有些胶质层厚度值和黏结指数值很高的煤，特别是部分气肥煤，其强黏结性主要取决于热解过程中产生的数量较大的胶质体，但这种胶质体的黏稠度较小，热稳定性较差，导致其在工业炼焦过程中炼制的焦炭质量并不高，主要表现为焦炭产率低，机械强度不高，反应性偏高，热性能较差；反之，结焦性好的煤，必须具有较高（不一定是最高）的黏结性。

6.3.2 煤的黏结性和结焦性的评定方法

测定煤的黏结性的方法很多，大致可归纳为三类：

（1）根据胶质体的数量与性质，如胶质层厚度、吉氏塑性度、奥阿膨胀度和胶质体的不透气性等。

（2）根据所得焦块的外形，如坩埚自由膨胀序数和格金指数等。

（3）根据煤黏结惰性物料的能力，测定形成的焦炭强度，如罗加指数、黏结指数和混砂法等。

在测定煤的黏结性和结焦性时，煤样的制备与保存十分重要。一般应在制样后立即分析，不要耽搁太久，以防止氧化的影响。

6.3.2.1 罗加指数

罗加指数（R.I.）是波兰煤化学家罗加教授1949年提出的表征烟煤黏结无烟煤能力的指标，对中等黏结性煤具有较好的区分能力，所用设备简单，方法简便，试验迅速，易于推广。罗加指数与工业上的焦炭强度指数有较好的相关性，因此在煤炭分类和国际煤炭贸易中广泛应用，现已为国际硬煤分类方案所采用，对炼焦配煤也具有一定的意义。GB/T 5449规定了烟煤罗加指数的测定方法，适用于测定烟煤的黏结力。

将1g烟煤样（精确称重到0.001g，下同）和5g标准无烟煤（A_d<4%、V_{daf}为4%~5%、粒度在0.3~0.4mm的无烟煤，筛下率不大于7%）充分混合，在严格规定的条件下焦化，得到的焦炭在特定的转鼓中进行转磨试验，转鼓试验后的焦块用1mm圆孔筛进行筛分，再称筛上部分质量，然后将其放入转鼓进行第二次转鼓试验。重复筛分、称量操作，先后进行3次转鼓试验。根据试验结果计算出罗加指数R.I.，计算公式见式（6-16）。

$$\mathrm{R.I.} = \frac{100}{3m}\left(\frac{m_1' + m_3}{2} + m_1 + m_3\right) \tag{6-16}$$

式中 m——焦化后焦炭的总质量，g；

m_1'——第一次转鼓试验前筛上的焦炭质量，g；

m_1——第一次转鼓试验后筛上的焦炭质量，g；

m_2——第二次转鼓试验后筛上的焦炭质量，g；

m_3——第三次转鼓试验后筛上的焦炭质量，g。

式（6-16）对焦块耐磨强度采取了一种较为科学的定量表示法，即以能耐受转鼓转磨的焦炭质量和转磨量的乘积作为耐磨强度的指标。

罗加指数的不足之处在于，不论煤的黏结能力大小，都以 1∶5 的比例将煤样和标准无烟煤混合，而且标准无烟煤的粒度较大（0.3~0.4mm），容易对粒度小于 0.2mm 的煤样产生离析。对于强黏结性的煤，无法显示它们的强黏结性，所以难以分辨强黏结煤。此外，罗加指数的测定值往往偏高，对弱黏结煤测定时重复性差，而且各国所采用的标准无烟煤不同，因此 R.I. 在国际间并无可比性。

6.3.2.2 黏结指数

黏结指数简称 G 指数，是由中国提出的煤的黏结力的量度，以在规定的条件下烟煤与专用无烟煤完全混合并炭化后所得焦炭的机械强度来表征。在制定烟煤黏结指数测定方法国家标准的过程中，参照了罗加指数法。为了表明黏结指数是从罗加法演化而来，所以在 G 字母的右下角标注 R.I.，以 $G_{R.I.}$ 表示，但常简记为 G。

针对罗加指数存在的不足，黏结指数法做了如下改进。

（1）采用宁夏汝箕沟西沟平硐二层煤，并以规定的加工方式制成黏结指数专用无烟煤样。

（2）将专用无烟煤的粒度由罗加法的 0.3~0.4mm 改为 0.1~0.2mm，取得了扩大强黏结煤的测值范围，同时减少试验误差的效果。

（3）对弱黏结煤改用 3∶3（即 3g 无烟煤和 3g 试验用烟煤样）的配比法，解决了罗加法中对弱黏结煤的测定值不准确的问题。

（4）将转鼓次数由罗加法的 3 次改为 2 次，并减少了称量次数。

（5）改变了计算公式，简化了操作与计算步骤。

GB/T 5447 规定了烟煤黏结指数的测定方法等，适用于烟煤。将一定质量的试验煤样和专用无烟煤，在规定的条件下混合，快速加热成焦，所得焦块在一定规格的转鼓内进行强度检验，用规定的公式计算黏结指数，以表示试验煤样的黏结能力。

$$G = 10 + \frac{30m_1 + 70m_2}{m} \tag{6-17}$$

式中 m_1——第一次转鼓试验后，筛上焦炭的质量，g；

m_2——第二次转鼓试验后，筛上焦炭的质量，g；

m——焦化处理后焦渣总质量，g。

当测得的 G 小于 18 时，需重做试验。此时，试验煤样和专用无烟煤的比例改为3∶3，即 3g 试验煤样与 3g 专用无烟煤，试验步骤与前相同，结果按式（6-18）计算。

$$G_{R.I.} = \frac{30m_1 + 70m_2}{5m} \tag{6-18}$$

黏结指数测定是一个规范性很强的试验，其测定结果随试验条件改变而变化，只有严格遵守国家标准的各项规定，才能获得准确而又精密的结果。

黏结指数除用于煤分类时必须使用灰分低于10%的浮精或A_d≤10%的原煤外，其对气化炉和燃烧炉窑的选型以及已经定型炉型原料煤的选择也都具有一定的指导作用。所以，黏结指数用于这些方面应用时，并不一定需要减灰。

黏结指数是判别煤的黏结性和结焦性的关键性指标。煤的结焦过程是由很多环节构成的一个极其复杂的工艺过程。要想得到高强度的焦炭，煤在室式炼焦炉内受热后，其软化、膨胀（析气）、熔融和固化（收缩），必须进行得“恰到好处”。煤的黏结能力是结焦过程中非常关键性的因素，黏结指数值反映了煤样在受热过程中容纳惰性组分的能力。由于黏结指数的科学性与实用性，其测定方法于2006年被国际标准化组织采用为国际标准ISO15585：2006《硬煤——黏结指数测定方法》。

6.3.2.3 胶质层指数

胶质层指数是由萨波日尼科夫提出的一种表征煤塑性的指标，以胶质层最大厚度Y值、最终收缩度X等表示。此外，通过对体积曲线类型以及煤杯中焦炭的观察和描述，得到焦炭技术特征等一些辅助性的参数。

胶质层指数测定是模拟工业焦炉的炭化室反应而设计的，测定仪的主要部分是一个特制的钢杯，底部是带有孔眼的活底，煤气可从孔眼排出。测量时按规定将煤样装入煤杯后，在煤样上加一个压力盘，活塞与装有砝码的杠杆相连，通过杠杆和压力盘连接的砝码对煤样施加0.1MPa的压力。测定时，将煤样置于煤杯中进行单侧加热，使其形成一系列的等温层面。各层面温度由加热端开始依次递减，并依次形成半焦层、胶质层和未软化的煤样层三个部分，如图6-6所示。从图6-6可以看出，在温度相当于固化点的层面以下（煤杯的下部）形成半焦，在温度相当于软化点的层面以下（煤杯的中部）形成胶质体，而在软化点层面以上（煤杯的上部）是未软化煤样。

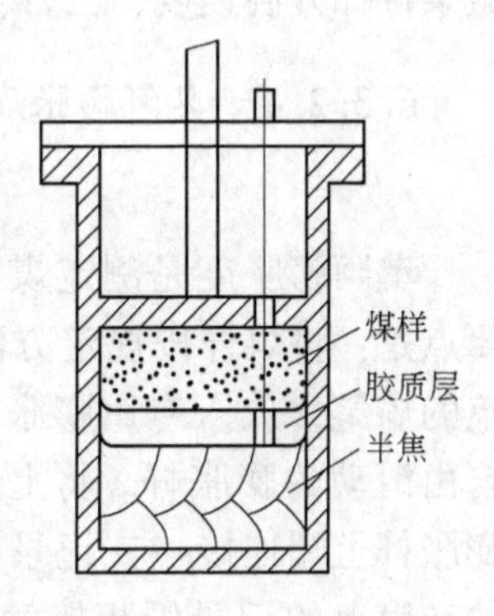

图6-6 煤样的等温面

用探针量出胶质体的最大厚度Y，用以表示煤的结焦性；试验过程中得到的体积曲线可反映出胶质体的厚度、黏度、透气性以及气体的析出情况和温度间隔；在试验结束时测得的收缩度X，可以表示半焦的收缩程度。

取下记录转筒上的毫米方格纸，在所记录的体积曲线上方水平方向标出温度，在下方水平方向标出时间作为横坐标。在体积曲线下方、温度和时间坐标之间留出适当位置，在其左侧标出层面距杯底的距离作为纵坐标。根据所记录的各个上、下层面位置和相应的时间数据，按坐标在记录曲线的图纸上标出“上部层面”和“下部层面”的各点，分别以平滑的线段连接起来，得出上下部层面曲线。如按上述方法连成的层面曲线呈“之”字形，则应通过“之”字形部分各线段的中部连成平滑曲线作为最终的层面曲线，如图6-7所示。取胶质层上、下部层面曲线之间沿纵坐标方向的最大距离（读准到0.5mm）作为胶质层最大厚度Y值，取730℃时体积曲线与零点线间的距离（读准到0.5mm）作为最终收缩度X值。同时根据体积曲线的类型，可以大致地估计出煤的牌号。

胶质层指数的测定过程反映了工业焦炉炼焦的全过程，因而可以通过研究胶质层的测定过程来研究炼焦过程的机理。胶质层最大厚度 Y 值直接反映了煤的胶质体的特性和数量，是煤的结焦性能好坏的一个标志，被列为我国烟煤分类的一项工艺指标。此外，胶质层最大厚度 Y 值具有加和性，即几种煤配合后热解，配合煤的 Y 值等于各种煤单独热解时 Y 值的加权平均值，这一性质可用于指导配煤炼焦。

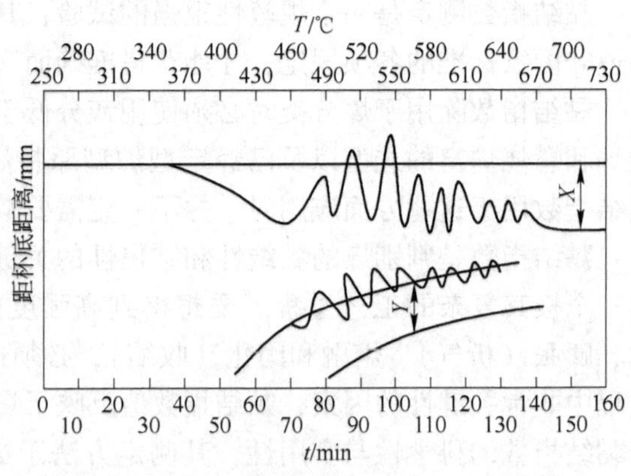

图 6-7 胶质层指数测定曲线加工示意图

胶质层指数最适用于除挥发分很高、胶质层厚度很大、胶质体多而稀薄的“液肥煤”以外的中等和强黏结性的煤，因为液肥煤的胶质体多而黏度特别小，容易溢出煤杯使试验无法进行。对弱黏结的煤，一般 Y 值在 5 以下时，测定时手感不灵敏，不易测准，有的就根本测不出来。

胶质层指数的测定受主观因素的影响很大，仪器的规范性很强，测定结果受到诸多实验条件如升温速度、压力、煤杯材料、耐火材料等的影响。

6.3.2.4 奥阿膨胀度指数

奥阿膨胀度是测定煤黏结性的方法之一，其测定要点是：将煤样按规定方法制成形状和大小类似于粉笔的煤笔，放入专用膨胀管内，煤笔上部放置一根能自由滑动的膨胀杆。将上述装置放入专用电炉后，在膨胀杆上端连接一支记录笔，记录笔与卷在匀速转动的转筒上的记录纸相接触，以 3℃/min 的升温速率加热，在记录纸上就记录下膨胀杆上下移动的位移曲线。测量并计算位移的最大距离占煤笔原始长度的分数，作为煤样的膨胀度，即奥阿膨胀度指标 b。膨胀曲线如图 6-8 所示。

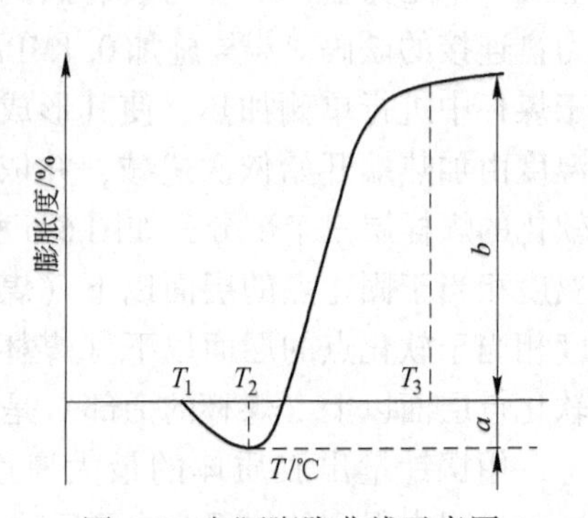

图 6-8 奥阿膨胀曲线示意图

通过试验可以测定下列指标：

T_1——软化温度，膨胀杆下降 0.5mm 时的温度，℃；

T_2——开始膨胀温度，膨胀杆下降到最低点后开始上升时的温度，℃；

T_3——固化温度，膨胀杆停止移动时的温度，℃；

a——最大收缩度，膨胀杆下降的最大距离占煤笔长度的分数，%；

b——最大膨胀度，膨胀杆上升的最大距离占煤笔长度的分数，%。

利用上述测定的结果，可以按下式计算结焦能力指数 CI。

$$CI = \frac{T_1 + T_3}{2} \times \frac{a + b}{aT_3 + bT_1} \tag{6-19}$$

如果煤的结焦能力指数 CI 在 1.05~1.10 之间，焦炭的质量就好。

与胶质层指数法的成层依次软化熔融不同，奥阿膨胀度的煤笔几乎是同时全部软化熔融。奥阿膨胀度主要取决于煤的胶质体数量、胶质体的不透气性和胶质体期间气体析出的速度。如果胶质体数量多、透气性差、温度间隔宽，膨胀度就大；反之，膨胀度就小。中等煤化程度的气肥煤、肥煤、焦煤膨胀度大，其余煤种的膨胀度小，甚至是负值（膨胀曲线低于基线）或不膨胀。

奥阿膨胀度对中、强黏结性煤的区分能力强，对强黏结性煤区分能力好于 Y 值，测定时人为误差小，结果重现性好；缺点是对弱黏结性煤区分能力差，实验仪器加工精度要求高，规范性太强。奥阿膨胀度指标也被我国现行煤炭分类方案采用，作为 Y 值的补充指标。

6.3.2.5 坩埚膨胀序数

坩埚膨胀序数是表征煤的膨胀性和黏结性的指标之一，以在规定条件下煤在坩埚中加热所得焦块膨胀程度的序号表征，项目符号 CSN。在英国、美国等国家则称为自由膨胀序数，以 FSI 表示。GB/T 5448 规定了电加热法测量坩埚膨胀序数的方法，适用于烟煤。

将一定质量的煤样置于专用坩埚中，在专用炉内按规定的程序加热到（820±5）℃。在加热过程中，煤被干馏而生成不同形状和大小的焦块，将所得焦块的最大侧形与一组带有序号的标准焦块侧形（见图 6-9）相比较，以最接近的焦型序号作为坩埚膨胀序数。

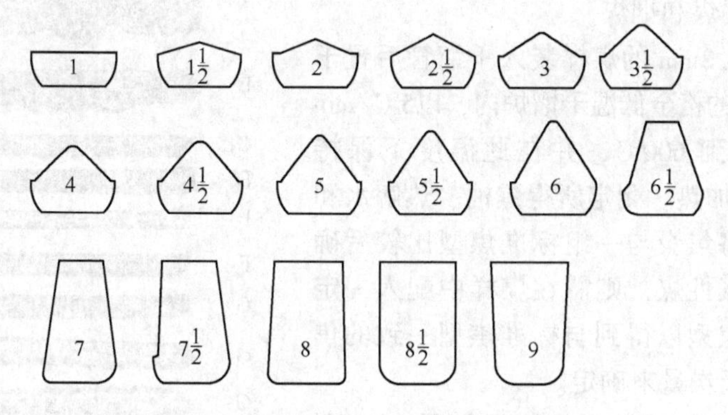

图 6-9 标准焦块侧面图及其相应的坩埚膨胀序数

煤样的坩埚膨胀序数表述如下。

（1）膨胀序数 0：焦渣不黏结或成粉状。

（2）膨胀序数 $\frac{1}{2}$：焦渣黏结成焦块而不膨胀，将焦块放在一个平整的硬板上，小心地加上 500g 重荷，即粉碎。

（3）膨胀序数 1：焦渣黏结成焦块而不膨胀，加上 500g 重荷，压不碎或碎成 2~3 个坚硬的焦块。

（4）膨胀序数 $1\frac{1}{2}$ ~9：焦渣黏结成焦块并且膨胀，将焦块放在焦饼观测筒下，旋转焦块，找出最大侧形，再与图 6-9 所示的一组标有序号的标准焦块侧形进行比较，取最接近的标准侧形的序号为其膨胀序数。

煤的坩埚膨胀序数主要取决于煤在受热过程中的熔融情况、生成胶质期间的析气情况和胶质体的透气性，所以在一定的程度上能反映煤的黏结性。序数越大，表示煤的膨胀性和黏结性越强。在国际硬煤分类方案和中、高阶煤的编码系统中，该指标被选用为分类及编码指标；在炼焦工业中，用以评价煤的结焦特性；在燃烧工业中，用以表示煤在某些类型燃烧设备中的结焦倾向。

坩埚膨胀序数的测定方法非常简单，几分钟即可完成一次实验，所以得到广泛的应用。但不足之处在于所测出的序数大小与挥发分有关，如有些黏结性不太强的气煤，由于煤气逸出时的膨胀性而使序数增大；而另一些黏结性较强的煤由于逸出的煤气少而使其膨胀性差，导致其序数变小。此外，利用此法确定膨胀序数为 5 以上的煤时，有时分辨能力较差。但该法快速简便，在英国等使用已久，在国际硬煤分类方案中被选为黏结性的分类指标。

6.3.2.6 格金焦型

由格雷和金二人提出的煤低温干馏试验方法，用以测定热分解产物收率和焦型。格金焦型是英国沿用的煤炭分类指标，使用标准焦型为参照物来判断煤结焦性的一种指标，同时也表征煤的塑性行为。该测定项目曾被称为葛-金干馏试验，现已经被取代。GB/T 1314—2007 规定了煤的格金低温干馏试验的方法提要等，适用于褐煤和烟煤。

将 20g 小于 0.2mm 的煤样装入干馏管后置于已经预热到 300℃的格金低温干馏炉内，以5℃/min 的加热速度升温到 600℃，并在此温度下保持 15min，然后停止加热。测定所得焦油、热解水和半焦产率，同时将焦炭与一组标准焦型比较后确定型号。对强膨胀性煤，则需在煤样中配入一定量的电极炭，其焦型以得到与标准焦型一致的焦型所需的最少电极炭量来确定。

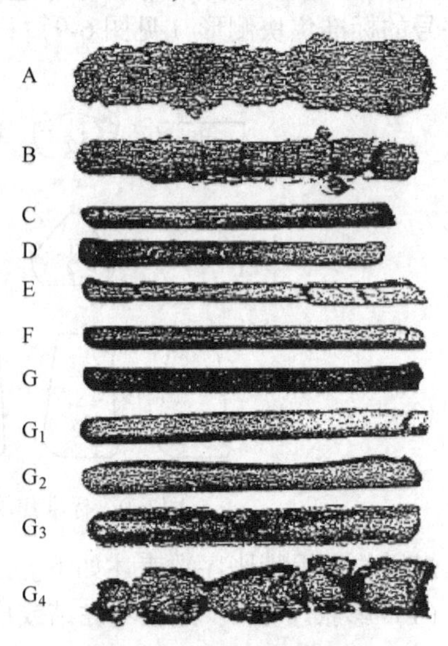

图 6-10 格金标准焦型图

各种格金标准焦型图及其特征如图 6-10 所示。在图 6-10 给出的格金标准焦型图中，$G_1 \sim G_4$ 对应强膨胀性煤，其焦型以最终得到 G 型焦所需配入的最少电极炭克数（整数）标在 G 右下角表示，如 G_1、G_2、…、G_x，x 一般为 1 ~ 13 之间的任一数字。配入电极炭量可以参照坩埚膨胀序数或挥发分焦渣特征号决定。各种格金焦型的主要特征见表 6-6。

表 6-6 各种格金焦型的主要特征

焦型	体积变化	主要特征、强度和其他特征
A	试验前后体积大体相等	不黏结，粉状或粉中带有少量小块，一接触就碎
B	试验前后体积大体相等	微黏结，多余 3 块或块中带有少量粉，一拿就碎

续表 6-6

焦型	体积变化	主要特征、强度和其他特征
C	试验前后体积大体相等	黏结，整块或少于 3 块，很脆易碎
D	试验后较实验前体积明显缩小（收缩）	黏结或微熔融，较硬，能用指甲刻画，少于 5 条明显裂纹，手摸染指，无光泽
E	试验后较实验前体积明显缩小（收缩）	熔融，有黑的或稍带灰的光泽，硬，手摸不染指，多于 5 条明显裂纹，敲时带有金属声响
F	试验后较实验前体积明显缩小（收缩）	横断面完全熔融，并呈灰色，坚硬，手摸不染指，少于 5 条明显裂纹，敲时带有金属声响
G	试验前后体积大体相等	完全熔融，坚硬，敲时发出清晰的金属声响
G_1	试验后较实验前体积明显增大（膨胀）	微膨胀
G_2	试验后较实验前体积明显增大（膨胀）	中度膨胀
G_3	试验后较实验前体积明显增大（膨胀）	强膨胀

该法的特点是可以比较全面地了解煤热分解的情况，但在评定过程中人为误差较大，并且在测定强黏结煤时需要逐次添加不同数量的电极炭，经多次探索才能测出。实际上格金焦型 G_8 以上已无法进一步区分，且不易测准。格金焦型是硬煤国际分类中鉴别结焦性亚组的一个指标，但中国多以奥阿膨胀度 b 值代替格金焦型。

6.3.2.7 吉氏流动度

吉氏流动度曾被称为基斯勒流动度，是由吉泽勒提出的烟煤塑性的量度，以最大流动度等表征。

将 5g 粒度小于 0.425mm 粉煤装入煤坩埚中，坩埚中央沿垂直方向插入一搅拌桨，将煤坩埚放入已加热至规定温度的金属盐浴内，以 3℃/min 的速度升温。向搅拌桨轴施加一恒定的力矩，当煤受热软化形成胶质体后，随着温度的升高，胶质体流动度发生变化，搅拌桨因受到不同的阻力其转动速度发生变化，据此测出煤的流动度。流动度的单位为 ddpm，即每分钟刻度盘度（搅拌桨每转动 360°为 100 刻度盘度）。搅拌桨的角速度随温度升高出现规律性的变化，用自动记录仪记录下来即为流动度曲线，如图 6-11 所示。

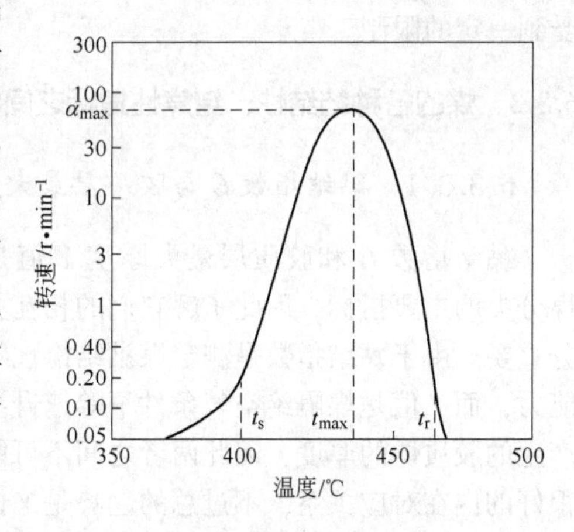

图 6-11 吉氏流动度曲线

根据试验结果和所得到的流动度曲线可以得出下列参数：

（1）开始软化温度 t_s——搅拌桨转速第一次达到 1.0ddpm 时的温度，℃；

（2）最后流动温度 t_f——搅拌桨转速最后达到 1.0ddpm 时的温度，℃；

（3）固化温度 t_r——搅拌桨停止转动时的温度，℃；

（4）最大流动度 α_{max}——搅拌桨转速达到最大时的流动度，ddpm；

（5）最大流动温度 t_{max}——搅拌桨转速达到最大时的温度，℃；

（6）塑性范围（$t_f \sim t_s$）——从开始软化到最后流动的温度区间。

吉氏流动度与煤化程度有关，如图6-12所示。一般情况下，气肥煤的流动度最大，肥煤的曲线平坦而宽，它的胶质体停留在较大流动时的时间较长。有些1/3焦煤的最大流动度虽然很大，但曲线陡而尖，说明该胶质体处于较大流动性的时间较短。

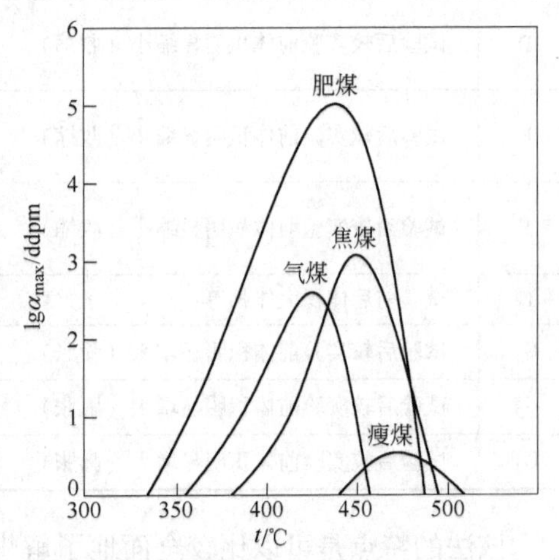

图6-12 几种烟煤的吉氏流动度曲线

当煤隔绝空气加热至一定温度时，煤粒开始软化，出现胶质体，胶质体随热解反应进行数量不断增加，黏度不断下降，流动性越来越大，直至出现最大流动度。当温度进一步升高时，胶质体的分解速度大于生成速度，因而不断转化为固体产物和煤气，流动性越来越小，直至胶质体全部转变为半焦，流动度变为零。可见，流动度反映的是煤在干馏时形成的胶质体的黏度，表征煤的塑性，是研究煤的流动性和热分解动力学的有效手段，可用以指导炼焦配煤和进行焦炭强度预测。

吉氏流动度指标可同时反映胶质体的数量和性质，与其他黏结性指标相比较具有明显的优点。其缺点是适用范围窄，只适合于较强黏结性煤，且仪器的规范性太强，重现性较差，搅拌器的尺寸、形状、加工精度和磨损情况以及煤样制备和装煤方式等对测定结果都有十分显著的影响。此外，由于配煤的吉氏流动度没有可加性，使其在配煤炼焦中的应用受到一定的限制。

6.3.3 煤的各种黏结性、结焦性指标之间的关系

6.3.3.1 黏结指数 G 与胶质层最大厚度 Y 之间的关系

黏结指数 G 和胶质层最大厚度 Y 值是我国煤分类的主要指标，因此了解它们的相互关系十分重要。由于黏结指数是测定煤黏结惰性物质的能力，而 Y 值是煤隔绝空气条件下等速升温时所产生的胶质体的厚度，因此两者之间不可能具有很好的内在对应关系，不过总的趋势是 Y 值高的煤，其 G 指数也高，如图6-13所示。由图6-13可见，Y 值与 G 之间呈二次曲线的正比关系变化，即 $G<80$ 时，G 值随 Y 值的增大而增高；$G>80$ 后，Y 值仍可急剧增加，而 G 值的增加变得不很明显。此外，$10<G<75$ 时，Y 值的变化很小，一般在4~15mm；Y 值为零的煤，G 从0~18

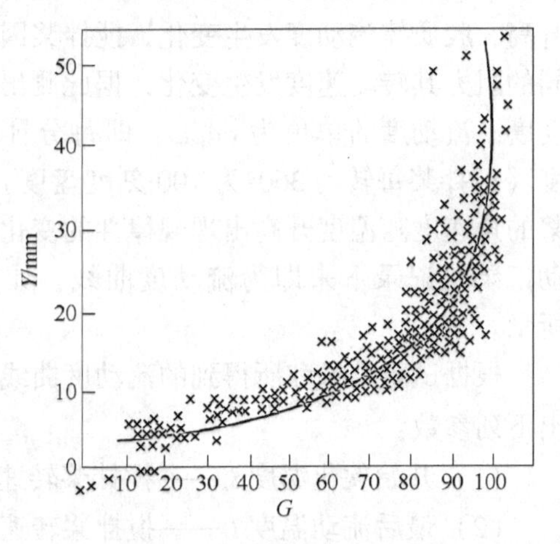

图6-13 Y值与G指数的关系

均有。由此表明，区分弱黏结性煤时，G 值比 Y 值灵敏度大；反之，在强黏结性煤阶段，G 值变化较小，一般为 95~105，而 Y 值的变化相对较大，多在 25~50mm。因此，目前我国煤炭分类中对肥煤和其他较强黏结性煤的区分仍以 Y 值为主要划分指标。

6.3.3.2 黏结指数 G 与罗加指数 R.I. 之间的关系

G 黏结指数是在 R.I. 指数的基础上经过改进后用于表征煤黏结惰性物质（特定专用无烟煤）的能力的黏结性指标，测定原理一样，采用的专用无烟煤矿点和试验转鼓都相同，因此它们之间具有很好的正比关系：

（1）$G>55$ 的中等及强黏结煤，R.I. $=0.66G+22.5$。

（2）$18<G\leqslant55$ 的中等偏弱烟煤，R.I. $=0.976G+8$。

（3）$G\leqslant18$ 的弱黏结煤，R.I. $=0.5G+10$。

6.3.3.3 胶质层最大厚度 Y 值与奥阿膨胀度 b 值之间的关系

奥阿膨胀度 b 值也是我国煤炭分类中采用的区分强黏结煤的指标之一，由于其测定方法与 Y 值比较相似，即均不加惰性物质，同时均为等速加热升温，因此它们有较好的相关关系，如图 6-14 所示。由图 6-14 可见，b 值随 Y 值的增大而增大，如 Y 值大于 25mm 的煤，其 b 值均大于 100%，其中大部分在 140%以上；Y 值大于 30mm 的强黏结煤，b 值就都达 200%以上；Y 值大于 35mm 时，b 值更高至 250%以上；当 Y 值大于 45mm 的特强黏结煤时，其 b 值可达 780%左右。但若为高挥发分的气肥煤，虽然 Y 值在 50mm 以上，但因挥发分逸出太多则其 b 值反而降至 300%左右。Y 值小于 20mm 的中强黏结煤，其 b 值均低于 190%，当 Y 值小于 10mm 时，b 值多为负值。因此，b 值不适合作弱黏结煤类的划分指标。

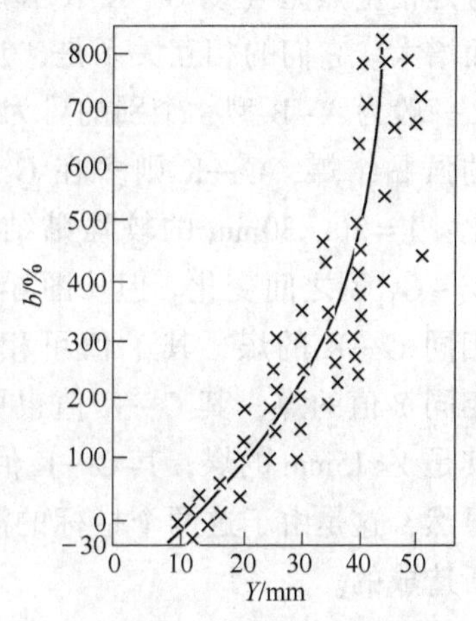

图 6-14 Y 值与 b 值的关系

6.3.3.4 胶质层最大厚度 Y 值与坩埚膨胀序数 CSN 之间的关系

坩埚膨胀序数 CSN 是国际煤分类指标之一，也是国际煤炭贸易中经常采用的指标，由于 CSN 的区分范围小，不如 Y 值从 0~55mm 分布的均有，因此 Y 值与 CSN 虽然成正比关系变化，即 Y 值随 CSN 的增大而增加，但其间的定量关系不很明显。尤其是坩埚膨胀序数 CSN 还没受挥发分的影响，如瘦煤和气煤，它们的 Y 值均为 10mm 左右，由于气煤的挥发分高，在测定 CSN 时因挥发分的大量逸出而降低其测值，即当气煤的黏结性与瘦煤相同时，其 CSN 值就会低于瘦煤。各种煤的 Y 值与 CSN 值的对应关系见表 6-7。

表 6-7 Y 值与坩埚膨胀序数 CSN 的关系

煤类	长焰煤	气煤	1/3 焦煤	肥煤、气肥煤	焦煤
Y/mm	0~7	6~25	8~25	>25~60	10~25
CSN	$0\sim2\frac{1}{2}$	$1\frac{1}{2}\sim8$	2~9	6~9	5~9

续表 6-7

煤类	瘦煤、贫瘦煤	贫煤	不黏煤	弱黏煤	1/2 中黏煤
Y/mm	0~11	0	0	0~8	5~10
CSN	$1\sim7\frac{1}{2}$	0~1	0~2	$1\sim4\frac{1}{2}$	2~5

褐煤和无烟煤的 CSN 残渣为粉状，故都为零。因此，总体来讲，煤的坩埚膨胀序数只能近似地表征煤的黏结性，但它的测定方法简单易行。

6.3.3.5 胶质层最大厚度 Y 值与格金焦型之间的关系

格金焦型也是国际煤炭分类的指标之一，Y 值与格金焦型之间的关系如图 6-15 所示，总趋势是格金焦型（以 G—K 表示）随 Y 值的增加而增大。它们的相互关系是，当 Y=0 时，G—K 一般为 A~B 型，个别的可为 C 型；Y>30mm 的强黏结煤，G—K 则多在 $G_8\sim G_{13}$ 型之间变化；Y=20~30mm 的较强黏结煤，G—K 多在 $G_3\sim G_{11}$ 型之间变化。但从图 6-15 中可以看出，相同 G—K 的煤，其 Y 值可相差很大；同样，相同 Y 值的煤，其 G—K 值也可相差很大，尤其是 Y<15mm 的煤，其 G—K 值相差幅度更大。显然，这是由于这两个指标的测定原理不一致所造成的。

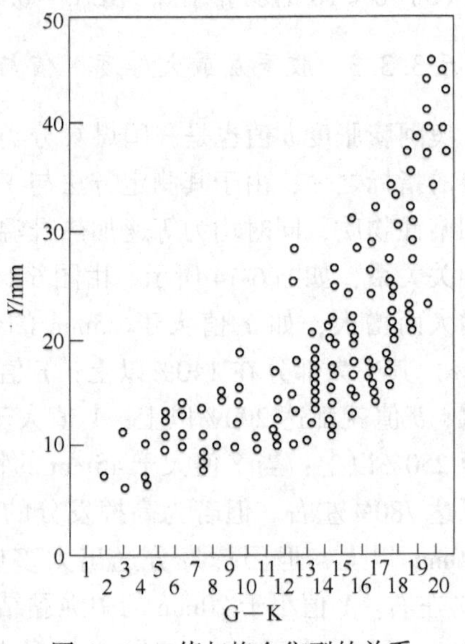

图 6-15 Y 值与格金焦型的关系

6.3.3.6 黏结指数 G 与奥阿膨胀度 b 值之间的关系

黏结指数 G 与奥阿膨胀度 b 值的关系和 Y 值与黏结指数间的关系相似。由于黏结指数 G 在 40 以下的黏结性较弱的煤，b 值多为负值，仅收缩和不软化，因而两者很难用回归式来相互计算和审核。但两者与强黏结性煤也有一定的关系。如 b 值大于 150%的煤，黏结指数 G 均在 80 以上；b 值在 300%以上的煤，G 均大于 85；而 G 在 75 以下的煤，b 值均低于 70%。对相同 b 值的煤，G 的变化幅度往往很大，如 G 为 90 左右的煤，b 值从最低的 10%左右到 500%以上均有。

6.4 煤的气化与燃烧工艺性质

为了保证煤炭气化与燃烧的顺利进行，并满足不同工艺过程对煤质的不同要求，需要了解它们的工艺性质。这些工艺性质主要包括煤的煤灰在高温下性质、反应性和着火点等。

6.4.1 煤灰熔融性

煤灰熔融性曾被称为煤灰熔点，是煤灰在规定条件下得到的随加热温度而变化的变形、软化、呈半球和流动特征的物理状态。煤灰熔融性是与煤灰化学组成密切相关的一个动力用煤高温特性的重要测定项目之一，是动力用煤的重要指标，反映了煤中矿物质在锅炉中燃烧时的变化动态。

煤灰是由各种矿物质组成的混合物，这种混合物并没有一个固定的熔点，而仅有一个熔化温度的范围。由于多种混合物交织在一起，其开始熔化的温度远比其中任一组分的纯净矿物质的熔点低。这些组分在一定温度下还形成一种共熔体，这种共熔体在熔化状态时，有熔解煤灰中其他高熔点物质的性能，从而改变熔体的成分及其熔化温度。

煤灰中各种化学成分含量的不同就决定了煤灰的熔点的不同。如果煤灰中 $SiO_2+Al_2O_3$ 所占的比例大，则灰分的熔点高，其他的主要成分，如 Fe_2O_3、CaO 和 MgO 等都是较易熔的成分，它们含量大时，则灰分的熔点低。

GB/T 219—2008 规定，采用角锥法测定煤灰的熔融性。角锥法设备简单，操作方便，准确性较高。其方法要点是，将煤灰和糊精混合，制成一定尺寸的角锥体，放入特制的灰熔点测定炉内。在一定的气体介质中以一定的升温速度加热，观察并记录灰锥形态变化过程中的四个特征熔融温度——变形温度、软化温度、半球温度和流动温度，如图 6-16 所示。

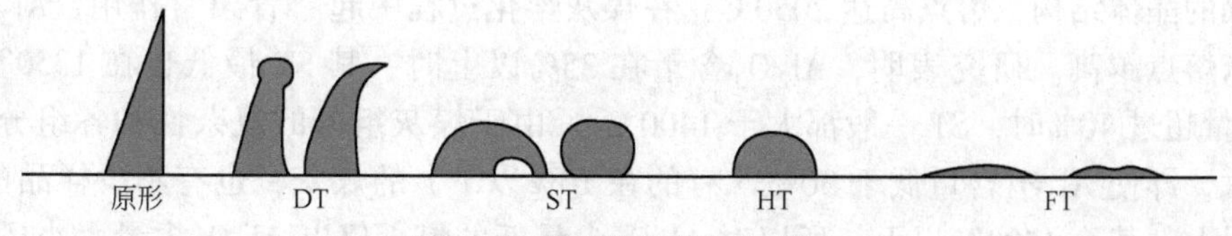

图 6-16 灰锥熔融特征示意图

（1）变形温度 DT。灰锥尖端或棱开始变圆或弯曲时的温度（如果灰锥尖保持原形，锥体收缩和倾斜不算变形温度）。

（2）软化温度 ST。灰锥弯曲至锥尖触及托板或灰锥变成圆球时的温度。

（3）半球温度 HT。灰锥形变为近似半球形，即高约等于底长的一半时的温度。

（4）流动温度 FT。灰锥熔化展开成高度在 1.5mm 以下的薄层时的温度。

通常将 DT~ST 温度区间称为煤灰的软化温度范围，ST~FT 温度区间称为煤灰的熔化温度范围，以 ST 作为衡量煤灰熔融性的主要指标。

6.4.1.1 煤灰熔融性的影响因素

煤灰的熔融流动性主要与煤灰的化学组成、灰渣气氛、温度等有关，其中最重要的是煤灰的化学组成。

A 煤灰成分对煤灰熔融性的影响

a SiO_2对煤灰熔融性温度的影响

煤灰中 SiO_2的含量较多，主要以非晶体的状态存在，有时起提高煤灰熔融温度作用，有时则起助熔作用。研究表明，SiO_2 含量在 45%~60%时，随着 SiO_2 含量的增加，煤灰熔融性温度降低。这是因为在高温下，SiO_2很容易与其他一些金属和非金属氧化物形成一种易熔的玻璃体物质。同时，玻璃体物质具有无定形的结构，没有固定的熔点，随着温度的升高而变软，并开始流动，随后完全变成液体。SiO_2含量越高，形成的玻璃体成分越多，所以煤灰的 FT 与 ST 之差也随着 SiO_2含量的增加而增大。SiO_2含量超过 60%时，SiO_2含量对煤灰熔融性温度的影响无一定规律，这主要是由于 SiO_2是网络形成体氧化物；而煤灰中还有许多其他氧化物，这些氧化物可分为修饰中间氧化物和网络氧化物，这 3 类氧化物间的相互作用使得 SiO_2表现出助熔的不确定性。而当 SiO_2含量超过 70%时，煤灰熔融性温度均比较高，ST 最低也在 1300℃以上。其原因是此时已无适量的金属氧化物与 SiO_2结合，有较多游离的 SiO_2存在，致使熔融性温度增高。郝丽芬等人认为，SiO_2含量在 30%~60%的煤灰，其 ST 既有低至 1100℃以下的，也有高达 1500℃以上的。这一现象说明，SiO_2在这样的范围以内时，煤灰 ST 的高低主要取决于 Al_2O_3、Fe_2O_3、CaO 等其他成分的多少。姚星一在 1965 年发表的研究结果表明，煤灰中 SiO_2含量在 45%~60%时，增加 SiO_2含量，煤灰熔点降低；含量超过 60%时，其含量的变化对熔点的影响无一定规律。这些研究表明，SiO_2含量对煤灰熔融性的影响十分复杂，它的作用很难单独产生影响，与煤灰中的其他组分之间有复杂的协同作用。因此，单独研究 SiO_2含量的影响没有意义。

b Al_2O_3对煤灰熔融性温度的影响

煤灰中 Al_2O_3的含量变化较大，有的在 3%~4%，有的高达 50%以上。普遍认为，煤灰中 Al_2O_3的含量对灰熔融性温度的影响较为单一，含量越高，熔点越高。这是由于Al_2O_3具有牢固的晶体结构，熔点高达 2050℃，在煤灰熔化过程中起“骨架”作用，Al_2O_3含量越高，灰熔点越高。研究表明，Al_2O_3含量在 35%以上时，其 ST 最低也在 1350℃以上；Al_2O_3含量超过 40%时，ST 一般都大于 1400℃。由于煤灰组分的复杂性和各组分的变化幅度很大，即使 Al_2O_3含量低于 30%（有的在 10%以下）的煤灰，也有不少样品的 ST 在 1400℃以上，甚至 1500℃以上。所以对 Al_2O_3含量低的煤，仅以 Al_2O_3含量大小还不能完全确定 ST 的高低，而是需要对各个成分的综合判断才能确定煤灰 ST 的高低。此外，由于 Al_2O_3晶体具有固定熔点，当温度达到相关铝酸盐类物质的熔点时，该晶体即开始熔化并很快呈流体状。因此，当煤灰中 Al_2O_3含量高于 25%时，FT 和 ST 之间的温差随煤灰中 Al_2O_3含量的增加而越来越小。

c CaO 对煤灰熔融性温度的影响

我国煤灰中 CaO 的含量大部分都在 10%以下，少部分在 10%~30%。CaO 含量大于 30%的仅占极少数。ST>1500℃的煤灰，其 CaO 含量均不超过 10%；CaO 含量大于 15%的煤灰，其 ST 均在 1400℃以下；CaO 含量大于 20%的煤灰，其 ST 更低，在 1350℃以下，极少数 CaO 含量大于 40%的煤灰，ST 有增高的趋势。

CaO 本身是一种高熔点氧化物（熔点 2610℃），同时也是一种碱性氧化物，所以它对煤灰熔点的作用比较复杂，既能降低煤灰熔融性温度，也能升高煤灰熔融性温度，具体起哪种作用，与煤灰中 CaO 的含量和煤灰中的其他组分有关。随着煤灰中 CaO 含量的增加，煤灰熔融性温度呈先降后升的趋势。CaO 含量小于 30%时，煤灰熔融性温度随 CaO 含量的增高而降低。其原因是在高温下，CaO 易与其他矿物质形成钙长石（$CaO \cdot Al_2O_3 \cdot 2SiO_2$）、钙黄长石（$2CaO \cdot Al_2O_3 \cdot 2SiO_2$，熔点 1553℃）、铝酸钙（$CaO \cdot Al_2O_3$，熔点 1370℃）及硅钙石（$3CaO \cdot SiO_2$，熔点 2130℃）等矿物质，这几种矿物质在一起会发生低温共熔现象，从而使煤灰熔融性温度下降。如钙长石和钙黄长石两种钙化合物就容易形成1170℃和1265℃的低温共熔化合物。其主要反应如下：

$$3Al_2O_3 \cdot 2SiO_2 + CaO \longrightarrow CaO \cdot Al_2O_3 \cdot 2SiO_2$$

$$CaO \cdot Al_2O_3 \cdot 2SiO_2 + CaO \longrightarrow 2CaO \cdot Al_2O_3 \cdot 2SiO_2$$

$$SiO_2 + CaO \longrightarrow CaO \cdot 2SiO_2 \text{(假钙灰石)}$$

煤灰中CaO含量大于40%时，ST有显著升高的趋势。这是由于煤灰中CaO含量过高时，一方面CaO多以单体形态存在，会有熔点2570℃的方钙石（CaO）产生，煤灰的ST自然升高；另一方面CaO作为氧化物，在破坏硅聚合物的同时，又形成了高熔点的正硅酸钙（$CaSiO_3$，熔点2130℃），致使体系熔融性温度上升。

d Fe_2O_3对煤灰熔融性温度的影响

煤灰中Fe_2O_3含量在5%~15%的居多，个别煤灰中高达50%以上。煤灰中Fe_2O_3是助熔组分，易和其他成分反应生成易熔化合物，总的趋势是煤灰的ST随Fe_2O_3含量的增高而降低。煤灰中Fe_2O_3含量大于25%，煤灰的ST最高也不超过1400℃。Fe_2O_3含量大于35%，ST最高也在1250℃以下。Fe_2O_3含量大于16%时，ST均达不到1500℃。但Fe_2O_3含量低于15%的煤灰，其ST从最低的1100℃以下到最高的大于1500℃均有，这是由于Fe_2O_3含量低的煤灰，其熔融性温度的高低主要取决于SiO_2、Al_2O_3、CaO等其他主要成分含量的多少。Fe_2O_3的助熔效果与煤灰所处的气氛有关，无论在还原性气氛还是弱还原性气氛中，煤灰中的Fe_2O_3均起降低煤灰熔融性温度的作用，在弱还原性气氛下助熔效果最显著。这是由于在高温弱还原性气氛下，部分Fe^{3+}被还原成为Fe^{2+}，Fe^{2+}易和熔体网络中未达到键饱和的O^{2-}相连接而破坏网络结构，降低煤灰熔融性温度。同时，FeO极易和CaO、SiO_2、Al_2O_3等形成低温共熔体，如$4FeO \cdot SiO_2$，$2FeO \cdot SiO_2$和$FeO \cdot SiO_2$等，它们的熔融范围均在1138~1180℃之间；相反，Fe^{3+}的极性很高，是聚合物的构成者，能提高煤灰熔融性温度。

e MgO对煤灰熔融性温度的影响

我国煤灰中MgO的含量大部分都在3%以下，一般不超过13%（极个别的样品也有可能大于13%，但很少有大于20%的）。MgO含量低于3%的煤灰，ST在1100~1500℃之间；而MgO含量大于4%的煤灰，其ST随MgO含量的增大而呈增高的趋势；ST<1200℃的煤灰，其MgO含量几乎都在8%以下，而MgO含量大于8%的煤灰，ST增高至1200℃以上。因在煤灰中MgO含量很少，实际上可以认为它在煤灰中只起降低煤灰熔融性温度的作用。MgO含量每增加1%，熔融性温度降低22~31℃。试验表明，MgO含量增加时，煤灰熔融性温度逐渐降低；至MgO含量为13%~17%时，煤灰熔融性温度最低；超过这个含量时，该温度开始升高。

f Na_2O和K_2O对煤灰熔融性温度的影响

煤灰中的Na_2O和K_2O含量一般较低，但它们若以游离形式存在于煤灰中时，由于Na^+和K^+的离子势较低，能破坏煤灰中的多聚物，因此它们均能显著降低煤灰的熔融性温度。实际上，绝大多数煤灰中Na_2O含量不超过1.5%，K_2O含量不超过2.5%，这些煤灰中的K_2O一般不是以游离形式存在，而是作为黏土矿物伊利石的组成成分存在的。试验证明，伊利石受热直到熔化，仍没有K_2O析出。因此，非游离状态的K_2O对煤灰熔融性温度的降低作用就大大减小了。Na_2O和K_2O熔点低，容易与煤灰中的其他氧化物生成低熔点共熔体。如在煤灰中添加K_2O，从900℃左右开始，K_2O与Al_2O_3、石英形成白榴石$K_2O \cdot Al_2O_3 \cdot 4SiO_2$，纯白榴石在1686℃熔融，白榴石与煤灰中碱性氧化物可以进一步反应，生成低温钠长石和钾长石的固熔体。同样，在煤灰中添加Na_2O，从800℃开始，Na_2O与Al_2O_3、石英形成霞石$Na_2O \cdot Al_2O_3 \cdot 2SiO_2$，霞石为典型的碱性矿物，具有比钾长石$K_2O \cdot Al_2O_3 \cdot 6SiO_2$更强的助熔性，在1060℃开始烧结，随着碱含量增减，在1150~1200℃范围内熔融。对一般煤种而言，Na_2O和K_2O含量总是很少，但其影响应引起充分重视，它们是造成锅炉烟气侧高温沾污和腐蚀的主要因素，也对炉膛结渣起不良作用。这是因为Na_2O在高温下与SO_3化合成Na_2SO_4，其熔点仅有884℃，对锅炉结焦起着“打底”的作用。所以，Na_2O含量虽少，但不能忽视其危害。

g TiO_2对煤灰熔融性温度的影响

TiO_2的熔点高达1850℃，在煤灰中主要以类质同象替代存在于高岭石的晶格中，它的含量与煤灰中高岭石的多少及晶格好坏有关，含量不超过5%，多在1%以下。在煤灰中，TiO_2始终起到提高煤灰熔融性温度的作用，其含量增减对煤灰熔融性温度的影响非常大，TiO_2含量每增加1%，煤灰熔融性温度增加36~46℃。

B 气氛对煤灰熔融性的影响

煤灰熔融性温度测定主要有3种气氛：弱还原性气氛、强还原性气氛和氧化性气氛。不同气氛下的煤灰熔融性变化规律不同。在弱还原性气氛下，测定DT、ST、FT均小于氧化性气氛下的测定值，且随煤灰化学成分不同，两种气氛之间的特征温度差值也不同，在10~130℃氧化、弱还原和强还原气氛下，Fe元素分别以Fe_2O_3、FeO和Fe的形式存在，其熔点也各不同。Fe_2O_3的熔点是1560℃，FeO是1535℃，Fe是1420℃。在弱还原性气氛下，FeO能与SiO_2、Al_2O_3、$3Al_2O_3 \cdot 2SiO_2$（莫来石，熔点2550℃），$CaO \cdot Al_2O_3 \cdot 2SiO_2$（钙长石，熔点1553℃）等结合形成铁橄榄石（$2FeO \cdot SiO_2$，熔点1205℃）、铁尖晶石（$FeO \cdot Al_2O_3$，熔点1780℃）、铁铝榴石（$3FeO \cdot Al_2O_3 \cdot 3SiO_2$，熔点1240~1300℃）和斜铁辉石（$FeO \cdot SiO_2$），这些矿物质之间会产生低熔点的共熔物，因而使煤灰熔融性温度降低。当煤灰中Fe_2O_3含量较高时，会降低煤灰熔融性温度，且在弱还原性气氛下更为显著。弱还原气氛下的反应为：

$$Fe_2O_3 \longrightarrow FeO$$

$$3Al_2O_3 \cdot 2SiO_2 + FeO \longrightarrow 2FeO \cdot SiO_2 + FeO \cdot Al_2O_3$$

$$CaO \cdot Al_2O_3 \cdot 2SiO_2 + FeO \longrightarrow 3FeO \cdot Al_2O_3 \cdot 3SiO_2 + 2FeO \cdot SiO_2 + FeO \cdot Al_2O_3$$

$$SiO_2 + FeO \longrightarrow FeO \cdot SiO_2$$

$$FeO \cdot SiO_2 + FeO \longrightarrow 2FeO \cdot SiO_2$$

在强还原性气氛下，煤灰在熔融过程中的氧元素被大量还原，所剩绝大部分是金属或非金属单质，其单质的熔融温度要高出其氧化物很多，这些在强还原性气氛下被还原出来的金属单质导致了煤灰熔融性温度的升高。因此，强还原性气氛下的煤灰熔融性温度均比氧化气氛下高50~200℃。

综上所述，煤灰成分是决定煤灰熔融性温度的关键因素，气氛的影响也是对特定的成分有效。因此，完全可以利用这些规律，在实践中采取配煤、添加矿物质或化学试剂等技术手段，实现对煤灰熔融性温度的调整，以适应用煤设备对煤灰熔融性的要求。

6.4.1.2 通过煤灰成分计算煤灰熔融性温度

如前所述，除了个别成分以外，煤灰中的成分对于煤灰熔融性的影响不是独立的，相互之间有很强的耦合作用，因此应该考虑所有成分的综合影响。在其中的化学机理尚未明确的情况下，采用回归的方法推导出煤灰成分与煤灰熔融性温度之间的数学关系具有重要的意义。下面介绍几种回归方程。

A 以煤灰成分为变量的煤灰熔融性计算公式

陈文敏等人在统计了大量的样品后，推导出下面的回归公式。

(1) 当 $w(SiO_2) \leqslant 60\%$，且 $w(Al_2O_3) > 30\%$ 时：

$$ST = 69.64w(SiO_2) + 71.01w(Al_2O_3) + 65.23w(Fe_2O_3) + 12.16w(CaO) + 68.31w(MgO) + 67.1\alpha - 5485.7 \quad (6\text{-}20)$$

$$FT = 5911 - 44.29w(SiO_2) - 43.07w(Al_2O_3) - 47.11w(Fe_2O_3) - 49.7w(CaO) - 41.52w(MgO) - 45.41\alpha \quad (6\text{-}21)$$

(2) 当 $w(SiO_2) \leqslant 60\%$，$w(Al_2O_3) \leqslant 30\%$，且 $w(Fe_2O_3) \leqslant 15\%$ 时：

$$ST = 92.55w(SiO_2) + 97.83w(Al_2O_3) + 84.52w(Fe_2O_3) + 83.67w(CaO) + 81.04w(MgO) + 91.92\alpha - 7891 \quad (6\text{-}22)$$

$$FT = 5456 - 40.82w(SiO_2) - 36.21w(Al_2O_3) - 46.31w(Fe_2O_3) - 48.92w(CaO) - 52.65w(MgO) - 40.70\alpha \quad (6\text{-}23)$$

(3) 当 $w(SiO_2) \leqslant 60\%$，$w(Al_2O_3) \leqslant 30\%$，且 $w(Fe_2O_3) > 15\%$ 时：

$$ST = 1531 - 3.01w(SiO_2) + 5.08w(Al_2O_3) - 8.02w(Fe_2O_3) - 9.69w(CaO) - 5.86w(MgO) - 3.99\alpha \quad (6\text{-}24)$$

$$FT = 1429 - 1.73w(SiO_2) + 5.49w(Al_2O_3) - 4.88w(Fe_2O_3) - 7.96w(CaO) - 9.14w(MgO) - 0.46\alpha \quad (6\text{-}25)$$

(4) 当 $w(SiO_2) > 60\%$ 时：

$$ST = 10.75w(SiO_2) + 13.03w(Al_2O_3) - 5.28w(Fe_2O_3) - 5.88w(CaO) - 10.28w(MgO) + 3.75\alpha + 453 \quad (6\text{-}26)$$

$$FT = 6.09w(SiO_2) + 6.98w(Al_2O_3) - 6.51w(Fe_2O_3 - 2.47w(CaO) - 4.77w(MgO) + 3.27\alpha + 943 \quad (6\text{-}27)$$

以上各式中：$\alpha = 100 - [w(SiO_2) + w(Al_2O_3) + w(Fe_2O_3) + w(CaO) + w(MgO)]$

上述公式的可靠性很高，计算结果与实测值的差值接近试验允许的误差。

B 以熔融指数为变量的煤灰熔融性计算公式

张德祥等对煤灰成分进行分组，先计算出熔融指数 FI，再根据 FI 与煤灰熔融特性温度的关系回归出了煤灰熔融性计算公式。为此，在分析对比现有各种关系式的基础上，引入了熔融指数 FI（Fusion Index）的概念，定义熔融指数 FI 为：

$$FI = w(SO_3) + w(Fe_2O_3) + w(CaO) + w(MgO) + w(K_2O) + w(Na_2O) \quad (6\text{-}28)$$

FI 与煤灰熔融特性温度的关系如图 6-17 所示。

从图 6-17 中可以看到，煤灰熔融指数与煤灰熔融性温度的相关性非常好，数据点基本落在曲线上，分散性很小。据此，作者回归出了煤灰熔融指数与煤灰熔融性温度的计算

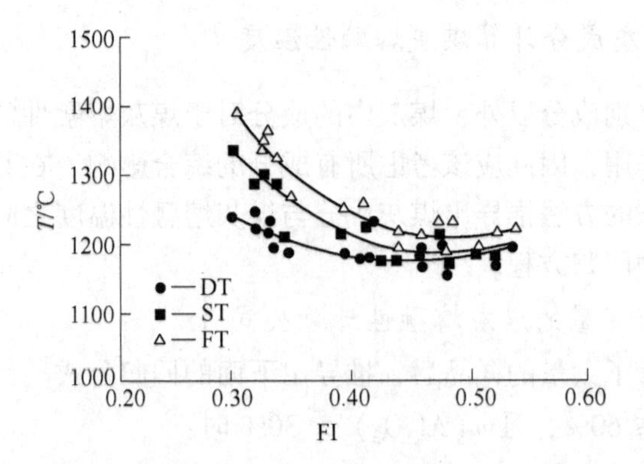

图 6-17 煤灰熔融指数与煤灰熔融性温度的关系

公式：

$$DT = 2749FI^2 - 2520.4FI + 1743.1 \quad (r = 0.7772) \tag{6-29}$$

$$ST = 5120FI^2 - 4815.4FI + 2309.8 \quad (r = 0.8948) \tag{6-30}$$

$$FT = 5793FI^2 - 5551.5FI + 25528.3 \quad (r = 0.9445) \tag{6-31}$$

该公式计算精度很高，一般小于试验测定值的允许误差。类似这样的计算公式还有很多，限于篇幅，不再赘述。

6.4.2 煤的结渣性

结渣性是反映煤在气化或燃烧过程中，煤灰受热、软化、熔融而结渣的性能的量度，以一定粒度的煤样燃烧后，大于 6mm 的渣块占全部残渣的质量分数来表示，项目符号 C_{lin}。GB/T 1572—2001 规定了煤的结渣性的测定方法，适用于褐煤、烟煤、无烟煤和焦炭。

量取 400cm^3 粒度 3~6mm 的试样并称其质量，放入气化套内，将表面扒平。再称取与试样粒度相同的木炭 15g，放在带孔的小铁铲内，在电炉上加热到灼热，倒入气化套，迅速扒平，拧紧顶盖，同时打开鼓风机通入适量的空气。待木炭表面燃烧均匀后，将风量调到规定值。当从观察孔观察到试样燃尽熄灭后，关闭鼓风机，记录气化反应的时间，冷却后取出全部灰渣称量。称量后的灰渣在装有 6mm 孔径筛的振筛机上振筛 30s，称量大于 6mm 的渣块，计算出大于 6mm 渣占总灰渣质量的分数作为结渣率，见式（6-32）。

$$C_{lin} = \frac{m_1}{m} \times 100\% \tag{6-32}$$

式中 C_{lin}——结渣率，%；

m_1——粒度大于 6mm 的灰渣质量，g；

m——灰渣总质量，g。

煤的结渣性是煤灰在气化或燃烧过程中成渣的特性，它对评价煤的加工利用特性具有很重要的实际意义。对于固态排渣的气化或燃烧装置，结渣率高是不利因素。结渣率高，煤灰结成渣块的比例大，就会影响气化介质的均匀分布，破坏正常的生产工况，还会给操作带来一定的困难，同时增加了灰渣中的碳含量，降低煤炭利用率。因此，无论是气化或燃烧用煤，都要求采用不易结渣或只轻度结渣的煤。煤的结渣性指标，就是判断煤在气化或燃烧过程中是否容易结渣的一个重要参数。

结渣性比煤灰熔融性能更好地反映煤灰的成渣特性。如阳泉煤的变形温度 DT 大于 1500℃，大同煤灰的软化温度 ST 等于 1270℃。虽然煤灰熔融性大不相同，但结渣率却彼此接近，其原因就是阳泉煤灰分产率高于大同煤。大同煤灰软化温度虽低，但它的灰分也低，所以结渣率并不高。通过对大量试验数据的数学处理，得出了鼓风流速 0.1m/s 时结渣率与煤灰软化温度、灰含量的相关关系，见式（6-33）。

$$\text{结渣率} = 44.7 + 1.79A - 0.03\text{ST} \tag{6-33}$$

式中 A——煤的灰分产率，%

ST——煤灰的软化温度，℃

根据>6mm 级灰渣的结渣性，通常可把煤划分为强结渣煤、中等结渣煤和难结渣煤三大类。结渣率小于 5%的煤为难结渣煤，结渣率 5%~25%的为中等结渣煤，而结渣率大于 25%的为强结渣煤。

影响结渣性的因素主要是煤中矿物质的含量及其组成。一般矿物质含量高的煤容易结渣，矿物质中钙、铁含量高容易结渣，而 Al_2O_3 含量高则不易结渣。此外，结渣性还随鼓风强度的提高而增强。

6.4.3 气化反应性

煤的气化反应性旧称煤的反应活性。“煤的反应活性”这一名称不准确，现已弃用。煤的气化反应性是指在一定温度条件下煤与气化介质（CO_2、O_2、水蒸气等）相互作用生成 CO、H_2 等可燃气体的反应能力。气化反应性好的煤在气化过程中反应速度快、效率高，特别是对采用流化床和气流床等高效的新型气化技术，煤的气化反应性的好坏直接影响到煤在气化炉中反应的速度、反应的完全程度、耗煤量、耗氧量及煤气的有效成分等。气化反应性好的煤可以在生产能力基本稳定的情况下，使气化炉在较低温度下操作，可以延长气化炉的寿命及检修周期，降低操作费用。

通常，测定煤的反应能力大小是用脱去挥发分后的煤（有的煤脱去挥发分后已成为焦炭）来还原 CO_2，所以应该称为煤、焦炭对 CO_2 的反应能力。

$$C + CO_2 \xlongequal{\triangle} 2CO$$

6.4.3.1 煤对二氧化碳反应性的测定

目前我国采用煤焦的 CO_2 还原率（α%）表征煤的气化反应性，即将煤在 900℃下脱除挥发分后制成煤焦，测定煤焦在不同温度下与二氧化碳的化学反应活性。需要指出的是，该指标测定中制焦的方法步骤是固定不变的，与煤在实际气化炉条件下热解成焦的过程有很大的不同，特别是升温速率的不同，这会对煤焦的气化反应活性产生较大的影响。但总体来说，这一指标还是基本能够反映煤在高温条件下与各种气化剂反应能力的。

测定方法要点是：先将煤样在 900℃下保持 1h 进行干馏，除去挥发物。然后筛分并选取 3~6mm 粒级的焦炭装入反应管，加热到一定温度后（褐煤加热到 750℃，烟煤和无烟煤加热到 850℃），通入一定流速的 CO_2 气体与焦渣反应，每隔 50℃，测定反应后气体中 CO_2 的浓度，按式（6-34）计算被还原成 CO 的 CO_2 量占通入 CO_2 总量的分数 α% 作为煤对 CO_2 的化学反应性指标：

$$\alpha = \frac{100(100 - a - \gamma)}{(100 - a)(100 + \gamma)} \times 100 \qquad (6\text{-}34)$$

式中 α——CO_2 还原率（气化反应性），%；

a——钢瓶 CO_2 气体中杂质气体含量，%；

γ——反应后气体中剩余的 CO_2 含量，%。

以各温度下的 α 值为纵坐标，对应的温度为横坐标绘制成气化反应性曲线，如图 6-18 所示。

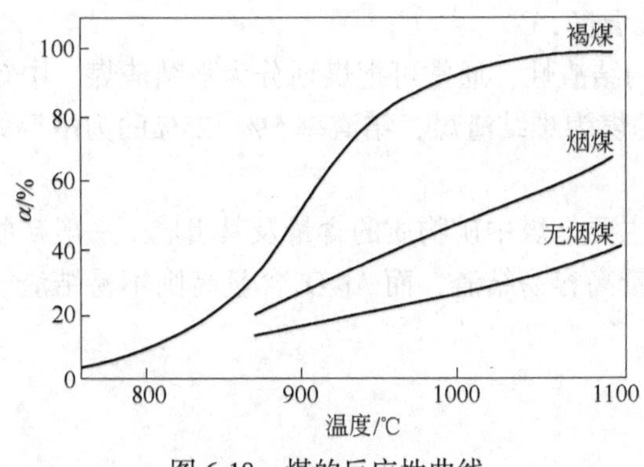

图 6-18 煤的反应性曲线

6.4.3.2 煤对二氧化碳的反应性与煤质的关系

煤的反应性主要与煤的变质程度有关。不同煤化程度煤，其煤焦的分子结构和物理结构有很大差异，导致煤的气化反应性不同。不同煤种煤焦的水蒸气气化反应速率相差从几倍到几百倍。同样，煤焦与 CO_2 气化反应时不同煤焦之间的 CO_2 气化反应速率相差也很大。一般来说，无论是 CO_2 还是水蒸气气化的反应性，煤的变质程度越高，其煤焦气化反应性就越差。研究表明，强黏结性的肥煤和焦煤煤焦的气化反应性最低。

这一规律的理论解释可以归结为煤焦大分子结构的芳香度。煤焦大分子的芳香度越高，分子排列的有序化程度越高，分子内结合能也就越高；气化时，气化剂对分子的反应破坏越难，表现出的气化反应性也越低。煤焦的制备条件和煤种特性决定了制成的焦炭大分子的芳香度。若焦的形成过程中有中间相阶段，且有足够的时间使之有序化，那么制成的煤焦的大分子芳香度高，气化反应性就很低。比如焦煤、肥煤等强黏结性煤种，其煤焦的气化反应性比无烟煤低。事实上，常规炼焦得到的焦煤，其气化反应性比无烟煤低。Kasaoka 等人研究了 CO_2 反应活性随煤的燃料比的提高而迅速下降，当燃料比为 3 时，CO_2 反应性达极小值，然后逐渐增加，而某些肥煤、焦煤的燃料比正好处在 3 左右。另有研究表明，煤的气化反应性与煤的 $Q_{gr,v,daf}$ 呈负相关关系，即 $Q_{gr,v,daf}$ 越高，煤的气化反应性越低，而肥煤、焦煤的发热量最高，其煤焦的气化反应性也最低。因此，严格说来，煤的气化反应性随煤化程度提高而下降，到肥煤、焦煤阶段达到最低，此后又有所升高。

6.4.3.3　煤对二氧化碳的反应性的影响因素

煤的气化性能是指煤炭在气化炉中进行气化作业时，煤的性质和组成对气化反应的速度、气化炉操作参数、气化作业的经济性等产生影响，有的影响是正面的，有的影响是负面的，煤对气化过程产生的这种影响称为煤的气化性能或气化特性。现代煤气化的主流技术是气流床气化，如德士古水煤浆进料气化、谢尔干粉进料气化等，影响煤气化性能的因素主要是煤与气化剂的气化反应活性和煤灰的黏温特性。气化是现代煤化工的前导工序，煤的气化性能是影响气化装备的复杂程度、气化炉运行的可靠性和气化成本的关键因素。

很多研究者已对煤焦与 CO_2、O_2和水蒸气的气化反应进行了大量的研究，认为影响煤焦气化反应性的因素很多，其中主要包括煤化程度、气化反应温度、矿物质、显微组分、孔结构及其比表面积、热解条件和气化条件等。

A　气化反应温度的影响

从图 6-19 可看出，气化反应性在低温段，煤化程度的影响很大，但随着气化反应温度的提高，这种影响逐渐变小。有研究表明，在 1200℃ 以下气化时，煤化程度对气化反应性的影响大，随煤化程度提高，煤的反应性下降；高于 1200℃ 甚至 1300℃ 以上时，这种影响逐渐减小，甚至消失。因为气化反应在低温段和高温段的控制机制不同，气化温度较低时，气化反应速度受活化能控制；高温段时，气化反应受扩散控制。低温段时，低煤化程度的煤气化反应活化能小，有利于气化反应；煤化程度提高，气化反应活化能也提高，气化反应性也较低。温度较高时，反应速度逐渐由活化能控制转为扩散控制，因此在高温段反应气体扩散不及时，致使不同煤化程度煤反应性的差异不能得到体现，表现出宏观的反应速度逐渐趋于一致。

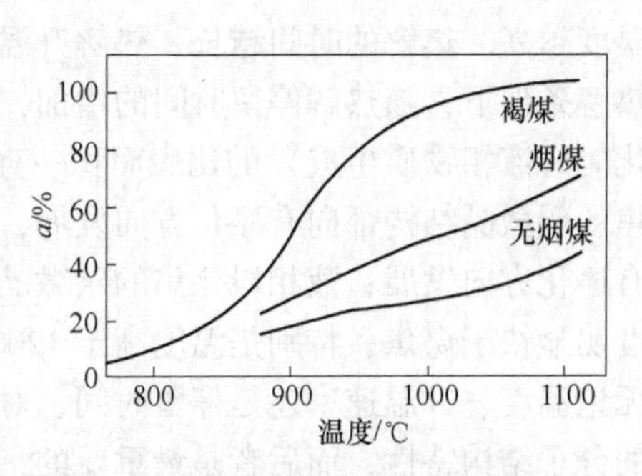

图 6-19　煤的气化反应性曲线

B　矿物质的影响

煤或多或少都含有矿物质，主要的矿物质种类有黏土类矿物、碳酸盐类矿物、石英和硫铁矿等。大量的研究表明，矿物质对煤的热解、气化过程具有明显的影响，有的具有催化作用可以加速反应的进行，有的则具有反催化作用，抑制反应的进行。一般煤焦中金属对煤气化反应的催化活性顺序为：K>Na>Ca>Mg> Fe，Al 对气化具有反作用。一般煤中的 K、Na 含量很低，但 Ca 含量不小，Ca 对煤的气化反应有明显的催化作用。随 Ca 含量增加，煤焦的气化反应性也随之提高。

C　显微组分的影响

煤中不同煤岩显微组分的煤焦内比表面积、活性中心密度都不同，而且其中的矿物质种类及含量也不同，因此各显微组分焦样之间的气化反应性差异很大。一般来说，煤化程度在气煤以下的煤种，壳质组的气化反应性最好，镜质组次之，惰质组最低。但对肥煤和焦煤来说，镜质组的反应性比惰质组还低。到无烟煤阶段，几种煤岩组分影响的差异几乎消失。其中的关键是煤焦分子结构的有序化程度。

D 孔结构及其比表面积的影响

煤的气化反应是气固两相过程，发生在煤焦的孔隙表面上。煤焦孔隙结构对煤焦气化过程的传质行为影响较大，孔隙表面的活性位与比表面积大小有关。研究表明：比表面积越大，气化活性越高。但许多学者认为，纯粹的比表面积并非是评价煤焦气化反应性的理想参数，因为参与气化反应的气体首先是在碳表面离解后被化学吸附，而吸附发生于微晶结构边缘的活性位上，微晶的基面活性却很小。所以在考虑比表面的影响时，就有必要把比表面分成活性和非活性，只有微晶结构边缘的比表面才被认为是对气化反应有活性的。通过对比表面在气化过程中所起作用的研究，人们认识到半焦表面的碳氧复合物才是气化反应的活性中心。

E 热解成焦条件的影响

煤的气化一般分成两个阶段：第一阶段是煤的热解生成煤焦，第二阶段是煤焦的气化。热解阶段条件的不同，所得煤焦的性质不同，气化反应性也有差异。一般认为，热解温度越高、热解的时间越长、热解升温速度越小，煤焦的反应性越低。在快速升温和加压热解条件下，随热解停留时间的增加，煤焦的比表面积先增加后下降，而液相炭化焦（炭化时有液相物质生成）的比表面积一直呈下降的趋势。热解温度越高，慢速和快速热解煤焦的碳微晶结构都向有序化方向发展，但慢速热解比快速热解更有利于煤焦的碳网结构向有序化方向发展；液相炭化焦的碳微晶结构也向有序化方向发展，其碳微晶结构有序化程度明显快于煤焦，特别是温度高于1200℃时，碳微晶结构有序化程度明显增加。实际上，无论温度、升温速率还是停留时间，对煤焦的影响有两个方面，一是比表面积，二是煤焦的分子结构特性，而后者是最重要的，温度越高、升温速率越慢、停留时间越长，越有利于煤焦的分子结构向有序化方向发展，这样的结果就是比表面积下降和活性位的减少，也是煤焦气化反应性下降的根本原因。

6.4.3.4 中国主要矿区煤的反应性

由表6-8可以看出，中国无烟煤的反应性明显低于褐煤的反应性。以1000℃时煤对CO_2的分解率为例，无烟煤的α值均在15.34%~50.06%之间，而褐煤的α值则均在84.03%~98.60%之间。在各无烟煤矿区中煤对CO_2的反应性以侏罗纪时期形成的汝箕沟和北京两矿区煤最高，分别可达50.06%和41.48%。而石炭二叠纪时期形成的其他矿区无烟煤，其1000℃时的α值均在15.34%~37.04%之间。不同矿区的褐煤在1000℃时的α值差异并不太大，均在84.03%~98.6%之间变化。而大同弱黏煤的α值仅为37.8%，几乎与无烟煤的相当，但义马长焰煤与靖远不黏煤的α值均在90%以上。

表6-8 中国主要煤矿区煤对CO_2的反应性

矿区名称	煤对CO_2分解率（α）/%						煤类
	850℃	900℃	950℃	1000℃	1050℃	1100℃	
北京	8.69	15.09	26.79	41.48	55.35	67.25	无烟煤
阳泉	5.50	10.25	15.93	24.48	32.12	43.53	无烟煤
晋城	11.02	16.22	21.81	30.32	38.76	50.64	无烟煤

续表 6-8

矿区名称	煤对 CO_2 分解率（α）/%						煤类
	850℃	900℃	950℃	1000℃	1050℃	1100℃	
焦作	7.01	13.68	24.80	37.04	50.13	61.76	无烟煤
金竹山	2.58	4.26	8.66	15.34	24.58	34.32	无烟煤
白沙	2.04	5.45	13.37	22.35	34.51	48.27	无烟煤
汝箕沟	10.01	17.98	32.92	50.06	65.72	77.89	无烟煤
平庄	51.85	77.77	88.36	88.90	>90.0	>95.0	褐煤
扎赉诺尔	51.30	58.18	68.19	84.03	92.69	95.75	褐煤
大雁	59.45	78.90	83.73	97.87	99.27	99.80	褐煤
伊敏	73.50	93.65	97.30	98.60	99.15	99.65	褐煤
龙口	22.66	42.19	72.93	89.88	95.36	96.38	褐煤
大同	9.5	15.30	26.20	37.80	49.40	62.40	弱黏煤
义马	29.59	48.56	68.84	91.20	95.17	97.91	长焰煤
靖远	31.40	55.00	82.30	96.60	98.00	99.00	不黏煤

6.4.4 煤的着火性能

煤的着火性能可以采用煤的着火温度、燃料比、着火特性指数等参数进行表征。

6.4.4.1 煤的着火温度

煤的着火温度又称为煤的着火点、燃点、临界温度等，它是指煤加热至开始燃烧的温度。以煤的着火温度可以判断煤在燃烧炉中的连续着火燃烧情况，也可判断煤的氧化程度和发生自燃的倾向。

A 煤着火温度的测定方法

测定煤着火温度的方法主要有气体氧化剂法和固体氧化剂法。气体氧化剂采用空气或氧气，固体氧化剂采用亚硝酸钠或硝酸银。固体氧化剂法比气体氧化剂法的重现性好，目前我国采用的是亚硝酸钠法。该法要点是：将煤样与亚硝酸钠按一定比例混合均匀，并按规定的方法加热；当达到一定温度时，煤样和氧化剂亚硝酸钠在瞬间内发生剧烈反应而爆燃；利用仪器或肉眼观察，确定爆燃时的温度即煤的着火温度。

从测定煤着火温度的原理来看，主要是利用亚硝酸钠在加热时分解释放的氧，对煤样氧化、燃烧的难易程度作为评判煤着火温度的依据。由于亚硝酸钠受热分解产生的氧与空气中分子态氧有很大区别，因此亚硝酸钠法测定的着火温度并非煤样在实际条件下的真实着火温度，但可以反映煤样着火温度的相对高低和着火的难易程度。一般来说，亚硝酸钠法测得煤样着火温度的结果低于煤样的实际着火温度。

利用热重分析仪测定煤在氧气流或空气流中的着火温度，比用亚硝酸钠法测定的着火温度更接近实际的煤着火温度。

B 煤着火温度的影响因素

煤的着火温度随煤化程度的加深而升高，但煤化程度相同的煤往往着火温度也有较大的差异，这时，煤的内在水分越高则着火温度越低。煤受到轻微氧化后，其着火温度明显降低。

C 煤的着火温度与气化反应性的关系

煤的着火温度实际上与煤的反应活性密切相关，这两个指标反映的问题的实质是相同的，即与煤大分子的结构密切相关。煤着火温度的测定类似于用氧气作气化剂测定煤的气化反应性一样。吴恕等人研究了两者之间的关系，他们首先将800~1100℃范围内的二氧化碳还原率按50℃的间隔作平均化处理，得到平均的二氧化碳还原率$\overline{\alpha}\%$，$\overline{\alpha}\%$与着火温度之间的关系（见图6-20）可用下面的公式表示：

$$\overline{\alpha}\% = 266.48 - 0.9w(T_i) + 7.73 \times 10^{-4} w(T_i^2) \quad (6\text{-}35)$$

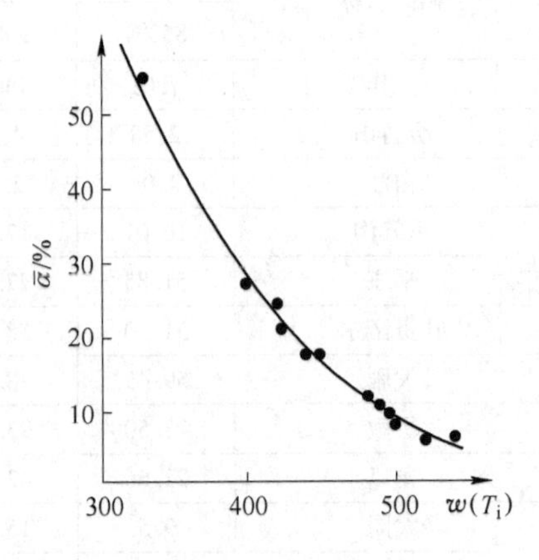

图6-20 煤的着火温度与平均二氧化碳还原率的关系

6.4.4.2 煤的燃料比

美国和日本等国家通常采用燃料比（固定碳与挥发分的比值）作为定性判断煤燃烧性能的指标，近年来在我国也得到广泛应用。烟煤燃料比一般为1~4，贫煤为4~9，无烟煤>9，褐煤仅为0.6~1.5。燃料比小于2.0时，煤的燃烧性能好。

6.4.4.3 煤的着火特性指数

傅维标在系统研究了煤的可燃烧性之后提出了一个F_z指数，用来评价煤的着火特性。F_z指数定义如下：

$$F_z = (V_{ad} + M_{ad})^2 \times C_{ad} \times 100 \quad (6\text{-}36)$$

根据煤的F_z指数大小，可以将煤的可燃性分为以下几类：

（1）极难燃煤$F_z \leqslant 0.5$。

（2）难燃煤$0.5 < F_z \leqslant 1.0$。

（3）准难燃煤$1.0 < F_z \leqslant 1.5$。

（4）易燃煤$1.5 < F_z \leqslant 2.0$。

（5）极易燃煤$F_z > 2$。

F_z值越大，着火温度越低，其着火特性越好。尽管煤质千变万化，但只要F_z指数相同，则它们的着火特性是相近的。这就给锅炉的设计者和运行人员提供了一个简便而实用的判别煤着火特性的准则。

煤着火特性指数F_z可改变长期以来只用干燥无灰基挥发分来判断煤着火特性的片面观点。因为煤着火温度与干燥无灰基挥发分之间不存在通用规律。例如广西合山煤的挥发分较高，但其着火温度也高，过去无法解释这一现象。从F_z指数可知，合山煤的F_z数值很小，所以其着火温度较高；再如福建陆加地煤、龙岩煤与加福煤的V_{daf}都在3%~4%之间，似乎它们都应该很难燃，但实际情况是前二者比较好烧，而加福煤极难烧。这是因为它们的F_z指数分别为0.75、0.6、0.15，因此陆加地煤与龙岩煤确实比加福煤好烧。其主要原因是它们的内在水分含量很高，内在水分析出的结果使煤的孔隙率增加，即活性增大，所以容易着火。

测定煤的着火温度有以下几方面的意义：

(1) 着火温度与煤阶有一定的关系，一般煤阶高的煤着火温度也比较高，煤阶低的煤着火温度也低，所以着火温度可以作为判断煤炭变质程度的参考。

(2) 根据煤的氧化程度与着火温度之间的关系，利用原煤样的着火温度和氧化煤样的着火温度的差值来推测煤的自燃倾向。一般来说，原煤煤样着火温度低，而氧化煤样着火温度降低数值大的煤容易自燃。

(3) 根据煤的着火温度的变化来判断煤是否被氧化。煤受轻微氧化时，用元素分析或腐殖酸测定方法是难以做出判断的，而煤氧化后着火温度有明显下降，所以着火温度可作为煤氧化的一种非常灵敏的指标。人们可以通过测定煤的着火温度来判定煤的氧化程度，即分别测定原煤样、氧化煤样和还原煤样的着火温度，然后按式（6-37）计算煤的氧化程度。

$$\text{氧化程度}(\%) = \frac{\text{还原煤样着火温度} - \text{原煤样着火温度}}{\text{还原煤样着火温度} - \text{氧化煤样着火温度}} \times 100\% \tag{6-37}$$

煤的着火温度与煤的挥发分、水分、灰分以及煤岩组成有关。一般说来，煤的着火温度随挥发分的增高而降低，在相同挥发分产率下，褐煤的着火温度比烟煤低很多。

6.5 煤的机械加工性质

6.5.1 煤的可磨性

我国大多数无烟煤的落下强度较大，一般为 60% ~92%；但也有少数的煤呈片状、粒状，煤质松软，落下强度差，一般为 40%~20%，甚至低于 20%。

煤的可磨性是指煤磨碎成粉的难易程度。在有关的工业实践中，测定煤的可磨性具有重要的意义。火力发电厂与水泥厂，在设计与改进制粉系统并估计磨煤机的产量和耗电量时，常需测定煤的可磨性；在型焦工业中，为了决定粉碎系统的级数及粉碎机的类型，也要预先测定煤的可磨性。

6.5.1.1 可磨性的测定要点

国际上普遍采用哈德格罗夫法评定煤的可磨性，其基本依据是研磨煤粉所消耗的功与新产生的表面积成正比。测定要点是：将美国某矿区的烟煤作为标准煤，其可磨性指数定为 100。测定时，先将四个一组可磨性指数各不相同的标准煤样，在哈氏可磨仪上研磨，该标准煤样在规定条件下，经过一定破碎功的研磨，以标准煤的 200 网目筛下物质量为纵坐标，相应的可磨性指数为横坐标得一直线，此直线就是该哈氏可磨仪的校准图。被测煤样在哈氏可磨仪上研磨后，根据 200 网目筛下物的质量在校准图上即可查出相应的可磨性指数，用 *HGI* 表示。*HGI* 越大，表示煤的可磨性越好，煤越容易被磨碎。

由于筛下物的粒度细小（小于 0.071mm），难免有所损失，如果用直接称量的筛下物质量进行结果处理，由此所得结果的准确性较差，会产生系统偏低。所以，测定方法标准规定，用总样量减去筛上物质量之差作为筛下物质量，再从由标准煤样绘制的校准图上查得哈氏可磨性指数值。测定煤的可磨性时，总样量与筛上物和筛下物的总质量之差应不大于0.5g，否则试验应作废。

绘制校准图要使用具有可磨性指数标准值为40、60、80和110四个一组的国家可磨性标准煤样。每个煤样用本单位的哈氏仪，由同一操作人员按GB/T 2565—1998规定的要求和操作步骤重复测定4次，计算出0.071mm筛下煤样的质量，取其算术平均值。在直角坐标纸上以计算出的标准煤样筛下物质量平均值为纵坐标，以其哈氏可磨性指数标准值为横坐标，根据最小二乘法原则对4个煤样的测定数据作图，所得的直线就是所用哈氏仪的校准图，如图6-21所示。

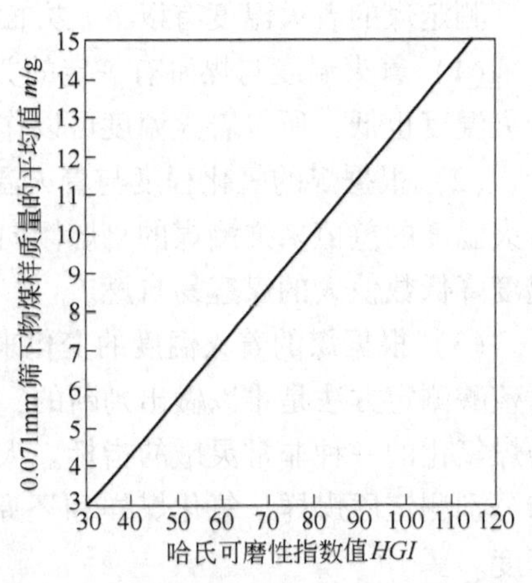

图6-21 哈氏可磨性指数校准图

MT/T 852规定，按照哈氏可磨性指数，煤的可磨性可分为5级，其级别名称、代号和分级范围见表6-9。在我国煤中，难磨煤占2.96%，较难磨煤占29.56%，中等可磨煤占29.64%，易磨煤占25.16%，极易磨煤占12.66%。

表6-9 煤的哈氏可磨性指数分级

序号	级别名称	代号	分组范围（*HGI*）
1	难磨煤	DG	≤40
2	较难磨煤	RDG	>40~60
3	中等可磨煤	MG	>60~80
4	易磨煤	EG	>80~100
5	极易磨煤	UEG	>100

目前，我国已研制成功了可磨性标准物质，用以替代国际哈氏可磨性标准物质，该套标准煤样的研制成功，提高了我国哈氏可磨性测定的准确度，使各实验室的检测结果达到量值统一，并与国际接轨，保证了量值的溯源性。用哈氏可磨性标准物质校准哈氏仪时，除了画出校准图外，可以对校准图上的校准曲线回归出校准公式（一元线性回归方程）。方法如下：以标准煤样的筛下物质量的平均值（m^2）为自变量，以标准煤样的哈氏可磨性指数（*HGI*）为因变量，用最小二乘法对4个标准煤样的校准数据进行一元线性回归，所得的校准公式为：

$$HGI = km^2 + b \tag{6-38}$$

有了校准公式，测定样品时就可以将筛下物质量代入校准公式来计算*HGI*，比查图法精确。

6.5.1.2 影响可磨性的因素

煤的可磨性指数*HGI*反映的是煤的综合物理特性，它不仅受化学组成的影响，同时受煤岩形态、显微组分分布、矿物质颗粒大小和赋存状态等因素控制。

A 可磨性与煤的工业分析指标之间的关系

从统计规律来看，煤的水分和挥发分越高，可磨性指数越低；相反，灰分和固定碳含量越高，可磨性指数越高。但是，任何一个变量对可磨性指数的影响都不是很显著。可磨性指数与煤质工业分析结果之间的非线性较大，仅从煤的工业分析等化学组分出发，将其看作一种均匀的物质，不能科学地反映煤的可磨性。煤的显微组分、矿物质类型颗粒大小和分布以及煤种的显微构造等物理因素是决定煤的可磨性能的重要因素。同时，矿物组分在煤颗粒中的分散状况、含量和组成均影响煤的可磨性。

B 煤岩形态和显微组分分布的影响

煤是一种经过沉积并经历复杂地质构造运动后形成的特殊岩体，在煤块中仍然保留了煤在经历了拉伸、挤压、剪切等运动后出现的裂缝和节理。这些显微构造（“内伤”）的存在可能引起粉碎性能的变化，这可能是一些产于平整地层煤种可磨性差，但产于褶皱、断层等地质构造复杂的煤种容易粉碎的内在原因。

由煤岩学研究可知，煤中镜质组、壳质组和惰质组等在煤中的分布和含量各不相同，使得其强度、载荷变形和弹性率等方面表现出不同的特征。煤物理结构参数如表面积、孔隙率、孔径和孔径分布等的差异直接影响煤颗粒的可磨性能。此外，在进行煤的宏观煤岩类型分类过程中可以发现，镜煤和亮煤往往表现为裂隙明显，容易破碎。因此，煤的显微构造是煤的可磨性差异的另一个内在因素。

C 煤的可磨性随煤化程度呈现规律性的变化

在低煤化程度阶段，随煤化程度的增加，煤的可磨性缓慢增加，在碳含量为87%～90%时，可磨性迅速增大，在碳含量为90%左右达到最大值，此后随煤化程度的进一步提高而迅速下降。哈氏可磨性指数与煤化程度的关系如图6-22所示。

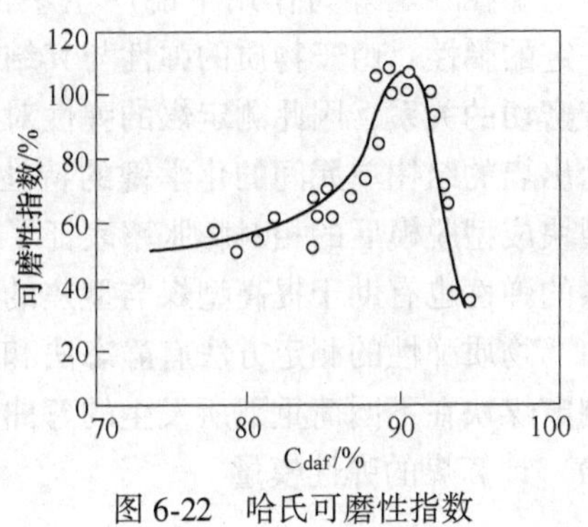

图6-22 哈氏可磨性指数与煤化程度的关系

需要指出的是，哈氏可磨仪测定结果还受试验条件的影响，如温度、水分含量等。在实际磨煤过程中，煤与磨机之间的摩擦，必然使煤温升高，温度的升高还使水分析出，导致哈氏可磨性数据有时与实际磨机之间的关联性降低，特别是对于低煤化程度的高水分煤种如褐煤、长焰煤，其测定结果的可用性显著下降。为此，在每次可磨性测定时必须进行水分的测定。有资料显示，应用哈氏法于中高煤化程度的煤时，基本吻合；用于煤化程度较低的煤种时，则会过高估计煤的可磨性。例如某电厂褐煤试验测得*HGI*为48，但在制粉设备上则为28。

刘志平的研究结果表明，温度升高，有利于提高煤的可磨性，水分含量增大则有相反的结果。

6.5.2 煤的脆度

煤的脆度是表征煤被粉碎的难易程度，即机械坚固性的一个指标，它与可磨性相关，不过稍有区别。脆度着重于表现煤的抗碎或抗压强度，而可磨性着重于煤磨细的难易。

脆度测定方法有抗碎强度法和抗压强度法。抗压强度是与脆度相反的一种性质。因此，暗煤的抗压强度最大，丝炭的抗压强度最小，而镜煤和亮煤的抗压强度居中。纯的镜煤有生成裂纹的趋向，因而比较容易破裂。亮煤中的壳质组越多则强度越大。泰茨开发了抗碎强度测定法，此法是将一定质量的4~5目的煤粒与6个钢球一起放入圆筒，圆筒以90r/min的速度旋转1000转，然后测定粒度大于2.36mm的煤的产率（%），以此作为抗碎强度（脆度）的指标。

抗碎强度和煤化程度的关系如图6-23所示。大于2.36mm的煤百分比越大，表示抗碎强度越大。曲线在焦煤和肥煤位置出现最低点，即脆性最大，而年轻煤和年老煤则由于各自不同的结构，脆度均小于中等变质程度烟煤。

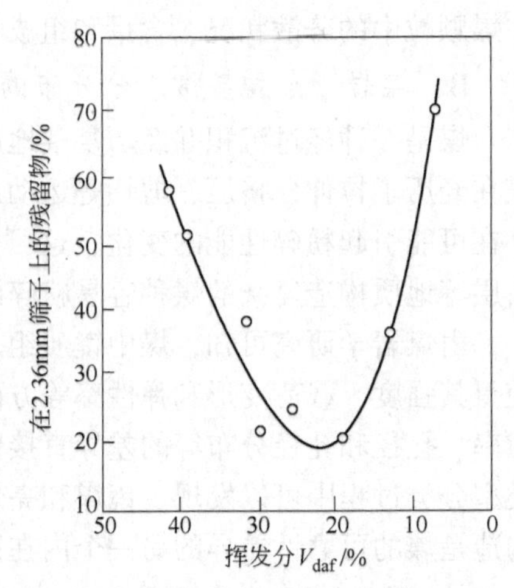

图6-23 煤的抗碎强度与煤化度的关系

在四种宏观煤岩组分中按照脆度的大小，丝炭最脆，其次是镜煤和亮煤，脆度最小的是暗煤，这就是煤岩选择破碎法的依据。由于丝炭易碎，故煤粉中丝炭很多。可见，研究煤不同岩相类型的脆度能为煤岩选择性破碎提供理论依据。

6.5.3 煤的弹性和塑性

煤在一定外力作用下能产生塑性变形，即具有一定的弹性。由于物质的弹性与其结构有关，特别是与构成它的分子间的结合力的大小有着密切的关系，因此测定煤的弹性对于研究煤的结构也是很重要的。煤的弹性模量可以显示出煤的结构单元间的化学键的特性。此外，因为煤的弹性与煤的压缩成型性关系密切，型块成型脱模后的相对膨胀率表征了煤的弹性。煤的弹性增大则促使型块松散，因此研究煤的弹性也有助于提高型煤与型焦的产品质量。

物质弹性的测定方法有静态法和动态法。静态法测定压力与应变之间的关系，例如可测定煤块在不同荷重下所发生的弯曲度。动态法测定声音在煤中的传递速度，可由式（6-39）计算煤的弹性模量：

$$v = k\sqrt{\frac{0.1E}{\rho}} \tag{6-39}$$

式中 v——声音在煤中的传递速度，m/s；

k——常数；

E——煤的弹性模量，Pa；

ρ——煤的密度，g/cm^3。

由于煤中存在微细龟裂等原因，用静态法测得的静态弹性模量数值偏低，因此认为用动态法测得的动态弹性模量值的可靠性大。

在弹性模量中有杨氏弹性模量E，刚性模量G，横向变形系数（泊松比）μ和压缩率K等参数。低煤化度煤与烟煤的弹性模量通常是各向同性的，而高煤化度煤则显示各向异性。当C_{daf}含量>90%时，E和G的数值均随煤化度提高而急剧增加。

不同显微组分其弹性不一样，从小到大的排列顺序为壳质组、镜质组、惰质组。但随煤化度的增加，它们之间的差别渐小。此外，煤中的矿物质和水分越多，矿物质的密度越大，则煤的弹性也越大。

煤的塑性与弹性相反，可塑性越大，成型加工越容易。塑性是将压缩的能量吸收起来，使颗粒靠近。弹性是把能量储存起来，当外力消失后又释放出来。塑性增加，弹性降低，使型块的质量提高。低煤化度褐煤中含有较多的腐殖酸和沥青等“自身黏结剂”，其弹性具有塑性，有可能不加黏结剂而实现高压成型。高煤化度褐煤、烟煤、无烟煤弹性较大，需加黏结剂（焦油、沥青等）或黏合剂（黄泥、纸浆废液等）提高塑性、减小煤料弹性后才能较好成型。

煤岩组分的塑性从大到小的次序为：壳质组、镜质组、惰质组。与煤的弹性相同，随变质程度的增加，其差别减小。

6.5.4 煤的落下强度

煤的落下强度是指块煤在外力作用下抵抗破碎的能力。以在规定条件下，一定粒度的煤样自由落下后大于 25mm 的块煤占原煤样的质量分数表示，项目符号 SS。GB/T 15459 规定了煤的落下强度的测定方法，适用于褐煤、烟煤和无烟煤。此外，GB/T 3715 规定用落下强度取代机械强度和抗碎强度。

使用块煤作燃料或原料的设备，如固定床煤气发生炉、链条锅炉、煅烧炉及部分高温窑炉，对煤的块度都有一定要求。煤在运输、装卸以及加工过程中既有颗粒间的摩擦，又有堆积中的挤压，还有提升落下后的碰撞等，常使原来的大块煤破碎成小块，甚至产生较多的粉末。为了正确地估计块煤用量及确定在使用前是否需要筛分，使用块煤的用户必须了解煤的落下强度。

铁箱落下试验法是用 60~100mm 的块煤，放在特制的活底铁箱中，在离地面 2m 高处打开铁箱活底，让煤样自由落到地面的钢板上，用 25mm 的方孔筛筛分，将大于 25mm 的煤样再进行落下，重复 3 次后称出大于 25mm 块煤的质量 G_1。以 G_1 占原来煤样质量 G 的百分率作为煤炭的落下强度。

10 块试验法是：选用 60~100mm 块煤 10 块，将块煤煤样逐一从 2m 高处自由落下到 15mm 厚的钢板上；落下后将煤筛分，大于 25mm 的煤再做落下试验，重复落下 3 次，称出大于 25mm 的煤样的质量 G_1；以 G_1 占原来煤样质量 G 的百分率作为煤炭的落下强度，即机械强度。GB/T 15459—2006 采用 10 块法。

采用落下试验法测定煤的落下强度的分级标准见表 6-10。

表 6-10 煤的落下强度分级标准

级别	按煤的落下强度分类	>25mm 粒度所占比例/%
一级	高强度煤	>65
二级	中强度煤	>50~65
三级	低强度煤	>30~50
四级	特低强度煤	≤30

煤的落下强度与煤化程度、煤岩组成、矿物质含量和风化、氧化等因素有关。国内外

长期的试验研究表明，影响块煤落下强度的主要因素是煤的变质程度。高煤化程度和低煤化程度煤的落下强度较大，中等煤化程度的肥煤、焦煤落下强度最小。煤的落下强度随煤化度的变化规律如图 6-24 所示。

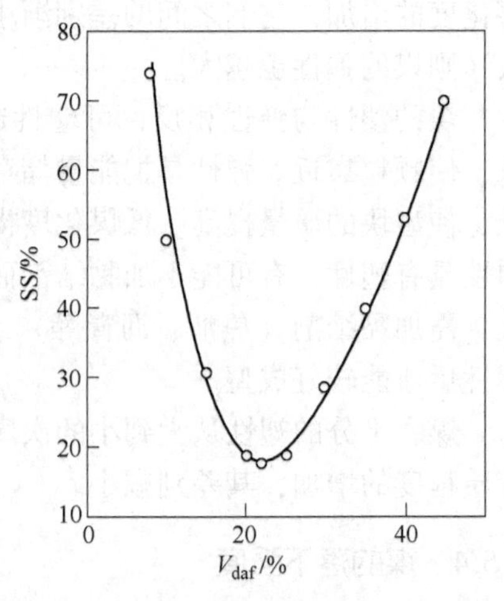

图 6-24 落下强度和煤化度的关系

煤中矿物质组成对落下强度也有很大的影响，含硫铁矿的煤落下强度较高，含黏土和碳酸盐矿物高的煤其落下强度低。煤受到风化和氧化后，其落下强度降低。

宏观煤岩组分中丝炭的落下强度最小，镜煤次之，暗煤最坚韧。矿物质含量高的煤落下强度大。煤经风化和氧化后落下强度降低。煤中不同显微组分的落下强度差异很大，通常壳质组的落下强度最好，镜质组居中，惰质组最差。即使是相同类别的煤，由于其显微组分的不同而导致在不同矿区煤的落下强度也有很大的区别。

我国大多数无烟煤的落下强度较大，一般为 60%~92%；但也有少数的煤成片状、粒状，煤质松软，落下强度差，一般为 20%~40%，甚至低于 20%。如同为无烟煤类，晋城矿区煤的平均落下强度最大，达 92.4%；阳泉无烟煤的落下强度最低，SS 平均为 51.6%。北京无烟煤的落下强度居中，SS 为 86.2%。

煤的落下强度测定方法是针对块煤在装卸、运输以及生产过程中落下和自由撞击而破碎的特点拟定的，基本上反映了块煤在上述过程中的抗破碎特性。基于煤的气化工艺特性与原料选用，落下强度也是煤的气化指标。块煤用户和设计单位都需要了解所用煤的落下强度，其对于指导生产和工艺设备的选型具有实际的参考价值。用煤单位可根据这一指标确定用煤粒度，设计部门可据此选用煤种，确定加工设备及工艺流程。

6.6 煤的可选性

6.6.1 煤的可选性曲线

我国表示煤的可选性特征的方法为：先做原煤的筛分试验，将煤分成 50~25mm，25~13mm，13~6mm，6~3mm，3~0.5mm 共 5 个粒级，然后进行各粒级煤样的浮沉试验；浮沉试验用煤样质量可以根据实验目的和煤样粒度而定，即从各筛分粒级中分别缩分出国标规定的量的煤样，分别在密度为 1.30g/cm^3、1.40g/cm^3、1.50g/cm^3、1.60g/cm^3、1.70g/cm^3、1.80g/cm^{3}和 2.00g/cm^{3}的七组氯化锌重液中依次进行浮选。将所得各密度级的产物分别用热水洗净、烘干，然后测定其产率和灰分，计算并整理成 50~0.5mm 粒级原煤浮沉试验综合表，见表 6-11。

在表 6-11 中，第 1、2、3、8 列数据由实验测得。第 4、5、6、7 列数据分别为浮煤和沉煤的累计产率与相应的平均灰分，它们根据第 2、3 列数据计算所得。第 9 列为分选密度±0.1g/cm^3 的产率，由第 2 列计算所得。以 1.40~1.50g/cm^{3}密度级的煤为例，说明计算方法。

表 6-11 50~0.5mm 粒级原煤浮沉试验综合表

密度级 /g·cm^{-3}	产率/%	灰分/%	累计				分选密度 ±0.1g/cm^3		
			浮物		沉物				
			产率/%	灰分/%	产率/%	灰分/%	密度 /g·cm^{-3}	未扣除矸石产率/%	扣除矸石产率/%
1	2	3	4	5	6	7	8	9	10
<1.30	10.69	3.46	10.69	3.46	100.00	20.50	1.30	56.84	65.35
1.30~1.40	46.15	8.23	56.84	7.33	89.31	22.54	1.40	66.29	76.80
1.40~1.50	20.14	15.50	76.98	9.47	43.16	37.85	1.50	25.31	29.32
1.50~1.60	5.17	25.50	82.15	10.48	23.02	57.40	1.60	7.72	3.94
1.60~1.70	2.55	34.28	84.70	11.19	17.85	66.64	1.70	4.17	4.83
1.70~1.80	1.62	42.94	86.32	11.79	15.30	72.04	1.80	2.69	3.12
1.80~2.00	2.13	52.91	88.45	12.78	13.68	75.48	1.90	2.13	2.47
>2.00	11.55	79.64	100.00	20.50	11.55	79.64			
合 计	100.00	20.50							

浮煤（<1.50g/cm^3）累计产率：

$$10.69\% + 46.15\% + 20.14\% = 76.98\%$$

相应的浮煤平均灰分用质量加权平均计算，即：

$$\frac{10.69 \times 3.46 + 46.15 \times 8.23 + 20.14 \times 15.50}{10.69 + 46.15 + 20.14} = 9.47(\%)$$

沉煤（>1.50g/cm^3）累计产率：

100%-浮煤（<1.50g/cm^3）累计产率=100%-76.98%=23.02%

或 $11.55\% + 2.13\% + 1.62\% + 2.55\% + 5.17\% = 23.02\%$

相应地沉煤平均灰分也以质量加权平均，按计算浮煤平均灰分相反的顺序计算，即：

$$\frac{11.55 \times 79.64 + 2.13 \times 52.91 + 1.62 \times 42.94 + 2.55 \times 34.28 + 5.17 \times 25.50}{11.55 + 2.13 + 1.62 + 2.55 + 5.17} = 57.40(\%)$$

分选密度±0.1g/cm^3 的产率的计算：

分选密度（1.50±0.1）g/cm^3 的产率=20.14%+5.17%=25.31%

表 6-11 能比较系统地表明煤炭各密度级的含量和质量特征，但并不能完全满足生产上的需要。如生产上要求精煤灰分为 10%，要了解此时的理论分选密度和精煤产率及分选难易程度，仅依靠此综合表难以解决，因此有必要绘制可选性曲线。

可选性曲线包括浮煤曲线 β、沉煤曲线 θ、基元灰分曲线（又称原煤灰分分布曲线或灰分特性曲线或观察曲线）λ、密度曲线 δ 和密度±0.1 曲线 ε 五种。可选性曲线一般规定在毫米方格纸上的 200mm×200mm 方块内绘制，下面横坐标为干基灰分，从左至右逐渐增大；左边纵坐标为浮煤累计产率，自上而下逐渐增大；右边纵坐标为沉煤累计产率，自下而上逐渐增大；上面横坐标为分选密度，从右至左逐渐增加。根据表 6-11 中的数据绘制成的可选性曲线如图 6-25 所示。

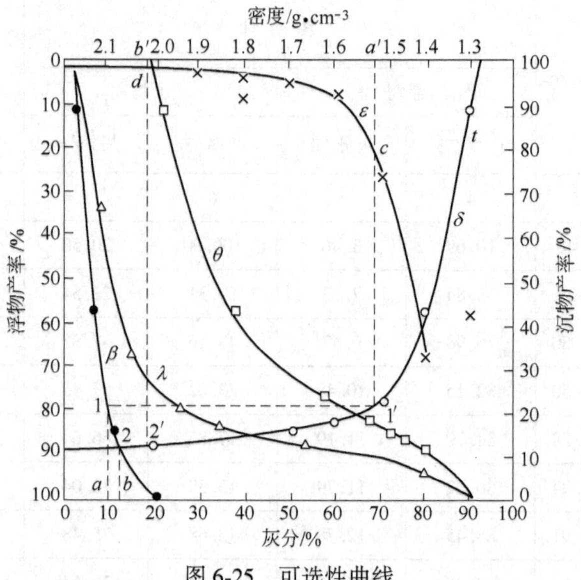

图 6-25 可选性曲线

各曲线的绘制方法及含义简述如下：

（1）浮煤曲线 β：由表 6-11 中第 4、5 两列对应值标出各点，连成平滑曲线。它表示上浮部分累计产率与其平均灰分的关系，可用于计算分选时的理论回收率及其灰分，了解为提高精煤质量（即降低灰分）而引起的选煤效率降低的情况。

（2）沉煤曲线 θ：由表 6-11 中第 6、7 两列对应值标出各点，连成平滑曲线。它表示下沉部分累计产率与其平均灰分的关系，可用于计算沉煤的回收率及灰分。

（3）基元灰分曲线 λ：取表 6-11 中第 3、4 两列对应值，自第 4 列浮煤累计产率 10.69%处，做平行于横坐标的水平线，与第 3 列中对应的灰分 3.46%点所引的垂直线相交，在左上角得到第一个矩形，其面积代表密度＜1.30g/cm^{3}部分所含的灰分；再由第 4 列浮煤累计产率 56.84%做水平线与第 3 列对应的灰分 8.23%点引垂线相交，并延长与 10.69%水平线相交得第二个矩形，其面积代表密度 1.30~1.40g/cm^{3}部分所含的灰分，如此做第三至第八个矩形，得到八个矩形所构成的阶梯状面积。然后将表示各级浮煤的平均灰分的折线改画为平滑曲线，取各折线的中点连成平滑曲线，使曲线所包含面积与折线所包含面积近似相等。曲线向上延伸必须与浮煤曲线 β 的起点相重合，向下延伸必须与沉煤曲线 θ 的终点相重合。它表示某一密度范围无限小的密度级的灰分，也表示浮煤（或沉煤）产率与其分界灰分的关系（即浮煤的最高灰分和沉煤的最低灰分）。

（4）密度曲线 δ：由表 6-11 中第 1、4 两列对应值标出各点，连成平滑曲线。它表示浮煤累计产率与分选密度的关系，用来确定分选时的分选密度。

（5）密度±0.1 曲线 ε：由表 6-11 中第 8、9 两列对应值标出各点，连成平滑曲线。它表示分选密度±0.1 产率与分选密度的关系。

可选性曲线的应用举例如下：

（1）根据 λ 曲线的形状可初步判断该种煤的可选性，λ 曲线的上段越陡直，中段曲率越大，下段趋于平缓，则煤易选；反之，则难选。

（2）根据β、θ和δ曲线，可以求出产品的理论产率、理论灰分和分选密度，在这三项指标中只要确定一项就可以从可选性曲线上查得其他两项指标。以图6-25为例，若计划选出灰分为10%的精煤，就可以根据β曲线查得对应的精煤理论产率为77%，根据δ曲线查得分选密度为1.53g/cm^3。同样，当确定矸石的理论灰分后，可根据θ曲线查得对应的矸石理论产率，根据δ曲线查得其对应的分选密度。最后还可以计算中煤理论产率和中煤灰分。

根据ε曲线可以精确地评价煤的可选性，并可观察出不同分选密度时中间密度级含量及其变化趋势。

6.6.2　煤的可选性评定

评定原煤可选性方法很多，在我国采用的是分选密度$\delta\pm0.1$含量法，简称$\delta\pm0.1$含量法，并已作为国家标准GB/T 16417—1996。根据$\delta\pm0.1$含量的多少，可以将煤炭可选性划为5个等级，见表6-12。

表6-12　煤炭可选性等级的划分指标

$\delta\pm0.1$含量/%	≤10.0	10.1~20.0	20.1~30.0	30.1~40.0	>40.0
可选性等级	易选	中等可选	较难选	难选	极难选

$\delta\pm0.1$含量按理论分选密度计算：

（1）理论分选密度在可选性曲线上按指定精煤灰分确定（准确到小数点后两位）。

（2）理论分选密度小于1.70g/cm^{3}时，以扣除沉矸（>2.00g/cm^3）为100%，计算$\delta\pm0.1$含量。

（3）理论分选密度不小于1.70g/cm^{3}时，以扣除低密度物（<1.50g/cm^3）为100%计算$\delta\pm0.1$含量。

（4）$\delta\pm0.1$含量以百分数表示，计算结果取小数点后一位。

下面举例说明煤的可选性评定的应用：

根据表6-11和图6-25可选性曲线评定精煤灰分为10.0%和13.0%时的可选性。

6.6.2.1　计算$\delta\pm0.1$含量

（1）确定理论分选密度。在灰分坐标分别标出灰分为10.0%和13.0%的两点（a和b），从a和b点向上引垂线分别交β曲线与1和2两点。由1和2点引水平线分别交δ曲线与1′和2′两点。再由1′和2′两点向上引垂线分别交密度坐标与a'和b'两点，交ε曲线与c和d两点。a'和b'两点代表的密度值即为精煤灰分为10.0%和13.0%时的理论分选密度，即1.53g/cm^{3}和2.01g/cm^3。

（2）确定$\delta\pm0.1$含量（初始值）。图6-25中ε曲线上c和d两点左侧纵坐标的产率值为18.3%和1.7%即为所求的$\delta\pm0.1$含量（未扣除沉矸或低密度物）。

（3）计算$\delta\pm0.1$含量（最终值）。将（2）中求得的$\delta\pm0.1$含量按规定扣除沉矸或低密度物。

当精煤灰分为10.0%时，理论分选密度为1.53g/cm^3，小于1.70g/cm^3，所以此时所求得的$\delta\pm0.1$含量（18.3%）应当扣除沉矸。由表6-11可知，沉矸数值为11.55%，故

$\delta\pm0.1$含量为：

$$\frac{18.3}{100.0-11.55}\times100\%=20.7(\%)$$

当精煤灰分为13.0%时，理论分选密度为2.01g/cm^3，大于1.70g/cm^3，所以此时所得的$\delta\pm0.1$含量（1.70%）应当扣除低密度物。由表6-11可知，低密度物数值为76.98%，故$\delta\pm0.1$含量为：

$$\frac{1.7}{100.0-76.98}\times100\%=7.4(\%)$$

6.6.2.2 确定可选性等级

当精煤灰分为10.0%时，扣除沉矸后的$\delta\pm0.1$含量为20.7%，属较难选煤。当精煤灰分为13.0%时，扣除低密度物后的$\delta\pm0.1$含量为7.4%，属易选煤。由上例可以看出，用$\delta\pm0.1$含量法评定某一种原煤的可选性时，其可选性会随着精煤灰分的变化而改变。因此，评定原煤的可选性时必须首先确定精煤灰分。

6.6.3 影响煤可选性的因素

影响煤的可选性的因素主要是煤中矿物质的特征与煤岩组分。

煤中矿物质的成分、数量、颗粒大小以及它们在有机质中的分布状况，对煤的可选性起着决定性的作用。若矿物质成分的密度大、数量少、颗粒大，且在有机质中呈单体状分布，该煤易分选；反之，若矿物质成分的密度小、数量多、颗粒小，且在有机质中呈浸染状或与有机质连在一起的煤，则难分选。

宏观煤岩组分也影响煤的可选性。暗煤、丝炭与镜煤、亮煤相比，不但密度大，而且硬度也大，因而破碎的块度也较大，它们多富集于中煤（浮沉试验中密度为1.40～1.80g/cm^{3}之间的煤），因此镜煤、亮煤含量高的煤可选性好；反之，可选性差。

7 煤炭的分类和煤质评价

本章数字资源

煤是重要的能源和化工原料，其种类繁多，组成和性质各不相同，而各种工业用煤对煤的质量又有特殊要求，只有使用种类、质量都符合要求的煤炭才能充分发挥设备的效率，保证产品的质量。为了指导生产并使煤炭资源得到合理利用，因而有必要对煤进行科学的分类。

煤炭分类是煤化学的主要研究内容之一，是煤炭资源勘查、开采规划、资源调配、煤炭加工利用及煤炭贸易等的共同依据。根据不同的分类目的，煤炭分类包括实用分类（包括技术分类和商业编码）与科学/成因分类（即使是纯科学分类，通常也有实际用途）两大类，这两大类在总体上构成了煤炭分类的完整体系。

7.1 煤炭分类的意义和分类指标

7.1.1 煤炭分类的意义

在任何一门科学中，只有对所研究的个别现象及把研究中所积累的各种资料，加以系统地分门别类地整理、汇总，才能作出科学的分类。煤的分类也是一样，人们在刚发现煤时，只知道它是一种可以燃烧的黑色石头，所以古代人们称煤为石炭。随着煤炭进一步用于古代冶炼术中的打铁、炼钢和炼铜等以后，对煤的认识就深化了一步。由于社会的不断进步，煤炭的用途也越来越广泛，人们对煤的性质、组分结构和用途等的了解也越来越深入，并发现各种煤炭既有共同相似的地方，又有不同的特性，这就是物质的共性与特性的矛盾与统一。根据工业利用的需要，人们就设法要把各种不同的煤划分为性质相类似的若干个类别，这就形成了煤分类的概念。有了合适的煤分类，又反过来推动煤的合理利用和促进煤化学及煤加工利用工艺的不断前进。

7.1.2 煤炭分类的方法和原则

人们对各种自然界物质进行分类时，需要遵循两个共同的原则：第一是根据物质各种特性的异同，划分出自然类别（分类学）；第二是对划分出的类别加以命名表述。这是分类系统学的通常程序。煤炭的科学分类包括下列几项原则：

（1）要全面地包括各产地的全部煤种。

（2）能包括各种煤的全部性质，如物理性质、化学性质、物理化学性质和工艺性质。

（3）能确定各种煤的现代工业用途，如炼焦、气化、低温干馏、加氢、动力及其他综合利用。

7.1.3 煤炭分类的指标

煤的牌号反映煤的有机特性，因此以煤化程度和煤的黏结性作为煤的工业分类两个指标。目前，世界各国分类指标不统一，各主要工业国家和国际上煤分类方案的选用指标见表 7-1，这些煤炭分类既有大体的一致性，也有各国的特殊性。

表 7-1 一些国家煤炭分类指标及方案对照简表

国家	分类指标	主要类别名称	类数
英国	挥发分，格金焦型	无烟煤，低挥发分煤，中挥发分煤，高挥发分煤	4 大类 24 小类
德国	挥发分，坩埚焦特征	无烟煤，贫煤，瘦煤，肥煤，气煤，气焰煤，长焰煤	7 类
法国	挥发分，坩埚膨胀序数	无烟煤，贫煤，1/4 肥煤，1/2 肥煤，短焰肥煤，肥煤，肥焰煤，干焰煤	8 类
波兰	挥发分，罗加指数，胶质层厚度，发热量	无烟煤，无烟质煤，贫煤，半焦煤，副焦煤，正焦煤，气焦煤，气煤，长焰气煤，长焰煤	10 大类 13 小类
苏联 （顿巴斯）	挥发分，胶质层厚度	无烟煤，贫煤，黏结瘦煤，焦煤，肥煤，气肥煤，气煤，长焰煤	8 大类 13 小类
美国	挥发分，固定碳，发热量，坩埚焦特征	无烟煤，烟煤，次烟煤，褐煤	4 大类 13 小类
日本 （煤田探查审议会）	发热量，燃料比，反射率	无烟煤，沥青煤，亚沥青煤，褐煤	4 大类 7 小类

事实上，烟煤分类是煤分类中的主要部分，目前各国大多采用干燥无灰基挥发分来表征煤化程度。但从发展来看，采用镜质组反射率表征煤化程度要更好一些。反映煤黏结性和结焦性的指标很多，如黏结指数、罗加指数、胶质层最大厚度、坩埚膨胀序数、奥阿膨胀度、格金焦型等。各种指标都有自己的优缺点，在指标的选择上各国并不一致，这主要取决于各国煤炭的实际情况。总的说来，煤的分类指标主要从两个方面来进行选择。

7.1.3.1 煤化程度

从表 7-1 可知，各国用来反映煤化程度的指标是干燥无灰基挥发分（V_{daf}），这是因为它能较好地反映煤化程度，并与煤的工艺性质有关，而且其区分能力强，测定方法简单，易于标准化。但是煤的挥发分不仅与煤的变质程度有关，而且还受煤的岩相组成的影响。同一种煤的不同岩相组成其挥发分有很大差别。变质程度相同的煤田，由于岩相组成的不同而有不同的挥发分值；而不同变质程度的煤，在岩相组成不同的情况下，也有可能得到相同的挥发分值。因此，煤的挥发分有时也不能十分准确地反映煤的变质程度。尤其是对挥发分较高的煤，其误差更大。

因此，有的国家采用煤的发热量或镜质组发射率，作为无烟煤变质程度的主要指标。煤的发热量适合于低变质程度的煤和动力煤，一般以干燥无灰基（恒湿无灰基）的高位发热量代表煤的变质程度。镜质组反射率在高变质阶段的烟煤和无烟煤，能较好地反映煤的变质程度的规律，并综合反映了变质过程中镜质组分子结构变化，其组成又在煤中占优势，因此该指标可排除岩相差异的影响，比挥发分产率更能确切地反映煤的变质程度规律。

7.1.3.2 煤的黏结性

煤的黏结性是煤在热加工过程中重要的工艺性质，是煤炭分类中又一个重要指标。表示煤的黏结性的指标很多，如胶质层最大厚度、罗加指数、坩埚膨胀序数、奥阿膨胀度和格金焦型等。

坩埚膨胀序数指标在法国、意大利、德国等国普遍采用。它在一定程度上反映煤的黏结性，而且方法简单，对于煤质变化不太大时较为可靠。但其测定结果是根据焦饼的外形，故常有主观性，且过于粗略。

格金焦型在英国使用，它与挥发分较为接近，而对黏结性不同的煤都能加以区分。但其测定方法较为复杂，并且受人为因素较大。

罗加指数对弱黏结煤和中等黏结煤的区分能力强，且测定方法简单，操作快速，所需煤样少，易于推广。

奥阿膨胀度对强黏结煤的区分能力较好，测试结果的重现性好，但对黏结性弱的煤区分能力差，设备加工较困难。

吉氏流动度是反映煤产生胶质体最稀薄状态的黏度。它对弱或中等黏结煤有一定的区分能力，该法灵敏度较高，测值十分敏感，但存在许多人为和仪器的因素，使得在不同实验室检测的结果不能一致。

我国目前采用胶质层最大厚度 Y 值和黏结性指数 G 来表示煤的黏结性。用胶质层最大厚度表征中等或强黏结煤的黏结性，而用黏结性指数表征弱黏结煤的黏结性，这就充分利用了它们各自的优点。

7.2 中国和国际煤炭分类

7.2.1 中国煤炭的分类

7.2.1.1 中国煤炭分类的完整体系

中国煤炭分类的完整体系，由技术分类、商业编码和煤层分类三个国家标准组成。前两者属于实用分类，后者属于科学/成因分类。它们之间就其应用范围、对象和目的而言，都不尽一致，表 7-2 比较了它们的主要差别。

表 7-2 中国煤炭分类的完整体系

项目	技术分类/商业编码	科学/成因分类
国家标准	技术分类：GB 5751—2009 中国煤炭分类； 商业编码：GB/T 16772—1997 中国煤炭编码系统	GB/T 17607—1998 中国煤层煤分类
应用范围	（1）加工煤（筛分煤、洗选煤、各粒煤级）； （2）非单一煤层煤或配煤； （3）商品煤； （4）指导煤炭利用	（1）煤视为有机沉积岩（显微组分和矿物质）； （2）煤层煤； （3）国际、国内煤炭资源储量统一计算基础

续表 7-2

项目	技术分类/商业编码	科学/成因分类
目的	（1）技术分类：以利用为目的（燃烧、转化）； （2）商业编码：国内贸易与进出口贸易； （3）煤利用过程较详细的性质与行为特征； （4）对商品煤给出质量评价或类别	（1）科学/成因为目的； （2）计算资源量与储量的统一基础； （3）统一不同国家资源量、储量的统计与计算； （4）对煤层煤质量评价
方法	（1）人为制订分类编码系统； （2）数码或商业类别（牌号）； （3）有限的参数，有时是不分类界； （4）基于煤的化学性质或部分煤岩特性	（1）自然系统； （2）定性描述类别； （3）有类别界限； （4）分类参数主要基于煤岩特征

明确区分科学/成因分类与煤的技术/商业两大分类系统的异同对促进学科与各种煤炭应用领域的发展与进步十分重要。技术分类、商业编码和煤层煤分类三者形成一个完整体系，互为补充，同时执行。

制订中国煤层煤分类的主要目的是提供一个与国际接轨的统一尺度，用来评价和计算煤炭资源量与储量。煤层煤（科学/成因）分类并不是一种纯学科、理论式的分类，而是将煤层煤看作原生地质岩体的一种按自然属性的分类。

综上所述，煤炭分类应根据实际需要在应用中不断加以扩展补充和修改，使分类更简捷、有效而实用，利于推广应用。

7.2.1.2 中国煤炭的技术分类

中国煤炭分类体系采用两类分类参数，即用于表征煤化程度的参数和用于表征煤工艺性质的参数。用于表征煤化程度的参数有干燥无灰基挥发分 V_{daf}、干燥无灰基氢含量 H_{daf}、恒湿无灰基高位发热量 $Q_{gr,maf}$ 及低煤阶煤透光率 P_M 四个指标；用于表征煤工艺性质的参数有黏结指数 $G_{R.I.}$（简记为 G）、胶质层最大厚度 Y 及奥阿膨胀度 b 三个指标。

中国煤炭分类体系包括“五表一图”，即无烟煤、烟煤及褐煤分类表，无烟煤亚类的划分表，烟煤的分类表，褐煤亚类的划分表和中国煤炭分类简表，并附有中国煤炭分类图。

新分类方案中首先依据煤化程度，以干燥无灰基挥发分 V_{daf} 将煤分为无烟煤、烟煤和褐煤三大类。$V_{daf} \leqslant 10.0\%$，属无烟煤；$V_{daf} > 10.0\% \sim 37.0\%$，为烟煤；$V_{daf} > 37.0\%$，可能是烟煤，也可能是褐煤，详见表 7-3。

表 7-3 无烟煤、烟煤及褐煤分类表

类 别	代 号	编 码	分类指标	
			V_{daf}/ %	P_M/ %
无烟煤	WY	01，02，03	≤10.0	—
烟煤	YM	11，12，13，14，15，16 21，22，23，24，25，26 31，32，33，34，35，36 41，42，43，44，45，46	>10.0~20.0 >20.0~28.0 >28.0~37.0 >37.0	—

续表 7-3

类别	代号	编码	分类指标	
			V_{daf}/%	P_M/%
褐煤	HM	51，52	>37.0①	≤50②

① 凡 V_{daf}>37.0%，G≤5，再用透光率 P_M 来区分烟煤和褐煤（在地质勘查中，V_{daf}>37.0%，在不压饼的条件下测定的焦渣特征为 1 号~2 号的煤，再用 P_M 来区分烟煤和褐煤）。

② 凡 V_{daf}>37.0%，P_M>50%者为烟煤；30%<P_M≤50%的煤，如恒湿无灰基高位发热量 $Q_{gr,maf}$>24MJ/kg，划为长焰煤，否则为褐煤。

无烟煤亚类的划分采用干燥无灰基挥发分 V_{daf} 和干燥无灰基氢含量 H_{daf} 作为分类指标，将其分为三个亚类，即无烟煤一号、二号和三号，详见表 7-4。当 V_{daf} 划分的亚类与 H_{daf} 划分的亚类不一致时，以 H_{daf} 划分的为准。

表 7-4 无烟煤亚类的划分

类别	代号	编码	分类指标	
			V_{daf}/%	H_{daf}/%①
无烟煤一号	WY1	01	≤3.5	≤2.0
无烟煤二号	WY2	02	>3.5~6.5	>2.0~3.0
无烟煤三号	WY3	03	>6.5~10.0	>3.0

①在已确定无烟煤小类的生产矿、厂的日常工作中，可以只按 V_{daf} 进行分类；在地质勘探中，为新区确定亚类或生产矿、厂和其他单位需要重新核定亚类时，应同时测定 V_{daf} 和 H_{daf}，按表 7-4 分亚类。如两种结果有矛盾，以按 H_{daf} 划亚类的结果为准。

烟煤类别的划分，需同时考虑烟煤的煤化程度和工艺性质（主要是黏结性）。烟煤煤化程度的参数以干燥无灰基挥发分 V_{daf} 作为指标；烟煤黏结性的参数以黏结指数 G 作为主要指标，并以胶质层最大厚度 Y 或奥阿膨胀度 b 作为辅助指标，当使用 Y 值和 b 值划分的类别有矛盾时，以 Y 值划分的类别为准。据此将烟煤分成 12 个类别，即贫煤、贫瘦煤、瘦煤、焦煤、肥煤、1/3 焦煤、气肥煤、气煤、1/2 中黏煤、弱黏煤、不黏煤、长焰煤，详见表 7-5 烟煤的分类。

表 7-5 烟煤的分类

类别	代号	编码	分类指标			
			V_{daf}/%	G	Y/mm	b/%②
贫煤	PM	11	>10.0~20.0	≤5		
贫瘦煤	PS	12	>10.0~20.0	>5~20		
瘦煤	SM	13	>10.0~20.0	>20~50		
		14	>10.0~20.0	>50~65		
焦煤	JM	15	>10.0~20.0	>65①	≤25.0	≤150
		24	>20.0~28.0	>50~65		
		25	>20.0~28.0	>65①	≤25.0	≤150
肥煤	FM	16	>10.0~20.0	(>85)①	>25.0	>150
		26	>20.0~28.0	(>85)①	>25.0	>150
		36	>28.0~37.0	(>85)①	>25.0	>220

续表 7-5

类别	代号	编码	分类指标			
			V_{daf}/ %	G	Y/mm	b/%[②]
1/3 焦煤	1/3JM	35	>28.0~37.0	>65[①]	≤25.0	≤220
气肥煤	QF	46	>37.0	(>85)[①]	>25.0	>220
气煤	QM	34	>28.0~37.0	>50~65	≤25.0	≤220
		43	>37.0	>35~50		
		44	>37.0	>50~65		
		45	>37.0	>65[①]		
1/2 中黏煤	1/2ZN	23	>20.0~28.0	>30~50		
		33	>28.0~37.0	>30~50		
弱黏煤	RN	22	>20.0~28.0	>5~30		
		32	>28.0~37.0	>5~30		
不黏煤	BN	21	>20.0~28.0	≤5		
		31	>28.0~37.0	≤5		
长焰煤	CY	41	>37.0	≤5		
		42	>37.0	>5~35		

①当烟煤的黏结指数测值 G≤85 时，用干燥无灰基挥发分 V_{daf} 和黏结指数 G 来划分煤类。当黏结指数测值 G>85 时，则用干燥无灰基挥发分 V_{daf} 和胶质层最大厚度 Y，或用干燥无灰基挥发分 V_{daf} 和奥阿膨胀度 b 来划分煤类。在G>85 的情况下，当 Y>25.00mm 时，根据 V_{daf} 的大小可划分为肥煤或气肥煤；当 Y≤25.00mm 时，则根据 V_{daf} 的大小划分为焦煤、1/3 焦煤或气煤。

②当 G>85 时，用Y值和 b 值并列作为分类指标。当 V_{daf}≤28.0%时，b>150%的为肥煤；当 V_{daf}>28.0%时，b>220%的为肥煤或气肥煤。如按 b 值和 Y 值划分的类别有矛盾时，以 Y 值划分的类别为准。

对于烟煤的划分，首先根据 V_{daf} 分为 4 组，分别用 1~4 的数码来表示，依次为低挥发分烟煤（V_{daf}>10.0%~20.0%）、中挥发分烟煤（V_{daf}>20.0%~28.0%）、中高挥发分烟煤（V_{daf}>28.0%~37.0%）和高挥发分烟煤（V_{daf}>37.0%），数码越大，表示煤化程度越低；其次，每组再根据 G 值分为 6 个，分别用 1~6 的数码来表示，依次为不黏结或微黏结煤（G≤5）、弱黏结煤（G>5~20）、中等偏弱黏结煤（G>20~50）、中等偏强黏结煤（G>50~65）和强黏结煤（G>65）。在强黏结煤中，如果 G>85 且 Y>25mm 的煤，则为特强黏结煤，数码越大，煤的黏结性越强（在个别组中，G>30 或 G>35 仍用 2 表示）。

根据 V_{daf}、G、Y 和 b 可将烟煤划分成 24 个单元（根据 V_{daf} 分成 4 个，根据 G 分成 6 个），每个单元都对应有一个两位数的数码，该数码就是烟煤分类表中“编码”一列的数值，其中，十位上的数值（1~4）表示煤化程度，个位上的数值（1~6）表示黏结性。

在 24 个单元中，按照同类煤的性质基本相似，不同类煤的性质有较大差异的原则进行归类，共分成 12 个类别，这 12 个类别就是烟煤的 12 个大类。

在对 12 个大类命名时，考虑到新、旧分类的延续性和习惯叫法，仍保留了长焰煤、不黏煤、弱黏煤、气煤、肥煤、焦煤、瘦煤，贫煤八个煤类，同时又增加了 1/2 中黏煤、气肥煤、1/3 焦煤、贫瘦煤四个过渡性煤类，这样就能使同一类煤的性质基本相似。如1/2

中黏煤就是由原分类中一部分黏结性较好的弱黏煤和一部分黏结性较差的肥焦煤和肥气煤组成。气肥煤在原分类中属肥煤大类，但是它的结焦性比典型肥煤差得多，所以将它拿出来单独列为一类，这就克服了原分类中同类煤性质差异较大的缺陷，使分类更趋合理。1/3焦煤是由原分类中一部分黏结性较好的肥气煤和肥焦煤组成，结焦性较好。贫瘦煤是指黏结性较差的瘦煤，可以和典型瘦煤加以区别。

需要指出的是，当$G>85$时，则用干燥无灰基挥发分V_{daf}和胶质层最大厚度Y，或干燥无灰基挥发分V_{daf}和奥阿膨胀度b来划分煤类。当$Y>25.00$mm时，根据V_{daf}的大小可划分为肥煤或气肥煤；当$Y\leqslant 25.00$mm时，则根据V_{daf}的大小可划分为焦煤、1/3焦煤或气煤。按b值划分类别时，当$V_{daf}\leqslant 28.0\%$，$b>150\%$的为肥煤；$V_{daf}>28.0\%$，$b>220\%$的为肥煤或气肥煤。当使用Y值和b值划分有矛盾时，以Y值划分为准。

无烟煤和烟煤包括长烟煤、不黏煤、弱黏煤、1/2中黏煤、气煤、气肥煤、肥煤、1/3焦煤、焦煤、瘦煤、贫瘦煤、贫煤和无烟煤，根据粒度不同，无烟煤和烟煤的粒度分级见表7-6。

表7-6 无烟煤和烟煤的粒度分级表

序号	粒度名称	粒度/mm	序号	粒度名称	粒度/mm
1	特大块	>100	7	混小块	>13，>25
2	大块	50~100	8	粒煤	6~13
3	混大块	>50	9	混粒煤	6~25
6	中块	25~50，25~80	10	混煤	<50
5	混中块	13~25，13~80	11	末煤	<13，<25
6	小块	13~25	12	粉煤	<6

褐煤亚类的划分采用煤化程度指标P_M为参数，根据P_M将褐煤分为两小类即褐煤一号和二号，详见表7-7褐煤亚类的划分表。

表7-7 褐煤亚类的划分

类 别	代 号	编 码	分 类 指 标	
			P_M/%	$Q_{gr,maf}$/MJ·kg^{-1}①
褐煤一号	HM1	51	≤30	—
褐煤二号	HM2	52	>30~50	≤24

①凡$V_{daf}>37.0\%$，$P_M>30\%\sim50\%$的煤，如恒湿无灰基高位发热量$Q_{gr,maf}>24$MJ/kg，则划为长焰煤。

表7-7中还采用恒湿无灰基高位发热量作为辅助指标区分低煤化度烟煤（长焰煤）和褐煤。对于$V_{daf}>37.0\%$，$G\leqslant 5$的煤，可能是长焰煤，也可能是褐煤，需用透光率P_M和恒湿无灰基高位发热量（$Q_{gr,maf}$）作为分类指标加以区分。如果$P_M>50\%$，则为长焰煤；如果$P_M>30\%\sim50\%$，而且$Q_{gr,maf}>24$MJ/kg，则为长焰煤；如果$P_M>30\%\sim50\%$，但$Q_{gr,maf}\leqslant$ 24MJ/kg，则为褐煤；如果$P_M\leqslant 30\%$，肯定为褐煤。

褐煤包括褐煤一号和褐煤二号，根据粒度不同可分为以下级别，见表7-8。

表 7-8 褐煤的粒度分级

序号	粒度名称	粒度/mm	序号	粒度名称	粒度/mm
1	特大块	> 100	4	中块	25~50，25~80
2	大块	50~100	5	小块	13~25
3	混大块	>50	6	末煤	< 13，<25

根据表 7-5、表 7-7 和表 7-8 的分类，为便于煤田地质勘探部门和生产矿井部门能够简易快速地确定煤的大类别，归纳成表 7-9 的形式，即中国煤炭分类简表。

表 7-9 中国煤炭分类简表

类别	代号	编码	分类指标					
			V_{daf}/ %	G	Y/mm	b/%	P_M/ %②	$Q_{gr,maf}$/MJ · kg^{-1}③
无烟煤	WY	01，02，03	≤10.0					
贫煤	PM	11	10.0~20.0	≤5				
贫瘦煤	PS	12	10.0~20.0	5~20				
瘦煤	SM	13，14	10.0~20.0	20~65				
焦煤	JM	24	20.0~28.0	50~65	≤25.0	(≤150)		
		15，25	10.0~28.0	>65①				
肥煤	FM	16，26，36	10.0~37.0	(>85)①	>25.0			
1/3 焦煤	1/3 JM	35	28.0~37.0	>65①	≤25.0	(≤220)		
气肥煤	QF	46	37.0	(>85)①	>25.0	(>220)		
气煤	QM	34，43，44	28.0~37.0	50~65	≤25.0	(≤220)		
		45	37.0	>85				
1/2 中黏煤	1/2 ZN	23，33	20.0~37.0	30~50				
弱黏煤	RN	22，32	20.0~37.0	5~30				
不黏煤	BN	21，31	20.0~37.0	≤5				
长焰煤	CY	41，42	>37.0	≤35			>50	
褐煤	HM	51	>37.0				≤30	≤24
		52	>37.0				30~50	

① 在 G>85 的情况下，用 Y 值或 b 值来区分肥煤、气肥煤与其他煤类。当 Y>25.00mm 时，根据 V_{daf}的大小可划分为肥煤或气肥煤；当 Y≤25.00mm 时，则根据 V_{daf}的大小可划分为焦煤、1/3 焦煤或气煤。按 b 值划分类别时，当 V_{daf}≤28.0%，b>150%时为肥煤；V_{daf}>28.0%，b>220%时为肥煤或气肥煤。若按 b 值和 Y 值划分的类别有矛盾时，以 Y 值划分的类别为准。

②对 V_{daf}>37.0%，G≤5 的煤，再以透光率 P_M 来区分其为长焰煤或褐煤。

③对 V_{daf}>37.0%时，P_M 在 30%~50%的煤，再测 $Q_{gr,maf}$，如其值大于 24MJ/kg，则应划分为长焰煤，否则为褐煤。

综上所述，中国煤炭分类标准将煤共分成十四大类、十七小类。十四大类包括：烟煤的十二个煤类、无烟煤和褐煤。十七小类是：烟煤的十二个煤类、无烟煤的三个小类和褐煤的二个小类，详见图 7-1。

中国煤炭分类的几点说明：

(1) 煤炭分类用煤样的要求。判定煤炭类别时要求所选煤样为单种煤（单一煤层煤

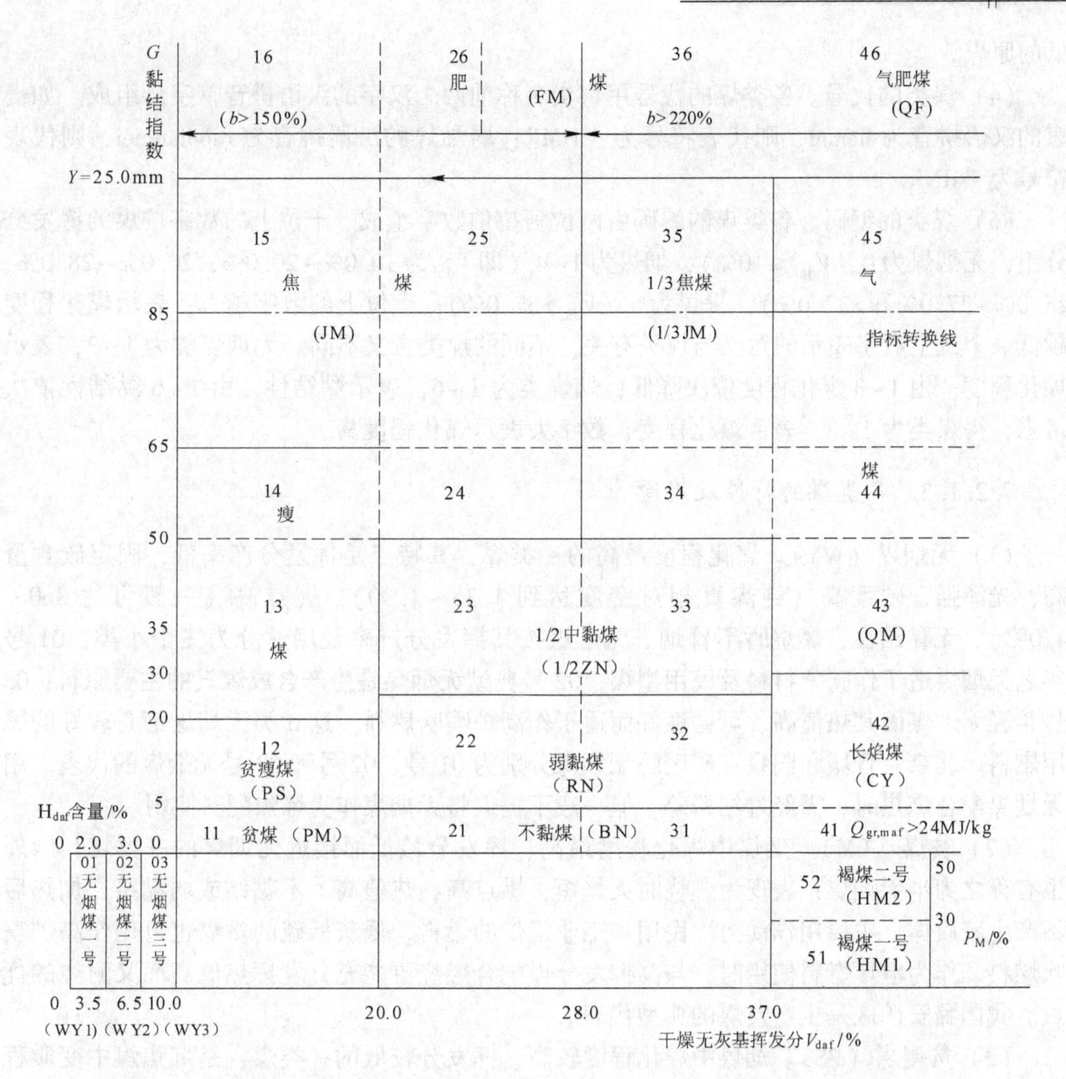

注：1. 分类用煤样的干燥基灰分产率应≤10%，干燥基灰分产率>10%的煤样应采用重液方法进行减灰后再分类；对易泥化的低煤化程度褐煤，可采用灰分尽可能低的原煤。

2. G=85为指标转换线，当G>85时，用Y值和b值并列作为分类指标，以划分肥煤或气肥煤与其他煤类的指标。Y>25.00mm时，划分为肥煤或气肥煤；当V_{daf}≤28.0%时，b>150%的为肥煤；当V_{daf}>28.0%时，b>220%的为肥煤或气肥煤。如按b值和Y值的划分有矛盾时，以Y值划分的类别为准。

3. 无烟煤划分亚类按V_{daf}和H_{daf}划分结果有矛盾时，以H_{daf}划分的亚类为准。

4. V_{daf}>37.0%时，P_M>50%的为烟煤，P_M≤30%的为褐煤，P_M>30%~50%时，以$Q_{gr,maf}$>24MJ/kg的为长焰煤，否则为褐煤。

图 7-1 中国煤炭分类图

样或相同煤化程度煤组成的煤样），对不同煤化程度的混合煤或配煤不能用作煤炭类别的判定。用于判定煤炭类别的煤样可以是勘查煤样、煤层煤样、生产煤样或商品煤样。

（2）分类用煤样的制备。分类用煤样的制备按 GB 474 的规定进行。

（3）分类用煤样的灰分。分类用煤样的干燥基灰分产率应≤10%。对于干燥基灰分产率>10%的煤样，在测试分类参数前应采用重液方法进行减灰后再分类，所用重液的密度宜使煤样得到最高的回收率，并使减灰后煤样的灰分在5%~10%之间。减灰的方法可按 GB 474 中附录 D（煤样的浮选方法）进行。对易泥化的低煤化度褐煤，可采用灰分尽量低的原煤。

（4）煤类的代号。各类煤的代号用煤炭名称前两个汉字的汉语拼音首字母组成。如褐煤的汉语拼音为 hèméi，则代表符号为“HM”；弱黏煤的汉语拼音为 ruòniánméi，则代表符号为“RN”。

（5）煤类的编码。各类煤的编码由两位阿拉伯数字组成。十位上的数字按煤的挥发分分组，无烟煤为0（$V_{daf}\leqslant 10\%$），烟煤为1~4（即V_{daf}为10.0%~20.0%，20.0%~28.0%，28.0%~37.0%和>37.0%），褐煤为5（$V_{daf}>37.0\%$）。十位上的数字越大，表示煤化程度越低。个位上数字表示的意义与煤类有关，不同的煤类意义不同。无烟煤类为1~3，表示煤化程度，由1~3煤化程度依次降低；烟煤类为1~6，表示黏结性，由1~6黏结性依次增强；褐煤类为1~2，表示煤化程度，数字大表示煤化程度高。

7.2.1.3 各类煤的特性及用途

（1）无烟煤（WY）。煤化程度最高的一类煤，其特点是挥发分产率低，固定碳含量高，光泽强，硬度高（纯煤真相对密度达到1.35~1.90），燃点高（一般可达360~420℃），无黏结性，燃烧时不冒烟。无烟煤按其挥发分产率及用途分为三个小类，01号年老无烟煤适于作碳素材料及民用型煤；02号典型无烟煤是生产合成煤气的主要原料；03号年轻无烟煤因其热值高、可磨性好而适于作高炉喷吹燃料。这3类无烟煤都是较好的民用燃料。北京、晋城和阳泉三矿区的无烟煤分别为01号、02号和03号无烟煤的代表。用无烟煤配合炼焦时，需经过细粉碎，但一般不提倡将无烟煤作为炼焦配料使用。

（2）贫煤（PM）。烟煤中煤化程度最高、挥发分最低而接近无烟煤的一类煤，国外也有称之为半无烟煤；表现为燃烧时火焰短，燃点高，热值高，不黏结或弱黏结，加热后不产生胶质体；主要用作动力、民用和工业锅炉的燃料，低灰低硫的贫煤也可用作高炉喷吹燃料。作为电厂燃料使用时，与高挥发分煤配合燃烧更能充分发挥热值高而又耐烧的优点。我国潞安矿区是生产贫煤的典型代表。

（3）贫瘦煤（PS）。烟煤中煤化程度较高、挥发分较低的一类煤，是炼焦煤中变质程度最高的一种，受热后只产生少量胶质体，黏结性比典型瘦煤差，其性质介于贫煤和瘦煤之间。单独炼焦时，生成的粉焦多，配煤炼焦时配入较少比例就能起到瘦化作用，有利于提高焦炭的块度。这种煤主要用于动力或民用燃料，少量用于制造煤气燃料。山西西山矿区生产典型的贫瘦煤。

（4）瘦煤（SM）。烟煤中煤化程度较高、挥发分较低的一类煤，是中等黏结性的炼焦煤，炼焦过程中能产生相当数量的胶质体，Y值一般在6~10mm。单独炼焦时能得到块度大、裂纹少、落下强度较好的焦炭，但耐磨强度较差，主要用于配煤炼焦使用。高硫、高灰的瘦煤一般只用作电厂及锅炉燃料。峰峰四矿生产典型的瘦煤。

（5）焦煤（JM）。烟煤中煤化程度中等或偏高的一类煤，是一种结焦性较强的炼焦煤，加热时能产生热稳定性较好的胶质体，具有中等或较强的黏结性。焦煤是一种优质的炼焦用煤，单独炼焦时能得到块度大、裂纹少、落下强度和耐磨强度都很高的焦炭，但膨胀压力大，有时推焦困难。峰峰五矿、淮北后石台及古交矿井生产典型的焦煤。

（6）肥煤（FM）。煤化程度中等的烟煤，热解时能产生大量胶质体，有较强的黏结性，可黏结煤中的一些惰性物质。单独炼焦时能生成熔融性好、落下强度高的焦炭，耐磨强度优于相同挥发分的焦煤炼出的焦炭，但是单独炼焦时焦炭有较多的横裂纹，焦根部位常有蜂焦，因而其强度和耐磨性比焦煤稍差，是配煤炼焦的基础煤，但不宜单独使用。我国河北开滦、山东枣庄是生产肥煤的主要矿区。

(7) 1/3 焦煤（1/3JM）。1/3 焦煤是一种中等偏高挥发分的强黏结性炼焦煤，其性质介于焦煤、肥煤与气煤之间，属于过渡煤类。单独炼焦时能生成熔融性良好、强度较高的焦炭，焦炭的落下强度接近肥煤，耐磨强度明显高于气肥煤和气煤。1/3 焦煤既能单独炼焦供中型高炉使用，同时也是炼焦配煤的好原料，炼焦时的配入量在较宽范围内波动都能获得高强度的焦炭。安徽淮南、四川永荣等矿区生产 1/3 焦煤。

(8) 气肥煤（QF）。煤化程度与气煤接近的一类烟煤，是一种挥发分产率和胶质层厚度都很高的强黏结性炼焦煤，结焦性优于气煤而劣于肥煤，单独炼焦时能产生大量的煤气和胶质体，但因其气体析出过多，不能生成强度高的焦炭。气肥煤最适宜高温干馏制煤气，用于配煤炼焦可增加化学产品的回收率。我国江西乐平和浙江长广煤田为典型的气肥煤生产矿区。

(9) 气煤（QM）。煤化程度较低，挥发分较高的烟煤，结焦性较好，热解时能生成一定量的胶质体，黏结性从弱到中等都有。胶质体的热稳定性较差，单独炼焦时产生的焦炭细长、易碎，同时有较多纵向裂纹，焦炭强度和耐磨性均低于其他炼焦煤。在炼焦中能产生较多的煤气、焦油和其他化学产品，多作为配煤炼焦使用，有些气煤也可用于高温干馏制造城市煤气。我国抚顺老虎台、山西平朔等矿区生产典型气煤。

(10) 1/2 中黏煤（1/2ZN）。煤化程度较低，挥发分范围较宽，受热后形成的胶质体较少，是黏结性介于气煤与弱黏煤之间的一种过渡性煤类。一部分煤黏结性稍好，在单独炼焦时能结成一定强度的焦炭，可用于配煤炼焦；另一部分黏结性较弱，单独炼焦时焦炭强度差，粉焦率高。1/2 中黏煤主要用于气化原料或动力用煤的燃料，炼焦时也可适量配入。目前我国这类煤的资源很少。

(11) 弱黏煤（RN）。煤化程度较低，挥发范围较宽，受热后形成的胶质体很少，显微组分中惰质组含量较多，是一种黏结性较弱的非炼焦用烟煤。炼焦时有的能结成强度差的小块焦，有的只有少部分能凝结成碎屑焦，粉焦率高。一般适于气化原料及动力燃料使用。山西大同是典型的弱黏煤矿区。

(12) 不黏煤（BN）。这是一种在成煤初期就遭受相当程度氧化作用后生成的以惰质组为主的非炼焦用烟煤，煤化程度低，隔绝空气加热时不产生胶质体，因而无黏结性。煤中水分含量高，纯煤发热量较低，仅高于一般褐煤而低于所有烟煤，有的还含有一定量的再生腐殖酸，煤中氧含量多在 10%~15%；主要用作发电和气化用煤，也可作动力用煤及民用燃料。我国东胜、神府矿区和靖远、哈密等矿区都是典型的不黏煤产地。

(13) 长焰煤（CY）。煤化程度最低，挥发分最高的一类非炼焦烟煤，有的还含有一定量的腐殖酸，由于其燃烧时火焰较长而被称为长焰煤。长焰煤的燃点低，纯煤热值也不高，储存时易风化碎裂，受热后一般不结焦。有的长焰煤加热时能产生一定量的胶质体，结成细小的长条形焦炭，但焦炭强度低，易破碎，粉焦率高。长焰煤一般不用于炼焦，多用作电厂、机车燃料及工业窑炉燃料，也可用作气化用煤。辽宁省阜新及内蒙古准格尔矿区是长焰煤产地。

(14) 褐煤（HM）。煤化程度最低的一类煤，外观呈褐色到黑色，光泽暗淡或呈沥青光泽，块状或土状的都有，其特点是水分大、孔隙大、密度小、挥发分高、不黏结，含有不同数量的腐殖酸。煤中氢含量高达15%～30%，化学反应性强，热稳定性差。块煤加热时破碎严重，存放在空气中容易风化，碎裂成小块甚至粉末，使发热量降低，煤灰中常有较多的氧化钙，熔点大都较低。根据透光率分成年老褐煤（P_M为30%～50%）和年轻褐煤（$P_M \leqslant 30\%$）。褐煤大多用作发电厂锅炉的燃料，也可用作化工原料，有些褐煤可用来制造磺化煤或活性炭，有些褐煤可用作提取褐煤蜡的原料，腐殖酸含量高的年轻褐煤可用来提取腐殖酸，生产腐殖酸铵等有机肥料，用于农田和果园能起到增产的作用。我国内蒙古霍林河及云南小龙潭矿区是典型褐煤产地。

7.2.1.4 中国煤炭编码系统

中国煤炭分类方案（GB 5751—86）颁布后，在全国煤炭生产单位和用煤单位推广应用多年，对于指导煤炭勘探、开发、生产、加工和利用以及煤的供销、定价等方面发挥了积极的作用。但随着国内市场经济的发展，在煤炭加工利用过程中所引发的环境问题日益严重，也出现了不少产销间对煤类、煤质的争议以及以次充好单纯追求利润的掺假销售等问题。同时，从保护环境的角度出发，也要求煤的分类能提供可能造成对环境影响的信息，促进煤的洁净利用。随着计算机管理和信息技术的应用和发展，煤炭编码系统的建立更具有很强的吸引力，它是一个不分类别，只依据煤质结果进行编码的系统。GB/T 16772—1997提出的中国煤炭编码系统适用于腐殖煤，不适用于腐泥煤、泥炭（M_t>75%）、碳质岩（A_d>50%）和石墨（$w(H)_{daf}$<0.8%）。

中国煤炭编码系统是一个采用8个参数12位数码的编码系统，适用于各煤阶煤，并按照煤阶、煤的主要工艺性质及对环境的影响因素进行编码。考虑到低煤阶煤和中、高煤阶煤在利用方向和煤演化性质上的差异，必须选用不同的煤阶与工艺参数来进行编码。采用镜质组平均随机反射率、发热量、挥发分和全水分（对低煤阶煤）作为煤阶参数；采用黏结指数（对中煤阶煤）、焦油产率（对于低煤阶煤）、发热量和挥发分作为主要工艺指标；采用灰分和硫分作为煤对环境影响的参数。这些参数具有一定装备的专门煤炭化验室都有能力进行测定，可以保证煤炭生产与销售之间能准确无误地交流质量信息。

对煤进行编码之前，首先要判别该煤是低阶煤还是中、高阶煤，才能用不同的参数对其进行编码。以煤的恒湿无灰基高位发热量 $Q_{gr,maf}$ = 24MJ/kg 作为低煤阶煤与中、高煤阶煤的分界，小于24MJ/kg为低煤阶煤，大于或等于24MJ/kg的煤为中、高阶煤。

为了使煤炭生产、销售及用户根据各种煤炭利用工艺的技术要求，能准确无误地交流煤炭质量，保证各煤阶煤分类编码系统能适用于多煤层混煤或洗煤，同时考虑灰分与硫分对环境的影响，依次用下列参数进行编码：

a. 镜质组平均随机反射率：$\overline{R}_{ran}$，%，两位数。

b. 干燥无灰基高位发热量：$Q_{gr,daf}$(MJ/kg)，两位数。对于低煤阶煤采用恒湿无灰基高位发热量：$Q_{gr,maf}$(MJ/kg)，两位数。

c. 干燥无灰基挥发分：V_{daf}（%），两位数。

d. 黏结指数：G，两位数（对中、高煤阶煤）。

e. 全水分：M_t(%)，一位数（对低煤阶煤）。

f. 焦油产率：Tar_{daf}(%)，一位数（对低煤阶煤）。

g. 干燥基灰分：Ad(%)，两位数。

h. 干燥基全硫：$S_{t,d}$(%)，两位数。

对于各煤阶煤的编码规定及顺序如下：

a. 第一位及第二位数码表示 0.1%范围的镜质组平均随机反射率下限值乘以 10 后取整数。

b. 第三位及第四位数码表示 1MJ/kg 范围干燥无灰基高位发热量下限值，取整数；对低煤阶煤，采用恒湿无灰基高位发热量，两位数，表示 1MJ/kg 范围内下限值，取整数。

c. 第五位及第六位数码表示干燥无灰基挥发分以 1%范围的下限值，取整数。

d. 第七位及第八位数码表示黏结指数值；用 G 值除 10 的下限值取整数，如从 0 到小于 10，记作 00；10 以上到小于 20 记作 01；20 以上到小于 30，记作 02；依次类推；90 以上到小于 100，记作 09；100 以上记作 10。

e. 对于低煤阶煤，第七位表示全水分，从 0 到小于 20%（质量分数）时，记作 1；20%以上除以 10 的 M_t的下限值，取整数。

f. 对于低煤阶煤，第八位表示焦油产率，一位数；当 Tar_{daf}小于 10%时，记作 1；大于 10%到小于 15%，记作 2；大于 15%到小于 20%，记作 3；以 5%为间隔，依次类推。

g. 第九位及第十位数码表示 1%范围取整数后干燥基灰分的下限值。

h. 第十一位及第十二位数码表示 0.1%范围干燥基全硫含量乘以 10 后下限值取整数。

编码顺序按煤阶参数、工艺性质参数和环境因素指标编排。中、高煤阶煤的编码顺序是 R、Q、V、G、A、S；低煤阶煤的编码顺序是 R、Q、V、M、Tar、A、S。

需要指出的是，各参数必须按规定顺序排列，如其中某个参数没有实测值，需在编码的相应位置注以“×”（一位）或“××”（两位）。中国煤炭编码系统总表见表 7-10。

表 7-10 中国煤炭分类编码总表

镜质组	编码	02	03	04	19		50%	
反射率	/%	0.2~0.29	0.3~0.39	0.4~0.49	1.9-1.99		≥5.0	
高位发热量	编码	21	22	23	35		39	
（中高煤阶煤）	$/MJ \cdot kg^{-1}$	<22	22~23	23~24	35~36		≥39	
高位发热量	编码	11	12	13	22	23		
（低煤阶煤）	$/MJ \cdot kg^{-1}$	11~12	12~13	13~14	22~23	23~24		
挥发分	编码	01	02	03	09		49	50
	/%	1~2	2~3	3~4	9~10		49~50	50~51
黏结指数	编码	00	01	02		09	10	
（中高煤阶煤）	G 值	0~9	10~19	20~29		90~99	≥100	
全水分	编码	1	2	3	4	5	6	
（低煤阶煤）	/%	<20	20~30	30~40	40~50	50~60	60~70	
灰分	编码	00	01	02		29	30	
	/%	0<1	1~2	2~3		29~30	30~31	
硫分	编码	00	01	02		31	32	
	/%	0~0.1	0.1~0.2	0.2~0.3		3.1~3.2	3.2~3.3	

下面是表 7-10 的分类编码示例。

(1) 山东黄县煤（低煤阶煤）

山东黄县煤（低煤阶煤）	编码
$\overline{R}_{ran}=0.53\%$	05
$Q_{gr.maf}=22.3$ MJ/kg	22
$V_{daf}=47.51\%$	47
$M_t=24.58\%$	2
$Tar_{daf}=11.80\%$	2
$A_d=9.32\%$	09
$S_{t,d}=0.64\%$	06

黄县煤的编码为：05 22 47 2 2 09 06

(2) 河北峰峰二矿焦煤

河北峰峰二矿焦煤	编码
$\overline{R}_{ran}=1.24\%$	12
$Q_{gr.maf}=36.0$ MJ/kg	36
$V_{daf}=24.46\%$	24
$G=88$	08
$A_d=14.49\%$	14
$S_{t,d}=0.59\%$	05

峰峰二矿煤编码为：12 36 24 08 14 05

(3) 京西门头沟无烟煤

京西门头沟无烟煤	编码
$\overline{R}_{ran}=7.93\%$	50
$Q_{gr.maf}=33.1$ MJ/kg	33
$V_{daf}=3.47\%$	03
G 未测	××
$A_d=5.55\%$	05
$S_{t,d}=0.25\%$	02

门头沟煤的编号为：50 33 03 ×× 05 02

7.2.1.5 中国煤层煤分类

随着国内和国际间煤炭需求量的增加，需要一个统一的煤层煤分类方案，以准确无误地交流煤炭储量和质量信息，以及统一煤炭资源、储量评价的统计口径。制定中国煤层煤分类国家标准的目的是要提供一个与国际接轨的统一尺度，来评价和计量煤炭资源量与储量。煤层煤（科学/成因）分类并不是一种纯学科、理论式的分类，而是将煤层煤看作原生地质岩体的一种按自然属性的分类，可直接应用于煤层煤的利用领域和煤的开采、加工与利用。

A 煤层煤分类的参数

按照近代对煤炭知识的了解，有三个相对独立的参数，即表示煤化程度的煤阶、煤的显微组分组成和品位。

煤阶。煤阶是煤最基本的性质，说明煤化程度的深浅。在工业应用上，挥发分是最常用的煤阶指标。作为煤的科学成因分类，对于中、高煤阶煤，以镜质组平均随机反射率作为分类参数，这是因为镜质组反射率不受煤岩显微组分的影响，成为度量煤阶的较好参数。对于低煤阶煤，以恒湿无灰基高位发热量作为分类参数则更为合适一些。

显微组分组成。分类依据是按照煤中有机成分在显微镜下的颜色、突起、反射力、结构、形态特征、成因以及物理和化学性质、工艺性质的差异而加以确定，以煤的显微组分组成中无矿物质基镜质组含量表示。镜质组的符号是 V，考虑到可能与挥发分的符号产生混淆，以 V_t表示镜质组含量。

品位。通常以煤中矿物质杂质含量来表征煤的品位。由于国内煤质化验日常分析中，很少对矿物质含量进行直接检测，习惯上用灰分来替代煤中的矿物质含量，因而 GB/T 17607—1998 规定，以干燥基灰分来表征煤的品位。

B　煤层煤分类方法与类别

a　按煤阶分类

用恒湿无灰基高位发热量 $Q_{gr,maf}$ = 24MJ/kg 为界来区分低煤阶煤（<24MJ/kg）与中煤阶煤（≥24MJ/kg）；用镜质组平均随机反射率 $\overline{R}_{ran}$ = 2.0% 为界来区分中煤阶煤（$\overline{R}_{ran}$ < 2.0%）与高煤阶煤（$\overline{R}_{ran}$ ≥2.0%）。规定 $\overline{R}_{ran}$ ≥0.6% 的煤，必须按 $\overline{R}_{ran}$ 来分类；$\overline{R}_{ran}$ < 0.6% 的煤，必须按 $Q_{gr,maf}$ 来分类。在区分中煤阶煤与低煤阶煤时，计算恒湿无灰基高位发热量用最高内在水分（MHC）作恒湿基计算基准；划分低煤阶煤小类时，用煤中全水分（M_t）作为计算恒湿无灰基高位发热量的基准，结果按照式（7-1）计算：

$$Q_{gr,maf} = Q_{gr,ad} \times \frac{100 - M_t}{100 - \left[M_{ad} + \frac{A_{ad}(100 - M_t)}{100}\right]} \tag{7-1}$$

式中　$Q_{gr,maf}$——恒湿无灰基高位发热量，MJ/kg；

$Q_{gr,ad}$——空气干燥基高位发热量，MJ/kg；

M_t——煤中全水分，%；

M_{ad}——空气干燥基水分，%；

A_{ad}——空气干燥基灰分，%。

低煤阶煤的分类。20MJ/kg ≤ $Q_{gr,maf}$ < 24MJ/kg 的煤称为次烟煤；15MJ/kg ≤ $Q_{gr,maf}$ <20MJ/kg的煤称为高阶褐煤；$Q_{gr,maf}$<15MJ/kg 的煤称为低阶褐煤。

中煤阶煤的分类。$Q_{gr,maf}$ ≥24MJ/kg 且 $\overline{R}_{ran}$ <0.6% 的煤称为低阶烟煤；0.6% ≤ $\overline{R}_{ran}$ < 1.0% 的煤称为中阶烟煤；1.0% ≤ $\overline{R}_{ran}$ <1.4% 的煤称为高阶烟煤；1.4% ≤ $\overline{R}_{ran}$ <2.0% 的煤称为超高阶烟煤。

高煤阶煤的分类。2.0% ≤ $\overline{R}_{ran}$ <3.5% 的煤称为低阶无烟煤；3.5% ≤ $\overline{R}_{ran}$ <5.0% 的煤称为中阶无烟煤；5.0% ≤ $\overline{R}_{ran}$ <8% 的煤称为高阶无烟煤。

b　按煤的显微组分组成分类

以无矿物质基镜质组含量表示煤岩显微组分组成。$V_{t,mmf}$<40% 的煤称为低镜质组煤；

$40\%<V_{t,mmf}<60\%$的煤称为中镜质组煤；$60\%<V_{t,mmf}<80\%$的煤称为较高镜质组煤；$V_{t,mmf}\geqslant 80\%$的煤称为高镜质组煤。

c 按煤的品位分类

以干燥基灰分表征煤的品位。$A_d<10\%$的煤称为低灰分煤；$10\%\leqslant A_d<20\%$的煤称为较低灰分煤；$20\%\leqslant A_d<30\%$的煤称为中灰分煤；$30\%\leqslant A_d<40\%$的煤称为较高灰分煤；$40\%\leqslant A_d<50\%$的煤称为高灰分煤。

C 煤层煤分类的称谓与命名表述

在冠名时以褐煤、次烟煤、烟煤和无烟煤作为煤类别的主体词。前缀属性为形容词，顺序以品位、显微组分组成及煤阶依次排列，见表 7-11。

表 7-11 煤层煤分类的称谓与命名表述

A_d/%	$V_{t,mmf}$ /%	$\bar{R}_{ran}$ /%	$Q_{gr,maf}$/MJ·kg^{-1}	命名表述
16.71	82	0.30	16.8	较低灰分、高镜质组、高阶褐煤
8.50	65	0.58	23.8	低灰分、较高镜质组、次烟煤
22.00	50	0.70		中灰分、中等镜质组、中阶烟煤
10.01	60	1.04		较低灰分、较高镜质组、高阶烟煤
3.00	95	2.70		低灰分、高镜质组、低阶无烟煤

D 煤层煤分类的分类图

图 7-2 是中国煤层煤分类图，它以科学、简明、可行的原则，对煤进行分类与命名，可以直观地表示出煤的煤阶、显微组分组成和品位。

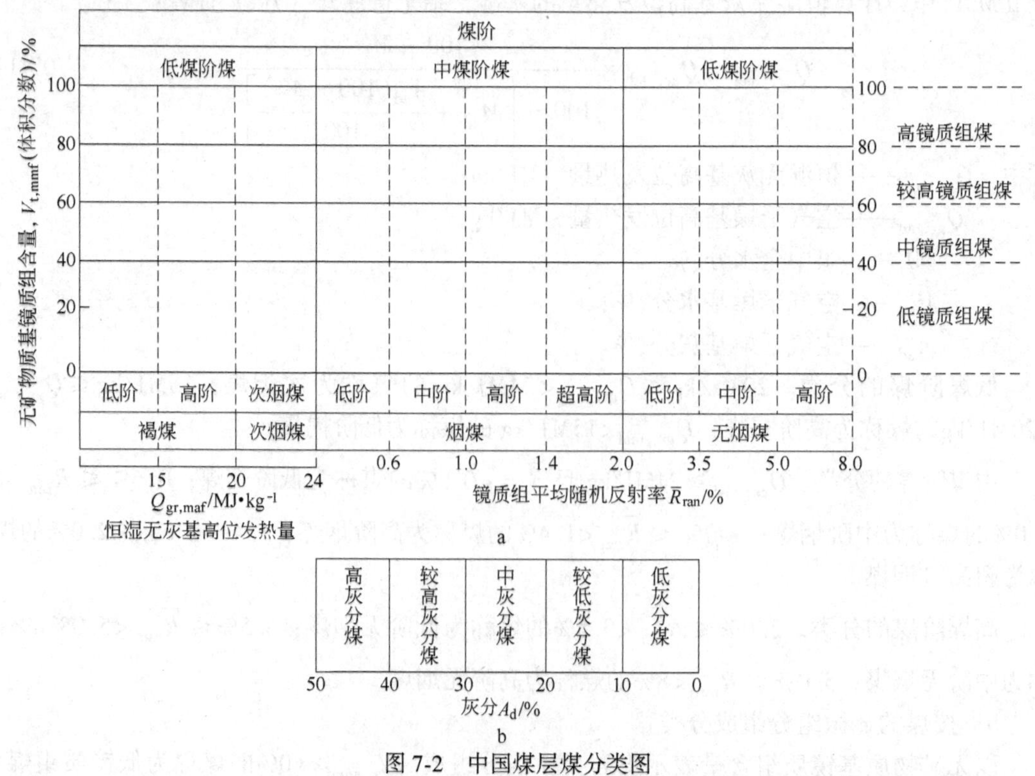

图 7-2 中国煤层煤分类图

a—按煤阶和煤的显微组分组成分类；b—按煤的灰分分类

7.2.1.6 中国煤炭的质量分级标准

中国煤炭按灰分、硫分、发热量、挥发分和黏结指数进行煤炭质量分级。

(1) 煤炭灰分分级见表7-12。

表7-12 煤炭灰分的分级

级别名称	代号	灰分/%	级别名称	代号	灰分/%
特低灰煤	SLA	≤5.00	中灰分煤	MA	20.00~30.00
低灰分煤	LA	5.00~10.00	中高灰煤	MHA	30.00~40.00
中低灰煤	LMA	10.00~20.00	高灰分煤	HA	40.00~50.00

(2) 煤炭硫分分级见表7-13。

表7-13 煤炭硫分的分级

级别名称	代号	硫分/%	级别名称	代号	硫分/%
特低硫煤	SLS	≤0.50	中硫分煤	MS	1.50~2.00
低硫分煤	LS	0.50~1.00	中高硫煤	MHS	2.00~3.00
中低硫煤	LMS	1.00~1.50	高硫分煤	HS	>3.00

(3) 煤炭发热量分级见表7-14。

表7-14 煤炭发热量的分级

级别名称	代号	发热量 $Q_{net.ar}$ 范围 /MJ·kg^{-1}	级别名称	代号	发热量 $Q_{net.ar}$ 范围 /MJ·kg^{-1}
低热值煤	LQ	8.50~12.50	中高热值煤	MHQ	21.00~24.00
中低热值煤	MLQ	12.50~17.00	高热值煤	HQ	24.00~27.00
中热值煤	MQ	17.00~21.00	特高热值煤	SHQ	>27.00

(4) 煤炭挥发分分级见表7-15。

表7-15 煤炭挥发分的分级

名称	低挥发分	中挥发分	中高挥发分	高挥发分
V_{daf} /%	≤20.0	20.01~28.00	28.01~37.00	>37.00

(5) 煤炭黏结指数分级见表7-16。

表7-16 煤炭黏结指数的分级

名称	不黏结	弱黏结	中黏结	强黏结	特强黏结
$G_{R.I.}$ 范围	≤5	5~20	20~50	50~85	>85

7.2.2 国际煤炭的分类

世界上主要产煤国和用煤国的煤炭分类很不一致，在国际煤炭贸易和信息交流中造成了许多困难。因此，联合国欧洲经济委员会（ECE）于1955年提出了“硬煤国际分类”方案，并于1956年正式颁布实施；1974年国际标准化组织（ISO）制定了“褐煤国际分类”方案。这两个煤的国际分类方案都是以煤炭贸易为目的的分类系统，实施后促进了各国的煤炭分类和各产煤国之间煤质特征的对比，有利于世界各国测定煤黏结性、结焦性方法的统一，并对国际煤炭贸易和煤质研究与信息交流起到了良好的作用。但是，随着科技的进步和实践中人们对煤质认识的深化，发现这两个方案存在对煤的定义不够明确，没有考虑煤岩指标和煤利用的环境因素等多方面问题而显得落后。20世纪80年代以来，联合国欧洲经济委员会等国际性组织为新的国际煤炭分类进行了系统的研究，并召开了多次国际会议。1988年ECE提出了中、高阶煤分类编码系统，以此替代1956年的硬煤国际分类方案。

7.2.2.1 硬煤国际分类

硬煤为烟煤、无烟煤的统称，指恒湿无灰基高位发热量不小于24MJ/kg的煤。硬煤国际分类是以干燥无灰基挥发分为第一指标，表示煤的煤化程度。当挥发分大于33%，则以恒湿无灰基高位发热量为辅助指标，以表示煤黏结性的自由膨胀序数或罗加指数为第二指标，以表示煤的结焦性的格金焦型或奥阿膨胀度为第三指标。

具体分类如下：

首先以挥发分把硬煤划分为0~9共10个类别，而6~9类煤需再按恒湿（30℃相对湿度96%时）无灰基煤的高位发热量的大小来划分类别。在1类煤中，又按挥发分划分为A、B两个小组。A组煤的V_{daf}>3%~6.5%，B组煤的V_{daf}>6.5%~10%。

然后在0~9类硬煤中，再按煤的黏结性指标（自由膨胀序数或罗加指数）划分成0~3共4个组别。各组煤的黏结性见7-17。

表7-17 硬煤国际分类组别指标

组 别	自由膨胀序数	罗加指数	黏结程度
0	$0\sim\frac{1}{2}$	0~5	不黏结至微黏结
1	1~2	>5~20	弱黏结
2	$2\frac{1}{2}\sim4$	>20~45	中等黏结
3	>4	>45	中强黏结至强黏结

最后，每一组再按硬煤的结焦性指数（奥阿膨胀度试验或格金试验）划分成0~5共6个亚组别，见表7-18。

表7-18 硬煤国际分类亚组别指标

亚组别	奥阿膨胀度 b/%	格金试验焦型	结焦特性
0	不软化	A	不结焦
1	只收缩	B~D	极弱结焦
2	<0	E~G	弱结焦

续表 7-18

亚组别	奥阿膨胀度 b/%	格金试验焦型	结焦特性
3	0~50	G_1~G_4	中等结焦
4	50~140	G_5~G_8	强结焦
5	>140	> G_8 （≤G_{15}）	特强结焦

从表 7-18 可以看出，国际硬煤分类均由三位阿拉伯数字表示煤的种类，其中百位数字代表煤的类别，十位数字表示煤的黏结性，个位数字表示煤的结焦性。凡百位数字（即第一个数字）越大的煤，其挥发分越高，十位数字和个位数字越大的煤，其黏结性和结焦性越强。

从表 7-18 还可以看出，在国际硬煤分类中把烟煤和无烟煤（两者统称硬煤）划分成 62 个煤种，其中烟煤 59 种，无烟煤 3 种。此外，还把煤质特征相接近的几个煤种合并成Ⅰ~Ⅳ、V_A、V_B、V_C、V_D、VI_A、VI_B及Ⅶ共 11 个统计组。各统计组大致相当于我国新煤分类 GB 5751—86 中的大类煤。两者的相互对照关系见表 7-19。

表 7-19 中国煤分类与硬煤国际分类对照关系

统计组别	Ⅰ	Ⅱ	Ⅲ	Ⅳ	V_A	V_B
相当于中国煤分类的大类别	无烟类	贫煤	贫煤、贫瘦煤、不黏煤	瘦煤、焦煤、贫瘦煤	焦煤、瘦煤	焦煤、肥煤

统计组别	V_C	V_D	VI_A	VI_B	Ⅶ
相当于中国煤分类的大类别	肥煤、气肥煤、1/3 焦煤、	1/3 焦煤、气煤	气煤、弱黏煤、1/2 中黏煤	气煤、弱黏煤	长焰煤、不黏煤、弱黏煤

国际硬煤分类的制定，满足了当时评价煤主要用于燃烧和焦化的目的。按当前的标准看，这个分类存在许多不足：（1）未能对所有煤阶煤进行分类；（2）四分类指标没有考虑煤的气化和液化性能；（3）没有考虑煤对环境影响的参数；（4）没有煤炭品位的参数；（5）需要对两种指标体系进行折算或互换，容易发生分组、亚组的矛盾。

7.2.2.2 褐煤国际分类

褐煤国际分类是作为硬煤国际分类的补充；褐煤是指恒湿无灰基高位热量小于 24MJ/kg 的煤。分类指标采用无灰基煤的全水分含量（$M_{t,af}$）将褐煤划分成 6 类，再采用干燥无灰基的焦油产率（Tar_{daf}）划分成 5 组，共 30 个组别，各组都以两位阿拉伯数字表示。十位数表示类号，个位数表示组号，褐煤国际分类见表 7-20。

表 7-20 褐煤国际分类表（ISO 2950 74—02—01）

组别指标 Tar_{daf}/%	组号	代号					
>25	4	14	24	34	44	54	64
>20~25	3	13	23	33	43	53	63
>15~20	2	12	22	32	42	52	62
>10~15	1	11	21	31	41	51	61
≤10	0	10	20	30	40	50	60
类号		1	2	3	4	5	6
类别指标	$M_{t,af}$/%（原煤）	≤20	20~30	30~40	40~50	50~60	60~70

7.2.2.3 国际中、高煤阶煤编码系统

该编码系统于1988年由ECE提出，以代替1956年的硬煤国际分类方案。低煤阶煤和较高煤阶煤的划分界限是：恒湿无灰基高位发热量小于24MJ/kg，且镜质组平均随机反射率（$\bar{R}_{ran}$）小于0.6%的煤为低煤阶煤；恒湿无灰基高位发热量大于或等于24MJ/kg以及恒湿无灰基高位发热量小于24MJ/kg，而镜质组平均随机反射率等于或大于0.6%的煤为较高煤阶煤，即所有中等煤阶煤和高煤阶煤。

低煤阶煤（low-rank coals）相当于褐煤，中等煤阶煤（medium-rank coals）相当于烟煤，高煤阶煤（high-rank coals）相当于无烟煤，较高煤阶煤（higher-rank coals）相当于硬煤，即烟煤和无烟煤。

该编码分类适用于单一煤层的和多煤层混合的原煤和分选煤。该系统选定8个参数的14位编码表征煤的不同性质，具体如下。

（1）镜质组平均随机反射率$\bar{R}_{ran}$(%)：两位数。

（2）镜质组反射率分布特征S：1位数。

（3）显微组分指数：两位数。

（4）坩埚膨胀序数：1位数。

（5）挥发分产率V_{daf}(%)：两位数。

（6）灰分产率A_d(%)：两位数。

（7）全硫含量$S_{t,d}$(%)：两位数。

（8）高位发热量$Q_{gr,daf}$(MJ/kg)：两位数。

将以上参数按如下顺序编码：

（1）第一个两位数编码表示0.1%范围平均随机反射率下限值乘以10的镜质组反射率。

（2）第三位数是对镜质组反射率分布特征图描述的规定。

（3）第四位数和第五位数表示显微组分指数，即第四位数编码表示10%范围（取绝对值）惰性组含量（无矿物质基）除以10的下限值，第五位数编码表示5%范围（取绝对值）壳质组含量除以5的上限值。

（4）第六位数表示间隔为1/2两个序数下限值的坩埚膨胀序数。

（5）第七位和第八位数编码表示挥发分低于10%（质量分数，干燥无灰基）时，2%范围（取绝对值）的上限值以及挥发分10%以下时，1%范围（取绝对值）的上限值。

（6）第九位和第十位数编码表示1%范围（取绝对值）灰分（质量分数，干基）的下限值。

（7）第十一位和第十二位数编码表示0.1%范围（取绝对值）全硫含量（质量分数，干基）乘以10的下限值。

（8）第十三位和第十四位数编码表示1MJ/kg范围高位发热量（单位MJ/kg，干燥无灰基）的下限值。

根据以上8个参数及给定的数码位数制定出国际中、高煤阶煤的编码系统，见表7-21。

表 7-21 国际中、高煤阶煤编码系统

项目	镜质组平均随机反射率 $\overline{R}_{ran}$/%		镜质组反射率分布特征图		显微组分参数（无矿物质基，体积分数）/% 4=惰质组，5=壳质组				坩埚膨胀序数	
位数	1；2		3		4		5		6	
编码号数	02	0.20~0.29	0	≤0.1，无凹口	0	0~10	0	—	0	0~1/2
	03	0.30~0.39	1	>0.1~0.2，无凹口	1	10~20	1	0~5	1	1~1 $\frac{1}{2}$
	04	0.40~0.49	2	>0.2，无凹口	2	20~30	2	5~10	2	2~2 $\frac{1}{2}$
			3	1个凹口	3	30~40	3	10~15	3	3~3 $\frac{1}{2}$
			4	2个凹口	4	40~50	4	15~20	4	4~4 $\frac{1}{2}$
			5	2个以上凹口	5	50~60	5	20~25	5	5~5 $\frac{1}{2}$
	⋮	$\overline{R}_{ran}$ 每间隔0.1%为一个编码（两位数）			6	60~70	6	25~30	6	6~6 $\frac{1}{2}$
					7	70~80	7	30~35	7	7~7 $\frac{1}{2}$
	⋮				8	80~90	8	35~40	8	8~8 $\frac{1}{2}$
					9	≥90	9	≥40	9	9
	48	4.80~4.89								
	49	4.90~4.99								
	50	≥5.00								

项目	挥发分 V_{daf}/%		灰分 A_d/%		全硫含量 $S_{t,d}$/%		高位发热量 $Q_{gr,daf}$/MJ·kg^{-1}	
位数	7；8		9；10		11；12		13；14	
编码号数	48	>48	00	0~1	00	0.0~0.1	21	<22
	46	46~48	01	1~2	01	0.1~0.2	22	22~23
	44	44~46	02	2~3	01	0.2~0.3	23	23~24
							24	24~25
							25	25~26
	⋮	V_{daf}每间隔2%为一个编码（两位数）					26	26~27
							27	27~28
							28	28~29
			⋮	A_d每间隔1%为一个编码（两位数）	⋮	$S_{t,d}$每间隔0.1%为一个编码（两位数）	29	29~30
							30	30~31
							31	31~32
	10	10~<12					32	32~33
	09	9~<10					33	33~34
	⋮	V_{daf}每间隔1%为一个编码（两位数）					34	34~35
							35	35~36
							36	36~37
			18	18~19	28	2.8~2.9	37	37~38
	03	3~4	19	19~20	29	2.9~3.0	38	38~39
	02	2~3	20	20~21	30	3.0~3.1	39	>39
	01	1~2						
			灰分大于21%后编码依次类推，如编码24即表示灰分为24%~25%		全硫大于3.1%后，编码依次类推，如编码为46即表示全硫为4.6%~4.7%			

8个主要参数值必须按规定的方法和顺序标明。如果其中一个参数没有，例如对无烟煤不需标明坩埚膨胀序数，就在编码中适当的位置相应地写入“×”字样；当以两位数表示的参数不存在时，就写入“××”。如果不完整分析数据组要存入数据存储器中，同样的方法也适用。

国际煤炭分类标准主要根据由煤的镜质组反射率所表征的变质程度，将煤分为低阶煤、中阶煤和高阶煤3个大类。在三大类的基础上，再将煤分为褐煤C、褐煤B、次烟煤(低煤阶煤A)、烟煤D、烟煤C、烟煤B、烟煤A、无烟煤C、无烟煤B和无烟煤A共10个亚类；又以煤的镜质组含量所表示的显微组分将煤分为低镜质组含量煤、中等镜质组含量煤、中高镜质组含量煤和高镜质组含量煤4类；再按以干基灰分产率表示的煤中无机物含量将煤分为特低灰煤、低灰煤、中灰煤、中高灰煤和高灰煤5类。ISO 11760：2005所提出的国际煤分类图如图7-3所示。

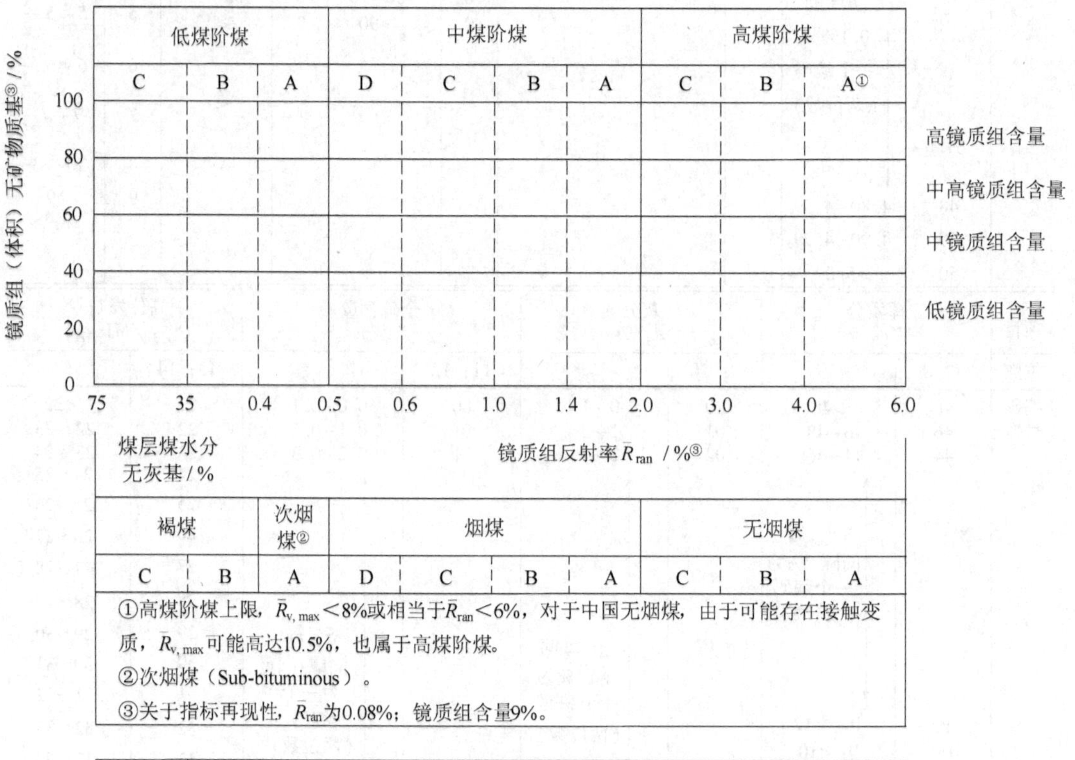

图7-3 最新国际煤分类图（ISO 11760：2005）

7.2.3 国际煤炭分类标准与中国标准的异同

分析国际煤炭分类的指标体系与主要内容，可以认为它是一个科学性的分类，而不是一个实用性的分类。与中国煤层煤分类一样，都是以煤阶、岩相组成和品位三个独立变量作为分类指标，但在细节之处还有很多差异。最新的中国煤炭分类虽然增加了对属于

“煤”及其定义的描述，增加了用以说明分类体系的性质和用途，增加了对煤炭分类用煤样的要求，但仍然属于实用性分类。

7.2.3.1 煤的定义

ISO 认为，干基灰分 $A_d<50\%$，全水分 $M_t<75\%$ 以及镜质组平均最大反射率 $\bar{R}_{v,\ max}<8.0\%$ 的可以界定为煤。煤层煤水分>75%时属于泥炭而不归属为煤，不属于国际煤分类的范畴。以镜质组随机平均反射率<6.0%或镜质组平均最大反射率<8.0%作为无烟煤的上限，超过这一界值的煤，意味着将不属于“煤”的范畴。

GB/T 5751—2009《中国煤炭分类》认为，煤炭是由植物遗体经煤化作用转化而成的富含碳的固体可燃有机沉积岩，含有一定的矿物质，相应的灰分产率小于或等于 50%（干基质量分数）。通常在地质煤化作用进程中，当全水分降到 75%（质量分数）时，泥炭转化为煤；而在正常煤化进程中，无干扰煤层转化为石墨的上限定为镜质体平均随机反射率 $\bar{R}_{ran}$ 为 6.0%，或者用镜质体平均最大反射率为 $\bar{R}_{v,\ max}$ 为 8.0%为其上限更好。对于跃变的接触变质煤层，$\bar{R}_{v,\ max}$ 的上限可以超过 10%，相关的注释可以参见 ISO11760：2005《国际煤分类》，体现了中国煤炭分类与国际煤分类的接轨和一致性。但目前国内用于煤炭储量计算时所统计的煤炭灰分上限为 40%。

7.2.3.2 分类指标体系

（1）煤阶。在低煤阶煤阶段，引入煤层煤水分而不是发热量作为区分煤和泥炭以及褐煤内小类的分类指标，这与中国煤层煤分类略有差异。在次烟煤之后，均以镜质组随机平均反射率作为煤阶的分类指标。进入中煤阶煤阶段后，其分类界点与中国煤层煤分类相一致。由于中国现存大量镜质组平均最大反射率 $\bar{R}_{v,\ max}>8.0\%$ 的高变质无烟煤，且都在国内工矿企业实际使用。针对这一特殊情况，ISO 11760：2005 用加注的方式说明：对于无烟煤，由于煤受接触变质影响，其镜质组平均最大反射率 $\bar{R}_{v,\ max}$ 可能高达 10.5%，仍属无烟煤，见表 7-22。

表 7-22 主要煤类别的一级煤类和亚类的煤阶分类

一级煤类	定义	亚类	特征
低煤阶（褐煤和次烟煤）	煤层煤水分小于等于 75%及< $\bar{R}_r$ 0.5%	低煤阶煤 C（褐煤 C）	$\bar{R}_r<0.4\%$ 和煤层水分大于 35%和小于 75%，无灰基
		低煤阶煤 B（褐煤 B）	$\bar{R}_r<0.4\%$ 和煤层煤水分小于等于 35%，无灰基
		低煤阶煤 A（次烟煤）	$0.4\%\leqslant\bar{R}_r<0.5\%$
中煤阶（烟煤）	$0.5\%\leqslant\bar{R}_r<2.0\%$	中煤阶煤 D（烟煤 D）	$0.5\%\leqslant\bar{R}_r<0.6\%$
		中煤阶煤 C（烟煤 C）	$0.6\%\leqslant\bar{R}_r<1.0\%$
		中煤阶煤 B（烟煤 B）	$1.0\%\leqslant\bar{R}_r<1.4\%$
		中煤阶煤 A（烟煤 A）	$1.4\%\leqslant\bar{R}_r<2.0\%$

续表 7-22

一级煤类	定义	亚类	特 征
高煤阶（无烟煤）	$2.0\% \leqslant \overline{R}_r < 6.0\%$（或 $\overline{R}_{v,max} < 8.0\%$）	高煤阶煤 C（无烟煤 C）	$2.0\% \leqslant \overline{R}_r < 3.0\%$
		高煤阶煤 B（无烟煤 C）	$3.0\% \leqslant \overline{R}_r < 4.0\%$
		高煤阶煤 A（无烟煤 A）	$4.0\% \leqslant \overline{R}_r < 6.0\%$（或 $\overline{R}_{v,max} < 8.0\%$）

（2）组成。煤岩相组成的分界点与中国煤层煤分类相一致，见表 7-23。

表 7-23 煤岩相组成分类

镜质组体积含量（无矿物质基）/%	<40	≥40 和<60	≥60 和<80	≥80
镜质组类别	低	中	较高	高

（3）灰分产率，见表 7-24。ISO 11760：2005 与中国煤层煤分类不同之处是在低灰煤和极低灰煤的划界和高灰煤的范围上。

表 7-24 灰分产率分类

灰分产率/%	$A_d<5$	$5 \leqslant A_d<10$	$10 \leqslant A_d<20$	$20 \leqslant A_d<30$	$30 \leqslant A_d<50$
灰分类别	极低灰煤	低灰煤	中灰煤	较高灰煤	高灰煤

7.2.3.3 称谓与命名表述

煤炭分类就是识别和掌握煤炭的本质属性，称谓与命名表述在煤分类中意义重大。和中国煤层煤分类的称谓与命名表述相似，冠名时低煤阶煤、中煤阶煤或高煤阶煤为主体词，译为中文时，前缀属性为形容词，顺序以显微组分组、灰分产率及煤阶依次排列，并将煤的其他品质加注在后括号内。例如：低镜质组含量、低灰中煤阶煤 B（煤层煤样）；高镜质组含量、极低灰高煤阶煤 C（20mm×10mm，洗选煤）等。

煤炭分类体系的建立及煤炭分类指标的变化对煤炭资源的储量及统计规范有重要意义，并直接关系到煤炭资源的配置和优化。国际煤炭分类的主要目的就是要提出一个简明的分类系统，便于煤炭的重要性质及参数在国际间可以相互比较，同时能够准确无误地评估世界各地区的煤炭资源。

为了更好地在煤炭资源评价方面与国际接轨，我国已经逐步按照国际煤炭分类的指标体系统计和评价我国的煤炭资源。

7.3 煤质评价

7.3.1 煤质评价的阶段与任务

从煤田普查、勘探到开采以及加工利用的过程，对煤质评价分为三个不同的阶段，而各阶段煤质评价的任务是不同的。

（1）煤质初步评价。煤质初步评价阶段相当于煤田普查时期对煤质的研究和评价，该阶段研究成煤的原始物质、煤岩组成和煤的成因类型，比较全面地分析煤的各项物理、化学性质。其测定的指标包括：煤的工业分析、煤中全水分、最高内在水分、全硫及各种形态硫的测定、发热量、元素分析、灰成分、煤灰熔融温度、黏结指数、胶质层指数、奥阿膨胀度、自由膨胀序数、吉氏流动度、抗碎强度、有害元素及微量元素、碳酸盐二氧化碳含量、苯抽出物、腐殖酸含量、透光率、真相对密和视相对密度等。通过对上述测定指标的综合分析和研究，了解可采煤层的煤质特征，初步确定煤的各类，对煤的加工利用方向提出初步评价。

（2）煤质详细评价。煤质详细评价阶段相当于煤田勘探时期对煤质的研究和评价，该阶段煤质化验的项目更加全面，除了煤质初步评价阶段所测定的上述指标外，还需测定煤的热稳定性、煤的反应性、可磨性、低温干馏试验和200kg 焦炉试验等工艺性质。煤质详细评价工作的重点是全面研究勘探区内可采煤层的煤质特征及变化规律，研究煤的变质因素和煤类分布规律；了解可采煤层煤的各种工艺性质和煤的可选性，并对煤作出加工利用的评价；了解沉矸的质量及其变化情况，确定沉矸、煤灰渣的综合利用方向。

（3）煤质最终评价。煤质最终评价相当于煤田开采加工利用阶段对煤质的研究和评价，该阶段煤的加工利用方向已经确定，加工利用流程有了明确规定，所以煤质研究工作是定期或随机取样分析，根据开采和加工利用的需要，对某些指标进行测定，检查并控制煤的质量。

7.3.2 煤质评价的内容

煤质评价的内容包括地质方面、工艺技术方面和经济方面。

（1）地质评价。地质工作者在煤田普查和勘探时期，通过取样对煤质进行分析研究，阐明煤质变化规律，并了解影响变化规律的地质因素，如成煤的原始物质、沼泽水介质的性质、植物遗体的聚积环境、煤化作用、风化作用以及氧化作用等。

（2）工艺技术评价。工艺技术评价，一是通过分析煤的工艺性质，以确定煤的加工利用方向；二是在已知煤质特性和加工利用方式的条件下，研究如何通过工艺技术途径，如煤的预热、配煤、分选、成型、制水煤浆或改变工艺操作条件（改变炉型、加工方式）等来改善煤的性质，使其达到最好的利用效果，以提高煤炭的使用价值。

（3）经济评价。经济评价是从经济的角度来分析研究如何最合理地利用煤炭，包括煤炭开采方面的经济评价，如研究开采方法、开采机械、矿井运输等以保证矿井生产煤炭质量的稳定；产销平衡和避免长距离运输方面的研究；研究煤炭加工利用方式是否经济、合理；综合利用的研究，如煤灰利用以及稀有元素锗、镓、铀、钒等提取的可能性，高硫煤中硫的回收等；环境保护方面的研究，如因开采导致地面的下沉，劣质煤燃烧时对大气污染，必要时限量开采或不准开采；研究技术政策，如何贯彻国家对煤炭开发、加工利用的方针政策，有序开发，保证合理有效地利用煤炭资源。

7.3.3 煤质评价的方法

由于煤本身的复杂性，因此评价煤质的方法较多，常用的评价方法有以下几种。

(1) 化学方法。从化学角度出发研究煤的组成、化学性质和工艺性质，即用工业分析和元素分析的方法对煤质进行评价，它是最常用的评价方法。但此法以煤的平均煤样作为分析基础，没有考虑煤岩成分的影响。

(2) 煤岩方法。通过对煤岩组成和性质的分析及显微煤岩定量的统计，来评定煤的化学性质和工艺性质。这种评定方法不破坏煤的原始结构，可以弥补化学评定方法的不足。

(3) 工艺方法。通过对煤进行工艺加工的研究，来确定煤的利用方向，要求模拟工业加工利用的条件，如煤的粒度、加热方式、加热最终温度、加热速度等。

(4) 物理及物理化学方法。通过对煤的电性质、磁性质、密度、硬度、脆度、裂隙等物理性质和孔隙度、表面积、润湿性、吸附性等用物理化学的方法来研究煤的全面性质。

通常先从简单的工业分析、全硫含量的测定开始，再加上黏结指数 G_{RI} 等少黏结性指标的测定，大体上确定其煤种大类。如果是无烟煤，且灰、硫含量不很高，则可作气化原料或燃料考虑，进一步测定其机械强度、热稳定性、反应性、结渣性、灰熔点、灰黏灰成分和发热量等气化工艺性质指标。对灰、硫含量较高的原煤还要测定其可选性、精煤回收率及洗选脱硫率等。如果是低灰优质无烟煤，可考虑作为活性炭、电极糊等炭素材料使用，再作相应的分析工作，以最终做出正确的煤质评价。对烟煤的煤质评价可考虑是否能用作炼焦煤。若相应牌号为气煤至瘦煤范围，再进一步测定煤的可选性，确定精煤灰分与收率，测定单种煤的结焦性及与其他煤的相容性等项标。若为灰、硫含量及煤化度较高的瘦、贫煤，可考虑作为动力用煤，再测定相应的热值等指标。如果是低变质程度的烟煤可测定其焦油产率等相应指标，以确定是否适用于低温干馏、液化或汽化原料。如果考虑作为水煤浆原料，则应测定其表面性质、煤岩显微成分、最高内在水分和 O/C 原子比等指标，以进一步确定其制浆性的好坏，最终给予被评价烟煤一个最合适的工业用途。

对于褐煤的煤质评价可测定其低温干馏焦油产率、腐殖酸含量、苯抽出物及煤中稀有元素的含量等指标。如褐煤的苯（或苯-醇）抽出物或腐殖酸含量高，可考虑用作提取褐煤蜡（蒙旦蜡）或制取腐殖酸的原料。当褐煤中稀有元素含量达到具有工业提取价值时，可考虑在煤灰中提取相应的稀有金属。此外，褐煤还可考虑作为低温干馏、液化、气化和型焦等原料，并可分别检测相应的指标，最终对煤质及用途加以正确的评价。

对于正常生产的各工业部门，对煤质的评价一般则较为简单与针对性强。例如：对焦化厂而言，为了进行矿山调查或开辟新的用煤基地，主要了解及测定煤的灰、硫、可选性的黏结性、结焦性，单种煤的焦炭质量及其相容性等。但是，如果遇到煤质指标较好而实际黏结性、结焦性相差很远的“异常煤”，还应从煤岩成分或煤的还原程度等方面进行煤质分析，找出其“异常”的真正原因，从而对该煤种作出恰如其分的正确评价。

7.4 各种用煤对煤质的要求

目前，煤炭的主要用途是燃烧、炼焦和造气等，也有一些作为化工原料。从长远来看，以煤为原料制造人造液体燃料是发展方向。除了作为动力燃料时可以使用任何煤种以外，炼焦、气化、液化、作化工原料等对煤质都要有一定的要求。主要的用煤工业部门和设备用煤技术条件见表 7-25。

表 7-25 各类型用户对煤质量的要求

用户类型	煤种	粒度/mm	灰分 A_d/%	水分 M_t/%	挥发分 V_{daf}/%	硫分 $W_d(S_t)$/%	发热量 $Q_{net.ar}$/MJ·kg^{-1}	灰熔点 FT/℃
冶金焦	贫煤 瘦煤 焦煤 1/3 焦煤 1/2 中黏煤 肥煤 气肥煤 气煤		一级≤10.00； 二级 10.01~12.50	≤12.0		一级≤1.50 二级 1.51~2.50		
铸造焦	肥煤 气肥煤 气煤 1/3 焦煤 焦煤 贫煤 瘦煤		≤10.00	≤12.00		≤1.00		
火力发电	烟煤 褐煤	<25	<40		>18	<3.0	>14.23 或>18.83	>1250
蒸汽机车	长焰煤 弱黏煤 气煤	25~50 25~50 13~50	<20	<10	>20 或>30	<0.5	>20.93	>1400
冶金 喷吹	无烟煤	末煤	<13	<8	<10	<0.5	32.64~33.48	
冶金 烧结	无烟煤	末煤	<13	<8	<10	<1.0	32.64~33.48	
化工 煤气发生炉	无烟煤 长焰煤 弱黏煤	75~50 25~50 13~25	<20	<5	>30	<1.0	>27.20	>1250
化工 化肥	无烟煤	70~50 50~25 25~13	10~15	<5	<10	<1.0	>27.20	>1250
建材 水泥 回转窑	长焰煤 弱黏煤	0~3 (15)	<22	<10	20~25	<3.0	>2.093	>1250
建材 水泥 立窑	无烟煤	0~3	20~40		<10	<1.0		
建材 玻璃陶瓷	烟煤	75~50 50~25 25~13	<15	<5	>35	<1.0	>25.11	>1250
城市煤气 汽化 加压汽化 水煤气	烟煤 褐煤 无烟煤	0~13 6~50 25~100	<10 <18	<5 <20	30~40 <9	1~1.5 <1.0 <1.0	25.11~29.30	>1250 >1250
一般工业锅炉	烟煤 坎煤	13~50 6~13	<40					
制备水煤浆	高挥发分煤	<50 或<3	<9		>30	<1.0	>25.1	>1250

7.4.1 炼焦用煤对煤质的要求

通常所说的炼焦是指用有结焦性的烟煤在外热式炼焦炉中炼制出可供高炉炼铁等方面使用的焦炭。在炼焦时往往采用几种甚至十几种以上的煤配合使用。为了得到强度高，灰分、硫分低的优质冶金用焦，对炼焦用煤有四个要求。

（1）有较强的结焦性或黏结性。由于炼焦时几乎很少用单种煤为原料，因此在用多种煤配合炼焦时，只要有一半以上是强结焦性或强黏结性煤即可，其余的一小半可用结焦性较弱的炼焦煤。所以，炼焦时一般只用50%~60%的肥煤和焦煤；气煤和瘦煤的用量可用40%~50%，有时也可用一部分弱黏结煤来代替气煤配合炼焦。总之，以配煤后 Y 值以16~20mm 为宜。

（2）煤的灰分要低。因为炼焦用煤的灰分增高时，不但会使炼出的焦炭灰分高，影响焦炭强度，而且在高炉炼铁时会增高焦比，降低生铁产量，增加炉渣的排出量。如炼焦煤的灰分每增高 0.8%，焦炭的灰分增高 1%左右，焦炭的强度约降低 2%，焦比增高 2%~2.5%，生铁产量下降 2.5%~3%，高炉排渣量增多 2.7%~2.9%。所以，在条件允许时，炼焦用煤的灰分越低越好。但在生产实践中，由于要保证一定数量的精煤回收率，所以配合煤的灰分以不超过 10%为宜，其中对强黏结性的肥煤和焦煤的灰分可放宽到 12%左右，气煤的灰分以小于 9%为宜。此外，不管原煤的灰分多低，作为炼焦使用时都应该进行洗选。洗选后的精煤，不仅降低了灰分，而且还能脱除大部分的丝炭和半丝炭等不黏结的惰性组分，从而使黏结成分镜煤和亮煤等得到富集，这样炼焦煤的黏结性也就更高了。

（3）煤的硫分要低。因为炼焦煤中的硫分有 80%左右将进入焦炭，而焦炭中的硫分在高炉炼铁时将会进入生铁。用高硫生铁炼出的钢具有热脆性，即这种钢材受热后易发生脆裂现象，如用高硫钢制造的枪炮，连续使用几次后因发热会使枪膛或炮膛炸裂。可见，硫分是十分有害的。在炼铁时为了脱除焦炭中带来的硫分，就需要多加入石灰石，与硫形成炉渣 CaS 排出，这样就要降低高炉的产量，增高炼铁焦比。通常，炼焦煤的硫分每增高 0.1%，就会使焦炭硫分增高 0.08%，焦比上升 1.2%左右，高炉生产能力降低 1.6%~2.0%，石灰石用量增加 1.6%。所以炼焦用煤配煤后的硫分最高不应超过 1.2%，当然硫分是越低越好。特别是在冶炼磁钒钛铁矿时，为了降低炉渣的黏度，要求炼焦煤的硫分降低到 0.5%以下。

（4）配合煤的挥发分要合适。配合煤的挥发分过低，虽然有利用提高焦炭强度，但炼焦过程中容易使膨胀压力过高，造成推焦困难，同时挥发分过低，化学产品的回收率也低，炼焦成本升高；反之，如果配合煤的挥发分过高，则会降低焦炭强度。一般地，配合煤的挥发分在 28%~32%为合适。若作为铸造焦使用时，可取挥发分的下限 28%左右，以便得到较多的大块焦。

若炼制化工用焦，其配合煤的结焦性可稍微降低，灰分和硫分也可适当升高，挥发分 V 也可增大。

7.4.2 气化用煤对煤质的要求

目前气化炉种类虽然很多，但主要是移动床、流化床和气流床三种类型。气化炉型不同，对煤质的要求也就不同。

（1）常压移动床煤气发生炉对煤质的要求。常压移动床煤气发生炉的应用比较广泛，对煤的适应性也较强，可采用的煤种有长焰煤、不黏煤、弱黏煤、1/2中黏煤、气煤、1/3焦煤、贫瘦煤、贫煤和无烟煤。煤的品种以各粒级的块煤为宜，软化温度ST大于1250℃，灰分A_d不大于24%，全硫$S_{t,d}$小于2.00%，抗碎强度应大于60%，热稳定性TS_{+6}大于60.0%。对于无搅拌装置的发生炉，要求原料煤的胶质层最大厚度Y小于12.0mm；有搅拌装置的发生炉，则要求Y小于16.0mm。

为保证移动床煤气发生炉用煤的质量，我国已制定了《常压固定床煤气发生炉用煤技术条件》（GB/T 9143—2008）。

（2）合成氨用煤对煤质的要求。目前国内普遍采用以无烟块煤为原料生产合成氨的原料气，要求原料煤有较好的热稳定性和较高的抗碎强度。一般说来，要求其热稳定性TS_{+6}大于70.0%，抗碎强度在65%以上；灰分以小于16%为佳，最高也不应超过24%；硫含量尽可能低些，一般不应超过2.00%；固定碳FC也是个很重要的指标，合成氨用煤的固定碳含量应在65%以上。为使气化炉能顺利运行，煤灰熔融性ST在1250℃以上为宜。请参考GB/T 7561—1998。

应该说明的是，各种气化用煤应尽量就地取材，即使某些指标差一些，从生产的总成本来看合算，最好不要舍近求远去寻找煤源。

（3）流化床气化炉用煤对煤质的要求。我国也用流化床气化炉来生产合成氨原料气，这种气化炉在常压下操作，以空气或氧气作气化剂，对原料煤的要求是活性越高越好（一般在950℃时CO_2还原率大于60%的煤即可）。可以用褐煤（一般M_t应小于12.0%，A_d小于25.00%），也可用长焰煤或不黏煤，要求粒度小于8mm，但0~1mm的煤粉越少越好；否则，飞灰会带出大量碳而降低煤的气化率，煤灰熔融性ST在1200℃以上，全硫小于2.00%。

（4）柯柏斯-托切克（K-T）炉对煤质的要求。K-T炉是一种粉煤气流床气化炉，利用在常压下连续运转的高速气化工艺，生产合成氨的原料气。气化温度高达1400~1500℃，对煤质的要求不严，几乎可以气化任何煤。例如高硫、低熔点、易碎、黏结、加热膨胀的各种烟煤、无烟煤和褐煤均可使用。由于气化反应在不到1s内就完成，因此煤粉的粒度越细越好，一般是小于200目的粉煤占90%左右（褐煤可降到80%左右），全水分在1%~5%。如用褐煤，则必须先进行干燥使水分降到5%~10%，烟煤和无烟煤的水分应降到1%左右。煤灰熔融性ST温度越低，气化装置越容易运转。目前也可将灰分高达35%左右的褐煤作为气化原料，气化时用氧气作气化剂，生成以CO和H_2为主的粗煤气。根据国外经验，K-T炉多采用褐煤和年轻烟煤进行气化。

7.4.3 液化用煤对煤质的要求

煤炭在高温高压条件下通入氢气，并借助于催化剂的作用，使之变成液体燃料的过程叫煤的液化。在第二次世界大战期间，德国以褐煤或年轻烟煤为原料，用过量的重油将其调成糊状（称为煤糊），加入一种能防止硫磺对催化剂中毒的特殊催化剂如草酸锡，在高压釜里加压到202.6~709.3MPa（200~700atm）和加热到380~550℃，隔绝空气，通入氢气，使氢气不断进入煤的大分子结构内部，从而使煤的高聚合环状结构逐步被分解破坏，生成一系列烷烃类的气体燃料和环烷类、芳香烃类的液体燃料，这就是世界上最早的煤液化工艺。第二次世界大战以后，随着石油和天然气价格的不断下降，以煤的原料制造人造液体燃料的工厂纷纷关闭。但到了 20 世纪 70 年代，由于石油和天然气资源的逐渐短缺，价格成倍增长，许多工业发达国家又开始逐渐重视煤的液化工艺，到目前为止，已有氢煤法和溶剂精炼煤法等几种较有希望的煤液化工艺，前者以生产液体燃料为主，后者既可生产液体燃料又可生成洁净的高热值固体燃料，这种燃料可作为无灰焦、炭素材料和配煤炼焦的黏结剂使用。此外，还有一种煤的间接液化方法，即先把煤气化成 CO 和 H_2，再把这种可燃气体用催化剂合成人造石油。

由于煤直接液化方法尚未工业化，因此世界各国对液化用煤的要求标准还不一致。例如日本的一些学者主张采用低灰分煤；欧美有些学者则认为高灰高硫煤的价格低廉，有利于降低液化成本。但高灰煤在磨碎过程中能耗大，尤其是含黄铁矿高的煤能耗更大，同时对液化工厂的生产效率和固液分离都不利，但黄铁矿高的煤有利于液化反应。在多数情况下，原煤的液化效果比精煤要好，所以液化以采用原煤为宜。原料煤的灰分要求不超过25%。液化用煤的质量要求见表 7-26。

表 7-26 液化用煤质量要求

煤 种	V_{daf}/%	A_d/%	C/H 原子比	C/%	S/%	$\overline{R}^o_{max}$ /%	惰质组含量/%
褐煤、长焰煤、气煤、气肥煤	>37	<25	<16	60~85	>1.0	0.3~0.7	<10

液化用煤宜采用挥发分产率较高的年轻煤种，如褐煤、长焰煤、V_{daf}>37%的气煤。液化用的煤岩组分中，惰性物质组分含量应低于 10%，最高也不超过 15%。液化用煤质量必须符合要求。通常，容易液化的煤岩组分的顺序是：壳质组、镜质组和半镜质组，丝炭几乎不能液化。精煤平均最大反射率 $\overline{R}^o_{max}$ 小于 0.7%的煤大多适于液化，但也有某些 $\overline{R}^o_{max}$ 达到 0.9%的煤也颇适于液化。从煤的化学成分来看，一般以含碳量小于 85%、碳氢质量比小于 16 的煤较为适宜。氧含量高的煤，由于煤结构中的氧大都以羰基形式存在，液化加氢时会消耗大量的氢生成水。高硫分煤在液化时也会消耗大量的氢生成硫化氢析出。含氮量高的煤在液化时生成氨，因而也使氢耗量增大。如采用含氧量较低的年轻烟煤进行液化，尽管氢的消耗量较小，但反应速度要比含氧量高的褐煤慢。综上所述，在液化用煤的一系列煤质要求中，有许多是相互矛盾的，也许液化用煤应采用配煤的方法较为合适。

7.4.4 发电用煤对煤质的要求

我国的发电用煤以大型火力发电厂为主，用煤量很大，是煤炭的第一大工业用户，年用煤量约占全国商品煤销量的 26%。一般大型电厂多采用煤粉锅炉，这种炉型对燃煤质量的适应性很强，从褐煤到无烟煤都能燃烧。但对于挥发分 V_{daf} 低于 6.5%的年老无烟煤，由于其不易燃烧，一般不做电厂燃料，但可以掺入一定量的高挥发分煤制成配制煤来使用。不是各种煤粉锅炉都能燃烧任何质量的煤炭，每一种型号的锅炉对煤的质量都有一定的适应范围。因此要求供煤的质量要稳定，最好能做到定点供应。即使目前做不到定点供应，也应确定供应每个电厂的煤炭质量指标的范围，以便电厂采取配煤或其他措施，使锅炉能正常、高效地运行。

对发电用煤而言，挥发分和发热量是两个十分重要的指标。为了在单位时间内提供足够的热量，不仅要求燃煤具有足够的发热量，而且还要有较好的燃烧性能。通常，挥发分高的煤，其燃烧性能及在锅炉内的传热效果均较好，所以不同挥发分的煤对发热量有不同的要求。发电锅炉用煤对挥发分 V_{daf}（或发热量 $Q_{net.ar}$）的要求见表 7-27。

表 7-27 发电锅炉用煤对挥发分的要求

符号	技术要求	
	V_{daf} /%	$Q_{net.ar}$ /MJ · kg^{-1}
V	V_1：6.5~10.0	Q_1：>20.93
	V_2：10.0~19.0	Q_2：>18.42
	V_3：19.0~27.0	Q_3：>16.33
	V_4：27.0~40.0	Q_4：>15.49
	V_5：>40.0	Q_5：>11.72

发电用煤的灰分和硫分也不应太高。一般以灰分 A_d 不大于 24.00%为宜。为了充分利用劣质煤，A_d 可放宽到 46.00%，硫分一般应在 1.00%以下，最高不应超过 3.00%。硫分高既会造成严重的环境污染，又会腐蚀燃煤设备。对于固态除渣的锅炉，为了能顺利出渣，对煤灰熔融性 ST 也有一定的要求，ST 应在 1350℃以上。

发电锅炉用煤对水分 M_t 和煤灰熔融性 ST 的要求见表 7-28 和表 7-29。

表 7-28 发电锅炉用煤对水分的要求

符号		技术要求	
		M_t /%	V_{daf} /%
M	M_1	M_1≤8，M_2为 8~12	≤40
	M_2	M_1≤22，M_2为 22~40	>40

表 7-29 发电锅炉用煤对煤灰熔融性的要求

符号	技术要求	
	ST/℃	$Q_{net.ar}$ /MJ · kg^{-1}
I	>1350	>12.558

7.4.5 高炉喷吹用煤对煤质的要求

高炉喷吹用煤对煤的质量要求较高，煤质的好坏对喷吹的经济效益和高炉的正常操作都有直接的影响。此项标准适用于各种类型高炉喷吹用无烟煤，是矿区制定工业用煤标准、煤炭资源用途评价、调运及煤炭开发与加工规划的依据。高炉喷吹用无烟煤的质量及测定方法必须符合要求，见表 7-30。一般说来，挥发分的高低对于高炉喷吹的影响不是很大，但当 V_{daf} 较高时，在制粉及喷吹过程中容易引起爆炸。我国目前基本上是以无烟煤作为喷吹的原料煤，挥发分均在 10%以下。烟煤也可以作为喷吹的原料煤，由于其爆炸的危险性较大，喷吹需在惰性气体（一般为氮气）中进行，设备相对复杂些，成本也略有增高。

表 7-30 高炉喷吹用无烟煤的质量要求及测定方法

项目	质量要求	测定方法
粒度	<25mm	GB 189
灰分 A_d /%	特级≤8.00；一级 8~11；二级 11~14；三级 14~17	GB 212
全硫 $W_d(S_t)$ /%	一级≤0.50；二级 0.50~1.10	GB 214
全水分 M_t /%	筛选煤≤7.0；水采煤在 10.0；洗选煤≤12.0	GB 211

此外，高炉喷吹用煤的固定碳含量应高些，一般以大于 75%为宜。哈氏可磨性指数 *HGI* 也应高些，虽然 *HGI* 的大小对高炉喷吹的效果没有直接影响，但 *HGI* 过小，会给制粉工艺带来一定的困难，增加动力消耗，同时减少喷吹设备的寿命（特别是喷枪）。

煤灰成分对高炉喷吹也有一定的影响，钒和钛的含量越低越好，因为这两种元素会增加炼铁过程中灰渣的黏度，导致铁水和炉渣分离困难。煤灰中二氧化硅与氧化钙含量之比（SiO_2/CaO）越小越好，因为 CaO 含量的增高有助于降低酸性炉渣的黏度。另外，如煤灰中的氧化铁含量高，相当于在高炉中增加了矿石中铁的成分。

7.4.6 其他用煤对煤质的要求

煤炭除了炼焦、气化、液化和作为动力燃料外，还可以作为化工原料等，它们对煤质的要求也都不同。

（1）对烧结矿用煤的煤质要求。炼铁时为了降低焦比，通常对含铁量较低的贫矿都要预先破碎、洗选，然后把精矿粉用无烟煤烧结成球，再送入高炉冶炼。烧结用煤质量的好坏，将直接影响到生铁的质量，所以对烧结用煤也有一定的技术要求，一般以采用灰分低于 15%、硫分小于 1%的无烟煤粉为佳，煤粉粒度也是较细的好。

（2）对制造活性炭用煤煤质的要求。制造活性炭的原料煤，既可采用空隙度高的褐煤，也可利用含碳量高的无烟煤，其他如弱黏煤等也可使用。无论采用哪一种煤都要求灰分越低越好，最高不宜超过 10%，即固定碳含量要高，硫分也是越低越好。若制造颗粒状的活性炭，所用的无烟煤的热稳定性要好。

（3）对制造电石用煤的煤质要求。制造电石也要采用固定碳含量高的无烟煤来作原料，具体要求见表 7-31。此项标准适用于制造电石用无烟煤质量，是电石工业用无烟煤标准、资源用途评价、调运及煤炭开发与利用的依据。制造电石用无烟煤质量必须符合相应的要求。

表 7-31 电石炉用无烟煤质量要求

煤质指标	开启石炉	密闭式炉
A_d/%	<7	<6
V_{daf}/%	<8	<10
M_t/%	<5	<2
P_d/%	<0.04	<0.04
$S_{t,d}$/%	<1.5	<1.5
真相对密度 *TRD*/%	<1.45	>1.6
密度/mm	3~40	3~40

（4）对制造腐殖酸肥料用煤的煤质要求。制造腐殖酸肥料一般采用腐殖酸含量高的泥炭、年轻褐煤和风化烟煤等。严重风化的无烟煤因其腐殖酸含量很高，故也可作为原料。腐肥用煤的灰分最好不要太高，否则有效成分就少。通常多采用腐殖酸含量大于30%的煤，煤的灰分也不宜超过40%。煤灰成分中以含氧化钾（K_2O）、五氧化二磷（P_2O_5）等较多的为好，这样可制成含有多种肥效的复合肥料。在各种煤的腐殖酸中，含游离态酸多的较好。

（5）对提取褐煤蜡用煤的煤质要求。褐煤蜡是轻工业、化学工业中不可缺少的原料，如制造复写纸、电缆和皮鞋油等都少不了它。对提取褐煤蜡用煤的质量要求是含蜡量高，在3%以上。从地质学的角度来看，上第三纪的褐煤中蜡含量较高，往往是挥发分和氢含量都高、氧含量不太高的褐煤的含蜡量高。煤的灰分不宜太高，否则会使蜡的含量降低。所以，提取褐煤蜡的原料煤应在第三纪煤系中寻找。我国第三纪的褐煤，绝大多数赋存在云南省境内。广西壮族自治区的某些上第三纪褐煤中也含有较高的褐煤蜡。由于我国侏罗纪褐煤中的蜡含量普遍低于2%，因此尽管我国侏罗纪褐煤的储量远远超过第三纪褐煤，但从侏罗纪褐煤中提取蜡的可能性不大。这是由于我国侏罗纪褐煤的煤质特征特殊，其煤岩显微组分中的丝质组含量普遍高达20%~50%以上，元素组成的氢含量多小于5.5%。由于褐煤蜡的主要组成结构是脂肪族烃类，因此只有氢含量比例较多的煤才有可能含较多的褐煤蜡。但是，氢含量高的煤，褐煤蜡也不一定很高，因为氢含量高的煤在热分解时，随其在煤中的组分结构不同，也有可能生成较多的焦油或生成包含较多的甲烷、乙烷等气体烃类的挥发份。

（6）生产电极糊用无烟煤质量要求，见表7-32。

表7-32 生产电极糊用无烟煤质量要求

质量指标	一级	二级
A_d/%	<10	<12
$S_{t,d}$/%	<2	<2
M_t/%	<3	<3
抗磨试验（>40mm残留量）/%	<35	<25

（7）生产避雷器用碳化硅时对无烟煤质量要求，见表7-33。

表7-33 生产避雷器用碳化硅时对无烟煤质量要求

煤质指标	固定碳 FC_d/%	灰分 A_d/%	粒度/mm
质量	>80	<13	>13（或>25）

（8）生产人造刚玉时对无烟煤质量要求，见表7-34。

表7-34 生产人造刚玉时对无烟煤质量要求

煤质指标	固定碳 FC_d/%	灰分 A_d/%	粒度/mm
质量	>77	<15	>13（或>25）

（9）竖窑烧石灰时对无烟煤质量要求，见表7-35。

表 7-35 竖窑烧石灰时对无烟煤质量要求

煤质指标	粒度/mm	固定碳 FC_d/%	灰分 A_d/%
质量	>13~100	>60	<25

（10）常压固定床煤气发生炉用煤质量标准。此项标准适用于常压固定床煤气发生炉造气用煤，也可作为制定矿区工业用煤的质量标准、煤炭资源评价、煤炭分配、煤田开发和煤炭加工利用规划的依据。常压固定床煤气发生炉用煤种类：贫煤、1/3 焦煤、气煤、1/2 中黏煤、弱黏煤、不黏煤、长烟煤、无烟煤。

常压固定床煤气发生炉用煤的质量及检测方法必须符合相应的要求，见表 7-36。

表 7-36 常压固定床煤气发生炉用煤质量标准

名　称	质量要求	实验方法
粒度分级/mm	烟煤：13~25，25~50，50~100，25~80 无烟煤：6~13，13~25，25~50	GB 189
块煤限下率/%	50~100mm 粒度级≤15 25~50mm 及 25~80mm 粒度级均≤18	MT_1
含矸率/%	一级<2.0；二级 2.0~3.0	
灰分 A_d /%	一级<18.0；二级 18.0~24	GB 212
全硫 $W_d(S_t)$ /%	$W_d(S_t)$ ≤2.0	GB 214
煤灰软化温度 ST/℃	ST≥1250（当 A_d <18.0%时，ST≤150）	GB 219
热稳定性 TS_{+6}/%	TS_{+6}>60.0	GB 1573
抗碎强度（>25mm）/%	>60.0	GB 7561
胶质层厚度 Y/mm	发生炉无搅拌装置 Y<12；有搅拌装置 16	GB 479
发热量 $Q_{net.ar}$ /MJ · kg^{-1}	无烟煤 $Q_{net.ar}$ >23.0 烟煤 $Q_{net.ar}$ >23.0	GB 213

（11）合成氨用煤质量标准。此项标准适用于直径为 2.74~3.60m 固定床汽化炉的中型合成氨厂的原料用煤，作为矿区制定工业用煤标准、煤炭资源用途评价、煤炭分配、调运及煤炭开发与加工规划的依据。

合成氨用煤质量及检测方法必须符合要求，见表 7-37。

表 7-37 合成氨用煤的质量要求及检测方法

名　称	质量要求	实验方法
类别	无烟煤	GB 5751 中国煤炭分类
品种	块煤	GB 189 煤炭粒度分级
粒度/mm	大块 50~100；中块 25~50； 小块 13~25；洗混中块 13~70	GB 189 煤炭粒度分级
含矸率/%	<4	MT_1
限下率/%	大块煤≤15；中块煤≤18； 小块煤≤21；洗混中块≤12	MT_1

续表 7-37

名称	质量要求	实验方法
水分 M_t /%	<6	GB 211
挥发分 V_{daf} /%	≤10	GB 100212
灰分 A_d /%	一级<16；二级 16~20	GB 212
固定碳 $W_d(S_t)$ /%	一级>75；二级 70~75；三级 65~70	GB 212
全硫 $W_d(S_t)$ /%	一级≤0.5；二级 0.51~1.00；三级 1.01~2.00	GB 214
灰熔融性 ST/℃	一级>1350；二级 1300~1350；三级 1250~1300	GB 219
热稳定性 TS_{+6}/%	≥70	GB 15473
抗碎强度（>25mm）/%	≥65	

参考文献

[1] [美]M A 埃利奥特．煤利用化学（上、下册）[M]．高建辉，等译．北京：化学工业出版社，1991.
[2]《煤气设计手册》编写组．煤气设计手册 [M]．北京：中国建筑工业出版社，1986.
[3] E. 斯塔赫，等．斯塔赫煤岩学教程 [M]．杨起，等译．北京：化学工业出版社，1990.
[4] Gorbaty M L，Ouchi K. Coal Structure [M]. Washington D C：American Chemical Society，1981.
[5] Turner J. Metamorphic Petrology，2nd ed [M]. Hemisphere，New Work，1981.
[6] James G Speight. The chemistry and technology [M]. New Work：Marcel Dekker，1983.
[7] Meyers R A. Coal Structrue [M]. London：Academics Press，1982.
[8] M L Gorbaty，K Ouchi. Coal structure [M]. Washington D C：American Chemical Society，1981.
[9] Mdyers R A. Coal structure [M]. London：Academic Press，1982.
[10] Taylor G H，Teichmuller M，Davis A，et al. Organic Petrology [M]. Gerbruder Borntraeger Berlin Stuttgart，1998.
[11] Xie Weiwei，He Lanhong，He Xiaowei，etc. Efficient Improvement of New Type Floatation Agent for Coal [J]. 2011 IEEE Power Engineering and Automation Conference，2011 (1)：272~275.
[12] Xie Weiwei，He Lanhong，Wang Jia，etc. Study on the floatation effect of ZFC agent for difficult slime [J]. Advanced Materials Research，2012 (361~363)：316~319.
[13] 白浚仁．煤质学 [M]．北京：地质出版社，1989.
[14] 白向飞，李文华，陈亚飞，等．中国煤中微量元素的分布基本特征 [J]．煤质技术，2007 (1)：1~4.
[15] 鲍江，刘尔康，关瑞．煤中可燃硫直接测定法初步探讨 [J]．煤质技术，2007 (2)：11~12.
[16] 蔡超，唐书恒，秦勇．煤中有害元素研究现状 [J]．中国煤炭，2007，33 (2)：55~59.
[17] 曾梅．添加煤灰对低灰高挥发分煤发热量测定的影响 [J]．煤炭转化，2011 (10)：54~56.
[18] 曾蒲君，王承宪．煤基合成燃料工艺学 [M]．徐州：中国矿业大学出版社，1993.
[19] 常海洲，曾凡桂，李文英，等．煤及其显微组分热解过程中的半焦收缩动力学 [J]．物理化学学报，2008，24 (4)：675~680.
[20] 陈鹏．中国煤炭性质、分类和利用 [M]．第二版．北京：化学工业出版社，2007.
[21] 陈鹏．中国煤炭性质、分类和利用 [M]．北京：化学工业出版社，2001.
[22] 陈启厚．矿物质对焦炭强度的影响 [J]．燃料与化工，2007，38 (3)：22~25.
[23] 陈儒庆，吴海鸥，曹长春．热液变质煤 [J]．桂林工学院学报，2007，17 (1)：1~6.
[24] 陈文敏，张自劭．煤化学基础 [M]．北京：煤炭工业出版社，1983.
[25] 陈振宏，贾承造，宋岩，等．高煤阶与低煤阶煤层气藏物性差异及其成因 [J]．石油学报，2009，29 (2)：179~184.
[26] 崔才喜，徐龙君．正丙醇脱煤中有机硫的机理分析 [J]．煤炭转化，2008，31 (3)：55~58.
[27] 崔敬媛，焦红光，张慧，等．密度组成及磁场强度对煤比磁化率影响的研究 [J]．煤炭转化，2008，31 (1)：6~9.
[28] 邓勃，宁永成，刘密新．仪器分析 [M]．北京：清华大学出版社，1985.
[29] 邓光明，曾金源．重庆市沥鼻峡背斜盐井矿区龙潭组沉积特征及聚煤规律 [J]．中国煤田地质，2007，19 (6)：5~8.
[30] 邓渊．煤炭气化新方法 [M]．北京：煤炭工业出版社，1984.
[31] 杜鹃，何秀风，陈小利，等．煤岩显微组分的气化反应性及其影响因素分析 [J]．洁净煤技术，2008，14 (2)：67~70.
[32] 冯婷，马凤云，黄雪莉．基于常量元素分析的煤炭分类研究 [J]．煤质技术，2012 (1)：9~12.

[33] 付建华，张振国，薛立民．几种煤的基氏流动度浅析［J］．燃料与化工，2008，39（3）：23~25.
[34] 傅家谟，刘德汉，盛国英，等．煤成烃地球化学［M］．北京：科学出版社，1990.
[35] 高晋生，张德祥．煤炭液化技术［M］．北京：化学工业出版社，2005.
[36] 郭崇涛．煤化学［M］．北京：化学工业出版社，1992.
[37] 郭树才．煤化工工艺学［M］．北京：化学工业出版社，1992.
[38] 韩德馨，任德贻，王延斌，等．中国煤岩学［M］．徐州：中国矿业大学出版社，1996.
[39] 郝学民，张浩勤．煤液化技术进展及展望［J］．煤化工，2008，(4)：28~32.
[40] 贺永德．现代煤化工技术手册［M］．北京：化学工业出版社，2009.
[41] 洪钟芩．化工有机燃料深加工［M］．北京：化学工业出版社，1997.
[42] 侯英，张文军，吕政超，等．褐煤资源综合利用工艺的探讨［J］．选煤技术，2011（1）：44~46.
[43] 胡博．关于煤中磷的测定方法比较［J］．科技创新导报，2008（14）：105.
[44] 胡挺．碳富勒烯的物理特性综述［J］．科技资讯，2007（22）：12.
[45] 姜英，傅丛，白向飞，等．中国煤中砷的分布特征［J］．煤炭科学技术，2008，36（2）：101~104.
[46] 寇公．煤炭气化工程［M］．北京：机械工业出版社，1992.
[47] 库咸熙．炼焦化学产品回收与加工［M］．北京：冶金工业出版社，1985.
[48] 郎宇琪，冯波，秦春梅，等．微波辅助碱氧化锡林浩特褐煤正交实验研究［J］．北京大学学报（自然科学版），2012（1）：169~172.
[49] 李安，李萍，陈松梅．炼焦煤深度降灰脱硫的研究［J］．煤炭学报，2007，32（6）：639~642.
[50] 李晨．俄罗斯库兹巴斯煤田的焦煤资源［J］．煤炭加工与综合利用，2011（4）：48~50.
[51] 李纯毅．煤质分析［M］．北京：北京理工大学出版社，2012.
[52] 李芳芹．煤的燃烧与气化手册［M］．北京：化学工业出版社，1997.
[53] 李刚，凌开成．煤直接液化研究评述［J］．洁净煤技术，2008，14（2）：18~21.
[54] 李建亮，吴国光，孟献梁，等．煤岩显微组分性质的研究进展［J］．中国煤炭，2007，33（12）：62~64.
[55] 李培，周永刚，杨建国，等．蒙东褐煤脱水改质的孔隙特性研究［J］．动力工程学报，2011（3）：176~180.
[56] 李文英，邓靖，喻长连．褐煤固体热载体热解提质工艺进展［J］．煤化工，2012（1）：1~5.
[57] 李小明，曹代勇．不同变质类型煤的结构演化特征及其地质意义［J］．中国矿业大学学报，2012（1）：74~81.
[58] 李英华．煤质分析应用技术指南［M］．第2版．北京：中国标准出版社，2009.
[59] 李月清．氦气替换法测定煤的真相对密度［J］．洁净煤技术，2008，14（3）：74~76.
[60] 李增学．煤地质学［M］．北京：地质出版社，2005.
[61] 李哲浩．炼焦新技术［M］．北京：冶金工业出版社，1988.
[62] 刘本培，等．地质学教程［M］．第三版．北京：地质出版社，1996.
[63] 刘成坚，煤的化学族组成与煤的热解初探［J］．广东化工，2011（10）：77.
[64] 刘永新，张波波，王福先，等．碱金属对焦炭热性能的影响［J］．煤炭转化，2008，31（3）：43~47.
[65] 罗斐．煤炭资源的现状及结构分析［J］．中国煤炭，2008，34（1）：91~96.
[66] 罗陨飞，陈亚飞，姜英．煤炭分类国际标准与中国标准异同之比较［J］．煤质技术，2007（1）：22.
[67] 麻林巍，付峰，李政，等．新型煤基能源转化技术发展分析［J］．煤炭转化，2008，31（1）：82~88.

[68] 毛艳丽，陈妍，郭艳玲．世界煤炭资源现状及钢铁公司的煤炭安全策略［J］．冶金管理，2009（3）：40~44.

[69] 孟丽莉，付春慧，王美君，等．碱金属碳酸盐对褐煤程序升温热解过程中 H_2S 和 NH_3 生成的影响［J］．燃料化学学报，2012（2）：138~142.

[70] 孟巧荣，赵阳升，胡耀青，等．焦煤孔隙结构形态的实验研究［J］．煤炭学报，2011（3）：487~490.

[71] 牛娅丽．配合煤炼焦时硫分转化的研究［J］．煤化工，2008（3）：60~62.

[72] 彭建喜，谷丽琴．煤炭及其加工产品检验技术［M］．北京：化学工业出版社，2008.

[73] 彭建喜，郝临山．洁净煤技术［M］.2 版．北京：化学工业出版社，2010.

[74] 秦志宏．煤有机质溶出行为与煤嵌布结构模型［M］．徐州：中国矿业大学出版社，2008.

[75] 曲旋，张荣，孙东凯，等．固体热载体热解霍林河褐煤实验研究［J］．燃料化学学报，2011（2）：85~89.

[76] 全小盾，孙传庆，杨忠．煤化学与煤质分析［M］．北京：中国质检出版社，2012.

[77] 任庆烂．炼焦化学产品的精制［M］．北京：冶金工业出版社，1987.

[78] 任守政，张子平，张双全，等．洁净煤技术与矿区大气污染防治［M］．北京：煤炭工业出版社，1998.

[79] 任学延，张代林，张文成，等．影响焦炭特性的主要因素分析［J］．煤化工，2007（3）：33~35.

[80] 沙兴中，杨南星．煤的气化与应用［M］．上海：华东理工大学出版社，1995.

[81] 邵震杰，任文忠，陈家良．煤田地质学［M］．北京：煤炭工业出版社，1993.

[82] 申俊，王志忠，邹纲明．不同煤阶煤成焦过程中密度及挥发分的变换［J］．煤炭转化，2007，30（1）：14~17.

[83] 申明星．中国炼焦煤的资源与利用［M］．北京：化学工业出版社，2007.

[84] 水恒福．煤焦油分离与精制．北京：化学工业出版社，2007.

[85] 宋琳娜．浅谈关于煤岩相分析中煤光片的制作［J］．燃料与化工，2007，38（2）：25~26.

[86] 宋永辉，苏婷，兰新哲，等．微波场中长焰煤与焦煤共热解实验研究［J］．煤炭转化，2011（7）：7~10.

[87] 孙刚．《煤中氮的测定方法》标准修订要点与解析［J］．煤质技术，2008（3）：43~45.

[88] 孙茂远，黄盛初，等．煤层气开发利用手册［M］．北京：煤炭工业出版社，1998.

[89] 孙淑静，宋立军．我国煤的 R_{Max} 与 V_{daf} 数据之间的关系［J］．煤，2007，16（7）：3~6.

[90] 陶著．煤化学［M］．北京：冶金工业出版社，1987.

[91] 王爱宽．褐煤本源菌生气特征及其作用机理［J］．煤炭学报，2012（2）：355~356.

[92] 王保文，赵海波，郑瑛，等．惰性载体 Al_2O_3 对 Fe_2O_3 及 CuO 氧载体煤化学链燃烧的影响［J］．中国电机工程学报，2011（32）：53~61.

[93] 王冲霄．焦炭热反应性能对高炉顺行的影响［J］．工程技术，2008（21）：592~595.

[94] 王翠萍，赵发宝．煤质分析及煤化工产品检测［M］．北京：化学工业出版社，2009.

[95] 王福先，刘永新，梁英华．焦炭热性质的影响因素分析［J］．煤化工，2007（2）：16~20.

[96] 王巨民，张永宏，朱绍兵．滇中（楚雄）晚三叠世盆地成因机制、聚煤古地理类型与找煤方向［J］．中国煤田地质，2007，19（4）：1~4.

[97] 王磊，余江龙，尹丰魁，等．钙元素对褐煤热解和气化特性的影响［J］．煤化工，2012（1）：27~30.

[98] 王晓琴．炼焦工艺［M］．北京：化学工业出版社，2008

[99] 王卓．煤岩分析在焦化企业煤质评价方面的应用［J］．煤质技术，2008（2）：1~3.

[100] 邬纫云．煤炭气化［M］．徐州：中国矿业大学出版社，1989.

[101] 吴国光. 煤炭气化 [M]. 徐州：中国矿业大学出版社，2013.
[102] 吴弋峰，初茉，畅志兵，等. 干燥提质对褐煤表面结构的影响 [J]. 煤炭工程，2012 (2)：99~101.
[103] 吴永宽. 现代煤炭化学工艺学 [M]. 北京：煤炭工业出版社，1981.
[104] 项茹，宋子逵，薛改凤，等. 单种焦煤结焦性能及其混配性研究 [J]. 武汉科技大学学报，2012 (1)：16~18.
[105] 谢克昌. 煤的结构与反应性 [M]. 北京：科学出版社，2002.
[106] 徐春霞，徐振刚，布学朋，等. 煤焦与CO_2及水蒸气气化特性研究进展 [J]. 洁净煤技术，2007，13 (6)：49~53.
[107] 许满贵，任宏安，袁晓翔，等. 煤结构对自燃性的影响 [J]. 湖南科技大学学报（自然科学版），2011 (2)：1~4.
[108] 许祥静，刘军. 煤炭气化工艺 [M]. 北京：化学工业出版社，2008.
[109] 杨焕祥，廖玉枝. 煤化学及煤质评价 [M]. 武汉：中国地质大学出版社，1990.
[110] 杨金和，陈文敏，段云龙. 煤炭化验手册 [M]. 北京：煤炭工业出版社，1998.
[111] 杨金和. 煤炭化验手册 [M]. 北京：煤炭工业出版社，2004.
[112] 杨起，吴冲龙，汤达祯，等 [M]. 北京：煤炭工业出版社，1996.
[113] 杨起. 煤地质学进展 [M]. 北京：科学出版社，1987.
[114] 杨秀琴. 煤岩磨片方法与技巧 [J]. 煤质技术，2008，(2)：34~36.
[115] 杨一超，肖睿，宋启磊，等. 基于铁矿石载氧体加压煤化学链燃烧的试验研究 [J]. 动力工程学报，2010 (1)：56~62.
[116] 姚多喜，支霞臣，郑宝山. 煤中矿物质在燃烧过程中的演化特征 [J]. 中国煤田地质，2003，15 (2)：10~11，48.
[117] 虞继舜. 煤化学 [M]. 北京：冶金工业出版社，2000.
[118] 袁权. 化学进展丛书——能源化学进展 [M]. 北京：化学工业出版社，2005.
[119] 袁三畏. 中国煤质论评 [M]. 北京：煤炭工业出版社，1999.
[120] 詹水芬，张晓春，马春. 基于环境保护与燃烧品质双重考虑的煤炭分类研究 [J]. 煤炭学报，2009 (11)：1535~1339.
[121] 战书鹏，王兴军，洪冰清，等. 褐煤催化加氢气化实验研究 [J]. 燃料化学学报，2012，(1)：8~14.
[122] 张德祥. 煤化工工艺学 [M]. 北京：煤炭工业出版社，1999.
[123] 张鹏飞，彭苏萍，邵龙义，等. 含煤岩系沉积环境分析 [M]. 北京：煤炭工业出版社，1993.
[124] 张双全. 煤化学 [M]. 徐州：中国矿业大学出版社，2019.
[125] 赵师庆. 实用煤岩学 [M]. 北京：地质出版社，1991.
[126] 郑楚光. 燃煤痕量元素排放与控制 [M]. 武汉：湖北科学技术出版社，2003.
[127] 郑楚光. 洁净煤技术 [M]. 武汉：华中理工大学出版社，1996.
[128] 中国煤田地质总局. 中国煤层气资源 [M]. 北京：煤炭工业出版社，1998.
[129] 中国煤田地质总局. 中国煤岩学图鉴 [M]. 徐州：中国矿业大学出版社，1996.
[130] 钟蕴英，关梦嫔，崔开仁，等. 煤化学 [M]. 徐州：中国矿业大学出版社，1994.
[131] 周飞，牛胜利，邹鹏，等. 有机钙作用下褐煤SO_2、NO析出及燃烧特性 [J]. 2012，(2)：149~155.
[132] 周敏. 焦化工艺学 [M]. 徐州：中国矿业大学出版社，1995.
[133] 周师庸. 用煤岩学评述捣固焦炉成焦过程和焦炭质量 [J]. 燃料与化工，2008，39 (4)：8~10.
[134] 周师庸. 应用煤岩学 [M]. 北京：冶金工业出版社，1985.

[135] 朱银惠，李辉，张现林，等．影响焦炭质量的因素分析［J］．洁净煤技术，2008，14（3）：77～79.
[136] 朱银惠．煤化学［M］．北京：化学工业出版社，2008.
[137] 朱之培，高晋生．煤化学［M］．上海：上海科学技术出版社，1984.
[138] 宗志敏，魏贤勇．多环芳香烃化合物的性质及应用［M］．徐州：中国矿业大学出版社，1999.